高等职业教育课程改革示范教材

# 高等数学（第二版）

主　编　曹亚萍　龚建荣
副主编　宋文章　张玉兰
　　　　王理峰　谢小韦
　　　　冯再勇

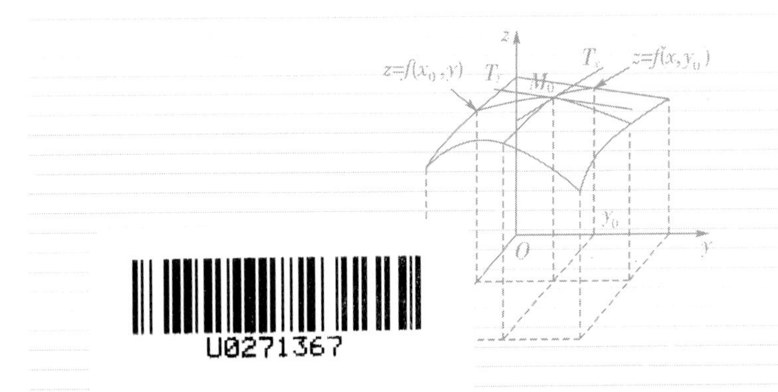


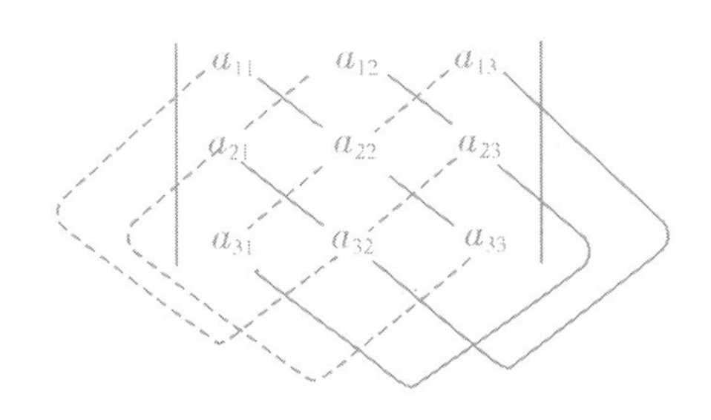


南京大学出版社

**图书在版编目(CIP)数据**

高等数学 / 曹亚萍，龚建荣主编. —2 版. --南京：南京大学出版社，2015.8(2019.9 重印)

高等职业教育课程改革示范教材

ISBN 978-7-305-15560-4

Ⅰ. ①高… Ⅱ. ①曹… ②龚… Ⅲ. ①高等数学—高等职业教育—教材 Ⅳ. ①O13

中国版本图书馆 CIP 数据核字(2015)第 155219 号

出版发行　南京大学出版社
社　　址　南京市汉口路 22 号　　邮编　210093
出 版 人　金鑫荣

丛 书 名　高等职业教育课程改革示范教材
**书　　名　高等数学(第二版)**
主　　编　曹亚萍　龚建荣
责任编辑　吴　华　　编辑热线 025-83596997

照　　排　南京理工大学资产经营有限公司
印　　刷　南京京新印刷有限公司
开　　本　787×1 092　1/16　印张 17.75　字数 440 千
版　　次　2015 年 8 月第 2 版　2019 年 9 月第 6 次印刷
ISBN　978-7-305-15560-4
定　　价　44.00 元

网　　址：http://www.njupco.com
官方微博：http://weibo.com/njupco
微信服务号：njuyuexue
销售咨询热线：(025)83594756

---

# 前　言

根据教育部制定的《高职高专教育基础课程教学基本要求》和《高职高专教育专业人才培养目标及规格》，结合现代高等职业教育实际情况，我们组织了在高等职业教学第一线、从事多年的高等数学教学、有比较丰富教学经验的部分教师，参与编写了这本《高等数学》教材。

本书以就业为导向和以培养技能型人才为目标，以“掌握概念、强化应用、培养技能”为指导思想，理论教学以应用为目的，满足必需、够用为度的要求，加强基本概念的教学，从生活、生产的具体例子出发，引入抽象的数学概念，使抽象概念具体化，对难度比较大的基础理论，不作严格的证明，只作简单的几何说明，突出应用能力的培养。

本书本着一切为了学生、为了学生的一切的宗旨，结合高职院学生的具体情况，每章开篇都列出了学习目标，每章结尾都有本章小结，有利于学生把握每章的重点和难点，每章还附有大量复习题，便于学生巩固所学的知识，书末还附有每个章节的习题和复习题的参考答案，可方便学生学习之用。

本书的第 1 章由张玉兰编写，第 2、3 章由王理峰编写，第 4 章由谢小韦编写，第 5、6 章由曹亚萍编写，第 7 章由宋文章编写，第 8 章由龚建荣编写，第 9 章由冯再勇编写。全书由曹亚萍、龚建荣最后统稿。

在本书的编写过程中，得到了南京大学出版社吴华编辑的指导，在此一并表示感谢！

在本书的使用过程中，如有不当之处，敬请同行和广大读者批评指正。

**编　者**

**2015 年 6 月于南京铁道职业技术学院**

# 目　　录

# 第1章　函数、极限与连续

## 学习目标

1. 加深理解函数的概念.
2. 了解分段函数、复合函数的概念.
3. 掌握函数极限、无穷小、无穷大以及函数连续性的概念.
4. 熟练掌握函数极限的四则运算法则.
5. 会用两个重要极限求极限.
6. 会判断函数间断点的类型.
7. 会求连续函数和分段函数的极限.
8. 知道初等函数的连续性以及闭区间上连续函数的性质(介值定理、最大值和最小值定理).

## §1.1　函数的概念

### 一、函数的概念

1. 区间和邻域

如果变量的变化是连续的,则常用区间来表示其变化范围.在数轴上来说,**区间**是指介于某两点之间的线段上点的全体.

设$a$和$b$都是实数,且$a<b$,将数集

$\{x|a<x<b\}$称为开区间,记为$(a,b)$;

$\{x|a\leqslant x\leqslant b\}$称为闭区间,记为$[a,b]$;

$\{x|a<x\leqslant b\}$称为左开右闭区间,记为$(a,b]$;

$\{x|a\leqslant x<b\}$称为左闭右开区间,记为$[a,b)$.

上述四个区间的长度都是有限的(区间长度为$b-a$),统称为有限区间.

此外还有下列无限区间,引进记号$+\infty$,$-\infty$(读作正无穷大,负无穷大).

无限区间有:$(-\infty,+\infty)=\mathbf{R}$(通常也表示为$-\infty<x<+\infty$);

$$(a,+\infty)=\{x|x>a\};[a,+\infty)=\{x|x\geqslant a\};$$
$$(-\infty,b)=\{x|x<b\};(-\infty,b]=\{x|x\leqslant b\}.$$

如无特别声明,可用如下符号表示一些常用数集:

**R**——实数集;**Q**——有理数集;**Z**——整数集;**N**——自然数集.

**定义1-1**　设$a$与$\delta$是两个实数,且$\delta>0$(通常$\delta$是指很小的正数),集合

$\{x \mid |x-a|<\delta\}$称为点 $a$ 的$\delta$ **邻域**,记为 $U(a,\delta)$,$a$ 称为该邻域的中心,$\delta$ 称为该邻域的半径,即:

$$U(a,\delta)=\{x \mid a-\delta<x<a+\delta\}.$$

$U(a,\delta)$表示与点 $a$ 距离小于$\delta$ 的一切点 $x$ 的全体.

同理,称将邻域的中心 $a$ 去掉所形成的区间$(a-\delta,a)\cup(a,a+\delta)$为 $a$ 的去心$\delta$ 邻域(或 $a$ 的空心$\delta$ 邻域),记为 $\mathring{U}(a,\delta)=\{x \mid 0<|x-a|<\delta\}$.

2. 函数

在研究某一事物的变化过程时,往往同时遇到两个或多个变量,这些变量不是彼此孤立的,而是相互联系,互相依赖,遵循着一定的变化规律.

例如:圆的面积.圆面积 $A$ 与它的半径 $r$ 间的关系由公式 $A=\pi r^2$ 确定,当 $r$ 在区间$(0,+\infty)$内任意取定一个数值时,根据公式 $A=\pi r^2$ 就可以确定圆的面积 $A$ 的相应数值.

**定义 1-2** 设有两个变量 $x$ 和 $y$,$D$ 是一个给定的数集,若对于 $D$ 中每一个数 $x$(即 $\forall x\in D$),按照一定的对应法则 $f$ 总有唯一确定的数值 $y$ 与之对应,则称 $y$ 是 $x$ 的**函数**,记作:$y=f(x)$. $x$ 称为**自变量**,$y$ 称为**因变量**,数集 $D$ 和 $M=\{y \mid y=f(x),x\in D\}$分别称为函数的**定义域**和**值域**.

若当自变量 $x$ 取某个确定的值 $x_0$,根据对应法则 $f$ 能够得到一个确定的值 $y_0$,$y_0$ 称为函数 $y=f(x)$在 $x_0$ 处的**函数值**,记为 $y_0=f(x_0)$或 $y_0=y|_{x=x_0}$.

平面点集 $G=\{(x,y) \mid y=f(x),x\in D\}$称为函数 $y=f(x)$的**图形**.

根据函数的定义,当函数的定义域和函数的对应法则确定以后,这个函数就完全确定了.因此,通常把函数的定义域 $D$ 和对应法则 $f$ 叫做确定函数的**两个要素**.只有当两个函数的定义域和对应法则完全相同时,才认为这两个函数是完全相同的.

在实际问题中,函数的定义域是根据问题的实际意义确定的.例如,圆面积中定义域为$(0,+\infty)$.

在数学中,有时不考虑函数的实际意义,而抽象地研究用算式表达的函数.约定函数的定义域就是自变量所能取的使算式有意义的一切实数值.

例如,函数 $y=\dfrac{1}{\sqrt{3x-x^2}}$的定义域是开区间$(0,3)$,函数 $y=\arcsin\dfrac{x}{4}$的定义域是闭区间$[-4,4]$.

## 二、函数的表示方法

根据问题的不同特点,函数可以用表格法、图像法和解析法(公式法)来表示(三种表示方法也可以混合使用).在微积分学中,函数还可以用以下方式来表示.

1. 隐函数

如果变量 $x,y$ 之间的函数关系是由一个方程 $F(x,y)=0$ 所确定的,则称 $y$ 是 $x$ 的**隐函数**.相应地,如果因变量 $y$ 都能用含有 $x$ 的解析式明显表示,则称之为**显函数**.有些隐函数可以转化为显函数,但也有些隐函数不可以化为显函数,如方程 $e^y-e^x-xy=1$ 所确定的隐函数就无法化为显函数,但这并不影响我们研究它们的某些变化规律.

2. 分段函数

在自变量的不同的范围内用不同的解析式分段表示的函数叫**分段函数**.

分段函数求函数值时，应把自变量的值代入相应范围的表达式中去计算.

**例 1-1-1**　已知分段函数 $f(x)=\begin{cases}x^2+1 & x>0\\ 2 & x=0\\ 2x & x<0\end{cases}$（如图 1-1），求 $f[f(0)]$，$f(-3)$.

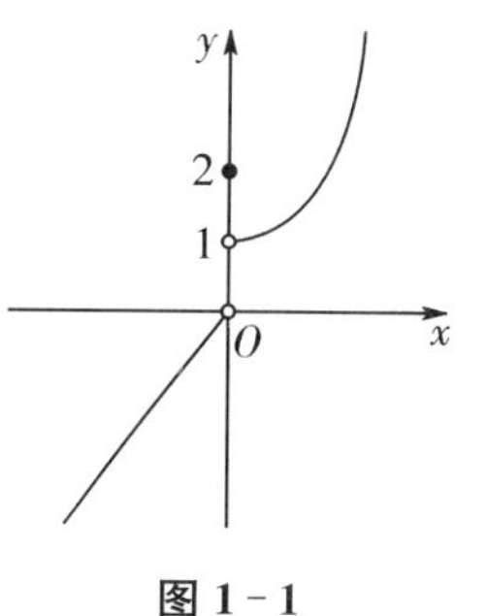

图 1-1

**解**　$f[f(0)]=f(2)=2^2+1=5$；$f(-3)=2\times(-3)=-6$.

其中 $x=0$ 称为分段函数的“分界点”.

几个常见的分段函数：

(1) **符号函数**

$$y=\operatorname{sgn}x=\begin{cases}1 & x>0\\ 0 & x=0\\ -1 & x<0\end{cases}，D=(-\infty,+\infty)，M=\{-1,0,1\}（如图 1-2）.$$

(2) **取整函数**

$y=[x]$，$x\in\mathbf{R}$（如图 1-3），$[x]$表示不超过 $x$ 的最大整数.

$$D=(-\infty,+\infty)，M=\mathbf{Z}（其中 \mathbf{Z} 表示整数集）.$$

例如，$[2.38]=2$，$[-6.12]=-7$，$[1]=1$.

(3) **绝对值函数**

$$y=|x|=\begin{cases}x & x>0\\ 0 & x=0\\ -x & x<0\end{cases}，D=(-\infty,+\infty)，M=[0,+\infty)（如图 1-4）.$$

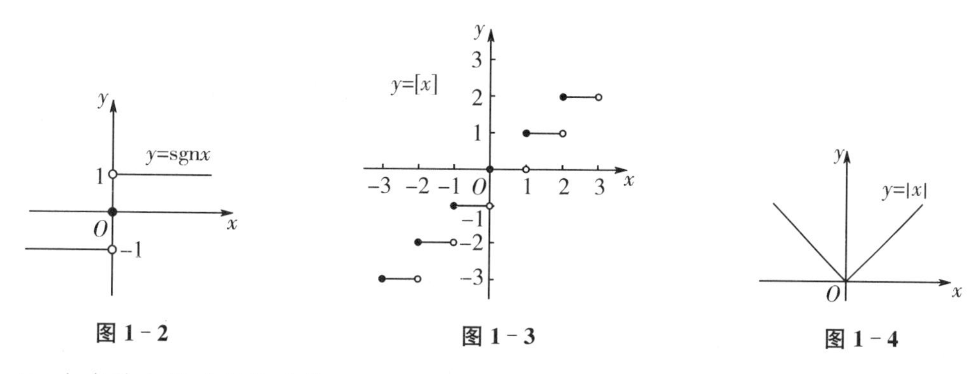

图 1-2　图 1-3　图 1-4

3. 由参数方程确定的函数

如果变量 $x,y$ 之间的函数关系是由参数方程 $\begin{cases}x=f(t)\\ y=g(t)\end{cases}$（$t$ 是参数）所确定的，则称为由参数方程确定的函数（简称参数式函数），其中 $t$ 称为参数.

## 三、函数的性质

1. 有界性

存在正数 $M>0$，若对 $\forall x\in D$，总有 $|f(x)|\leqslant M$ 成立，则称函数 $f(x)$ 在区间 $D$ 内**有界**，

否则称为**无界**.

若函数 $f(x)$ 在其定义域内有界,则称 $f(x)$ 为**有界函数**,否则称为**无界函数**.

有界函数的图形必介于直线 $y=M$ 与 $y=-M$ 之间.

例如,函数 $y=\cos x$ 是有界函数,因为在其定义域 $(-\infty,+\infty)$ 内恒有 $|\cos x|\leqslant 1$.

函数 $y=\tan x$ 在 $\left[-\frac{\pi}{6},\frac{\pi}{6}\right]$ 是有界函数,但在 $\left(-\frac{\pi}{2},\frac{\pi}{2}\right)$ 内是无界的.

**注意** 确定一个函数是有界的或无界的,必须指出其相应的自变量的取值范围.

2. 单调性

若对于区间 $(a,b)$ 内的任意两点 $x_1$ 及 $x_2$,如果当 $x_1<x_2$ 时,总有 $f(x_1)<f(x_2)$,则称函数 $f(x)$ 在 $(a,b)$ 内单调增加;当 $x_1<x_2$ 时,总有 $f(x_1)>f(x_2)$,则称函数 $f(x)$ 在 $(a,b)$ 内单调减少. 区间 $(a,b)$ 称为单调区间.

从几何直观上看,单调增函数是从左至右上升的,单调减函数是从左至右下降的.

例如,$f(x)=x^2$ 在区间 $(-\infty,0]$ 上是单调减少的,在区间 $[0,+\infty)$ 上是单调增加的,在区间 $(-\infty,+\infty)$ 内 $f(x)=x^2$ 不是单调的.

3. 奇偶性

设函数 $y=f(x)$ 的定义域 $D$ 关于原点对称(即如果 $x\in D$ 则必有 $-x\in D$),若对于 $\forall x\in D$,都有 $f(-x)=-f(x)$,则称函数 $f(x)$ 在 $D$ 上是**奇函数**;若对于 $\forall x\in D$,都有 $f(-x)=f(x)$,则称函数 $f(x)$ 在 $D$ 上是**偶函数**.

奇函数的图形关于原点对称,偶函数的图形关于 $y$ 轴对称.

例如,$y=x^3$,$y=\sin x$ 是奇函数;$y=|x|$,$y=\cos x$ 是偶函数;$y=\sqrt{x}+\sin x$,$y=\ln x+1$ 是非奇非偶函数.

4. 周期性

设函数 $y=f(x)$ 在数集 $D$ 上有定义,若存在一不为零的数 $T$,使得对于 $\forall x\in D$,有 $x+T\in D$ 且 $f(x+T)=f(x)$ 恒成立,则称函数 $y=f(x)$ 是周期函数,$T$ 称为 $f(x)$ 的周期.

例如,函数 $y=\tan x$,$y=\cot x$ 是以 $\pi$ 为周期的周期函数,函数 $y=x-[x]$ 是周期为 1 的周期函数.

若 $T$ 为 $f(x)$ 的周期,则根据定义,$2T,3T,4T,\cdots$ 也是 $f(x)$ 的周期,故周期函数有无穷多个周期,而我们通常说的周期是指最小正周期(基本周期).

周期函数在每一个周期 $(\varepsilon+kT,\varepsilon+(k+1)T)$($\varepsilon$ 为任意数,$k$ 为任意整数)上,都有相同的形状.

## 四、初等函数

1. 基本初等函数

**定义 1-3** 常数函数、幂函数、指数函数、对数函数、三角函数、反三角函数统称为基本初等函数(见附录 1).

(1) 常数函数 $y=C$($C$ 为常数);

(2) 幂函数 $y=x^{\mu}$($\mu\in\mathbf{R}$,为常数);

(3) 指数函数 $y=a^x(a>0,a\neq 1)$，$y=e^x(e=2.718281828495045\cdots)$；

(4) 对数函数 $y=\log_a x(a>0,a\neq 1)$，$y=\log_e x=\ln x$(称为**自然对数函数**)；

(5) 三角函数 $y=\sin x$，$y=\cos x$，$y=\tan x$，$y=\cot x$，$y=\sec x$，$y=\csc x$；

(6) 反三角函数 $y=\arcsin x$，$y=\arccos x$，$y=\arctan x$，$y=\text{arccot}\, x$.

2. 复合函数

函数 $y=\sin^2 x$ 不是基本初等函数，但可由基本初等函数 $y=u^2$ 和 $u=\sin x$ 组合而成，称这种组合为复合函数. 实际上较复杂的函数都是由几个基本初等函数或简单函数复合而成的.

**定义 1-4** 设 $y$ 是 $u$ 的函数 $y=f(u)$，$u$ 是 $x$ 的函数 $u=g(x)$，若 $u=g(x)$ 的值域或其部分包含在 $y=f(u)$ 定义域中，则 $y$ 通过中间变量 $u$ 构成 $x$ 的函数，称为 $x$ 的**复合函数**，记为 $y=f[g(x)]$. 其中 $x$ 是自变量，$u$ 称为**中间变量**.

**例 1-1-2** 设 $f(x)=x^3-x$，$g(x)=\sin 2x$，求 $f[g(x)]$，$g[f(x)]$.

**解** $f[g(x)]=[g(x)]^3-g(x)=\sin^3 2x-\sin 2x$；

$g[f(x)]=\sin[2f(x)]=\sin(2x^3-2x)$.

**例 1-1-3** 指出下列复合函数的复合过程：

(1) $y=e^{\sin^2 x}$； (2) $y=\arccos\sqrt{\ln(x^2-1)}$； (3) $y=\tan^3(1+x^2)$.

**解** (1) $y=e^{\sin^2 x}$ 是由 $y=e^u$(指数函数)，$u=v^2$(幂函数)，$v=\sin x$(三角函数)复合而成.

(2) $y=\arccos\sqrt{\ln(x^2-1)}$ 是由 $y=\arccos u$，$u=\sqrt{v}$，$v=\ln w$，$w=x^2-1$ 复合而成.

(3) $y=\tan^3(1+x^2)$ 是由 $y=u^3$，$u=\tan v$，$v=1+x^2$ 复合而成.

**注意** 不是任何两个函数都能够复合成一个复合函数的. 例如，$y=\arccos u$ 及 $u=3+x^2$ 就不能复合成一个复合函数. 因为对于 $u=3+x^2$ 的定义域 $(-\infty,+\infty)$ 内任何 $x$ 值所对应的 $u$ 值(都大于或等于 3)，都不能使 $y=\arccos u$ 有意义.

3. 反函数

**定义 1-5** 设函数 $y=f(x)$，其定义域为 $D$，值域为 $M$. 如果对于 $\forall y\in M$，都可以从关系式 $y=f(x)$ 确定唯一的 $x(x\in D)$ 与之对应，这样就确定了一个以 $y$ 为自变量的函数，称这个函数为 $y=f(x)$ 的**反函数**，记为 $x=f^{-1}(y)$，其定义域为 $M$，值域为 $D$.

习惯上用 $x$ 表示自变量，$y$ 表示因变量，因此 $y=f(x)$ 的反函数可表示为 $y=f^{-1}(x)$.

**性质 1-1** (1) 函数 $y=f(x)$ 的定义域是其反函数 $y=f^{-1}(x)$ 的值域，其值域是反函数的定义域.

(2) 函数 $y=f(x)$ 与其反函数 $y=f^{-1}(x)$ 的单调性相同.

(3) 函数 $y=f(x)$ 的图像与其反函数 $y=f^{-1}(x)$ 的图像关于直线 $y=x$ 对称.

**例 1-1-4** 求 $y=2^x+1$ 的反函数.

**解** 由 $y=2^x+1$ 得 $\log_2(y-1)=x$，所以 $x=\log_2(y-1)$，互换字母 $x$，$y$ 得所求反函数：$y=\log_2(x-1)$.

4. 初等函数

由常数和基本初等函数经过有限次的四则运算或有限次的函数复合所构成的，并能用一个解析式表示的函数称为初等函数.

例如，函数 $y=\cos^2(3x+1)$，$y=\sqrt{x^3+2}$，$y=\dfrac{\ln x+2\tan x}{10^x-1}$都是初等函数.

在微积分的运算中，常把一个初等函数分解为基本初等函数或基本初等函数的四则运算形式，因此我们应当学会如何分析初等函数的结构.

**例 1-1-5** 求下列函数的定义域：

(1) $y=\sqrt{9-x^2}+\dfrac{1}{x-1}$；　　(2) $y=\arccos\dfrac{x+1}{3}+\ln(3+x)$.

**解** (1) 要使函数有意义，应满足偶次根式的被开方式大于等于零和分母不为零，即：

$$9-x^2\geqslant 0,$$

且 $x-1\neq 0$，故$\begin{cases}-3\leqslant x\leqslant 3\\ x\neq 1\end{cases}$，所求定义域为$[-3,1)\cup(1,3]$；

(2) 要使函数有意义，应满足反余弦函数符号内的式子绝对值小于等于 1 且对数函数符号内的式子为正，即：

$$\begin{cases}-1\leqslant\dfrac{x+1}{3}\leqslant 1\\ 3+x>0\end{cases}，所以\begin{cases}-4\leqslant x\leqslant 2\\ x>-3\end{cases}，即-3<x\leqslant 2，所求定义域为(-3,2].$$

一般求函数的定义域时应考虑：

(1) 代数式中分母不能为零；

(2) 偶次根式内的表达式非负；

(3) 对数运算中真数的表达式大于零；

(4) 反三角函数 $y=\arcsin x$，$y=\arccos x$，要满足$|x|\leqslant 1$；

(5) 两函数和(差)的定义域，应是两函数定义域的公共部分；

(6) 分段函数的定义域是各段定义域的并集等.

## 五、函数模型的建立

用数学方法解决实际问题时，往往需要找出变量之间的函数关系，建立函数关系，或成为函数模型.

**例 1-1-6** 已知某种商品的成本函数与收入函数分别是 $C=12+3q+q^2$，$R=11q$，试求该商品的盈亏平衡点，并说明随产量 $q$ 变化时的盈亏情况.

**解** 利润函数 $L(q)=R(q)-C(q)=11q-12-3q-q^2=8q-q^2-12=-(q-2)(q-6)$.

由 $L(q)=0$ 得盈亏平衡点有两个：$q_1=2$，$q_2=6$.

当 $q<2$ 时，$L<0$；当 $2<q<6$ 时，$L>0$；而当 $q>6$ 时，$L<0$.

即当 $q<2$ 时亏损，当 $2<q<6$ 时盈利，而当 $q>6$ 时又转为亏损.

## 习题 1.1

**1.** 设函数 $f(x+2)=x^2+3x+5$，求 $f(x)$，$f(x-2)$.

**2.** 已知 $f(\sin x)=\cos 2x+1$，求 $f(\cos x)$.

**3.** 求下列函数的定义域：

(1) $y=\dfrac{x}{\sqrt{x^2-3x+2}}$；　　(2) $y=\arccos(2x-5)$；

(3) $y=\ln(2-x)+1$；　　(4) $y=\sqrt{x-2}+\dfrac{1}{x-3}+\ln(5-x)$.

**4.** 求下列函数的反函数：

(1) $y=\dfrac{2x}{x-1}$；　　(2) $y=\sqrt[3]{x+1}$；

(3) $y=\ln\dfrac{1}{2+x}$；　　(4) $f(x)=\begin{cases}x-1 & x<0\\ x^2 & x\geqslant 0\end{cases}$.

**5.** 设 $f(x)=x^2,\varphi(x)=e^x$，求 $f[\varphi(x)],\varphi[f(x)],f[f(x)],\varphi[\varphi(x)]$.

**6.** 判定下列函数的奇偶性：

(1) $y=\sin x+\cos x$；　　(2) $y=\log_3(x+\sqrt{x^2+1})$.

**7.** 指出下列复合函数的复合过程：

(1) $y=2^{\sqrt{\sin x}}$；　　(2) $y=\sqrt[3]{\cos x^2}$；

(3) $y=\tan e^{-\sqrt{1+x^2}}$；　　(4) $y=\ln(\arctan\sqrt{1+x^2})$.

**8.** 某市出租汽车的起步价为 9 元，超过 3 公里时，超出部分每公里付费 2.4 元，每次旅程的附加燃油费为 2 元，试求付费金额 $y$ 与乘车距离 $x$ 的函数关系.

## §1.2 函数的极限及运算法则

由于求某些实际问题的精确值而产生了极限的思想. 例如，我国春秋战国时期的哲学家庄子在《天下篇》中有如下描述："一尺之棰，日截其半，万世不竭"，就体现了初步的极限思想. 极限是微积分学中一个基本概念，极限是变量变化的终极状态. 微分学与积分学的许多概念都是由极限引入的，并且最终都是由极限来解决. 因此在微积分学中，极限占有非常重要的地位.

### 一、$x\to\infty$ 时函数的极限

**引例 1-1** 分析反比例函数 $y=\dfrac{1}{x}$ 当 $x$ 无限增大时的变化趋势.

**分析** 当 $x\to+\infty$ 时，$y=\dfrac{1}{x}$ 的值无限趋于 0；

当 $x\to-\infty$ 时，$y=\dfrac{1}{x}$ 的值也无限趋于 0.

从而当 $x\to\infty$ 时，函数 $y=\dfrac{1}{x}$ 的值无限趋于 0.

**定义 1-6** 如果当 $|x|$ 无限增大时，函数 $f(x)$ 无限趋近于一个确定的常数 $A$，则称 $A$ 为函数 $f(x)$ 当 $x\to\infty$ 时的极限，记作 $\lim\limits_{x\to\infty}f(x)=A$ 或 $f(x)\to A$（当 $x\to\infty$ 时）.

同理，可以定义 $x\to+\infty$ 时或 $x\to-\infty$ 时，函数 $f(x)$ 的极限.

例如，$\lim\limits_{x\to\infty}\dfrac{1}{x}=0$，$\lim\limits_{x\to+\infty}\left(\dfrac{1}{2}\right)^x=0$，$\lim\limits_{x\to-\infty}2^x=0$.

**注意**

如果$\lim\limits_{x\to\infty}f(x)=A$，则把直线$y=A$称为曲线$y=f(x)$的水平渐近线.

**定理 1－1** $\lim\limits_{x\to\infty}f(x)=A\Leftrightarrow\lim\limits_{x\to+\infty}f(x)=\lim\limits_{x\to-\infty}f(x)=A$.

**例 1－2－1** 讨论当$x\to\infty$时，函数$y=\arctan x$的极限.

**解** 考察函数$y=\arctan x$的函数值随自变量变化的变化趋势，图形见附录 1.

从图形上看，$\lim\limits_{x\to+\infty}\arctan x=\frac{\pi}{2}$，$\lim\limits_{x\to-\infty}\arctan x=-\frac{\pi}{2}$.

因为$\lim\limits_{x\to+\infty}\arctan x\neq\lim\limits_{x\to-\infty}\arctan x$，所以当$x\to\infty$时，$y=\arctan x$极限不存在.

**说明**

曲线$y=\arctan x$有两条水平渐近线，分别为$y=\frac{\pi}{2}$和$y=-\frac{\pi}{2}$.

**注意**

数列是自变量取自然数时的函数(通常称为整标函数)$x_n=f(n)$，因此，数列是函数的一种特殊情况.

**例 1－2－2** 观察下列函数的图像，说出当$x\to\infty$时的极限.

(1) $y=\frac{1}{x^2}$；(2) $y=e^x$；(3) $y=C$($C$为常数).

**解** 由图 1－5、图 1－6、图 1－7 知：

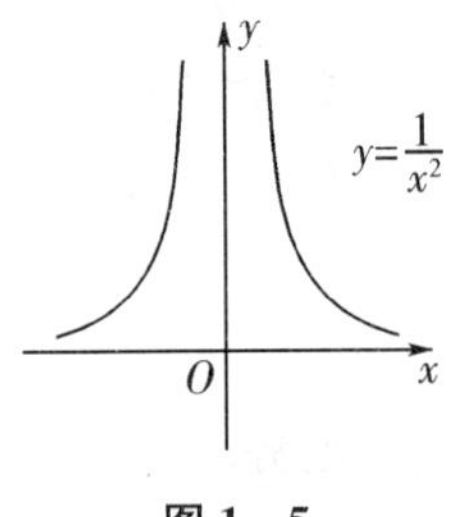


**图 1－5**

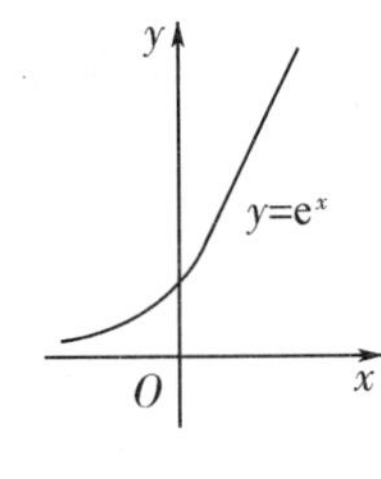


**图 1－6**

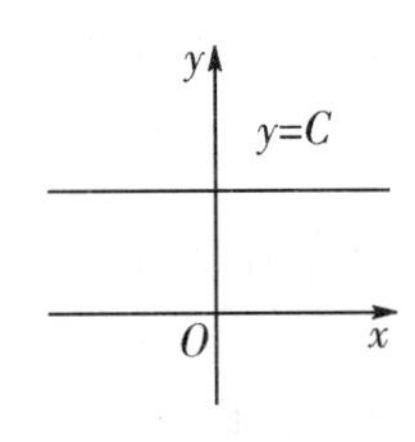


**图 1－7**

(1) $\lim\limits_{x\to\infty}\frac{1}{x^2}=0$；

(2) 因为$\lim\limits_{x\to-\infty}e^x=0$，$\lim\limits_{x\to+\infty}e^x=+\infty$，所以$\lim\limits_{x\to\infty}e^x$不存在；

(3) $\lim\limits_{x\to\infty}C=C$.

## 二、$x\to x_0$ 时函数的极限

**引例 1－2** 考察函数$y=x+1$，当$x$无限趋于1(不等于1)时$y$的变化趋势(如图 1－8(a)).

**分析** 由图知：当$x$趋向于1时，$y$就趋向于2，而且$x$越接近1，$y$就越接近2，因此，当$x\to1$时，$y=x+1\to2$.

**引例 1-3** 考察函数 $y=\dfrac{x^2-1}{x-1}$，当 $x$ 无限趋于 1(不等于 1)时的变化趋势(如图 1-8(b)).

**分析** 由图知：当 $x$ 趋向于 1 时，$y$ 就趋向于 2. 虽然 $y$ 在点 $x=1$ 处没有定义，但是只要 $x$ 无限趋于 1，$y$ 就无限趋于 2，于是，当 $x\to 1$ 时，$y=\dfrac{x^2-1}{x-1}\to 2$.

**引例 1-4** 考察函数 $y=\begin{cases}x+1 & x\neq 1\\ 1 & x=1\end{cases}$，当 $x$ 无限趋于 1(不等于 1)时的变化趋势(如图 1-8(c)).

**分析** 由图知：当 $x$ 趋向于 1 时，$y$ 就趋向于 2，而且 $x$ 越接近 1，$y$ 就越接近 2，因此，当 $x\to 1$ 时，$y=\begin{cases}x+1 & x\neq 1\\ 1 & x=1\end{cases}\to 2$.

以上三个例子表明：当自变量 $x$ 趋于某个值 $x_0$ 时，函数值就趋于某个确定常数(与函数在点 $x_0$ 有无定义没有关系)，这就是函数极限的含义.

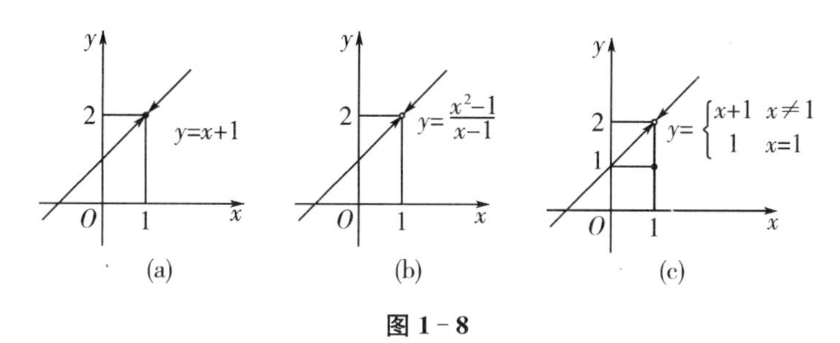


**图 1-8**

**定义 1-7** 设函数 $f(x)$ 在 $x_0$ 的左、右近旁(即附近，可以不含 $x_0$)内有定义，如果当 $x\to x_0$ 时，相应的函数值 $f(x)$ 无限趋近于一个确定的常数 $A$，则称当 $x\to x_0$ 时，$f(x)$ 以 $A$ 为极限，记作 $\lim\limits_{x\to x_0}f(x)=A$，或 $f(x)\to A(x\to x_0)$.

**注意**

(1) $\lim\limits_{x\to x_0}f(x)=A$ 与函数 $f(x)$ 在 $x_0$ 点是否有定义无关，且与 $f(x_0)$ 的值无关，它描述的是当自变量 $x$ 无限接近 $x_0$ 时，相应的函数值 $f(x)$ 无限趋近于常数 $A$ 的一种变化趋势.

(2) $x$ 在无限趋近 $x_0$ 的过程中，既从大于 $x_0$ 的方向(即从 $x_0$ 的右边)趋近 $x_0$，又从小于 $x_0$ 的方向(即从 $x_0$ 的左边)趋近于 $x_0$.

由函数极限的定义，易得

(1) $\lim\limits_{x\to x_0}C=C$ 或 $\lim\limits_{x\to\infty}C=C$($C$ 为一常数)；

(2) $\lim\limits_{x\to x_0}(ax+b)=ax_0+b(a\neq 0)$，特别地，$\lim\limits_{x\to x_0}x=x_0$.

类似可定义，当 $x$ 仅从 $x_0$ 的左侧无限趋近于 $x_0$(记为 $x\to x_0^-$)或 $x$ 仅从 $x_0$ 的右侧无限趋近于 $x_0$(记为 $x\to x_0^+$)时的极限，分别称为函数 $f(x)$ 在点 $x_0$ 的左、右极限，记为：$f(x_0-0)=\lim\limits_{x\to x_0^-}f(x)$ 和 $f(x_0+0)=\lim\limits_{x\to x_0^+}f(x)$.

**定理 1-2** $\lim\limits_{x\to x_0}f(x)=A\Leftrightarrow f(x_0-0)=f(x_0+0)=A$.

**例 1-2-3** 考察符号函数 $y=\operatorname{sgn} x=\begin{cases}-1 & x<0\\ 0 & x=0\\ 1 & x>0\end{cases}$ 当 $x\to 0$ 时的极限.

**解** 因为 $f(0-0)=\lim\limits_{x\to 0^-}f(x)=\lim\limits_{x\to 0^-}(-1)=-1$，$f(0+0)=\lim\limits_{x\to 0^+}f(x)=\lim\limits_{x\to 0^+}1=1$，所以 $f(0-0)\neq f(0+0)$.

故符号函数在点 $x=0$ 的极限不存在.

**例 1-2-4** 讨论函数 $f(x)=|x|$ 在点 $x_0=0$ 处的极限.

**解** 因为 $f(0-0)=\lim\limits_{x\to 0^-}f(x)=\lim\limits_{x\to 0^-}(-x)=0$，$f(0+0)=\lim\limits_{x\to 0^+}f(x)=\lim\limits_{x\to 0^+}x=0$，所以 $f(0-0)=f(0+0)=0$，因此 $\lim\limits_{x\to 0}|x|=0$.

**例 1-2-5** 设 $f(x)=\begin{cases}1-x & x<0\\ x^2+1 & x\geqslant 0\end{cases}$，求 $\lim\limits_{x\to 0}f(x)$.

**解** $x=0$ 是函数的分界点，两个单侧极限分别为：

$\lim\limits_{x\to 0^-}f(x)=\lim\limits_{x\to 0^-}(1-x)=1$，$\lim\limits_{x\to 0^+}f(x)=\lim\limits_{x\to 0^+}(x^2+1)=1$.

左右极限存在且相等，所以 $\lim\limits_{x\to 0}f(x)=1$.

**例 1-2-6** 验证 $\lim\limits_{x\to 0}\dfrac{|x|}{x}$ 不存在.

**解** 函数 $y=\dfrac{|x|}{x}$ 如图 1-9 所示.

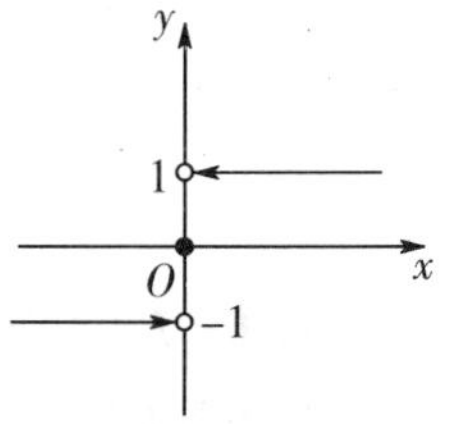

由图 1-9 知：$\lim\limits_{x\to 0^-}\dfrac{|x|}{x}=\lim\limits_{x\to 0^-}\dfrac{-x}{x}=\lim\limits_{x\to 0^-}(-1)=-1$，

$\lim\limits_{x\to 0^+}\dfrac{|x|}{x}=\lim\limits_{x\to 0^+}\dfrac{x}{x}=\lim\limits_{x\to 0^+}1=1$.

图 1-9

左右极限存在但不相等，所以 $\lim\limits_{x\to 0}f(x)$ 不存在.

**例 1-2-7** 设 $f(x)=\begin{cases}\sin x+a & x<0\\ 1+x^2 & x>0\end{cases}$，当 $a$ 为何值时，$f(x)$ 在 $x\to 0$ 的极限存在.

**解** 由于函数在分段点 $x=0$ 处，两边的表达式不同，因此一般要考虑在分段点 $x=0$ 处的左极限与右极限.

因为 $\lim\limits_{x\to 0^-}f(x)=\lim\limits_{x\to 0^-}(\sin x+a)=\lim\limits_{x\to 0^-}(\sin x)+\lim\limits_{x\to 0^-}a=a$，

$$\lim_{x\to 0^+}f(x)=\lim_{x\to 0^+}(1+x^2)=1,$$

所以要使 $\lim\limits_{x\to 0}f(x)$ 存在，必须 $\lim\limits_{x\to 0^+}f(x)=\lim\limits_{x\to 0^-}f(x)$.

因此，当 $a=1$ 时，$\lim\limits_{x\to 0}f(x)$ 存在且 $\lim\limits_{x\to 0}f(x)=1$.

当求分段函数在分段区间分界点处的极限时，务必先考虑其左、右极限，当左、右极限各自存在并且相等时，分段函数在该点的极限才存在，否则在该点的极限就不存在.

### 三、极限的四则运算法则

**定理 1-3** 设 $\lim\limits_{x\to x_0}f(x)=A$，$\lim\limits_{x\to x_0}g(x)=B$，则

(1) $\lim\limits_{x\to x_0}[f(x)\pm g(x)]=\lim\limits_{x\to x_0}f(x)\pm\lim\limits_{x\to x_0}g(x)=A\pm B$;

(2) $\lim\limits_{x\to x_0}[Cf(x)]=C[\lim\limits_{x\to x_0}f(x)]=CA$($C$ 是常数);

(3) $\lim\limits_{x\to x_0}[f(x)g(x)]=\lim\limits_{x\to x_0}f(x)\lim\limits_{x\to x_0}g(x)=AB$;

(4) $\lim\limits_{x\to x_0}\dfrac{f(x)}{g(x)}=\dfrac{\lim\limits_{x\to x_0}f(x)}{\lim\limits_{x\to x_0}g(x)}=\dfrac{A}{B}(B\neq 0)$.

**注意**

(1) 上述运算法则对 $x\to x_0^+$,$x\to x_0^-$,$x\to\infty$,$x\to+\infty$,$x\to-\infty$等其他极限过程也成立.

(2) 应用极限运算法则求极限时,必须注意每项极限都存在(对于除法,要求分母极限不为零)才能使用.

**例 1-2-8** 求$\lim\limits_{x\to 1}\dfrac{x^2+2x-3}{x^2-1}$.

**解** 当 $x\to 1$ 时,分子、分母均趋于 0,因为 $x\neq 1$,约去公因子$(x-1)$,所以

$$\lim_{x\to 1}\frac{x^2+2x-3}{x^2-1}=\lim_{x\to 1}\frac{(x-1)(x+3)}{(x-1)(x+1)}=\lim_{x\to 1}\frac{x+3}{x+1}=\frac{4}{2}=2.$$

**例 1-2-9** 求$\lim\limits_{x\to 5}\dfrac{\sqrt{x-1}-2}{x-5}$.

**解** 当 $x\to 5$ 时,分子、分母均趋于 0,可以先进行分子有理化,消去公因式,再求极限.

所以
$$\lim_{x\to 5}\frac{\sqrt{x-1}-2}{x-5}=\lim_{x\to 5}\frac{(\sqrt{x-1}-2)(\sqrt{x-1}+2)}{(x-5)(\sqrt{x-1}+2)}$$
$$=\lim_{x\to 5}\frac{x-5}{(x-5)(\sqrt{x-1}+2)}$$
$$=\lim_{x\to 5}\frac{1}{(\sqrt{x-1}+2)}=\frac{1}{4}.$$

**例 1-2-10** 求$\lim\limits_{x\to\infty}\dfrac{2x^3+3x^2+5}{7x^3+4x^2-1}$.

**解** 当 $x\to\infty$时,分子、分母极限均不存在,故不能用运算法则;要先变形,分子、分母同时除以 $x$ 的最高次方 $x^3$,然后再用运算法则,

$$\lim_{x\to\infty}\frac{2x^3+3x^2+5}{7x^3+4x^2-1}=\lim_{x\to\infty}\frac{2+\dfrac{3}{x}+\dfrac{5}{x^3}}{7+\dfrac{4}{x}-\dfrac{1}{x^3}}=\frac{2}{7}.$$

一般地,可以证明自变量趋于无穷时有理函数的极限为:

$$\lim_{x\to\infty}\frac{a_0x^m+a_1x^{m-1}+\cdots+a_m}{b_0x^n+b_1x^{n-1}+\cdots+b_n}=\begin{cases}a_0/b_0 & m=n\\ 0 & m<n\\ \infty & m>n\end{cases}(a_0\neq 0,b_0\neq 0,m,n\text{ 为非负整数}).$$

注意　$\lim\limits_{x\to x_0} f(x)=\infty$并不表示极限存在，仅表示$|f(x)|$无限增大(当 $x\to x_0$ 时).

**例 1-2-11**　求$\lim\limits_{x\to -1}\left(\dfrac{1}{x+1}-\dfrac{3}{x^3+1}\right)$.

**解**　当$x\to -1$时，$\dfrac{1}{1+x}$，$\dfrac{3}{1+x^3}$的极限均不存在，式$\dfrac{1}{x+1}-\dfrac{3}{1+x^3}$为"$\infty-\infty$"型，不能直接用"差的极限等于极限的差"的运算法则，可先进行通分化简，再用商的运算法则：

原式$=\lim\limits_{x\to -1}\dfrac{(x+1)(x-2)}{(x+1)(x^2-x+1)}=\lim\limits_{x\to -1}\dfrac{x-2}{x^2-x+1}=-1$.

**例 1-2-12**　求$\lim\limits_{\Delta x\to 0}\dfrac{\sqrt{x+\Delta x}-\sqrt{x}}{\Delta x}(x>0)$.

**解**

$$\lim_{\Delta x\to 0}\frac{\sqrt{x+\Delta x}-\sqrt{x}}{\Delta x}=\lim_{\Delta x\to 0}\frac{(\sqrt{x+\Delta x}-\sqrt{x})(\sqrt{x+\Delta x}+\sqrt{x})}{\Delta x(\sqrt{x+\Delta x}+\sqrt{x})}$$
$$=\lim_{\Delta x\to 0}\frac{1}{\sqrt{x+\Delta x}+\sqrt{x}}=\frac{1}{2\sqrt{x}}.$$

**说明**

求函数极限时，经常出现"$\dfrac{0}{0}$"、"$\dfrac{\infty}{\infty}$"、"$\infty-\infty$"等情况，都不能直接运用极限运算法则，必须对原式进行恒等变换、化简，然后再求极限. 常使用的有以下几种方法：

(1) 对于"$\infty-\infty$"型，往往需要先通分、化简，再求极限.

(2) 对于无理分式"$\dfrac{0}{0}$"型，分子、分母有理化、约分，再求极限.

(3) 对于有理分式"$\dfrac{0}{0}$"型，分子、分母进行因式分解、约分，再求极限.

(4) 对于"$\dfrac{\infty}{\infty}$"型，可将分子、分母同时除以未知数的最高次幂，然后再求极限.

## 习题　1.2

**1.** 写出下列函数的极限：

(1) $\lim\limits_{x\to\infty}\dfrac{1}{x^2}$；　　(2) $\lim\limits_{x\to x_0}\sin x$；

(3) $\lim\limits_{x\to\infty}e^{\frac{1}{x}}$；　　(4) $\lim\limits_{x\to 0^+}\operatorname{arccot}\dfrac{1}{x}$.

**2.** 判断$\lim\limits_{x\to\infty}\sin x$，$\lim\limits_{x\to 0}e^{\frac{1}{x}}$是否存在.

**3.** 设函数 $f(x)=\begin{cases}2x^2+1 & x>0\\ x+b & x\leqslant 0\end{cases}$，当$b$取什么值时，$\lim\limits_{x\to 0}f(x)$存在？

**4.** 设函数 $f(x)=\begin{cases}e^x+1 & x<0\\ 2x+2 & x>0\end{cases}$,分别讨论$\lim\limits_{x\to0}f(x)$,$\lim\limits_{x\to-1}f(x)$,$\lim\limits_{x\to2}f(x)$.

**5.** 试求函数 $f(x)=\begin{cases}x+1 & x<0\\ x^2 & 0\leqslant x\leqslant1\\ 1 & x>1\end{cases}$在 $x=0$ 和 $x=1$ 处的极限.

**6.** 设 $f(x)=\begin{cases}x-1 & x<0\\ 0 & x=0\\ x+1 & x>0\end{cases}$,讨论当 $x\to0$ 时,函数 $f(x)$的极限是否存在.

**7.** 计算下列极限:

(1) $\lim\limits_{x\to2}(x^2-3x+6)$;　　(2) $\lim\limits_{x\to1}\dfrac{x^2+3x+2}{3x+5}$;

(3) $\lim\limits_{x\to1}\dfrac{x^2+x-2}{2x^2+x-3}$;　　(4) $\lim\limits_{x\to1}\dfrac{x-3}{x^2-5x+4}$;

(5) $\lim\limits_{x\to2}\dfrac{4x^2+5}{x-2}$;　　(6) $\lim\limits_{n\to\infty}(\sqrt{n^4+1}-n^2)$;

(7) $\lim\limits_{x\to\infty}\dfrac{2x^2-x+1}{x^2+1}$;　　(8) $\lim\limits_{x\to\infty}\dfrac{x^2-4x-7}{x-8}$;

(9) $\lim\limits_{x\to\infty}\dfrac{2x^2}{3x^3-x+9}$;　　(10) $\lim\limits_{x\to0}\dfrac{\sqrt{x^2+9}-3}{x^2}$;

(11) $\lim\limits_{x\to1}\left(\dfrac{2}{1-x^2}-\dfrac{1}{1-x}\right)$;　　(12) $\lim\limits_{x\to0}\dfrac{\sqrt{x+1}-\sqrt{1-x}}{x}$.

## §1.3 两个重要极限　无穷小量与无穷大量

### 一、两个重要极限

1. 极限存在准则

**准则Ⅰ(夹逼准则)**　若函数 $f(x)$,$g(x)$,$h(x)$满足下列条件:

(1) 在 $x_0$ 附近(不含 $x_0$)有 $g(x)\leqslant f(x)\leqslant h(x)$;

(2) $\lim\limits_{x\to x_0}g(x)=\lim\limits_{x\to x_0}h(x)=A$.

则$\lim\limits_{x\to x_0}f(x)=A$.

**准则Ⅱ(单调有界准则)**　单调有界数列必有极限.

2. 两个重要极限

**极限Ⅰ**　$\lim\limits_{x\to0}\dfrac{\sin x}{x}=1$.

下面用夹逼准则来说明重要极限$\lim\limits_{x\to0}\dfrac{\sin x}{x}=1$,作单位圆(如图 1 - 10).

设 $x\left(0<x<\dfrac{\pi}{2}\right)$为圆心角$\angle AOB$,由图不难发现:

$$S_{\triangle AOB}<S_{扇形AOB}<S_{\triangle AOD},$$

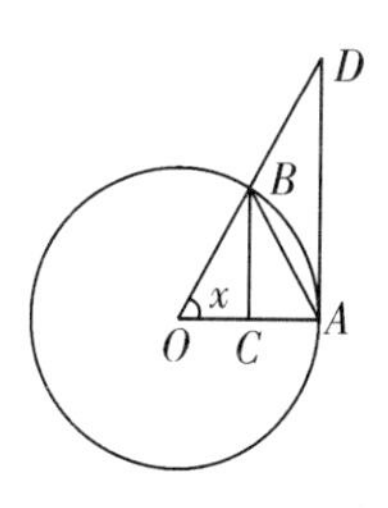

**图 1 - 10**

即：$\frac{1}{2}\sin x<\frac{1}{2}x<\frac{1}{2}\tan x$，$\sin x<x<\tan x$

$\Rightarrow 1<\frac{x}{\sin x}<\frac{1}{\cos x}\Rightarrow \cos x<\frac{\sin x}{x}<1$（因为$0<x<\frac{\pi}{2}$，所以不等式不改变方向）

当$x$改变符号时，$\cos x$，$\frac{x}{\sin x}$及1的值均不变，故对满足$0<|x|<\frac{\pi}{2}$的一切$x$，有

$$\cos x<\frac{\sin x}{x}<1.$$

而$\lim\limits_{x\to 0}\cos x=\lim\limits_{x\to 0}1=1$，因此$\lim\limits_{x\to 0}\frac{\sin x}{x}=1$.

极限$\lim\limits_{x\to 0}\frac{\sin x}{x}=1$在形式上的特点是：

(1) 是“$\frac{0}{0}$”型；

(2) 所求变量中带有三角函数；

(3) 这个极限的一般形式为：$\lim\limits_{x\to 0}\frac{\sin x}{x}=1$.

**例 1-3-1** 求极限$\lim\limits_{x\to 0}\frac{\sin mx}{x}$.

**解** $\lim\limits_{x\to 0}\frac{\sin mx}{x}=\lim\limits_{x\to 0}\left(\frac{\sin mx}{mx}\cdot m\right)=m$.

**例 1-3-2** 求极限$\lim\limits_{x\to 0}\frac{\tan x}{x}$.

**解** $\lim\limits_{x\to 0}\frac{\tan x}{x}=\lim\limits_{x\to 0}\left(\frac{\sin x}{x}\frac{1}{\cos x}\right)=\lim\limits_{x\to 0}\frac{\sin x}{x}\cdot\lim\limits_{x\to 0}\frac{1}{\cos x}=1$.

**例 1-3-3** 求极限$\lim\limits_{x\to 0}\frac{\sin 3x}{\sin 5x}$.

**解** $\lim\limits_{x\to 0}\frac{\sin 3x}{\sin 5x}=\lim\limits_{x\to 0}\left(\frac{3\sin 3x}{3x}\cdot\frac{5x}{5\sin 5x}\right)=\frac{3}{5}\lim\limits_{x\to 0}\frac{\sin 3x}{3x}\cdot\lim\limits_{x\to 0}\frac{5x}{\sin 5x}=\frac{3}{5}$.

**例 1-3-4** 求极限$\lim\limits_{x\to 0}\frac{1-\cos x}{x^2}$.

**解** $\lim\limits_{x\to 0}\frac{1-\cos x}{x^2}=\lim\limits_{x\to 0}\frac{2\sin^2\left(\frac{x}{2}\right)}{x^2}=\frac{1}{2}\cdot\lim\limits_{x\to 0}\left(\frac{\sin\frac{x}{2}}{\frac{x}{2}}\right)^2=\frac{1}{2}$.

**例 1-3-5** 求极限$\lim\limits_{x\to 1}\frac{\sin(x^3-1)}{x-1}$.

**解** $\lim\limits_{x\to 1}\frac{\sin(x^3-1)}{x-1}=\lim\limits_{x\to 1}\frac{(x^2+x+1)\sin(x^3-1)}{x^3-1}$

$$=\lim\limits_{x\to 1}(x^2+x+1)\cdot\lim\limits_{x\to 1}\frac{\sin(x^3-1)}{x^3-1}=3.$$

**例 1-3-6** 求极限$\lim\limits_{x\to \pi}\frac{\sin x}{x-\pi}$.

**解** $\lim\limits_{x\to \pi}\frac{\sin x}{x-\pi}=\lim\limits_{x\to \pi}\frac{\sin(\pi-x)}{x-\pi}\xlongequal{t=\pi-x}\lim\limits_{t\to 0}\frac{\sin t}{-t}=-1$.

**例 1-3-7** 求极限$\lim\limits_{x\to 0}\dfrac{\arcsin 2x}{x}$.

**解** $\lim\limits_{x\to 0}\dfrac{\arcsin 2x}{x}\overset{\arcsin 2x=t}{=\!=\!=\!=}\lim\limits_{t\to 0}\dfrac{t}{\frac{1}{2}\sin t}=2$.

**例 1-3-8** 求极限$\lim\limits_{x\to 0}x\cot 2x$.

**解** $\lim\limits_{x\to 0}x\cot 2x=\lim\limits_{x\to 0}\left(x\cdot\dfrac{\cos 2x}{\sin 2x}\right)=\lim\limits_{x\to 0}\dfrac{x}{\sin 2x}\cdot\lim\limits_{x\to 0}\cos 2x=\dfrac{1}{2}$.

**例 1-3-9** 求极限$\lim\limits_{x\to+\infty}2^x\sin\dfrac{\pi}{2^x}$.

**解** $\lim\limits_{x\to+\infty}2^x\sin\dfrac{\pi}{2^x}=\lim\limits_{x\to+\infty}\dfrac{\sin\frac{\pi}{2^x}}{\frac{1}{2^x}}=\lim\limits_{x\to+\infty}\dfrac{\pi\sin\frac{\pi}{2^x}}{\frac{\pi}{2^x}}=\pi$.

**极限Ⅱ** $\lim\limits_{x\to\infty}\left(1+\dfrac{1}{x}\right)^x=\mathrm{e}$.

在$\lim\limits_{x\to\infty}\left(1+\dfrac{1}{x}\right)^x=\mathrm{e}$式中，令$t=\dfrac{1}{x}$，则$x\to\infty$时，$t\to 0$，可得到极限的另一种形式：

$$\lim_{t\to 0}(1+t)^{\frac{1}{t}}=\mathrm{e}.$$

一般形式为$\lim\limits_{u(x)\to\infty}\left(1+\dfrac{1}{u(x)}\right)^{u(x)}=\mathrm{e}$（其中$u(x)$代表$x$的任意函数）.

重要极限Ⅱ的简记形式为：$\lim\limits_{x\to 0}(1+x)^{\frac{1}{x}}=\mathrm{e}$，$\lim\limits_{x\to\infty}\left(1+\dfrac{1}{x}\right)^x=\mathrm{e}$.

**注意**

重要极限Ⅱ是“$1^\infty$”型.

**例 1-3-10** 求极限$\lim\limits_{x\to\infty}\left(1-\dfrac{1}{x}\right)^{x+1}$.

**解** $\lim\limits_{x\to\infty}\left(1-\dfrac{1}{x}\right)^{x+1}=\lim\limits_{x\to\infty}\left[\left(1+\dfrac{1}{-x}\right)^{-x}\right]^{-1}\left(1-\dfrac{1}{x}\right)=\mathrm{e}^{-1}$.

**例 1-3-11** 求极限$\lim\limits_{x\to 0}(1-2x)^{\frac{1}{x}}$.

**解** $\lim\limits_{x\to 0}(1-2x)^{\frac{1}{x}}=\lim\limits_{x\to 0}[(1-2x)^{\frac{1}{-2x}}]^{-2}=\mathrm{e}^{-2}$.

**例 1-3-12** 求极限$\lim\limits_{x\to\infty}\left(\dfrac{2x+3}{2x+1}\right)^x$.

**解法一** 原式$=\lim\limits_{x\to\infty}\left(1+\dfrac{2}{2x+1}\right)^x=\lim\limits_{x\to\infty}\left(1+\dfrac{2}{2x+1}\right)^{\frac{2x+1}{2}}\left(1+\dfrac{2}{2x+1}\right)^{-\frac{1}{2}}=\mathrm{e}$.

**解法二** 令$\dfrac{2x+3}{2x+1}=1+t$，则$x=\dfrac{1}{t}-\dfrac{1}{2}$，故：

原式$=\lim\limits_{t\to 0}(1+t)^{\frac{1}{t}-\frac{1}{2}}=\lim\limits_{t\to 0}(1+t)^{\frac{1}{t}}\cdot\lim\limits_{t\to 0}(1+t)^{-\frac{1}{2}}=\mathrm{e}$.

## 二、无穷小量与无穷大量

1. 无穷小量

**定义 1-8** 如果当 $x\to x_0$(或 $x\to\infty$)时函数 $f(x)$ 的极限为零，那么称 $f(x)$ 为当 $x\to x_0$ ($x\to\infty$)时的无穷小量(简称无穷小)，记为 $\lim\limits_{x\to x_0}f(x)=0$ ($\lim\limits_{x\to\infty}f(x)=0$).

例如，$f(x)=x-1$ 当 $x\to 1$ 时为无穷小，$f(x)=\dfrac{1}{x}$ 当 $x\to\infty$ 时为无穷小.

**注意**

(1) 同一个函数，在不同的趋向下，可能是无穷小，也可能不是无穷小. 例如，当 $x\to 0$ 时 $f(x)=x-1$ 不是无穷小.

(2) 无穷小量不是一个很小的(常)量，而是一个变化过程中的变量，最终在某一趋向下，变量以零为极限.

(3) 零是唯一可作为无穷小的常数.

(4) 无穷多个无穷小量之和不一定是无穷小量. 例如，当 $n\to\infty$ 时，$\dfrac{1}{n^2},\dfrac{2}{n^2},\cdots,\dfrac{n}{n^2}$ 都是无穷小量，但 $\lim\limits_{n\to\infty}\left(\dfrac{1}{n^2}+\dfrac{2}{n^2}+\cdots+\dfrac{n}{n^2}\right)=\lim\limits_{n\to\infty}\dfrac{n(n+1)}{2n^2}=\dfrac{1}{2}$.

**例 1-3-13** 指出自变量 $x$ 在怎样的变化趋势下，下列函数为无穷小量.

(1) $y=\dfrac{1}{x-1}$； (2) $y=x^2-4$； (3) $y=a^x(a>0,a\neq 1)$.

**解** (1) 因为 $\lim\limits_{x\to\infty}\dfrac{1}{x-1}=0$，所以当 $x\to\infty$ 时，函数 $y=\dfrac{1}{x-1}$ 是一个无穷小量.

(2) 因为 $\lim\limits_{x\to 2}(x^2-4)=0$ 与 $\lim\limits_{x\to -2}(x^2-4)=0$，所以当 $x\to 2$ 与 $x\to -2$ 时函数 $y=x^2-4$ 都是无穷小量.

(3) 对于 $a>1$，因为 $\lim\limits_{x\to-\infty}a^x=0$，所以当 $x\to-\infty$ 时，$y=a^x$ 为一个无穷小量；

而对于 $0<a<1$，因为 $\lim\limits_{x\to+\infty}a^x=0$，所以当 $x\to+\infty$ 时，$y=a^x$ 为一个无穷小量.

2. 无穷小运算法则

**性质 1-2** 无穷小量与有界变量的乘积仍为无穷小，即：$\lim\limits_{x\to x_0}\alpha(x)=0$，$f(x)$ 在 $x_0$ 附近(不含 $x_0$)是有界函数，则 $\lim\limits_{x\to x_0}f(x)\alpha(x)=0$.

例如，当 $x\to\infty$，函数 $\dfrac{1}{x}$ 是无穷小量，而函数 $\cos x,\cos\dfrac{1}{x},\sin x,\sin\dfrac{1}{x}$ 都是有界函数，则

$$\lim_{x\to\infty}\frac{1}{x}\cos x=\lim_{x\to\infty}\frac{1}{x}\cos\frac{1}{x}=\lim_{x\to\infty}\frac{1}{x}\sin x=\lim_{x\to\infty}\frac{1}{x}\sin\frac{1}{x}=0.$$

**例 1-3-14** 求 $\lim\limits_{x\to+\infty}\dfrac{1+\sin x}{x}$.

**解** 不能直接运用极限运算法则，因为当 $x\to+\infty$ 时，分子极限不存在，但 $1+\sin x$ 是有界函数，即 $|1+\sin x|\leqslant 2$，而 $\lim\limits_{x\to+\infty}\dfrac{1}{x}=0$，因此当 $x\to+\infty$ 时，$\dfrac{1}{x}$ 为无穷小量. 根据有界函

数与无穷小乘积仍为无穷小的性质,即得 $\lim\limits_{x\to+\infty}\dfrac{1+\sin x}{x}=0$.

**定理 1-4(极限与无穷小量的关系定理)** $\lim\limits_{x\to x_0}f(x)=A$ 的充分必要条件是 $f(x)=A+\alpha(x)$,其中 $\alpha(x)$ 是当 $x\to x_0$ 时的无穷小量.

3. 无穷大量

考察当 $x\to 0$ 时,函数 $f(x)=\dfrac{1}{x}$ 的变化情况:在自变量无限接近于 0 时,函数值的绝对值 $\left|\dfrac{1}{x}\right|$ 无限增大,也就是对于任意给定的正数 $M$,总有 $|f(x)|=\left|\dfrac{1}{x}\right|>M$.

**定义 1-9** 设函数 $f(x)$ 在 $x_0$ 附近(不含 $x_0$)有定义,当 $x\to x_0$ 时,相应的函数的绝对值 $|f(x)|$ 无限增大,则称函数 $f(x)$ 在 $x\to x_0$ 时为无穷大量(简称无穷大). 如果相应的函数值 $f(x)$(或 $-f(x)$)无限增大,则称函数 $f(x)$ 在 $x\to x_0$ 时为正(或负)无穷大量,分别记为

$$\lim_{x\to x_0}f(x)=\infty,\ \lim_{x\to x_0}f(x)=+\infty,\ \lim_{x\to x_0}f(x)=-\infty.$$

例如,$\lim\limits_{x\to1^+}\dfrac{1}{x-1}=+\infty$, $\lim\limits_{x\to1^-}\dfrac{1}{x-1}=-\infty$, $\lim\limits_{x\to1}\dfrac{1}{x-1}=\infty$.

**注意**

(1) 若 $\lim\limits_{x\to x_0}f(x)=\infty$ 或 $\lim\limits_{x\to\infty}f(x)=\infty$,按通常意义 $f(x)$ 的极限是不存在的.

(2) 无穷大量也不是一个量的概念,是一个变化的过程,反映了自变量在某个趋向过程中,函数的绝对值无限地增大的一种趋势.

(3) 无穷大也不是一个很大的数.

(4) 无穷大量与无界函数的区别:函数为无穷大,必定无界,反之不真.

(5) 若 $\lim\limits_{x\to x_0}f(x)=\infty$,则直线 $x=x_0$ 为曲线 $y=f(x)$ 的垂直渐近线.

**例 1-3-15** 指出自变量 $x$ 在怎样的趋向下,下列函数为无穷大.

(1) $y=\dfrac{1}{2x-1}$; (2) $y=\left(\dfrac{1}{2}\right)^x$.

**解** (1) 当 $x\to\dfrac{1}{2}$,$\dfrac{1}{2x-1}$ 的绝对值无限增大,故有 $\lim\limits_{x\to\frac{1}{2}}\dfrac{1}{2x-1}=\infty$.

(2) 当 $x\to-\infty$ 时,$y=\left(\dfrac{1}{2}\right)^x$ 为无穷大.

4. 无穷大量与无穷小量的关系

**定理 1-5** 在自变量的同一变化过程中,无穷大量的倒数是无穷小量,无穷小量(不为零)的倒数是无穷大量,即:

(1) 若 $\lim\limits_{x\to x_0}\alpha(x)=0$,且对 $x_0$ 附近(不含 $x_0$)有 $\alpha(x)\neq0$,则 $\lim\limits_{x\to x_0}\dfrac{1}{\alpha(x)}=\infty$;

(2) 若 $\lim\limits_{x\to x_0}f(x)=\infty$,则 $\lim\limits_{x\to x_0}\dfrac{1}{f(x)}=0$.

5. 无穷小量阶的比较

无穷小量阶的比较是研究两个无穷小量趋于零的快慢速度问题. 下面根据两个无穷小量比值的极限来判定这两个无穷小量趋向零的快慢程度.

**定义 1-10** 设$\lim\limits_{x\to x_0}\alpha(x)=0$，$\lim\limits_{x\to x_0}\beta(x)=0$，(即$\alpha$与$\beta$为$x$在同一变化过程中的两个无穷小)，则有：

若$\lim\limits_{x\to x_0}\dfrac{\beta}{\alpha}=0$，就说$\beta$是比$\alpha$高阶的无穷小，记为$\beta=o(\alpha)$；

若$\lim\limits_{x\to x_0}\dfrac{\beta}{\alpha}=\infty$，就说$\beta$是比$\alpha$低阶的无穷小；

若$\lim\limits_{x\to x_0}\dfrac{\beta}{\alpha}=C(C\neq 0,1)$，就说$\beta$是与$\alpha$同阶的无穷小.

特别地，若$\lim\limits_{x\to x_0}\dfrac{\beta}{\alpha}=1$，就说$\beta$与$\alpha$是等价无穷小，记为$\alpha\sim\beta$.

例如：$x\to 0$时，$x^2=o(x)$，$\sin x\sim x$，$1-\cos x$与$x^2$是同阶无穷小.

**注意**

(1) 并不是所有的无穷小都能进行比较.
(2) 等价无穷小具有传递性：即$\alpha\sim\beta,\beta\sim\gamma\Rightarrow\alpha\sim\gamma$.
(3) 定义中对其他情形$x\to x_0^+$，$x\to x_0^-$，$x\to\infty$，$x\to+\infty$，$x\to-\infty$同样适用.

## 习题 1.3

**1.** 指出下列函数在$x$的何种变化趋势下是无穷小？

(1) $y=\dfrac{x-2}{x^2+1}$；　(2) $y=\ln(x-1)$；　(3) $y=\arcsin x$.

**2.** 指出下列函数在$x$的何种变化趋势下是无穷大？

(1) $y=\dfrac{x+1}{x-2}$；　(2) $y=\ln(1-x)$.

**3.** 当$x\to 1$时，将下列各量与无穷小量$x-1$进行比较：

(1) $\ln x$；　(2) $x^3-3x+2$.

**4.** 已知$\lim\limits_{x\to\infty}\left(\dfrac{x}{x+a}\right)^x=2$，求$a$.

**5.** 设$f(x)=\begin{cases}x-1 & x\geqslant 1\\ \dfrac{1}{x-1} & x<1\end{cases}$，问：当$x\to 1$时$f(x)$是无穷小吗？是无穷大吗？为什么？

**6.** 求下列极限：

(1) $\lim\limits_{x\to\infty}\left(1+\dfrac{1}{x}\right)^{2x+3}$；　(2) $\lim\limits_{x\to 0}(1+x)^{\frac{3}{\sin x}}$；

(3) $\lim\limits_{x\to\infty}\left(1-\dfrac{1}{2x}\right)^{3x}$；　(4) $\lim\limits_{n\to\infty}\left(\dfrac{n+2}{n+1}\right)^{n+3}$；

(5) $\lim\limits_{x\to\infty}\left(\dfrac{x-1}{x+1}\right)^{x}$；　(6) $\lim\limits_{x\to 0}(1-\tan x)^{2\cot x-1}$；

(7) $\lim\limits_{x\to 0}\dfrac{\tan 5x}{\sin 3x}$；　(8) $\lim\limits_{x\to 0}\dfrac{x+\sin x}{x-2\sin x}$；

(9) $\lim\limits_{x\to 0}\dfrac{1-\cos 2x}{x\sin x}$；　(10) $\lim\limits_{x\to 0}\dfrac{\sin x^3}{\sin^2 x}$；

(11) $\lim\limits_{x\to1}\dfrac{\sin(x-1)}{x^2-1}$；　　(12) $\lim\limits_{x\to0}x\cot 2x$；

(13) $\lim\limits_{x\to1}\dfrac{\sin(x^3-1)}{x-1}$；　　(14) $\lim\limits_{x\to1}\dfrac{\sin \pi x}{4(x-1)}$；

(15) $\lim\limits_{x\to0}\dfrac{\sin 3x}{\sqrt{1+x}-\sqrt{1-x}}$.

## §1.4 函数的连续性

连续性是函数的重要性态之一，它是与函数的极限密切相关的另一个基本概念. 在实际问题中普遍存在连续性问题，例如，随着时间的连续变化，气温会连续地变化. 从图形上看，函数的图像是连绵不断的.

### 一、函数的连续性

1. 函数的增量

变量 $u$ 由初值 $u_1$ 变到终值 $u_2$，终值 $u_2$ 与初值 $u_1$ 的差 $u_2-u_1$ 称为 $u$ 的增量，记为 $\Delta u$，即 $\Delta u=u_2-u_1$.

**说明**

$\Delta u$ 可正、可负，也可为零，这些取决于 $u_1$ 与 $u_2$ 的大小.

$x-x_0$ 称为自变量 $x$ 在点 $x_0$ 的增量，记为 $\Delta x$，即 $\Delta x=x-x_0$ 或 $x=x_0+\Delta x$，并且，$x\to x_0\Leftrightarrow\Delta x\to0$；相应的函数值差 $f(x)-f(x_0)$ 称为函数 $f(x)$ 在点 $x_0$ 的增量，记为 $\Delta y$，即

$$\Delta y=f(x)-f(x_0)=y-y_0,$$

亦即 $f(x)=f(x_0)+\Delta y$ 或 $y=y_0+\Delta y$，并有：

$$f(x)\to f(x_0)\Leftrightarrow f(x_0+\Delta x)-f(x_0)\to0\Leftrightarrow\Delta y\to0.$$

2. 函数连续性的定义

**定义 1-11**　设函数 $y=f(x)$ 在点 $x_0$ 及其附近有定义，若 $\lim\limits_{x\to x_0}f(x)=f(x_0)$，则称函数 $y=f(x)$ 在点 $x_0$ 处连续.

例如：(1) 因为 $\lim\limits_{x\to2}f(x)=\lim\limits_{x\to2}(2x-1)=3=f(2)$，所以函数 $f(x)=2x-1$ 在点 $x=2$ 连续.

(2) 由于 $\lim\limits_{x\to0}f(x)=\lim\limits_{x\to0}x\sin\dfrac{1}{x}=0=f(0)$，所以函数 $f(x)=\begin{cases}x\sin\dfrac{1}{x} & x\neq0\\0 & x=0\end{cases}$ 在点 $x=0$ 处连续.

根据函数增量的概念：$\lim\limits_{x\to x_0}f(x)=f(x_0)$ 可用 $\lim\limits_{\Delta x\to0}\Delta y=0$ 表示. 由此，可得函数连续的另一种定义：

**定义 1-12**　设 $y=f(x)$ 在点 $x_0$ 及其附近有定义，若当 $\Delta x\to0$ 时，有 $\Delta y\to0$，即 $\lim\limits_{\Delta x\to0}\Delta y$

$=0$,则称 $f(x)$ 在 $x_0$ 点连续.

**注意**

函数 $y=f(x)$ 在点 $x_0$ 处连续,必须同时满足以下三个条件(通常称为三要素):

(1) 函数 $f(x)$ 在点 $x_0$ 处有定义;

(2) 极限 $\lim\limits_{x \to x_0} f(x)$ 存在;

(3) $\lim\limits_{x \to x_0} f(x)=f(x_0)$.

设函数 $f(x)$ 在点 $x_0$ 及左附近(或右附近)有定义,若 $f(x_0-0)=\lim\limits_{x \to x_0^-} f(x)=f(x_0)$(或 $f(x_0+0)=\lim\limits_{x \to x_0^+} f(x)=f(x_0)$),则称函数 $y=f(x)$ 在点 $x_0$ 处左(或右)连续.

**定理 1-6** 函数 $f(x)$ 在点 $x_0$ 处连续的充要条件是:函数 $f(x)$ 在点 $x_0$ 处左连续且右连续,即 $\lim\limits_{x \to x_0} f(x)=f(x_0) \Leftrightarrow f(x_0-0)=f(x_0+0)=f(x_0)$.

**例 1-4-1** 讨论函数 $y=\begin{cases} x+2 & x \geqslant 0 \\ x-2 & x<0 \end{cases}$ 在 $x=0$ 的连续性.

**解** 因为 $f(0-0)=\lim\limits_{x \to 0^-}(x-2)=-2, f(0+0)=\lim\limits_{x \to 0^+}(x+2)=2$,

$$f(0-0) \neq f(0+0),$$

所以该函数在 $x=0$ 点不连续.

又因为 $f(0)=2$,所以 $f(0+0)=f(0)$,该函数在点 $x=0$ 处右连续.

**例 1-4-2** 证明 $f(x)=|x|$ 在点 $x=0$ 连续.

**证明** 因为 $\lim\limits_{x \to 0^-}|x|=\lim\limits_{x \to 0^-}(-x)=0, \lim\limits_{x \to 0^+}|x|=\lim\limits_{x \to 0^+} x=0$,又 $f(0)=0$,所以

$$\lim_{x \to 0}|x|=0=f(0),$$

因此 $f(x)=|x|$ 在 $x=0$ 点连续.

**例 1-4-3** 讨论函数 $f(x)=\begin{cases} 1+\cos x & x<\frac{\pi}{2} \\ \sin x & x \geqslant \frac{\pi}{2} \end{cases}$ 在点 $x=\frac{\pi}{2}$ 处的连续性.

**解** 由于函数在分段点 $x=\frac{\pi}{2}$ 处两边的表达式不同,因此,一般要考虑在分段点 $x=\frac{\pi}{2}$ 处的左极限与右极限. 因而有:

$$f\left(\frac{\pi}{2}-0\right)=\lim_{x \to \frac{\pi}{2}^-} f(x)=\lim_{x \to \frac{\pi}{2}^-}(1+\cos x)=1, f\left(\frac{\pi}{2}+0\right)=\lim_{x \to \frac{\pi}{2}^+} f(x)=\lim_{x \to \frac{\pi}{2}^+} \sin x=1,$$

$$f\left(\frac{\pi}{2}\right)=1, f\left(\frac{\pi}{2}-0\right)=f\left(\frac{\pi}{2}+0\right)=f\left(\frac{\pi}{2}\right)=1,$$

所以函数 $f(x)$ 在 $x=\frac{\pi}{2}$ 连续.

> **注意**　对于讨论分段函数 $f(x)$ 在分界点 $x=a$ 处连续性问题，如果函数 $f(x)$ 在 $x=a$ 左、右两边的表达式相同，则直接计算函数 $f(x)$ 在 $x=a$ 处的极限与函数值；如果函数 $f(x)$ 在 $x=a$ 左、右两边的表达式不相同，则要分别计算函数 $f(x)$ 在 $x=a$ 处的左、右极限，再确定函数 $f(x)$ 在 $x=a$ 处的极限与函数值.

若函数 $f(x)$ 在区间 $(a,b)$ 内每一点都连续，则称函数 $f(x)$ **在开区间** $(a,b)$ **内连续**. 记：$f(x)\in C(a,b)$.

若函数 $f(x)$ 在开区间 $(a,b)$ 内连续，且在点 $a$ 右连续，在点 $b$ 左连续，则称函数 $f(x)$ **在闭区间** $[\boldsymbol{a},\boldsymbol{b}]$ **上连续**. 记：$f(x)\in C[a,b]$.

若函数 $f(x)$ 在定义域内每一点都连续，则称 $f(x)$ 为连续函数.

显然：(1) 多项式函数在 $(-\infty,+\infty)$ 上是连续的.

(2) 有理函数在分母不等于零的点处是连续的，即在定义域内是连续的.

## 二、函数的间断点

**定义 1-13**　若函数 $f(x)$ 在点 $x_0$ 不连续，就称点 $x_0$ 为 $f(x)$ 的**间断点**（或不连续点）.

间断点有下列三种情况：

(1) $f(x)$ 在 $x=x_0$ 没有定义；

(2) $\lim\limits_{x\to x_0}f(x)$ 不存在；

(3) $\lim\limits_{x\to x_0}f(x)$ 存在，也可能在点 $x_0$ 有定义，但 $\lim\limits_{x\to x_0}f(x)\neq f(x_0)$.

我们来观察下述几个函数的曲线在 $x=1$ 点的情况，给出间断点的分类.

(1) $y=x+1$ 在 $x=1$ 连续.（如图 1-11(a)）

(2) $y=\dfrac{x^2-1}{x-1}$ 在 $x=1$ 间断，$x\to1$ 极限为 2，函数在点 $x=1$ 处无定义.（如图 1-11(b)）

(3) $y=\begin{cases}x+1 & x\neq1\\ 1 & x=1\end{cases}$ 在 $x=1$ 间断，$x\to1$ 极限为 2，$y|_{x=1}=1$，两者不相等.（如图 1-11(c)）

(4) $y=\begin{cases}x+1 & x<1\\ x & x\geqslant1\end{cases}$ 在 $x=1$ 间断，$x\to1$ 左极限为 2，右极限为 1，$\lim\limits_{x\to1}y$ 不存在.（如图 1-11(d)）

(5) $y=\dfrac{1}{x-1}$ 在 $x=1$ 间断，$\lim\limits_{x\to1}\dfrac{1}{x-1}=\infty$.（如图 1-11(e)）

(6) $y=\sin\dfrac{1}{x}$ 在 $x=0$ 间断，$x\to0$ 极限不存在.（如图 1-11(f)）

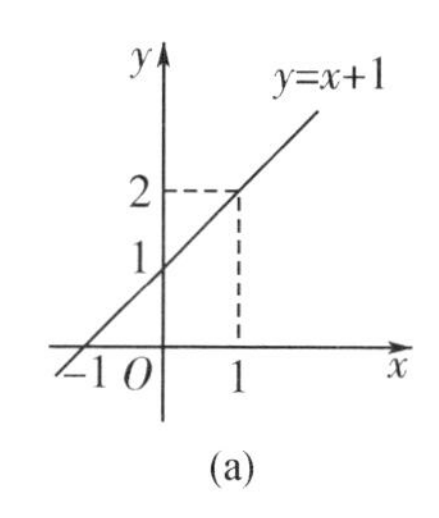

(a)

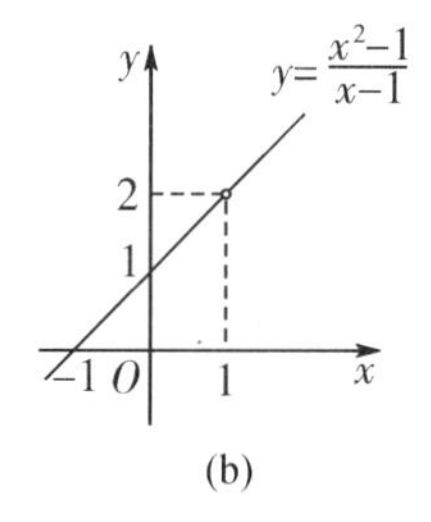

(b)

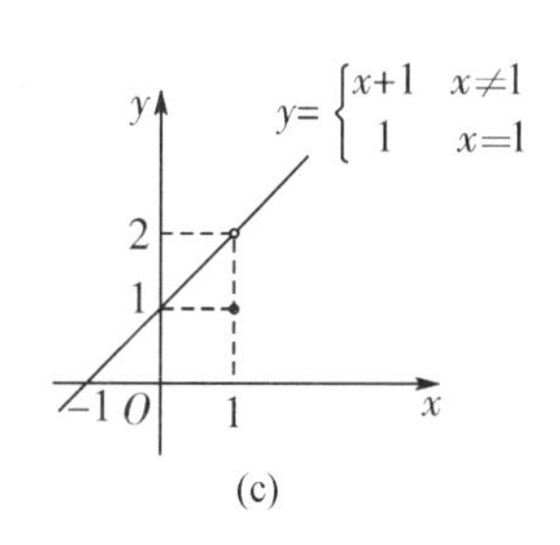

(c)

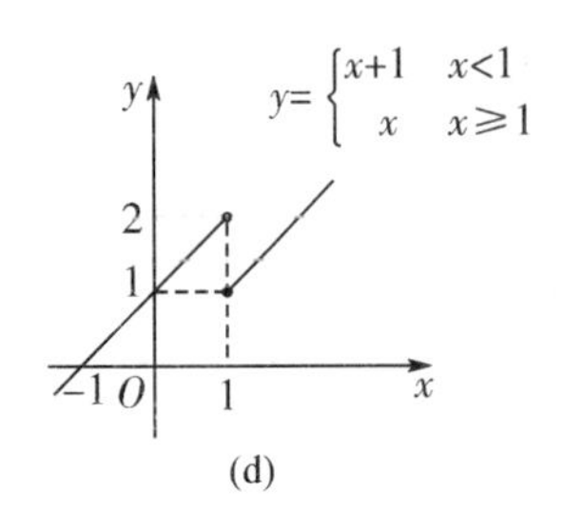

(d)

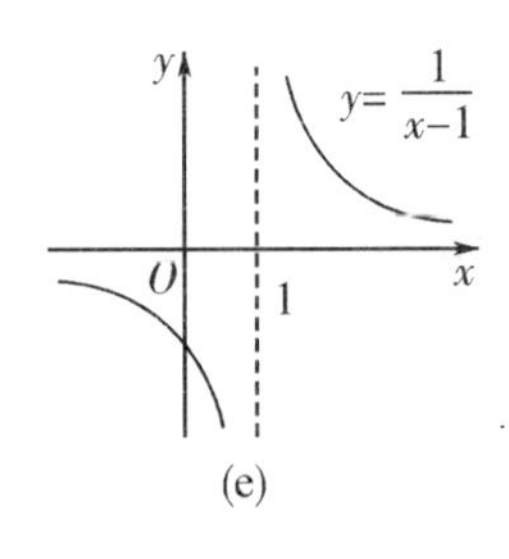

(e)

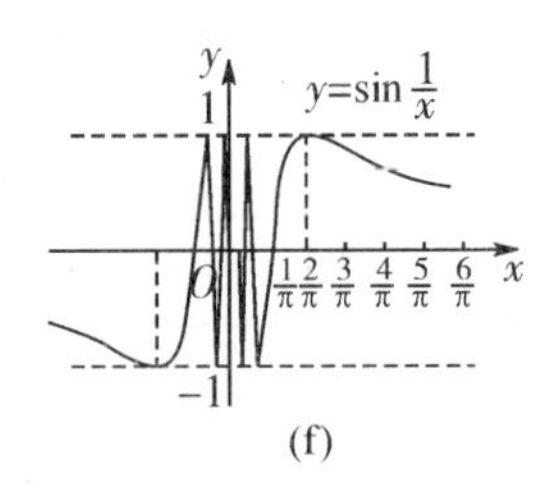

(f)

**图 1-11**

像(b)、(c)、(d)这样在 $x\to 1$ 时左右极限都存在的间断点,称为第一类间断点,其中极限存在的(b)、(c),称作第一类间断点中的可去间断点,可补充定义,令 $f(1)=2$,则在 $x=1$ 函数就变成连续的了;(d)被称作第一类间断点中的跳跃间断点.(e)、(f)被称作第二类间断点,其中(e)也称作无穷间断点,而(f)称作振荡间断点.

通常把间断点分成两类:若 $x_0$ 是函数 $f(x)$的间断点,则:

(1) 若 $f(x)$在点 $x_0$ 处 $f(x_0+0)$,$f(x_0-0)$都存在,则称 $x_0$ 为 $f(x)$的**第一类间断点**.在第一类间断点中,若 $f(x_0+0)=f(x_0-0)$,$x_0$ 称为**可去间断点**,若 $f(x_0+0)\neq f(x_0-0)$,$x_0$ 称为**跳跃间断点**.

(2) 若 $f(x)$在点 $x_0$ 处 $f(x_0+0)$,$f(x_0-0)$至少有一个不存在,则称 $x_0$ 为 $f(x)$的**第二类间断点**.第二类间断点包括无穷间断点和振荡间断点.

一般地,若 $x_0$ 是函数 $f(x)$的一个可去间断点,可重新定义在间断点的值(若函数在这间断点无定义,可补充定义该点的函数值),生成 $f(x)$的**连续延拓函数 $g(x)$**,即

$$g(x)=\begin{cases} f(x) & x\neq x_0 \\ \lim\limits_{x\to x_0} f(x) & x=x_0 \end{cases}.$$

例如,(1) $y=\dfrac{\sin x}{x}$在 $x=0$ 点无意义且$\lim\limits_{x\to 0}\dfrac{\sin x}{x}=1$,所以 $x=0$ 为第一类间断点.补充定义 $f(0)=1$,则函数 $y=\begin{cases} \dfrac{\sin x}{x} & x\neq 0 \\ 1 & x=0 \end{cases}$在点 $x=0$ 就连续了.

(2) 函数 $f(x)=\begin{cases} x^2 & x<0 \\ 1+x & x\geqslant 0 \end{cases}$在 $x=0$ 点左、右极限均存在,但不相等,所以 $x=0$ 为第一类间断点,其中:$\lim\limits_{x\to 0^-} f(x)=\lim\limits_{x\to 0^-} x^2=0$,$\lim\limits_{x\to 0^+} f(x)=\lim\limits_{x\to 0^+}(1+x)=1$.由于 $y=f(x)$的函数值在 $x=0$ 处产生跳跃现象,则称 $x=0$ 为函数 $f(x)$的跳跃间断点.

(3) 设 $f(x)=\dfrac{1}{x^2}$,当 $x\to 0$,$f(x)\to\infty$,即极限不存在,所以 $x=0$ 为 $f(x)$的第二类间断点.因为$\lim\limits_{x\to 0}\dfrac{1}{x^2}=\infty$,所以又称 $x=0$ 为函数 $f(x)=\dfrac{1}{x^2}$的无穷间断点.

**例 1-4-4** 求函数 $f(x)=\dfrac{x-1}{x^2-3x+2}$的间断点,指出间断点的类型,若是可去间断点,写出函数的连续延拓函数.

**解** 初等函数 $f(x)$在 $x=1$ 与 $x=2$ 处无定义,故 $x=1$ 与 $x=2$ 是 $f(x)$的间断点.

对于 $x=1$，$\lim\limits_{x\to1}\dfrac{x-1}{x^2-3x+2}=\lim\limits_{x\to1}\dfrac{x-1}{(x-2)(x-1)}=\lim\limits_{x\to1}\dfrac{1}{x-2}=-1$，

所以 $x=1$ 是 $f(x)$的可去间断点. 其连续延拓函数为：$g(x)=\begin{cases}\dfrac{x-1}{x^2-3x+2} & x\neq1\\ -1 & x=1\end{cases}$.

对于 $x=2$，$\lim\limits_{x\to2}\dfrac{x-1}{x^2-3x+2}=\lim\limits_{x\to2}\dfrac{x-1}{(x-2)(x-1)}=\lim\limits_{x\to2}\dfrac{1}{x-2}=\infty$，

所以 $x=2$ 是 $f(x)$的第二类间断点.

## 三、初等函数的连续性

### 1. 连续函数的运算

**定理 1-7(连续函数的四则运算法则)** 若 $f(x)$，$g(x)$均在 $x_0$ 连续，则 $f(x)\pm g(x)$，$f(x)\cdot g(x)$及$\dfrac{f(x)}{g(x)}$(要求 $g(x_0)\neq0$)都在 $x_0$ 连续.

**定理 1-8** 设函数 $u=\varphi(x)$在点 $x=x_0$ 连续，且 $\varphi(x_0)=u_0$，函数 $y=f(u)$在 $u_0$ 点连续，则复合函数 $y=f(\varphi(x))$在点 $x=x_0$ 处连续，即

$$\lim_{x\to x_0}f(\varphi(x))=f(\lim_{x\to x_0}\varphi(x))=f(u_0)=f(\varphi(x_0)).$$

利用"函数连续的极限值即为函数值"可求连续函数的极限. 在一定条件下求复合函数的极限，极限符号与函数符号可交换次序.

**例 1-4-5** 求$\lim\limits_{x\to0}\sqrt[3]{2-\dfrac{\sin x}{x}}$.

**解** 因为$\lim\limits_{x\to0}\dfrac{\sin x}{x}=1$，及$\sqrt[3]{2-u}$在 $u=1$ 点连续，所以

$$\lim_{x\to0}\sqrt[3]{2-\frac{\sin x}{x}}=\lim_{x\to0}\sqrt[3]{2-\lim_{x\to0}\frac{\sin x}{x}}=\sqrt[3]{2-1}=1.$$

### 2. 初等函数的连续性

基本初等函数在其定义域内都是连续的.

根据极限运算法则和连续函数定义可知：有限个连续函数的和、差、积、商(分母不为 0)也是连续函数；由连续函数复合而成的复合函数也是连续函数. 因此得到初等函数连续性的重要结论：**一切初等函数在其定义区间内都是连续函数**. 即：如果点 $x_0$ 是初等函数 $f(x)$定义区间内一点，那么$\lim\limits_{x\to x_0}f(x)=f(x_0)$.

**注意** 利用函数的连续性来求函数的极限.

**例 1-4-6** 求$\lim\limits_{x\to0}\dfrac{\ln(1+x)}{x}$.

**解** $\lim\limits_{x\to0}\dfrac{\ln(1+x)}{x}=\lim\limits_{x\to0}\ln(1+x)^{\frac{1}{x}}=\ln\lim\limits_{x\to0}(1+x)^{\frac{1}{x}}=\ln e=1.$

## 四、闭区间上连续函数的性质

1. 最大值和最小值的定理

**定理 1-9(最大值与最小值定理)** 在闭区间上的连续函数一定有最大值和最小值.

如图 1-12 所示,闭区间$[a,b]$上的连续函数 $f(x)$在点 $x=a$ 和 $x=\xi_1$ 处取得最小值 $m$,在点 $x=\xi_2$ 处取得最大值 $M$.

**推论 1-1(有界性定理)** 闭区间上的连续函数在该闭区间一定有界.

> **注意** 定理 1-9 中"闭区间"和"连续函数"是两个重要条件,缺少一个,定理不能保证成立.

例如,函数 $f(x)=\begin{cases}1-x & 0\leqslant x<1\\ 1 & x=1\\ 3-x & 1<x\leqslant 2\end{cases}$ 在 $x=1$ 处不连续,它在闭区间$[0,2]$上无最大值和最小值(如图 1-13);函数 $f(x)=\dfrac{1}{x}$在开区间$(0,1)$内连续,但在$(0,1)$内无最大值和最小值.

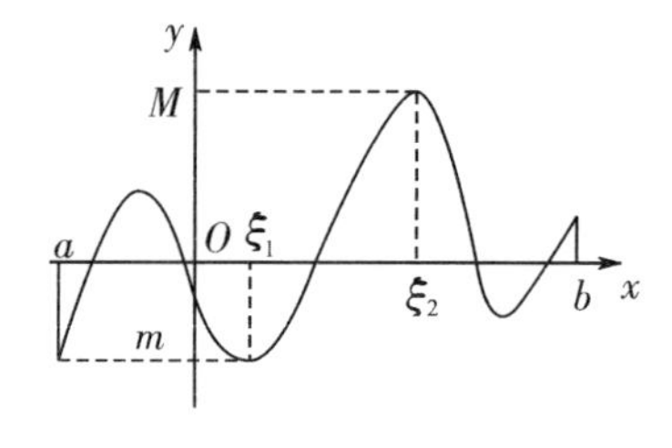


图 1-12

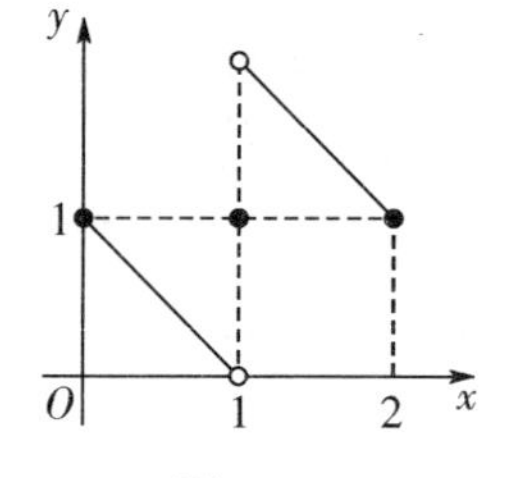


图 1-13

2. 零点定理

若点 $x_0$ 使得 $f(x_0)=0$,则称点 $x_0$ 为 $f(x)$的零点(或 $f(x)=0$ 的根).

**定理 1-10(零点定理)** 设 $f(x)$在$[a,b]$上连续,且 $f(a)\cdot f(b)<0$,则在开区间$(a,b)$上,至少存在一点 $\xi$,使得 $f(\xi)=0$,即 $f(x)$在$(a,b)$内至少有一个零点.

> **说明**
>
> (1) 本定理对判断零点的位置很有用处,但不能求出零点.
>
> (2) 若 $f(a)\cdot f(b)>0$,则不能判定有没有零点,须进一步考查.
>
> (3) 从几何直观上看$(a,f(a))$与$(b,f(b))$在 $x$ 轴的上下两侧,由于 $f(x)$连续,显然,在$(a,b)$上,$f(x)$的图像与 $x$ 轴至少有一个交点(如图 1-14).

**例 1-4-7** 验证方程 $x^3-3x^2-9x+1=0$ 在 0 与 1 之间有一实根.

**解** 令 $f(x)=x^3-3x^2-9x+1$,$f(0)=1>0$,$f(1)=1-3-9+1=-10<0$.

又 $f(x)$在$[0,1]$上是连续的,故由零点定理,知:$\exists\,\xi\in(0,1)$,使得 $f(\xi)=0$,即

$$\xi^3-3\xi^2-9\xi+1=0;$$

所以方程 $x^3-3x^2-9x+1=0$ 至少有一根在 0 与 1 之间.

3. 介值定理

**定理 1-11(介值定理)** 设 $f(x)$在$[a,b]$上连续,且 $f(a)\neq f(b)$,那么,对介于 $f(a)$与 $f(b)$之间的任意常数 $C$,至少存在一点 $\xi\in(a,b)$,使得 $f(\xi)=C(a<\xi<b)$.

**注意** 由 $f(\xi)=C$ 说明 $\xi$ 是 $f(x)-C$ 的零点;体现在几何图像上就是曲线 $y=f(x)$与 $y=C$ 在$(a,b)$内至少有一个交点(如图 1-15).

**推论 1-2** 设在闭区间$[a,b]$上的连续函数 $f(x)$有最大值 $M$ 和最小值 $m$,则对于任意的常数 $C\in(m,M)$,必$\exists\xi\in(a,b)$,使得 $f(\xi)=C$.

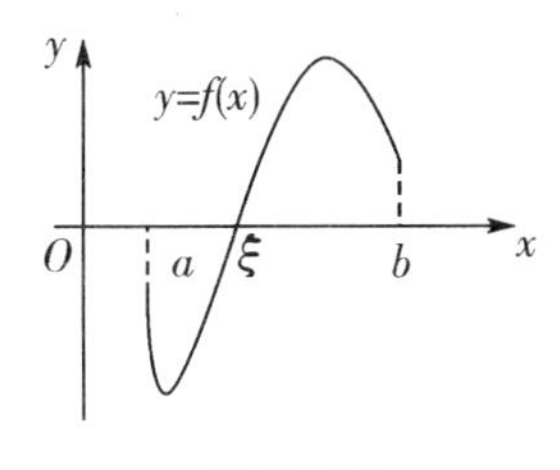


图 1-14

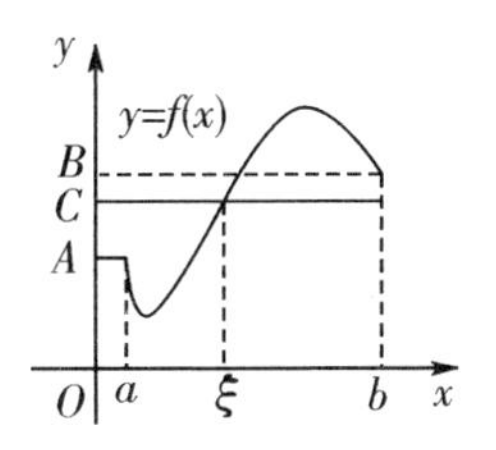


图 1-15

**例 1-4-8** 设 $f(x)$在$[a,b]$上连续,且 $f(a)<a,f(b)>b$,证明 $f(x)=x$ 在$(a,b)$内至少有一个根.

**证明** 令 $g(x)=f(x)-x$,可知 $g(x)$在$[a,b]$上连续.

因为 $g(a)=f(a)-a<0,g(b)=f(b)-b>0$.

由介值定理的推论,可知 $g(x)$在$(a,b)$内至少有一个零点,即 $f(x)=x$ 在$(a,b)$内至少有一个根.

介值定理及其推论都是对闭区间上的连续函数进行讨论的,若把闭区间换成开区间,或函数不满足连续的条件,则结论就不一定成立了.

## 习题 1.4

**1.** 讨论函数 $f(x)=\begin{cases}\dfrac{1-x^2}{1+x} & x\neq-1\\ 2 & x=-1\end{cases}$ 在 $x=-1$ 处的连续性.

**2.** 讨论函数 $f(x)=\begin{cases}1+\dfrac{x}{2} & x<0\\ 1 & x=0\\ 1+x^2 & 0<x\leqslant1\\ 4-x & x>1\end{cases}$ 在 $x=0$ 和 $x=1$ 处的连续性.

**3.** 设 $f(x)=\begin{cases}\dfrac{\ln(1+2x)}{x} & x<0\\ 2x+k & x\geqslant 0\end{cases}$ 在定义域内连续，求 $k$ 的值.

**4.** 试求下列函数的间断点，并指出其类型(第一类还是第二类间断点)：

(1) $f(x)=\dfrac{1}{x-2}$；(2) $f(x)=\dfrac{x^2-1}{x^2-3x+2}$；(3) $f(x)=\dfrac{x^2-4}{x-2}$.

**5.** 求下列极限：

(1) $\lim\limits_{x\to1}\dfrac{\sqrt{x^2+3}-2}{x-1}$； (2) $\lim\limits_{x\to0}(2-x)^{\frac{1}{x-1}}$；

(3) $\lim\limits_{x\to+\infty}\cos(\sqrt{x+1}-\sqrt{x})$； (4) $\lim\limits_{x\to-2}\dfrac{e^x+1}{x}$；

(5) $\lim\limits_{x\to0}\dfrac{\ln(2+x)-\ln 2}{x}$； (6) $\lim\limits_{x\to0}\dfrac{a^x-1}{x}$.

**6.** 证明方程 $\sin x-x+1=0$ 在区间$(0,\pi)$内至少有一个根.

## 小结与复习

1. 函数

在理解函数概念的基础上，进一步掌握函数的四大特性，掌握分段函数和复合函数的概念、六类基本初等函数的图像和性质.

2. 极限

了解函数极限的定义(六种形式极限)，在了解极限存在的充分必要条件的基础上，掌握求极限的方法：

(1) 利用初等函数的连续性求极限.

若函数 $y=f(x)$在点 $x_0$ 处连续，则$\lim\limits_{x\to x_0}f(x)=f(x_0)$.

(2) 利用函数的极限的运算法则求极限.

(3) 利用无穷小与无穷大的倒数关系求极限.

(4) 利用无穷小量与有界变量的乘积仍为无穷小求极限.

(5) 求函数极限时，经常出现“$\dfrac{0}{0}$”、“$\dfrac{\infty}{\infty}$”、“$\infty-\infty$”等情况，都不能直接运用极限运算法则，必须对原式进行恒等变换、化简，然后再求极限. 常使用的有以下几种方法：

➢ 对于“$\infty-\infty$”型：往往需要先通分、化简，再求极限.

➢ 对于无理分式“$\dfrac{0}{0}$”型：分子、分母有理化、约分，再求极限.

➢ 对于有理分式“$\dfrac{0}{0}$”型：分子、分母进行因式分解、约分，再求极限.

(6) 利用两个重要极限公式求极限.

$\lim\limits_{x\to0}\dfrac{\sin x}{x}=1$；$\lim\limits_{x\to0}(1+x)^{\frac{1}{x}}=e$，$\lim\limits_{x\to\infty}\left(1+\dfrac{1}{x}\right)^x=e$.

(7) $\lim\limits_{x\to\infty}\dfrac{a_0x^m+a_1x^{m-1}+\cdots+a_m}{b_0x^n+b_1x^{n-1}+\cdots+b_n}=\begin{cases}\dfrac{a_0}{b_0} & m=n\\ 0 & m<n\\ \infty & m>n\end{cases}$ ($a_0\neq 0,b_0\neq 0,m,n$ 为非负整数).

3. 函数的连续性

主要掌握函数 $f(x)$ 在点 $x_0$ 处连续的两个等价定义，会判断分段函数在分界点的连续性. 知道闭区间上连续函数的几个常用的性质.

## 复习题 1

**一、填空题**

**1.** 设 $f(x-1)=x^2+5$，则 $f(x+1)=$________.

**2.** 设 $\lim\limits_{x\to\infty}\dfrac{(x+1)^{95}(ax+1)^5}{(x^2+1)^{50}}=8$，则 $a=$________.

**3.** $\lim\limits_{x\to\infty}\dfrac{(x-2)^3(2x-1)^2}{x^5+1}=$________.

**4.** 设 $\lim\limits_{x\to 2}\dfrac{x^2-3x+k}{x-2}=1$，则常数 $k=$________.

**5.** 函数 $y=e^{\sin\frac{1}{x}}$ 是由________复合而成.

**6.** 函数 $y=\log_2(\sin x+2)$ 是由简单函数________复合而成.

**7.** $f(x)=\dfrac{1}{x^2-1}$ 的间断点是________.

**8.** 设 $\lim\limits_{x\to 0}\dfrac{\sin mx}{3x}=\dfrac{3}{2}$，则 $m=$________.

**9.** 设 $\lim\limits_{x\to\infty}\left(\dfrac{x+2a}{x-a}\right)^x=8$，则 $a=$________.

**10.** $\lim\limits_{x\to\infty}\left(1+\dfrac{1}{kx}\right)^x(k\neq 0)=$________.

**11.** 设 $f(x)=\dfrac{\sin 3x}{x}$，补充定义 $f(0)=$________，可使 $f(x)$ 在 $x=0$ 连续.

**12.** 函数 $y=\dfrac{1}{\sqrt{2x-1}}$ 的连续区间是________.

**13.** 已知 $\lim\limits_{x\to 2}\dfrac{x^2+ax+b}{x^2-x-2}=2$，则 $a=$________，$b=$________.

**14.** 设 $f(x)=\begin{cases}\dfrac{\sqrt{x+1}-1}{x} & x\neq 0\\ 0 & x=0\end{cases}$，则 $x=0$ 是 $f(x)$ 的________类间断点.

**15.** 设 $f(x)=\begin{cases}\dfrac{\sqrt{1+x}-\sqrt{1-x}}{x} & x\neq 0\\ k & x=0\end{cases}$，如果 $f(x)$ 在 $x=0$ 处连续，那么 $k=$________.

**16.** 设 $f(x)=\begin{cases}\dfrac{x^2+bx+a}{x-1} & x\neq 1\\ a & x=1\end{cases}$，在 $x=1$ 处连续，则 $a=$________，$b=$________.

**17.** 设 $f(x-1)=x^2+2x-1$，则 $\lim\limits_{x\to 0}f(x)=$________.

**18.** 当 $x\to$________时，函数 $f(x)=\dfrac{1}{(x-1)^2}$ 是无穷大.

**19.** 当 $x\to$________时，$\alpha(x)=\dfrac{x+1}{x^2-4}$ 是无穷小；当 $x\to$________时，是无穷大.

**20.** $\lim\limits_{x\to 1}(1+\ln x)^{\frac{3}{\ln x}}=$________.

## 二、选择题

**1.** 函数 $y=\log_a(\sqrt{x^2+1}+x)$ 是 ( )

A. 偶函数　　B. 奇函数

C. 非奇非偶函数　　D. 既是奇函数又是偶函数

**2.** 函数 $y=\sin x+2$ 是 ( )

A. 有界函数　　B. 奇函数

C. 偶函数　　D. 单调减函数

**3.** 下列各式正确的是 ( )

A. $\lim\limits_{x\to 0}e^{\frac{1}{x}}=\infty$　　B. $\lim\limits_{x\to 0^-}e^{\frac{1}{x}}=0$

C. $\lim\limits_{x\to 0^-}e^{\frac{1}{x}}=+\infty$　　D. $\lim\limits_{x\to \infty}e^{\frac{1}{x}}=0$

**4.** 下列极限存在的是 ( )

A. $\lim\limits_{x\to\infty}\dfrac{x(x+1)}{x^2}$　　B. $\lim\limits_{x\to 0}\dfrac{1}{2^x-1}$　　C. $\lim\limits_{x\to 0}3^{\frac{1}{x}}$　　D. $\lim\limits_{x\to+\infty}\sqrt{\dfrac{x^2+1}{x}}$

**5.** 当 $x\to 0$ 时，下列函数为无穷小量的是 ( )

A. $\dfrac{\sin x}{x}$　　B. $x^2+\sin x$

C. $\dfrac{1}{x}\ln(1+x)$　　D. $2x-1$

**6.** 当 $x\to 0^+$ 时，下列哪个函数为无穷小量 ( )

A. $e^{\frac{1}{x}}$　　B. $\ln x$　　C. $\dfrac{1}{x}\sin x$　　D. $x\sin\dfrac{1}{x}$

**7.** 当 $x\to 0^+$ 时，下列哪个函数为无穷大量 ( )

A. $2^x-1$　　B. $\dfrac{\sin x}{1+\cos x}$　　C. $e^{-x}$　　D. $e^{\frac{1}{x}}$

**8.** 当 $x\to x_0$ 时，$\alpha$ 和 $\beta(\beta\neq 0)$ 都是无穷小，则当 $x\to x_0$ 时，下列变量中可能不是无穷小的是 ( )

A. $\alpha+\beta$　　B. $\alpha-\beta$　　C. $\alpha\cdot\beta$　　D. $\dfrac{\alpha}{\beta}$

**9.** 无穷大量与有界量的关系是 ( )

A. 无穷大量可能是有界量　　B. 无穷大量一定不是有界量

C. 有界量可能是无穷大量　　D. 不是有界量就一定是无穷大量

**10.** $\lim\limits_{x\to\infty}\dfrac{2x+\sin x}{x}=$ （　　）

A. 0　　B. 2　　C. 3　　D. 不存在

**11.** 以下命题正确的是 （　　）

A. 无界变量一定是无穷大

B. 无穷大一定是无界变量

C. 不趋于无穷大的变量必有界

D. 趋于正无穷大的变量一定在自变量充分大时单调增

**12.** $f(a+0)=f(a-0)$是函数 $f(x)$在 $x=a$ 处连续的 （　　）

A. 充分条件　　B. 必要条件　　C. 充要条件　　D. 无关条件

**13.** 如果 $\lim\limits_{x\to x_0^+}f(x)$与 $\lim\limits_{x\to x_0^-}f(x)$存在，则 （　　）

A. $\lim\limits_{x\to x_0}f(x)$存在且$\lim\limits_{x\to x_0}f(x)=f(x_0)$

B. $\lim\limits_{x\to x_0}f(x)$存在但不一定有$\lim\limits_{x\to x_0}f(x)=f(x_0)$

C. $\lim\limits_{x\to x_0}f(x)$不一定存在

D. $\lim\limits_{x\to x_0}f(x)$一定不存在

**14.** 若$\lim\limits_{x\to x_0}f(x)=\infty$，$\lim\limits_{x\to x_0}g(x)=\infty$，则下列极限成立的是 （　　）

A. $\lim\limits_{x\to x_0}[f(x)+g(x)]=0$　　B. $\lim\limits_{x\to x_0}[f(x)+g(x)]=\infty$

C. $\lim\limits_{x\to x_0}f(x)\cdot g(x)=\infty$　　D. $\lim\limits_{x\to x_0}\dfrac{1}{f(x)+g(x)}=\infty$

**15.** $\lim\limits_{x\to\infty}\left(1-\dfrac{1}{x}\right)^{2x}=$ （　　）

A. $\mathrm{e}^{-2}$　　B. $\infty$　　C. 0　　D. $\dfrac{1}{2}$

**16.** 从$\lim\limits_{x\to x_0}f(x)=a$ 不能推出 （　　）

A. $\lim\limits_{x\to x_0^-}f(x)=a$　　B. $f(x_0)=a$

C. $f(x_0+0)=a$　　D. $\lim\limits_{x\to x_0}[f(x)-a]=0$

**17.** 设 $f(x)=\begin{cases}\mathrm{e}^x & x<0\\ a+x & x\geqslant 0\end{cases}$，要使 $f(x)$在 $x=0$ 处连续，则 $a=$ （　　）

A. 2　　B. 1　　C. 0　　D. $-1$

**18.** 设 $g(x)=\begin{cases}\dfrac{1}{x}\sin\dfrac{x}{3} & x\neq 0\\ b & x=0\end{cases}$，若 $g(x)$在$(-\infty,+\infty)$上是连续函数，则 $b=$ （　　）

A. 0　　B. 1　　C. $\dfrac{1}{3}$　　D. 3

**19.** 当 $x\to 1$ 时，$1-x^2$ 是 $1-x$ 的 （　　）

A. 高阶无穷小　　B. 低阶无穷小

C. 等价无穷小　　　　D. 同阶但不等价无穷小

**20.** $\lim\limits_{x\to1}\dfrac{\sin^2(1-x)}{(x-1)^2(x+2)}=$ (　　)

A. $\dfrac{1}{3}$　　B. $-\dfrac{1}{3}$　　C. 0　　D. $\dfrac{2}{3}$

## 三、计算题

**1.** $\lim\limits_{x\to1}\left(\dfrac{2}{x^2-1}-\dfrac{1}{x-1}\right)$.

**2.** $\lim\limits_{x\to4}\dfrac{x^2-16}{\sqrt{x}-2}$.

**3.** $\lim\limits_{x\to2}\dfrac{4x^2+5}{x-2}$.

**4.** $\lim\limits_{x\to2}\dfrac{x^2-3x+2}{x-2}$.

**5.** $\lim\limits_{x\to4}\dfrac{x-4}{\sqrt{x+5}-3}$.

**6.** $\lim\limits_{x\to+\infty}x(\sqrt{x^2-1}-x)$.

**7.** $\lim\limits_{x\to0}\dfrac{\tan x-\sin x}{x^3}$.

**8.** $\lim\limits_{x\to0}\dfrac{1-\cos 2x}{x\sin x}$.

**9.** $\lim\limits_{x\to\infty}\left(\dfrac{1+x}{x}\right)^{2x}$.

**10.** $\lim\limits_{x\to\infty}\left(\dfrac{2x+1}{2x-1}\right)^{x}$.

**11.** $\lim\limits_{x\to0}(1-\tan x)^{3\cot x}$.

**12.** $\lim\limits_{x\to1}x^{\frac{3}{1-x}}$.

**13.** $\lim\limits_{x\to0}\dfrac{(1-\cos x)\arcsin x}{x(e^{x^2}-1)}$.

**14.** $\lim\limits_{x\to1}(1-x)\tan\dfrac{\pi}{2}x$.

**15.** $\lim\limits_{x\to0}\dfrac{\sqrt{1+x}-1}{\tan 2x}$.

**16.** $\lim\limits_{x\to0}x\sin\dfrac{1}{x^2}$.

**17.** $\lim\limits_{n\to\infty}\sqrt{3\sqrt{3\sqrt{3\cdots\sqrt{3}}}}$(共有 $n$ 个根号).

**18.** $\lim\limits_{x\to+\infty}\arccos(\sqrt{x^2+x}-x)$.

**19.** $\lim\limits_{x\to0}\dfrac{e^{-3x}-1}{\ln(2x+1)}$.

**20.** $\lim\limits_{x\to\infty}x\ln\left(1+\dfrac{1}{x}\right)$.

## 四、试确定 $a,b$ 的值,使 $f(x)=\dfrac{e^x-b}{(x-a)(x-1)}$:(1) 有无穷间断点 $x=0$;(2) 有可去间断点 $x=1$.

## 五、指出下列函数的间断点,并指明是哪一类型间断点.

**1.** $f(x)=\dfrac{1}{4x^2-1}$.　**2.** $f(x)=\begin{cases}x & x\neq1\\ \dfrac{1}{2} & x=1\end{cases}$.　**3.** $f(x)=\dfrac{e^{\frac{1}{x}}-1}{e^{\frac{1}{x}}+1}$.

## 六、研究函数的连续性

**1.** 设 $f(x)=\begin{cases}\dfrac{x^2+kx+m}{(x-1)(x-2)} & x\neq1,x\neq2\\ 2 & x=1,x=2\end{cases}$ 在 $x=1$ 处连续,试求 $k,m$ 的值.

**2.** $f(x)=\begin{cases}e^{\frac{1}{x}} & x<0\\ 0 & x=0\\ x\sin\dfrac{1}{x} & x>0\end{cases}$ 在点 $x=0$ 处的连续性.

## 七、证明方程 $x^3-4x^2+1=0$ 在区间$(0,1)$内至少有一个根.

# 第 2 章　导数与微分

## 学习目标

1. 理解导数的定义以及它的几何意义.
2. 掌握函数连续与导数存在的关系、导数存在与左右导数存在的关系.
3. 能熟练应用函数的和、积、商的求导法则求函数的导数.
4. 能熟练应用复合函数的求导法则求函数的导数.
5. 熟练掌握二阶导数的求法.
6. 熟练掌握隐函数的一阶求导以及由参数方程所确定的函数的一阶求导.
7. 理解微分的定义.
8. 熟练掌握基本初等函数的微分公式、函数的微分法则、微分的形式不变性,会熟练利用这些知识求函数的微分.
9. 了解微分在近似计算中的应用.

微分学是微积分的两个分支之一,其核心概念是导数和微分.导数反映出函数相对于自变量变化的快慢程度,即函数的变化率,使得人们能够利用导数这一数学工具来描述事物变化的快慢及解决一系列与之相关的问题.微分则反映当自变量有微小变化时,函数大体上改变了多少.我们将会通过实例,引入导数、微分的基本概念,然后介绍导数和微分的计算方法,为下一章导数的应用打好基础.

## §2.1　导数的概念

事物都处于运动变化之中,有着广泛意义的问题是需要研究事物变化的快慢程度,即函数的**变化率**问题,本节重点在于认识微积分的关键概念——导数,包括导数的定义、几何意义,可导与连续的关系等.

### 一、变化率问题的实例

**引例 2-1**　求变速直线运动的瞬时速度.

设有一质点做变速直线运动,其运动方程为 $s=s(t)$,求质点在 $t=t_0$ 时的瞬时速度 $v(t_0)$.

如图 2-1 所示,当时间由 $t_0$ 改变到 $t_0+\Delta t$ 时,记 $t=t_0$ 时质点的位置坐标为 $s_0=s(t_0)$.当 $t$ 从 $t_0$ 增加到 $t_0+\Delta t$ 时,$s$ 相应地从 $s_0$ 增加到 $s_0+\Delta s=s(t_0+\Delta t)$,因此质点在 $\Delta t$ 这段时间内的位移是 $\Delta s=s(t_0+\Delta t)-s(t_0)$.

质点在 $\Delta t$ 这段时间内的平均速度为:

$$\bar{v}=\frac{\Delta s}{\Delta t}=\frac{s(t_0+\Delta t)-s(t_0)}{\Delta t}.$$

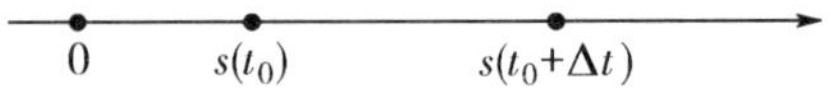

0　　$s(t_0)$　　$s(t_0+\Delta t)$

图 2-1

由于质点速度是连续变化的，在 $\Delta t$ 时间内速度变化不大，因此瞬时速度 $v(t_0)$ 可以近似地用平均速度 $\overline{v}$ 代替，即 $v(t_0)\approx\overline{v}=\dfrac{s(t_0+\Delta t)-s(t_0)}{\Delta t}$.

$|\Delta t|$ 越小，$\overline{v}$ 就越接近瞬时速度 $v(t_0)$，由极限思想，当 $\Delta t\to 0$ 时，$\dfrac{\Delta s}{\Delta t}$ 的极限为 $v(t_0)$，即

$$v(t_0)=\lim_{\Delta t\to 0}\frac{\Delta s}{\Delta t}=\lim_{\Delta t\to 0}\overline{v}=\lim_{\Delta t\to 0}\frac{s(t_0+\Delta t)-s(t_0)}{\Delta t}.$$

**引例 2-2**　求平面曲线的切线方程.

如图 2-2 所示，已知 $C$: $y=f(x)$，$M_0(x_0,y_0)$ 为 $C$ 上一点，求 $M_0$ 处的切线的斜率.

在 $M_0$ 附近任取 $C$ 上一点 $M(x_0+\Delta x, y_0+\Delta y)$，则割线 $M_0M$

$$k_{M_0M}=\frac{\Delta y}{\Delta x}=\frac{f(x_0+\Delta x)-f(x_0)}{\Delta x}.$$

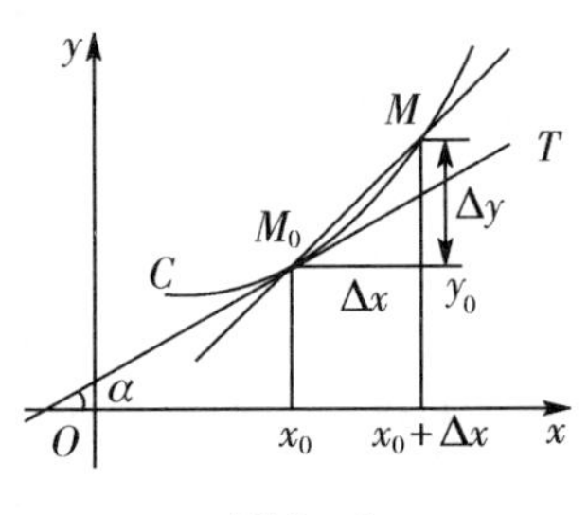


图 2-2

当 $\Delta x\to 0$ 时，点 $M$ 沿曲线 $C$ 趋向 $M_0$，割线 $M_0M$ 就绕 $M_0$ 转动，割线 $M_0M$ 不断地趋向于切线 $M_0T$，由极限思想，我们知道割线 $M_0M$ 的极限位置是切线 $M_0T$.

如果 $k_{M_0M}=\dfrac{\Delta y}{\Delta x}$ 趋向于某个极限，则极限值就是曲线在 $M_0$ 处切线的斜率 $k$，设切线的倾斜角为 $\alpha$，所以曲线 $y=f(x)$ 在点 $M_0$ 处的切线斜率为

$$k=\tan\alpha=\lim_{\Delta x\to 0}\frac{\Delta y}{\Delta x}=\lim_{\Delta x\to 0}\frac{f(x_0+\Delta x)-f(x_0)}{\Delta x}.$$

上述两个引例从抽象的数量关系来看有一共性，所求量为函数增量与自变量增量之比的极限，我们在数学上进行抽象以后，就得到了函数导数的定义.

## 二、导数的定义

### 1. 一点处导数的定义

**定义 2-1**　设函数 $y=f(x)$ 在点 $x_0$ 及其附近有定义，当自变量 $x$ 在从 $x_0$ 变化到 $x_0+\Delta x$ 时，函数 $f(x)$ 有相应的增量 $\Delta y=f(x_0+\Delta x)-f(x_0)$，若极限 $\lim\limits_{\Delta x\to 0}\dfrac{\Delta y}{\Delta x}=\lim\limits_{\Delta x\to 0}\dfrac{f(x_0+\Delta x)-f(x_0)}{\Delta x}$ 存在，则称函数 $y=f(x)$ 在点 $x_0$ 处可导，极限值称为函数 $y=f(x)$ 在点 $x=x_0$ 处的导数(derivative)，记为 $f'(x_0)$，即

$$f'(x_0)=\lim_{\Delta x\to 0}\frac{\Delta y}{\Delta x}=\lim_{\Delta x\to 0}\frac{f(x_0+\Delta x)-f(x_0)}{\Delta x}.$$

若极限$\lim\limits_{\Delta x\to 0}\frac{\Delta y}{\Delta x}$不存在，则称函数 $y=f(x)$在点 $x_0$ 处不可导.

我们也可以把导数 $f'(x_0)$记为 $y'\Big|_{x=x_0}$ 或$\frac{\mathrm{d}y}{\mathrm{d}x}\Big|_{x=x_0}$ 或$\frac{\mathrm{d}f(x)}{\mathrm{d}x}\Big|_{x=x_0}$.

导数定义中，若令 $x=x_0+\Delta x$ 或$h=\Delta x$，则导数定义式又有另外的形式：

$$f'(x_0)=\lim_{x\to x_0}\frac{f(x)-f(x_0)}{x-x_0}\text{或 } f'(x_0)=\lim_{h\to 0}\frac{f(x_0+h)-f(x_0)}{h}.$$

因变量增量与自变量增量之比$\frac{\Delta y}{\Delta x}$表示因变量 $y=f(x)$在区间$[x_0,x_0+\Delta x]$上的平均变化率，而 $f'(x_0)$则是 $f(x)$在点 $x_0$ 处的(瞬时)变化率，它反映了因变量随自变量的变化而变化的快慢程度.

根据导数的定义，引例中，位移 $s=s(t)$对时间的导数 $s'(t_0)$是 $t_0$ 时刻的速度，$f'(x_0)$是曲线 $y=f(x)$在$(x_0,f(x_0))$点的切线斜率.

**例 2-1-1** 已知 $f'(x_0)=A$，求$\lim\limits_{h\to 0}\frac{f(x_0+h)-f(x_0-h)}{h}$.

**解** 
$$\begin{aligned}&\lim_{h\to 0}\frac{f(x_0+h)-f(x_0-h)}{h}\\&=\lim_{h\to 0}\frac{[f(x_0+h)-f(x_0)]-[f(x_0-h)-f(x_0)]}{h}\\&=\lim_{h\to 0}\left[\frac{f(x_0+h)-f(x_0)}{h}+\frac{f(x_0-h)-f(x_0)}{-h}\right]\\&=2f'(x_0)=2A.\end{aligned}$$

2. 左右导数

前面我们有了左、右极限的概念，因此我们可以给出左、右导数的概念：

**定义 2-2** 若极限 $\lim\limits_{\Delta x\to 0^-}\frac{\Delta y}{\Delta x}\left(\text{或 }\lim\limits_{\Delta x\to 0^+}\frac{\Delta y}{\Delta x}\right)$存在，则称 $f(x)$在 $x_0$ 处左(或右)可导，且称极限值为 $f(x)$在 $x_0$ 的左(或右)导数，记为

$$f'_-(x_0)=\lim_{\Delta x\to 0^-}\frac{\Delta y}{\Delta x}=\lim_{\Delta x\to 0^-}\frac{f(x_0+\Delta x)-f(x_0)}{\Delta x},$$
$$f'_+(x_0)=\lim_{\Delta x\to 0^+}\frac{\Delta y}{\Delta x}=\lim_{\Delta x\to 0^+}\frac{f(x_0+\Delta x)-f(x_0)}{\Delta x}.$$

**定理 2-1** $f(x)$在 $x_0$ 可导的充要条件为 $f'_-(x_0)$和 $f'_+(x_0)$存在且相等，

如果函数 $f(x)$在开区间$(a,b)$内可导，且 $f'_+(a)$和 $f'_-(b)$都存在，那么称 $f(x)$在闭区间$[a,b]$上可导.

3. 导函数的定义

**定义 2-3** 如果函数 $y=f(x)$在区间$(a,b)$内每一点 $x$ 都对应一个导数值，则这一对应关系所确定的函数称为函数 $y=f(x)$的导函数(导数)，记作 $y'$，$f'(x)$，$\frac{\mathrm{d}y}{\mathrm{d}x}$或$\frac{\mathrm{d}f(x)}{\mathrm{d}x}$，即

$$y'=\lim_{\Delta x\to 0}\frac{f(x+\Delta x)-f(x)}{\Delta x}.$$

显然,函数 $f(x)$ 在点 $x_0$ 处的导数 $f'(x_0)$ 就是导函数 $f'(x)$ 在点 $x=x_0$ 处的函数值,即 $f'(x_0)=f'(x)\Big|_{x=x_0}$.

## 三、基本初等函数的导数公式

利用导数的定义求导,一般分三步:求增量 $\Delta y=f(x+\Delta x)-f(x)$;算比值 $\dfrac{\Delta y}{\Delta x}=\dfrac{f(x+\Delta x)-f(x)}{\Delta x}$;取极限 $y'=\lim\limits_{\Delta x\to 0}\dfrac{\Delta y}{\Delta x}$.

下面利用导数的定义来导出几个基本初等函数的导数公式.

**例 2-1-2** 利用导数的定义,求函数 $y=x^2$ 的导数 $f'(x)$.

**解** $f'(x)=\lim\limits_{\Delta x\to 0}\dfrac{(x+\Delta x)^2-x^2}{\Delta x}=\lim\limits_{\Delta x\to 0}(2x+\Delta x)=2x$,

即 $(x^2)'=2x$.

对于一般的幂函数 $y=x^\mu$,我们可以给出一个类似的结果:

$$(x^\mu)'=\mu x^{\mu-1}(\mu \text{ 为实数}, x>0).$$

例如,当 $\mu=\dfrac{1}{2}$ 时,$y=x^{\frac{1}{2}}=\sqrt{x}(x>0)$ 的导数为 $(\sqrt{x})'=\dfrac{1}{2\sqrt{x}}$.

当 $\mu=-1$ 时,$y=x^{-1}=\dfrac{1}{x}(x\neq 0)$ 的导数为 $\left(\dfrac{1}{x}\right)'=-\dfrac{1}{x^2}$.

**例 2-1-3** 利用导数的定义证明:$(\sin x)'=\cos x$.

**证明** 
$$(\sin x)'=\lim_{\Delta x\to 0}\frac{\sin(x+\Delta x)-\sin x}{\Delta x}=\lim_{\Delta x\to 0}\frac{2\sin\frac{\Delta x}{2}\cos\left(x+\frac{\Delta x}{2}\right)}{\Delta x}$$
$$=\lim_{\Delta x\to 0}\frac{\sin\frac{\Delta x}{2}}{\frac{\Delta x}{2}}\cdot\cos\left(x+\frac{\Delta x}{2}\right)=\cos x.$$

同理可得:$(\cos x)'=-\sin x$.

**例 2-1-4** 利用导数的定义求函数 $f(x)=\log_a x(a>0,a\neq 1)$ 的导数 $f'(x)$.

**解** 
$$f'(x)=\lim_{h\to 0}\frac{\log_a(x+h)-\log_a x}{h}=\lim_{h\to 0}\frac{\log_a\frac{x+h}{x}}{h}$$
$$=\lim_{h\to 0}\frac{1}{h}\log_a\left(1+\frac{h}{x}\right)=\lim_{h\to 0}\log_a\left(1+\frac{h}{x}\right)^{\frac{1}{h}}$$
$$=\frac{1}{x}\lim_{h\to 0}\log_a\left(1+\frac{h}{x}\right)^{\frac{x}{h}}=\frac{1}{x}\log_a e=\frac{1}{x\ln a},$$

即 $(\log_a x)'=\dfrac{1}{x\ln a}$.

特别地,$(\ln x)'=\dfrac{1}{x}$. 例如,$(\log_3 x)'=\dfrac{1}{x\ln 3}$.

类似地,可以用导数的定义求出其他基本初等函数的导数.

基本初等函数的**求导公式表**如下:

(1) 常数$(C)'=0$;

(2) 幂函数$(x^{\mu})'=\mu x^{\mu-1}$($\mu$ 为实数,$x>0$);

(3) 指数函数$(a^x)'=a^x\ln a$,特别的有:$(e^x)'=e^x$;

(4) 对数函数$(\log_a x)'=\dfrac{1}{x\ln a}$,特别的有:$(\ln x)'=\dfrac{1}{x}$;

(5) 三角函数

$(\sin x)'=\cos x$,　　$(\cos x)'=-\sin x$,

$(\tan x)'=\sec^2 x$,　　$(\cot x)'=-\csc^2 x$,

$(\sec x)'=\sec x\tan x$,　　$(\csc x)'=-\csc x\cot x$;

(6) 反三角函数

$(\arcsin x)'=\dfrac{1}{\sqrt{1-x^2}}$,　　$(\arccos x)'=-\dfrac{1}{\sqrt{1-x^2}}$,

$(\arctan x)'=\dfrac{1}{1+x^2}$,　　$(\text{arccot}\, x)'=-\dfrac{1}{1+x^2}$.

**例 2-1-5** 已知 $f(x)=\begin{cases}\sin x & x<0\\ x & x\geqslant 0\end{cases}$,求 $f'(x)$.

**解** 当 $x<0$ 时,$f'(x)=(\sin x)'=\cos x$;当 $x>0$ 时,$f'(x)=(x)'=1$;当 $x=0$ 时,因为 $f'_-(0)=\lim\limits_{x\to 0^-}\dfrac{\sin x-0}{x}=1$,$f'_+(0)=\lim\limits_{x\to 0^+}\dfrac{x-0}{x}=1$,所以 $f'(0)=1$.

于是得 $f'(x)=\begin{cases}\cos x & x<0\\ 1 & x\geqslant 0\end{cases}$.

**注意** 对于分段表示的函数,求导函数时需要分段进行,在分点处的导数,则通过讨论其单侧导数以确定其存在性.

## 四、导数的几何意义

由引例 2-2 可知,函数 $f(x)$ 在点 $x_0$ 处的导数 $f'(x_0)$ 等于曲线 $y=f(x)$ 在点 $(x_0, f(x_0))$ 处的切线斜率,即 $k=f'(x_0)$,这就是导数的几何意义.

曲线 $y=f(x)$ 在点 $M_0(x_0, f(x_0))$ 处的切线方程为:$y-f(x_0)=f'(x_0)(x-x_0)$.

当 $f'(x_0)\neq 0$ 时,$M_0(x_0, f(x_0))$ 处的法线方程为:$y-f(x_0)=-\dfrac{1}{f'(x_0)}(x-x_0)$.

**例 2-1-6** 求曲线 $y=\ln x$ 在 $x=2$ 处的切线方程和法线方程.

**解** 根据导数的几何意义知,所求切线的斜率为

$$k=y'\Big|_{x=2}=(\ln x)'\Big|_{x=2}=\frac{1}{x}\Big|_{x=2}=\frac{1}{2}.$$

从而求得曲线 $y=\ln x$ 在 $(2,\ln 2)$ 切线方程为:

$$y-\ln 2=\frac{1}{2}(x-2),\text{即 } 2y-x+2-2\ln 2=0.$$

所求法线方程为:

$$y-\ln 2=-2(x-2)\text{，即 } y+2x-4-\ln 2=0.$$

## 五、函数的可导性与连续性的关系

**定理 2-2** 若函数 $f(x)$ 在 $x_0$ 可导，则函数 $f(x)$ 在 $x_0$ 一定连续.

应当指出在 $x_0$ 连续的函数不一定在 $x_0$ 可导，请看下面的例子.

**例 2-1-7** 讨论函数 $f(x)=|x|$ 在 $x=0$ 的连续性及可导性.

**解** 连续性是显然成立的，我们只讨论可导性，

因为 $f'_-(0)=\lim\limits_{\Delta x\to 0^-}\dfrac{f(\Delta x)-f(0)}{\Delta x}=\lim\limits_{\Delta x\to 0^-}\dfrac{-\Delta x-0}{\Delta x}=-1$，

$f'_+(0)=\lim\limits_{\Delta x\to 0^+}\dfrac{f(\Delta x)-f(0)}{\Delta x}=\lim\limits_{\Delta x\to 0^+}\dfrac{\Delta x-0}{\Delta x}=1.$

所以，由导数存在的充要条件，得知 $f'(0)$ 是不存在的，即 $f(x)=|x|$ 在 $x=0$ 连续但不可导(如图 2-3).

再例如，函数 $f(x)=\sqrt[3]{x}$ 在 $(-\infty,+\infty)$ 内连续，但

$$y'\Big|_{x=0}=(\sqrt[3]{x})'\Big|_{x=0}=\frac{1}{3\sqrt[3]{x^2}}\Big|_{x=0}=+\infty,$$

即在点 $x=0$ 导数为无穷大(导数不存在). 从几何上看，曲线 $f(x)=\sqrt[3]{x}$ 在点 $x=0$ 处有垂直于 $x$ 轴的切线 $x=0$(如图 2-4).

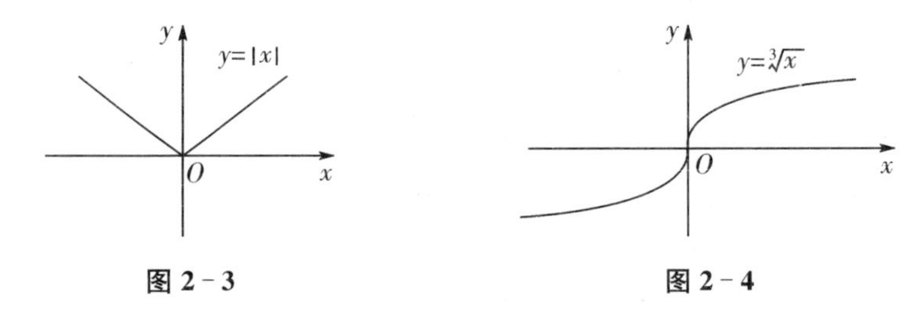


图 2-3　　　　图 2-4

## 习题 2.1

**1.** 设 $f'(x)$ 存在，且 $\lim\limits_{x\to 0}\dfrac{f(1)-f(1-x)}{2x}=-1$，求 $f'(1)$ .

**2.** 求下列函数的导数：

(1) $y=\ln 10$；　　(2) $y=\dfrac{1}{x^2}$；

(3) $y=\dfrac{x^2\cdot\sqrt[3]{x^2}}{\sqrt{x^5}}$；　　(4) $y=\log_2 x$.

**3.** 求下列函数在指定点处的导数：

(1) $y=\sqrt[4]{x^3}$ 在 $x=16$；　　(2) $y=4^x e^x$ 在 $x=1$；

(3) $y=\arctan x$ 在 $x=1$；　　(4) $y=3^x$ 在 $x=2$.

**4.** 讨论 $f(x)=\begin{cases}x^2 & x\geqslant 0\\ x & x<0\end{cases}$ 在 $x=0$ 的连续性和可导性.

**5.** 求等边双曲线 $y=\frac{1}{x}$ 在点 $\left(\frac{1}{2},2\right)$ 处的切线方程和法线方程.

**6.** 抛物线 $y=x^2$ 上哪一点的切线和直线 $2x-2y+5=0$ 平行,如果有,请写出这条切线的方程?

## §2.2 导数的运算

一般的初等函数用导数的定义求是非常麻烦的,本节将介绍求导数的几个基本法则,借助于求导公式和法则,就能较方便地求出初等函数的导数.

### 一、函数的和、差、积、商的求导法则

**定理 2-3** 设函数 $u=u(x)$ 和 $v=v(x)$ 在点 $x$ 处都可导,则函数 $u(x)\pm v(x)$, $u(x)v(x)$, $\frac{u(x)}{v(x)}(v(x)\neq 0)$ 在点 $x$ 处也可导,则有

(1) $[u(x)\pm v(x)]'=u'(x)\pm v'(x)$.

该法则可以推广到有限个可导函数之和(差)的情形. 如:

$$(u+v-w)'=u'+v'-w'.$$

(2) $[u(x)v(x)]'=u'(x)v(x)+u(x)v'(x)$,

特别地,$[Cu(x)]'=Cu'(x)$. ($C$ 是常数)

该法则也可推广到有限个可导函数之积的情形. 如:

$$(uvw)'=u'vw+uv'w+uvw'.$$

(3) $\left[\frac{u(x)}{v(x)}\right]'=\frac{u'(x)v(x)-u(x)v'(x)}{v^2(x)}\quad(v(x)\neq 0)$.

特别地,$\left[\frac{1}{v(x)}\right]'=-\frac{v'(x)}{v^2(x)}\quad(v(x)\neq 0)$.

**注意** $(uv)'\neq u'v'$, $\left(\frac{u}{v}\right)'\neq\frac{u'}{v'}$.

**例 2-2-1** 求下列函数的导数:

(1) $y=\frac{2}{x}-3^x+3\cos x-\ln 5$;　　(2) $y=x\ln x-\frac{x}{\sin x}$.

**解** (1) $y'=\left(\frac{2}{x}\right)'-(3^x)'+(3\cos x)'-(\ln 5)'$

$$=2\left(\frac{1}{x}\right)'-(3^x)'+3(\cos x)'-(\ln 5)'$$

$$=-\frac{2}{x^2}-3^x\ln 3-3\sin x.$$

(2) $y'=(x\ln x)'-\left(\frac{x}{\sin x}\right)'$

$=(x)'\ln x+x(\ln x)'-\left[\frac{(x)'\sin x-x(\sin x)'}{\sin^2 x}\right]$

$=\ln x+1-\frac{\sin x-x\cos x}{\sin^2 x}$.

**例 2-2-2** 设 $y=\tan x$,求 $y'$.

**解** $y'=(\tan x)'=\left(\frac{\sin x}{\cos x}\right)'=\frac{(\sin x)'\cos x-\sin x(\cos x)'}{\cos^2 x}$

$=\frac{\cos^2 x+\sin^2 x}{\cos^2 x}=\frac{1}{\cos^2 x}=\sec^2 x$,

即$(\tan x)'=\sec^2 x$.

| 注意 | 这里用到了三角公式 $\sec x=\frac{1}{\cos x}$. |
|---|---|

类似的,可得到:$(\cot x)'=-\csc^2 x$;$(\sec x)'=\sec x\tan x$;$(\csc x)'=-\csc x\cot x$.

**例 2-2-3** 求函数 $y=\frac{\sin x+\cos x}{\sin 2x}$的导数.

**解** 因为 $y=\frac{\sin x+\cos x}{\sin 2x}=\frac{\sin x+\cos x}{2\sin x\cos x}=\frac{1}{2}(\sec x+\csc x)$,可避免用商的求导法则,所以有 $y'=\left[\frac{1}{2}(\sec x+\csc x)\right]'=\frac{1}{2}\sec x\tan x-\frac{1}{2}\csc x\cot x$.

| 注意 | 这里用到了三角公式 $\csc x=\frac{1}{\sin x}$. |
|---|---|

有些函数求导前,可以先化简再求导,以简化求导计算过程.

## 二、复合函数的求导法则

利用基本初等函数的求导公式和导数的四则运算法则,只能够求一些比较简单的函数导数,对于比较复杂的复合函数,还要利用复合函数的求导法则去求.

**定理 2-4(复合函数求导法则)** 设 $y=f(u)$与 $u=\varphi(x)$可以复合成函数 $y=f[\varphi(x)]$,如果 $u=\varphi(x)$在 $x$ 可导,而 $y=f(u)$在对应的 $u=\varphi(x)$可导,则函数 $y=f[\varphi(x)]$在 $x$ 可导,且有:

$$y_x'=f'_u(u)\varphi'_x(x)\text{或}\frac{dy}{dx}=\frac{dy}{du}\cdot\frac{du}{dx}.\text{(链式法则)}$$

**注意**

(1) 复合函数的导数等于函数对中间变量的导数乘以中间变量对自变量的导数.

上述法则还可以表示为：$(f[\varphi(x)])'=f'(u)\varphi'(x)=f'[\varphi(x)]\varphi'(x)$，其中$(f[\varphi(x)])'$表示复合函数$y$对自变量$x$的导数，而$f'[\varphi(x)]$表示复合函数$y$对中间变量的导数.

(2) 此定理可以推广到有限个可导函数的复合函数. 例如，

设函数$y=f(u)$，$u=g(v)$，$v=\varphi(x)$都可导，则对于复合函数$y=f\{g[\varphi(x)]\}$，有

$$y'=(f\{g[\varphi(x)]\})'=f'_u(u)\cdot g'_v(v)\cdot\varphi'_x(x)\text{或}\frac{dy}{dx}=\frac{dy}{du}\cdot\frac{du}{dv}\cdot\frac{dv}{dx}.$$

上式求导按$y$—$u$—$v$—$x$的顺序，像链条一样，一环扣一环地求导，因此复合函数求导法则又形象地称为链式法则.

**例 2-2-4** 求函数$y=(1-2x)^{2012}$的导数.

**解** $y=(1-2x)^{2012}$可看作是由$y=u^{2012}$，$u=1-2x$复合而成，因此

$y'=[(1-2x)^{2012}]'=(u^{2012})'(1-2x)'=2012u^{2011}\cdot(-2)=-4024(1-2x)^{2011}$.

**例 2-2-5** 求函数$y=\ln\cos 3x$的导数.

**解** $y=\ln\cos 3x$可看作是由$y=\ln u$，$u=\cos v$，$v=3x$复合而成，因此

$$y'=(\ln\cos 3x)'=(\ln u)'(\cos v)'(3x)'=\frac{1}{u}(-\sin v)\cdot 3=-3\tan 3x.$$

由此可见，复合函数求导的关键是正确分析函数的复合过程，准确地找出相应的中间变量.

计算熟练以后，我们可以不写中间变量，而直接求出复合函数的导数，例如，例 2-2-5 的计算过程也可以写成下面的形式：

$$y'=(\ln\cos 3x)'=\frac{1}{\cos 3x}(\cos 3x)'=\frac{1}{\cos 3x}(-\sin 3x)\cdot 3=-3\tan 3x.$$

**例 2-2-6** 求函数$y=2^{\sin^2 x}$的导数.

**解** $y'=(2^{\sin^2 x})'=2^{\sin^2 x}\ln 2\cdot(\sin^2 x)'=2^{\sin^2 x}\ln 2\cdot 2\sin x\cdot(\sin x)'$
$=2^{\sin^2 x}\ln 2\cdot 2\sin x\cdot\cos x=2^{\sin^2 x}\ln 2\cdot\sin 2x$.

**例 2-2-7** 求函数$y=\ln\sqrt{\frac{1-x}{1+x}}$的导数.

**解** 因为$y=\ln\sqrt{\frac{1-x}{1+x}}=\frac{1}{2}\ln\frac{1-x}{1+x}=\frac{1}{2}[\ln(1-x)-\ln(1+x)]$，

所以$y'=\frac{1}{2}[\ln(1-x)-\ln(1+x)]'=\frac{1}{2}\left[\frac{1}{1-x}\cdot(1-x)'-\frac{1}{1+x}(1+x)'\right]$
$=\frac{1}{2}\cdot\frac{-2}{1-x^2}=\frac{1}{x^2-1}$.

另外，复合函数求导法则还可以与其他导数运算法则结合起来使用.

**例 2-2-8** 求函数$y=e^{3x}\cos 4x$的导数.

**解** 先利用积的求导法则，并结合复合函数求导法则有：

$$y'=(e^{3x})'\cos 4x+e^{3x}(\cos 4x)'=3e^{3x}\cos 4x+e^{3x}(-\sin 4x\cdot 4)$$
$$=e^{3x}(3\cos 4x-4\sin 4x).$$

**例 2-2-9** 设 $f(x)$是可导函数,求函数 $y=f(e^{-x})$的导数.

**解** $y'=[f(e^{-x})]'=f'(e^{-x})(e^{-x})'=-f'(e^{-x})e^{-x}$.

**注意** $[f(e^{-x})]'$表示对 $x$ 求导,$f'(e^{-x})$表示对中间变量 $e^{-x}$求导.

在求复合函数的导数时,首先要分清函数的复合层次,然后从外向里,逐层求导,不要遗漏,也不要重复.在求导过程中,始终要明确所求的导数是哪个函数对哪个变量(不管是自变量还是中间变量)的导数.

## 习题 2.2

**1.** 求下列函数的导数:

(1) $y=2^x+2\sqrt{x}+\dfrac{1}{\sqrt[3]{x}}$;

(2) $y=x^a+a^x+a^a$;

(3) $y=e^x(\sin x+\cos x)$;

(4) $y=x(1+x^2)\arctan x$;

(5) $y=\dfrac{x-1}{x+1}$;

(6) $y=\dfrac{5\sin x}{1+\cos x}$;

(7) $y=\dfrac{x^5+\sqrt{x}+1}{x^3}$;

(8) $y=\dfrac{1-\cos x}{\sin x}$.

**2.** 求下列复合函数的导数:

(1) $y=e^{\sqrt{x}}$;

(2) $y=\cos^3 x$;

(3) $y=\sqrt{x^2+4}+2\arcsin\dfrac{x}{2}$;

(4) $y=\ln(x+\sqrt{x^2+a^2})$($a$ 为常数);

(5) $y=e^{\sin x^2}$;

(6) $y=\dfrac{1}{x+\sqrt{1+x^2}}$;

(7) $y=e^{-x}\tan 3x$;

(8) $y=\ln\sqrt{\dfrac{x}{x^2+1}}$.

**3.** 设 $f(x)$可导,求下列函数的导数$\dfrac{dy}{dx}$:

(1) $y=f^2(e^x)$;

(2) $y=f(\sin\sqrt{x})$.

# §2.3 隐函数的导数与高阶导数

## 一、隐函数的导数

我们常见的函数如 $y=\sin x$,$y=x^2+\ln x$ 等,函数关系直接由仅含自变量的算式表示,即 $y=f(x)$,这种函数称为显函数.但是有时会遇到另一类函数,如 $x^2-3y^2=1$,$e^y-xy+1$

$=0$ 等，两个变量的相互关联不一定是显现的，而是被制约在一个方程中，即 $F(x,y)=0$，这种以方程形式确定的函数叫做隐函数. 有些隐函数可以转化为显函数，但也有些隐函数不可以化为显函数，下面介绍隐函数的求导方法.

隐函数的求导方法如下：

第一步　将方程 $F(x,y)=0$ 两边分别对 $x$ 求导，遇到 $y$ 时，就视 $y$ 为 $x$ 的函数 $y=y(x)$；遇到 $y$ 的函数，就看成 $x$ 的复合函数，其中 $y$ 为中间变量.

第二步　解出 $y'_x\left(\text{即 } y'_x=\dfrac{\mathrm{d}y}{\mathrm{d}x}\right)$.

**例 2-3-1**　求由方程 $\mathrm{e}^y-\mathrm{e}^{2x}+y=0$ 确定的函数 $y=y(x)$ 的导数 $\dfrac{\mathrm{d}y}{\mathrm{d}x}$.

**解**　方程两端同时对 $x$ 求导，得

$$\mathrm{e}^y\frac{\mathrm{d}y}{\mathrm{d}x}-2\mathrm{e}^{2x}+\frac{\mathrm{d}y}{\mathrm{d}x}=0.$$

解得：$\dfrac{\mathrm{d}y}{\mathrm{d}x}=\dfrac{2\mathrm{e}^{2x}}{\mathrm{e}^y+1}$.

**例 2-3-2**　求曲线 $x^2+y^2+xy=4$ 在点 $(2,-2)$ 处的切线方程.

**解**　方程两端同时对 $x$ 求导，得

$$2x+2yy'+y+xy'=0.$$

整理得 $y'=-\dfrac{2x+y}{x+2y}$，

在点 $(2,-2)$ 处的切线斜率为：$y'\Big|_{(2,-2)}=1$.

由直线方程点斜式，所求切线方程为 $y-(-2)=1\cdot(x-2)$，即 $y-x+4=0$.

**例 2-3-3**　设 $y=x^x(x>0)$，求 $y'$.

**分析**　通常形如 $y=u(x)^{v(x)}(u(x)>0)$ 的函数称为幂指函数，此类函数不能直接利用公式及运算法则求出导数. 为了求这类函数的导数，可利用对数的性质化简，转化为隐函数形式，然后再应用隐函数的求导方法求出导数，这种方法称为对数求导法.

**解**　两边取对数，得 $\ln y=x\ln x$.

上式两边同时对 $x$ 求导，得 $\dfrac{1}{y}y'=\ln x+x\cdot\dfrac{1}{x}$.

所以 $y'=y(\ln x+1)=x^x(\ln x+1)$.

此题也可用复合函数求导法则来求幂指函数的导数，解法如下：

因为 $y=x^x=\mathrm{e}^{x\ln x}$，所以有 $y'=(\mathrm{e}^{x\ln x})'=\mathrm{e}^{x\ln x}(x\ln x)'=x^x(\ln x+1)$.

对数求导法既可以求幂指函数的导数，还可以求由多个含变量的式子的乘、除、乘方、开方构成的函数的导数.

例如，$y=(x+2)\sqrt[3]{\dfrac{(2x-1)^2}{x}}$，$y=\sqrt[3]{\dfrac{(x-1)(x-2)^2}{(x-3)^5}}$，$y=(1+x^2)\cdot x\cdot\arctan x$ 等.

**例 2-3-4**　设 $y=\sqrt{\dfrac{(x+1)^3(x+2)}{3-x}}$，求 $y'$.

**解**　等式两边同时取对数，得 $\ln y=\dfrac{3}{2}\ln(x+1)+\dfrac{1}{2}\ln(x+2)-\dfrac{1}{2}\ln(3-x)$.

上式两边同时对 $x$ 求导,得

$$\frac{y'}{y}=\frac{3}{2}\cdot\frac{1}{x+1}+\frac{1}{2}\cdot\frac{1}{x+2}+\frac{1}{2}\cdot\frac{1}{3-x}.$$

于是有:$y'=\sqrt{\frac{(x+1)^3(x+2)}{3-x}}\left[\frac{3}{2(x+1)}+\frac{1}{2(x+2)}+\frac{1}{2(3-x)}\right]$.

## 二、高阶导数

我们知道,变速直线运动的速度 $v(t)$ 是位置函数 $s(t)$ 对时间 $t$ 的导数,即 $v=\frac{\mathrm{d}s}{\mathrm{d}t}$ 或 $v=s'$,而加速度 $a$ 又是速度 $v$ 对时间 $t$ 的变化率,即速度 $v$ 对时间 $t$ 的导数:

$$a=\frac{\mathrm{d}v}{\mathrm{d}t}=\frac{\mathrm{d}}{\mathrm{d}t}\left(\frac{\mathrm{d}s}{\mathrm{d}t}\right)\text{或}\ a=(s')'.$$

这种导数的导数 $\frac{\mathrm{d}}{\mathrm{d}t}\left(\frac{\mathrm{d}s}{\mathrm{d}t}\right)$ 或 $(s')'$ 叫做 $s$ 对 $t$ 的二阶导数,记作 $\frac{\mathrm{d}^2s}{\mathrm{d}t^2}$ 或 $s''(t)$,所以,直线运动的加速度就是位置函数 $s$ 对时间 $t$ 的二阶导数.

**定义 2-4** 如果函数 $f(x)$ 的导数 $f'(x)$ 在点 $x$ 处可导,则称 $(f'(x))'$ 为函数 $f(x)$ 在点 $x$ 处的二阶导数,记为:$f''(x)$, $y''$, $\frac{\mathrm{d}^2y}{\mathrm{d}x^2}$ 或 $\frac{\mathrm{d}^2f(x)}{\mathrm{d}x^2}$,其中 $f''(x)=\lim\limits_{\Delta x\to 0}\frac{f'(x+\Delta x)-f'(x)}{\Delta x}$.

类似地,二阶导数的导数称为三阶导数,记为:$f'''(x)$, $y'''$, $\frac{\mathrm{d}^3y}{\mathrm{d}x^3}$ 或 $\frac{\mathrm{d}^3f(x)}{\mathrm{d}x^3}$.

一般地,对 $n-1$ 阶导数求导数得到 $n$ 阶导数,记为:$f^{(n)}(x)$, $y^{(n)}$, $\frac{\mathrm{d}^ny}{\mathrm{d}x^n}$ 或 $\frac{\mathrm{d}^nf(x)}{\mathrm{d}x^n}$.

由此可见,求高阶导数就是多次求导数,所以,仍可应用前面学过的求导方法来计算高阶导数.

**注意**

(1) 二阶和二阶以上的导数统称为**高阶**导数;

(2) $f(x)$ 称为**零阶**导数,$f'(x)$ 称为**一阶**导数;

(3) $n$ 阶导数的表达式中,$n$ 必须用小括号括起来.

**例 2-3-5** 求函数 $y=x\mathrm{e}^{-x}$ 的二阶导数.

**解** $y'=\mathrm{e}^{-x}+x\cdot(-\mathrm{e}^{-x})=\mathrm{e}^{-x}(1-x)$,

$y''=-\mathrm{e}^{-x}(1-x)+\mathrm{e}^{-x}\cdot(-1)=\mathrm{e}^{-x}(x-2)$.

**例 2-3-6** 求函数 $y=\sin x$ 的 $n$ 阶导数 $y^{(n)}$.

**解** $y'=\cos x=\sin\left(x+\frac{\pi}{2}\right)$, $y''=\cos\left(x+\frac{\pi}{2}\right)=\sin\left(x+2\cdot\frac{\pi}{2}\right)$,

$y'''=\cos\left(x+2\cdot\frac{\pi}{2}\right)=\sin\left(x+3\cdot\frac{\pi}{2}\right)$, $y^{(4)}=\cos\left(x+3\cdot\frac{\pi}{2}\right)=\sin\left(x+4\cdot\frac{\pi}{2}\right)$, …

依此类推,可以得到:$y^{(n)}=\sin\left(x+n\cdot\frac{\pi}{2}\right)(n\in\mathbf{Z}_+)$.

用类似的方法,可得:$(\cos x)^{(n)}=\cos\left(x+n\cdot\frac{\pi}{2}\right)(n\in\mathbf{Z}_+)$.

一些常用的初等函数的 $n$ 阶导数公式:

(1) $y=e^x$, $y^{(n)}=e^x$;

(2) $y=a^x(a>0,a\neq1)$, $y^{(n)}=a^x(\ln a)^n$;

(3) $y=\sin x$, $y^{(n)}=\sin\left(x+\frac{n\pi}{2}\right)$;

(4) $y=\cos x$, $y^{(n)}=\cos\left(x+\frac{n\pi}{2}\right)$;

(5) $y=\ln x$, $y^{(n)}=(-1)^{n-1}(n-1)!\ x^{-n}$.

## 习题 2.3

**1.** 求由下列方程所确定的各隐函数 $y=y(x)$ 的导数$\frac{dy}{dx}$:

(1) $x+\sin xy=1$; (2) $e^{xy}+y^2=\cos x$;

(3) $xy=e^{x+y}$; (4) $\arctan\frac{y}{x}=\ln\sqrt{x^2+y^2}$.

**2.** 求隐函数 $y\sin x-\cos(x-y)=0$ 在点$\left(0,\frac{\pi}{2}\right)$处的导数.

**3.** 求曲线 $xy+\ln y=1$ 在点(1,1)处的切线方程.

**4.** 用对数求导法求下列函数的导数:

(1) $y=x^{\sin x}(x>0)$; (2) $y=\sqrt{\frac{(x-1)(x-2)}{(2x-3)(x-4)}}$.

**5.** 求下列函数的二阶导数$\frac{d^2y}{dx^2}$:

(1) $y=x^2+\ln x$; (2) $y=(1+x^2)\arctan x$.

## §2.4 函数的微分

### 一、引例

先看一个实例:一块边长为 $x$ 的正方形金属薄片,面积为 $S=x^2$,由于温度的变化,金属薄片的边长由 $x_0$ 变化到 $x_0+\Delta x$,如图 2-5 所示,问其面积改变了多少?

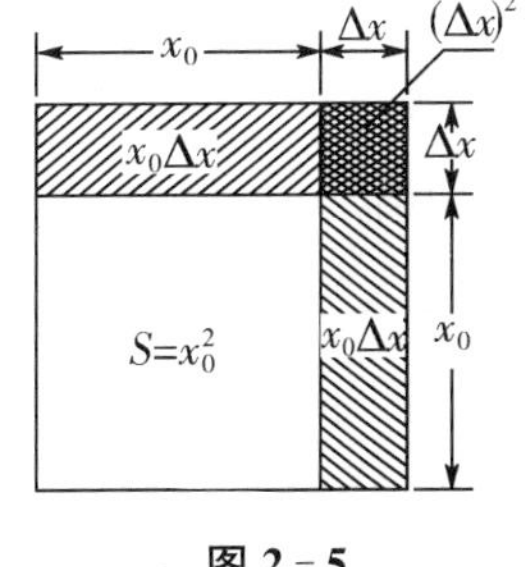

图 2-5

**解** $S(x)=x^2$,

$$\Delta S=S(x_0+\Delta x)-S(x_0)=(x_0+\Delta x)^2-x_0^2$$
$$=2x_0\Delta x+(\Delta x)^2.$$

$2x_0\Delta x$ 在图形中表示两块长条矩形部分的面积;$(\Delta x)^2$ 表示右上角的小正方形的面积,当 $\Delta x\to0$ 时,$(\Delta x)^2$ 是比 $\Delta x$ 高阶的无穷小,即 $\Delta x$ 很小时可以忽略不计,则 $\Delta S\approx2x_0\Delta x$,因为 $S'(x)=2x$,所以 $\Delta S\approx S'(x_0)\Delta x$.

## 二、微分的定义及其几何意义

1. 微分的定义

**定义 2-5** 设函数 $y=f(x)$在点 $x_0$ 及其附近有定义,自变量 $x$ 在 $x_0$ 附近有增量 $\Delta x$,如果相应的函数的增量 $\Delta y=f(x_0+\Delta x)-f(x_0)$可表示为 $\Delta y=A\Delta x+o(\Delta x)$,其中 $A$ 是不依赖于 $\Delta x$ 的常量,$o(\Delta x)$是比 $\Delta x$ 高阶的无穷小($\Delta x\to 0$),那么称函数 $y=f(x)$在点 $x_0$ 处是可微的,称 $A\cdot\Delta x$ 为 $y=f(x)$在点 $x_0$ 处的微分,记为 $\mathrm{d}y\Big|_{x=x_0}$,即 $\mathrm{d}y\Big|_{x=x_0}=A\Delta x$.

$A\cdot\Delta x$ 通常称为 $\Delta y=A\cdot\Delta x+o(\Delta x)$的线性主要部分."线性"是因为 $A\cdot\Delta x$ 是 $\Delta x$ 的一次函数;"主要"是因为另一项 $o(\Delta x)$是比 $\Delta x$ 更高阶的无穷小量,在等式中 $o(\Delta x)$几乎不起作用,而是 $A\cdot\Delta x$ 起作用.

**定理 2-5** 函数 $f(x)$在点 $x_0$ 可微的充要条件是函数 $f(x)$在点 $x_0$ 可导,且 $A=f'(x_0)$.

**注意** 在 $f'(x_0)\neq 0$ 的条件下,以微分 $\mathrm{d}y=f'(x_0)\Delta x$ 近似代替增量 $\Delta y$ 时,其误差为 $o(\Delta x)$. 在$|\Delta x|$很小时,有近似等式 $\Delta y\approx\mathrm{d}y$.

函数 $y=f(x)$在任意一点 $x$ 的微分,称为函数的微分,记作 $\mathrm{d}y$,即 $\mathrm{d}y=f'(x)\Delta x$.

如果函数 $y=f(x)$在区间$(a,b)$内每一点都可微,则称函数 $f(x)$在$(a,b)$内可微.

对于 $y=x$,$\mathrm{d}y=(x)'\Delta x=\Delta x$,因此 $\mathrm{d}x=\mathrm{d}y=\Delta x$,于是函数 $y=f(x)$的微分可以记为 $\mathrm{d}y=f'(x)\mathrm{d}x$.

**注意**

(1) 将上式变形为$\dfrac{\mathrm{d}y}{\mathrm{d}x}=f'(x)$,说明函数的微分 $\mathrm{d}y$ 与自变量的微分 $\mathrm{d}x$ 之商等于该函数的导数,因此导数又叫微商.

(2) 计算 $y=f(x)$微分的方法:只需求出导数 $y'=f'(x)$,再乘上因子 $\mathrm{d}x$ 即可.

**例 2-4-1** 求 $y=x^2$ 在 $x_0=1$ 处,$\Delta x$ 为 0.01 时的增量和微分.

**解** $\Delta x=0.01$,$\Delta y=f(x_0+\Delta x)-f(x_0)=f(1.01)-f(1)=0.0201$,

$\mathrm{d}y\Big|_{x_0=1}=f'(x_0)\Delta x=2x_0\Delta x=0.02$,两者相差很小.

**例 2-4-2** 求函数 $y=x\mathrm{e}^x$ 的微分.

**解** 因为 $y'=\mathrm{e}^x+x\mathrm{e}^x$,所以 $\mathrm{d}y=y'\mathrm{d}x=(\mathrm{e}^x+x\mathrm{e}^x)\mathrm{d}x=\mathrm{e}^x(1+x)\mathrm{d}x$.

2. 微分的几何意义

设 $MT$ 是曲线 $y=f(x)$(如图 2-6)上点 $M(x_0,y_0)$处的切线,设 $MT$ 的倾斜角为$\alpha$,当自变量 $x$ 有微小增量 $\Delta x$ 时就得到曲线上另一点 $N(x_0+\Delta x,y_0+\Delta y)$. 从图可知,

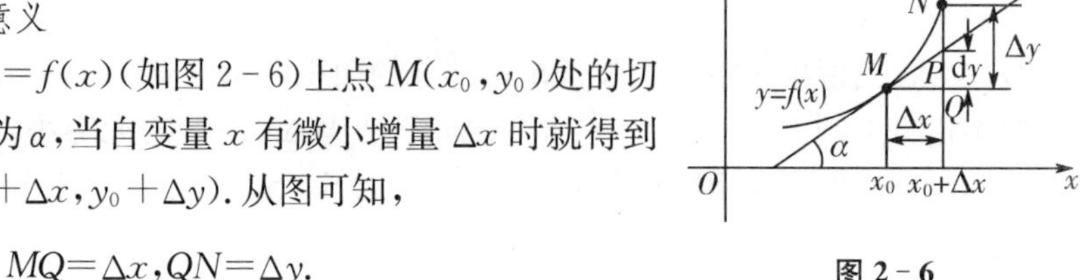


图 2-6

$$MQ=\Delta x,QN=\Delta y.$$

由于$\frac{QP}{MQ}=\tan\alpha=f'(x_0)$，所以

$$QP=MQ\cdot\tan\alpha=\Delta x\cdot f'(x_0)=\mathrm{d}y.$$

由此可见，当$\Delta y$是曲线$y=f(x)$上的$M$点的纵坐标的增量时，$\mathrm{d}y$就是曲线的切线上$M$点的纵坐标的相应增量.

在几何上表示在$M$点附近，曲线段$\overset{\frown}{MN}$由直线段$MP$近似代替，即“以直代曲”.

## 三、微分公式和微分运算法则

由函数的微分的表达式$\mathrm{d}y=f'(x)\mathrm{d}x$，可得如下的微分公式和微分运算法则：

1. 微分基本公式

(1) $\mathrm{d}(C)=0$；

(2) $\mathrm{d}(x^{\mu})=\mu x^{\mu-1}\mathrm{d}x$($\mu$为实数，$x>0$)；

(3) $\mathrm{d}(a^x)=a^x\ln a\mathrm{d}x$；

(4) $\mathrm{d}(\mathrm{e}^x)=\mathrm{e}^x\mathrm{d}x$；

(5) $\mathrm{d}(\log_a x)=\frac{1}{x\ln a}\mathrm{d}x$；

(6) $\mathrm{d}(\ln x)=\frac{1}{x}\mathrm{d}x$；

(7) $\mathrm{d}(\sin x)=\cos x\mathrm{d}x$；

(8) $\mathrm{d}(\cos x)=-\sin x\mathrm{d}x$；

(9) $\mathrm{d}(\tan x)=\sec^2 x\mathrm{d}x$；

(10) $\mathrm{d}(\cot x)=-\csc^2 x\mathrm{d}x$；

(11) $\mathrm{d}(\sec x)=\sec x\tan x\mathrm{d}x$；

(12) $\mathrm{d}(\csc x)=-\csc x\cot x\mathrm{d}x$；

(13) $\mathrm{d}(\arcsin x)=\frac{1}{\sqrt{1-x^2}}\mathrm{d}x$；

(14) $\mathrm{d}(\arccos x)=-\frac{1}{\sqrt{1-x^2}}\mathrm{d}x$；

(15) $\mathrm{d}(\arctan x)=\frac{1}{1+x^2}\mathrm{d}x$；

(16) $\mathrm{d}(\mathrm{arccot}\, x)=-\frac{1}{1+x^2}\mathrm{d}x$.

例如，$\frac{1}{\sqrt{x}}\mathrm{d}x=2\mathrm{d}(\sqrt{x})$，$\frac{1}{x^2}\mathrm{d}x=-\mathrm{d}\left(\frac{1}{x}\right)$，$\mathrm{d}x=\frac{1}{a}\mathrm{d}(ax+b)$，$a^x\mathrm{d}x=\frac{1}{\ln a}\mathrm{d}a^x$.

2. 函数和、差、积、商的微分运算法则

$$\mathrm{d}[u(x)\pm v(x)]=\mathrm{d}u(x)\pm\mathrm{d}v(x);$$

$$\mathrm{d}[u(x)v(x)]=v(x)\mathrm{d}u(x)+u(x)\mathrm{d}v(x),\mathrm{d}[Cu(x)]=C\mathrm{d}u(x)(C\text{为常数});$$

$$\mathrm{d}\left[\frac{u(x)}{v(x)}\right]=\frac{v(x)\mathrm{d}u(x)-u(x)\mathrm{d}v(x)}{v^2(x)},\mathrm{d}\left[\frac{1}{v(x)}\right]=-\frac{\mathrm{d}v(x)}{v^2(x)}(v(x)\neq0).$$

3. 微分形式不变性

设$y=f(u)$，不论$u$是自变量还是中间变量都有$\mathrm{d}y=f'(u)\mathrm{d}u$，称为一阶微分形式不

变性.

**证明** 若 $u$ 是自变量,则 $\mathrm{d}y=f'(u)\mathrm{d}u$.

若 $u$ 是中间变量,则 $\mathrm{d}y=f'(\varphi(x))\varphi'(x)\mathrm{d}x=f'(u)\mathrm{d}u$.

**例 2-4-3** 求函数 $y=\arctan\dfrac{1}{x}$的微分.

**解** $\mathrm{d}y=y'\mathrm{d}x=\dfrac{1}{1+\dfrac{1}{x^2}}\cdot\dfrac{-1}{x^2}\mathrm{d}x=-\dfrac{1}{1+x^2}\mathrm{d}x$,

或由微分形式不变性,将$\dfrac{1}{x}$看作中间变量 $u$,有

$$\mathrm{d}y=\mathrm{d}\arctan\frac{1}{x}=\frac{1}{1+\left(\frac{1}{x}\right)^2}\mathrm{d}\,\frac{1}{x}=-\frac{1}{1+x^2}\mathrm{d}x.$$

**例 2-4-4** 求函数 $y=\mathrm{e}^{2x+3}\cos 5x$ 的微分.

**解** 
$$\begin{aligned}\mathrm{d}y&=\cos 5x\cdot\mathrm{d}\mathrm{e}^{2x+3}+\mathrm{e}^{2x+3}\cdot\mathrm{d}\cos 5x\\&=\cos 5x\cdot\mathrm{e}^{2x+3}\mathrm{d}(2x+3)+\mathrm{e}^{2x+3}\cdot(-\sin 5x)\mathrm{d}(5x)\\&=\cos 5x\cdot 2\mathrm{e}^{2x+3}\mathrm{d}x-\mathrm{e}^{2x+3}\cdot 5\sin 5x\mathrm{d}x\\&=\mathrm{e}^{2x+3}(2\cos 5x-5\sin 5x)\mathrm{d}x.\end{aligned}$$

**例 2-4-5** 用微分法求由方程 $x^2-xy+y^2=1$ 确定的函数 $y=y(x)$的导数.

**解** 对方程两端同时求微分,有

$$2x\mathrm{d}x-(y\mathrm{d}x+x\mathrm{d}y)+2y\mathrm{d}y=0,$$

移项合并,得

$$(2y-x)\mathrm{d}y=(y-2x)\mathrm{d}x,$$

即:$\dfrac{\mathrm{d}y}{\mathrm{d}x}=\dfrac{y-2x}{2y-x}$.

一般地,变量 $x,y$ 之间的函数关系可以由一个含 $x,y$ 的方程 $F(x,y)=0$ 给出(即 $y$ 是 $x$ 的隐函数),还可以通过参数方程$\begin{cases}x=x(t)\\y=y(t)\end{cases}$($t$ 是参数)给出,由参数方程确定的函数称为参数式函数,$t$ 称为参数.

**例 2-4-6** 用微分法求摆线的参数方程$\begin{cases}x=t-\sin t\\y=1-\cos t\end{cases}$($t$ 是参数)确定的函数的导数$\dfrac{\mathrm{d}y}{\mathrm{d}x}$.

**解** 由 $\mathrm{d}y=\mathrm{d}(1-\cos t)=\sin t\mathrm{d}t$,$\mathrm{d}x=\mathrm{d}(t-\sin t)=(1-\cos t)\mathrm{d}t$,得

$$\frac{\mathrm{d}y}{\mathrm{d}x}=\frac{\sin t\mathrm{d}t}{(1-\cos t)\mathrm{d}t}=\frac{\sin t}{1-\cos t}.$$

**例 2-4-7** 在下列等式的括号内填入适当的函数,使等式成立:

$\mathrm{d}[\ln(\sin 2x)]=$________$\mathrm{d}(\sin 2x)=$________$\mathrm{d}x$.

**解** 根据一阶微分形式不变性得:

$$\mathrm{d}[\ln(\sin 2x)]=\frac{1}{\sin 2x}\mathrm{d}(\sin 2x)=\cot 2x\mathrm{d}(2x)=2\cot 2x\mathrm{d}x.$$

### 四、相关变化率

设函数 $x=x(t)$ 和 $y=y(t)$ 为可导函数，而变量 $x$ 和 $y$ 之间存在某种关系，从而变化率 $\frac{\mathrm{d}x}{\mathrm{d}t}$ 和 $\frac{\mathrm{d}y}{\mathrm{d}t}$ 间存在关系，这两个相互依赖的变化率称为**相关变化率**.

相关变化率的求法：

第一步　求出变量 $x$ 和 $y$ 的关系，而此关系式中的 $x,y$ 均是另一个变量 $t$ 的函数.

第二步　对 $t$ 求导得到变化率 $\frac{\mathrm{d}x}{\mathrm{d}t}$ 和 $\frac{\mathrm{d}y}{\mathrm{d}t}$ 之间的关系.

第三步　求出未知的相关变化率.

**例 2-4-8**　向水深为 8 m、上顶直径为 8 m 的正圆锥形容器（如图 2-7）中注水，其速率为 4 $\mathrm{m}^3$/min. 当水深为 5 m 时，其表面上升的速率为多少？

**解**　设在时刻 $t$ 时容器中水深为 $h(t)$，水面半径为 $r$，水的容积为 $V(t)$，则

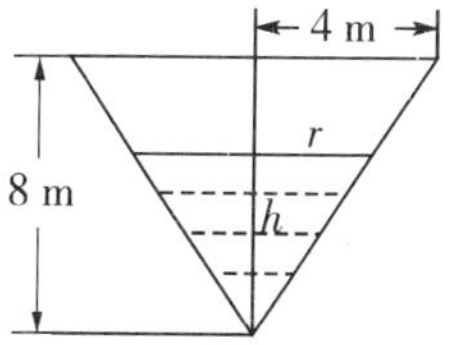

图 2-7

由 $\frac{r}{4}=\frac{h}{8}$ 得 $r=\frac{h}{2}$. 从而：

$$V(t)=\frac{1}{3}\pi r^2 h=\frac{1}{12}\pi h^3,$$

求导得 $V'(t)=\frac{1}{4}\pi h^2 \cdot h'$.

将 $V'(t)=4, h=5$ 代入上式，得水面上升的速率为：

$$h'(t)=\frac{16}{25\pi}(\mathrm{m/min}).$$

### 五、微分在近似计算中的应用

当 $f'(x_0)\neq 0$，$|\Delta x|$ 很小时，有 $\Delta y\approx \mathrm{d}y$，于是便得到用微分近似计算函数增量和函数值的公式：

$$\Delta y\approx f'(x_0)\Delta x(|\Delta x|\text{很小}),$$

$$f(x_0+\Delta x)\approx f(x_0)+f'(x_0)\Delta x(|\Delta x|\text{很小}).$$

令 $x=x_0+\Delta x$，并取 $x_0=0$，有 $f(x)\approx f(0)+f'(0)x(|x|\text{很小})$.

由此可推出工程上常用的近似公式：当 $|x|$ 很小时，有

$$\sqrt[n]{1+x}\approx 1+\frac{x}{n};\ \mathrm{e}^x\approx 1+x;\ \ln(1+x)\approx x;$$

$$\sin x\approx x(x\text{以弧度为单位});\ \tan x\approx x(x\text{以弧度为单位}).$$

**例 2-4-9**　计算 $\sqrt[10]{1.02}$ 的近似值.

**解**　利用近似公式 $\sqrt[n]{1+x}\approx 1+\frac{x}{n}$，这里 $x=0.02, n=10$，于是得

$$\sqrt[10]{1.02}=\sqrt[10]{1+0.02}\approx 1+\frac{0.02}{10}=1.002.$$

## 习题 2.4

**1.** 已知 $y=x^2-x$，在点 $x=2$ 处分别计算当 $\Delta x=0.1, 0.01$ 时的增量 $\Delta y$ 和微分 $\mathrm{d}y$.

**2.** 在下列各等式的括号内填上适当的函数：

(1) $\mathrm{d}(\quad)=2\mathrm{d}x$；

(2) $\mathrm{d}(\quad)=x\mathrm{d}x$；

(3) $\mathrm{d}(\quad)=\dfrac{1}{1+x^2}\mathrm{d}x$；

(4) $\mathrm{d}(\quad)=\cos 2x\mathrm{d}x$；

(5) $\mathrm{d}(\quad)=\mathrm{e}^{-3x}\mathrm{d}x$；

(6) $\mathrm{d}(\quad)=\dfrac{\mathrm{d}x}{1+x}$；

(7) $\mathrm{d}(2^{\sin x})=$________ $\mathrm{d}(\sin x)=$________ $\mathrm{d}x$.

**3.** 求下列函数的微分 $\mathrm{d}y$：

(1) $y=\sec x$；

(2) $y=x\sin 2x$；

(3) $y=\ln\cos x$；

(4) $y=\dfrac{x}{1-x}$；

(5) $y=\arcsin\sqrt{1-x^2}\,(x>0)$；

(6) $x+y^2=\cos xy$.

**4.** 用微分法求由参数方程 $\begin{cases}x=\ln(1+t^2)\\ y=t-\arctan t\end{cases}$（$t$ 为参数）所确定的函数 $y=y(x)$ 的导数 $\dfrac{\mathrm{d}y}{\mathrm{d}x}$.

**5.** 用微分求下列数的近似值：

(1) $\mathrm{e}^{1.01}$；

(2) $\sqrt[3]{997}$.

## 小结与复习

1. 导数的定义

$$f'(x)=y'=\frac{\mathrm{d}y}{\mathrm{d}x}=\lim_{\Delta x\to 0}\frac{\Delta y}{\Delta x}=\lim_{\Delta x\to 0}\frac{f(x+\Delta x)-f(x)}{\Delta x},\ f'(x_0)=f'(x)\Big|_{x=x_0}.$$

2. 导数的几何意义

$f'(x_0)=k_{切线}$；切线方程：$y-y_0=f'(x_0)(x-x_0)$.

3. 可导与连续的关系

函数在某点连续是函数在该点可导的必要条件，但不是充分条件.

4. 导数公式(详见§2.1)

5. 求导法则与方法

(1) $[u\pm v]'=u'\pm v'$；

(2) $[Cu]'=Cu'$；

(3) $[uv]'=u'v+uv'$；

(4) $\left[\dfrac{u}{v}\right]'=\dfrac{u'v-uv'}{v^2}\,(v\neq 0)$；

(5) 设 $y=f(u)$，$u=\varphi(x)$，则复合函数 $y=f[\varphi(x)]$ 的导数为：

$$\frac{\mathrm{d}y}{\mathrm{d}x}=\frac{\mathrm{d}y}{\mathrm{d}u}\cdot\frac{\mathrm{d}u}{\mathrm{d}x}\text{或}\{f[\varphi(x)]\}'=f'(u)\varphi'(x)；$$

(6) 隐函数的求导方法:将方程 $F(x,y)=0$ 两边对 $x$ 求导,然后解出 $y'$;

(7) 对数求导方法:先两边取自然对数,然后用隐函数求导方法,最后换回显函数.

6. 高阶导数

$$f''(x)=y''=(y')' 或 \frac{d^2y}{dx^2}=\frac{d}{dx}\left(\frac{dy}{dx}\right), f^{(n)}(x)=y^{(n)}=\frac{d^ny}{dx^n}=\frac{d}{dx}\left(\frac{d^{n-1}y}{dx^{n-1}}\right).$$

7. 微分

$$dy=f'(x)dx.$$

8. 微分近似计算公式

$f(x_0+\Delta x)\approx f(x_0)+f'(x_0)\Delta x$(当$|\Delta x|$很小),$f(x)\approx f(0)+f'(0)x$(当$|x|$很小).

## 复习题 2

### 一、填空题

1. 曲线 $y=\frac{x-1}{x}$ 上切线斜率等于 $\frac{1}{4}$ 的点是________.

2. 曲线 $y=\ln x$ 上与直线 $4x-2y+3=0$ 平行的切线方程为________.

3. 设 $y=x^2+2^x+2^2$,则 $y'=$________.

4. 设 $f(x)=x(x+1)(x+2)\cdots(x+n)$,则 $f'(0)=$________.

5. 设 $\lim\limits_{x\to0}\frac{f(3x)-f(0)}{x}=1$,则 $f'(0)=$________.

6. $f(x)=x\ln x$,则 $f''(1)=$________.

7. d________$=\frac{1}{1+2x}dx$.

8. 已知 $f(u)$ 可微,则 $df(\sqrt{x})=$________$d\sqrt{x}$.

9. $\sqrt[100]{1.06}\approx$________(精确到小数点后四位).

### 二、选择题

1. 函数 $f(x)$ 在点 $x_0$ 连续是函数在该点可导的 ( )

A. 充分条件但不是必要条件　　B. 必要条件但不是充分条件

C. 充分必要条件　　D. 既不是充分条件,也不是必要条件

2. 设 $f(0)=0$,$f'(0)$ 存在,则 $\lim\limits_{x\to0}\frac{f(x)}{x}=$ ( )

A. $f'(x)$　　B. $f'(0)$　　C. $f(0)$　　D. $\frac{1}{2}f(0)$

3. 设曲线 $y=f(x)$ 在点 $(x_0,f(x_0))$ 处的法线与直线 $2x+3y-1=0$ 平行,则 $f'(x_0)=$ ( )

A. $\frac{3}{2}$　　B. $-\frac{3}{2}$　　C. $-\frac{2}{3}$　　D. $\frac{2}{3}$

**4.** 下列函数中在 $x=0$ 处不可导的是　（　　）

A. $y=3^x$　B. $y=\arcsin x$

C. $y=\ln(x+1)$　D. $y=\sqrt[3]{x}$

**5.** 已知 $f(x)$在$(-\infty,+\infty)$内是可导函数，则$(f(x)-f(-x))'$一定是　（　　）

A. 奇函数　B. 偶函数

C. 非奇非偶函数　D. 不能确定奇偶性的函数

**6.** $y=|x-2|$在 $x=2$ 处　（　　）

A. 连续　B. 不连续　C. 可导　D. 可微

**7.** $y=x^x(x>0)$的导数为　（　　）

A. $x^x$　B. $x^x\ln x$

C. $x^{x-1}+x^x\ln x$　D. $x^x(\ln x+1)$

**8.** 已知物体做直线运动，其运动方程为 $s=2t^2+3t$，则物体做　（　　）

A. 匀速运动　B. 匀加速运动　C. 变加速运动　D. 不能确定

**9.** 设 $y=\ln|x|$，则 $\mathrm{d}y=$　（　　）

A. $\frac{1}{|x|}\mathrm{d}x$　B. $-\frac{1}{|x|}\mathrm{d}x$　C. $\frac{1}{x}\mathrm{d}x$　D. $-\frac{1}{x}\mathrm{d}x$

**三、求下列函数的导数**

**1.** $y=x\ln x+\frac{1-x}{x^2}$.

**2.** $y=\sqrt{4-x^2}$.

**3.** $y=\frac{1}{2}\arctan\frac{x}{2}-\ln\sqrt{x^2+4}$.

**4.** $\sin xy=y+x$.

**四、求下列函数的微分**

**1.** $y=\tan\frac{1}{x}$.

**2.** $y=\arctan\frac{x-1}{x+1}$.

**五、**设 $f(x)=x^2\varphi(x)$且 $\varphi(x)$有二阶连续导数，求 $f''(0)$.

# 第 3 章　导数的应用

## 学习目标

1. 理解中值定理及其简单的应用.

2. 知道洛必达法则成立的条件,能熟练地用洛必达法则求各种不定式的极限.

3. 熟练掌握用导数研究函数的单调性及极值.

4. 明确函数极值与最值的区别,会求实际问题的最值.

5. 会用导数研究曲线的凹凸性和拐点,会求函数图形的水平与垂直渐近线,会利用导数作函数的图形.

本章首先介绍微分中值定理,然后,运用微分中值定理,介绍一种求极限的方法——洛必达法则. 最后,运用微分中值定理,通过导数来研究函数及其曲线的某些性态,并利用这些知识解决实际问题中的最值问题.

## §3.1　微分中值定理

微分中值定理在微积分理论中占有重要地位,揭示了函数在某区间的整体性质与该区间内部某一点的导数之间的关系,它提供了导数应用的基本理论依据,本节介绍的微分中值定理包括罗尔定理、拉格朗日中值定理、柯西中值定理.

### 一、罗尔(Rolle)定理

1. 罗尔定理

**定理 3-1(罗尔定理)**　如果函数 $f(x)$满足条件:

(1) 在闭区间$[a,b]$上连续;

(2) 在开区间$(a,b)$内可导;

(3) 在区间的两个端点处的函数值相等,即 $f(a)=f(b)$.

那么至少存在一点 $\xi\in(a,b)$,使得 $f'(\xi)=0$.

**注意**　罗尔定理的三个条件缺少其中任何一个,定理的结论将不一定成立.

例如,$y=2x$ 在$[0,1]$上满足罗尔定理中条件(1)、(2),但区间端点处的值 $f(0)\neq f(1)$,在区间$[0,1]$上不存在使得 $f'(\xi)=0$ 的点.

2. 罗尔定理的几何意义

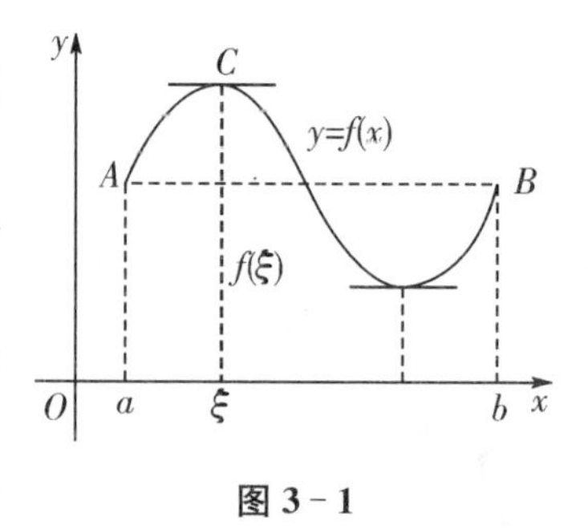

图 3-1

如图 3-1 所示，由定理假设知，函数 $y=f(x)(a\leqslant x\leqslant b)$的图形是一条连续曲线段$\overset{\frown}{ACB}$，且直线段$\overline{AB}$平行于 $x$ 轴. 定理的结论表明，在曲线上至少存在一点 $C$，在该点曲线具有水平切线，于是 $f'(\xi)=0$.

**例 3-1-1** 验证罗尔定理对函数 $f(x)=x^3+4x^2-7x-10$ 在区间$[-1,2]$上的正确性.

**解** 函数 $f(x)$是多项式函数，其连续性、可导性显而易见，又 $f(-1)=f(2)=0$，所以 $f(x)$满足罗尔定理的条件. 为了寻找导数等于 0 的点，令 $f'(x)=3x^2+8x-7=0$，解得 $x=\dfrac{-4\pm\sqrt{37}}{3}$，其中 $\xi=\dfrac{\sqrt{37}-4}{3}\in(-1,2)$就是要找的点，显然有 $f'(\xi)=0$. 中值 $\xi$ 既已找到，说明罗尔定理对函数的正确性得以验证.

## 二、拉格朗日(Lagrange)中值定理

如果去掉罗尔定理中的第三个条件 $f(a)=f(b)$，会得到什么结论呢？由图 3-2 可以看出，连续曲线段$\overset{\frown}{ACB}$上至少有一点 $C$，这点的切线 $l$ 平行于直线段 $AB$，但这时直线段 $AB$ 并不平行于 $x$ 轴.

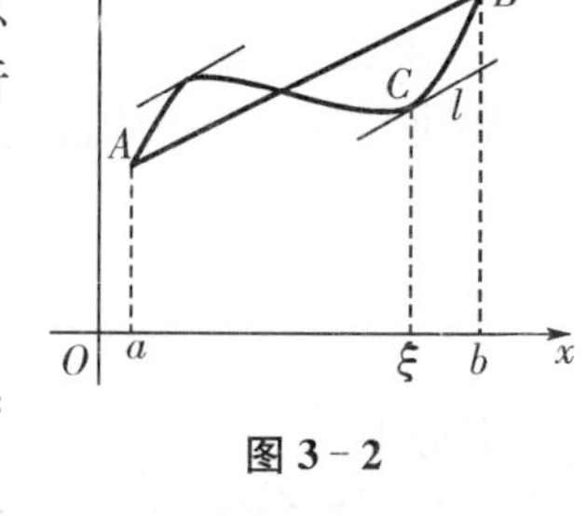

图 3-2

下面的拉格朗日中值定理反映了这个几何事实.

1. 拉格朗日中值定理

**定理 3-2(拉格朗日中值定理)** 如果函数 $f(x)$满足条件：

(1) 在闭区间$[a,b]$上连续；

(2) 在开区间$(a,b)$内可导.

那么至少存在一点 $\xi\in(a,b)$，使得 $f'(\xi)=\dfrac{f(b)-f(a)}{b-a}$.

由定理的结论我们可以看到，拉格朗日中值定理是罗尔定理的推广，它是由函数的局部性质来研究函数的整体性质的桥梁，其应用十分广泛.

2. 拉格朗日中值定理的几何意义

如图 3-2 所示，函数 $f(x)$的图像是介于点 $A,B$ 之间的连续光滑曲线，若以 $AB$ 为横轴建立新的坐标系，则根据罗尔定理，必有一条切线与 $AB$ 平行. 回到原来的坐标系，切线的斜率是 $f'(\xi)$，弦 $AB$ 的斜率为$\dfrac{f(b)-f(a)}{b-a}$，平行意味着两者相等.

由拉格朗日中值定理可得到在微分学中很有用的两个推论：

**推论 3-1** 如果 $f(x)$在开区间$(a,b)$内可导，且 $f'(x)\equiv 0$，则在$(a,b)$内，$f(x)$恒为一个常数.

**推论 3-2** 若 $f(x)$及 $g(x)$在$(a,b)$内可导，且对任意 $x\in(a,b)$，有 $f'(x)=g'(x)$，则在$(a,b)$内 $g(x)=f(x)+C$($C$ 为常数).

**例 3-1-2** 验证函数 $f(x)=x^4$ 在$[1,2]$上满足拉格朗日中值定理的条件，试求满足

定理的 $\xi$.

**解** 因为 $f(x)=x^4$ 在 $[1,2]$ 连续，在 $(1,2)$ 内可导，所以 $f(x)=x^4$ 在区间 $[1,2]$ 上满足拉格朗日中值定理的条件. 要使 $f'(\xi)=\dfrac{f(2)-f(1)}{2-1}$，只要 $4\xi^3=15\Rightarrow\xi=\sqrt[3]{\dfrac{15}{4}}$，从而 $\xi=\sqrt[3]{\dfrac{15}{4}}\in(1,2)$ 即为满足定理的 $\xi$.

**例 3-1-3** 证明：当 $x>0$ 时，$\dfrac{x}{1+x}<\ln(1+x)<x$.

**证明** 设 $f(x)=\ln(1+x)$，则 $f(x)$ 在 $[0,x](x>0)$ 上满足拉氏定理的条件，于是

$$f(x)-f(0)=f'(\xi)(x-0)\quad(0<\xi<x).$$

又 $f(0)=0$，$f'(x)=\dfrac{1}{1+x}$，代入上式，整理得 $\ln(1+x)=\dfrac{x}{1+\xi}$.

而 $0<\xi<x$，所以 $1<1+\xi<1+x$，故 $\dfrac{1}{1+x}<\dfrac{1}{1+\xi}<1$.

从而 $\dfrac{x}{1+x}<\dfrac{x}{1+\xi}<x$，即 $\dfrac{x}{1+x}<\ln(1+x)<x$.

### 三、柯西中值(Cauchy)定理

**定理 3-3(柯西中值定理)** 若函数 $f(x)$ 和 $F(x)$ 满足以下条件：

(1) 在闭区间 $[a,b]$ 上连续；

(2) 在开区间 $(a,b)$ 内可导，且 $F'(x)\neq0$.

如图 3-3 所示，那么至少存在一点 $\xi\in(a,b)$，使得

$$\frac{f(b)-f(a)}{F(b)-F(a)}=\frac{f'(\xi)}{F'(\xi)}(a<\xi<b).$$

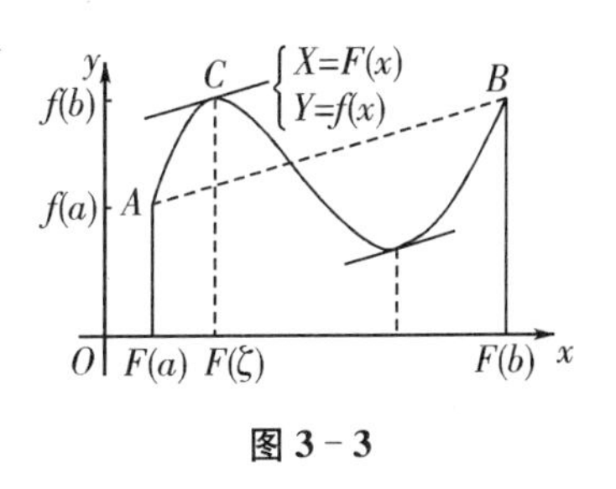

**图 3-3**

特别地，若取 $F(x)=x$，则 $F(b)-F(a)=b-a$，$F'(\xi)=1$，定理 3-3 就成了定理 3-2，可见拉格朗日中值定理是柯西中值定理的特殊情形.

## 习题 3.1

**1.** 函数 $y=x^2-1$ 在 $[-1,1]$ 上满足罗尔定理条件的 $\xi=$________.

**2.** 函数 $y=\ln(x+1)$ 在区间 $[0,1]$ 上是否满足满足拉格朗日中值定理的条件？如果满足，就求出定理中的 $\xi$ 的值.

**3.** 证明：不等式 $\arctan x_2-\arctan x_1\leqslant x_2-x_1$ (其中 $x_1<x_2$).

## §3.2 洛必达法则

由第1章我们知道在某一极限过程中，$f(x)$ 和 $g(x)$ 若都是无穷小量或都是无穷大量时，$\dfrac{f(x)}{g(x)}$ 的极限可能存在，也可能不存在，通常称这种极限为未定式(或待定型)，并分别简

记为$\frac{0}{0}$或$\frac{\infty}{\infty}$.

洛必达(L'HosPital)法则是处理未定式极限的重要工具,是计算$\frac{0}{0}$型、$\frac{\infty}{\infty}$型极限的简单而有效的法则.

**定理 3-4(洛必达法则)** 若函数 $f(x)$和 $g(x)$满足:

(1) $\lim\limits_{x\to x_0} f(x)=\lim\limits_{x\to x_0} g(x)=0$;

(2) 在点 $x_0$ 附近(不含 $x_0$),$f'(x)$,$g'(x)$存在且 $g'(x)\neq 0$;

(3) $\lim\limits_{x\to x_0}\frac{f'(x)}{g'(x)}=A$($A$ 为有限数或为无穷大).

则$\lim\limits_{x\to x_0}\frac{f(x)}{g(x)}\overset{\frac{0}{0}}{=}\lim\limits_{x\to x_0}\frac{f'(x)}{g'(x)}$.

这个定理的结果可以推广到 $x\to x_0^+$,$x\to x_0^-$,$x\to\infty$,$x\to+\infty$和 $x\to-\infty$的情形.

注意

(1) 若$\lim\limits_{x\to x_0}\frac{f'(x)}{g'(x)}$仍为$\frac{0}{0}$型未定式,$f'(x)$,$g'(x)$满足定理条件,则可继续使用洛必达法则.

(2) 运用洛必达法则时,要验证定理的条件,当$\lim\limits_{x\to x_0}\frac{f'(x)}{g'(x)}$既不存在也不为无穷大时,不能运用洛必达法则.

(3) 对于两个无穷大的比即未定式$\frac{\infty}{\infty}$型,只需将洛必达法则中第一个条件"$\lim\limits_{x\to x_0} f(x)=\lim\limits_{x\to x_0} g(x)=0$"替换成"$\lim\limits_{x\to x_0} f(x)=\lim\limits_{x\to x_0} g(x)=\infty$",其他条件不变,其结论仍然是:$\lim\limits_{x\to x_0}\frac{f(x)}{g(x)}\overset{\frac{\infty}{\infty}}{=}\lim\limits_{x\to x_0}\frac{f'(x)}{g'(x)}=A$.

下面我们将应用洛必达法则求解一些未定式的极限.

## 一、$\frac{0}{0}$型、$\frac{\infty}{\infty}$型未定式

**例 3-2-1** 求$\lim\limits_{x\to 1}\frac{x^3-3x+2}{x^3-x^2-x+1}$.

**解** $\lim\limits_{x\to 1}\frac{x^3-3x+2}{x^3-x^2-x+1}\overset{\frac{0}{0}}{=}\lim\limits_{x\to 1}\frac{(x^3-3x+2)'}{(x^3-x^2-x+1)'}=\lim\limits_{x\to 1}\frac{3x^2-3}{3x^2-2x-1}\overset{\frac{0}{0}}{=}\lim\limits_{x\to 1}\frac{6x}{6x-2}=\frac{3}{2}$.

**例 3-2-2** 求$\lim\limits_{x\to 0}\frac{x-\sin x}{x^3}$.

**解** $\lim\limits_{x\to 0}\frac{x-\sin x}{x^3}\overset{\frac{0}{0}}{=}\lim\limits_{x\to 0}\frac{(x-\sin x)'}{(x^3)'}=\lim\limits_{x\to 0}\frac{1-\cos x}{3x^2}\overset{\frac{0}{0}}{=}\lim\limits_{x\to 0}\frac{\sin x}{6x}=\frac{1}{6}\lim\limits_{x\to 0}\frac{\sin x}{x}=\frac{1}{6}$.

**例 3-2-3** 求$\lim\limits_{x\to\infty}\frac{\ln(1+3x^2)}{\ln(3+x^4)}$.

**解** $\lim\limits_{x\to\infty}\dfrac{\ln(1+3x^2)}{\ln(3+x^4)}\overset{\frac{\infty}{\infty}}{=}\lim\limits_{x\to\infty}\dfrac{\dfrac{1}{1+3x^2}\cdot 6x}{\dfrac{1}{3+x^4}\cdot 4x^3}=\lim\limits_{x\to\infty}\dfrac{9+3x^4}{2x^2+6x^4}\overset{\frac{\infty}{\infty}}{=}\lim\limits_{x\to\infty}\dfrac{\dfrac{9}{x^4}+3}{\dfrac{2}{x^2}+6}=\dfrac{1}{2}.$

**注意** 使用洛必达法则若能与其他求极限的方法结合使用,有时能更快地求出结果.

**例 3-2-4** 求$\lim\limits_{x\to 0}\dfrac{\tan x-x}{x^2\sin x}$.

**解** 当$x\to 0$时,$\sin x\sim x$,$\tan x\sim x$,则

$$\lim_{x\to 0}\frac{\tan x-x}{x^2\sin x}=\lim_{x\to 0}\frac{\tan x-x}{x^3}\overset{\frac{0}{0}}{=}\lim_{x\to 0}\frac{\sec^2 x-1}{3x^2}=\frac{1}{3}\lim_{x\to 0}\frac{\tan^2 x}{x^2}=\frac{1}{3}\lim_{x\to 0}\frac{x^2}{x^2}=\frac{1}{3}.$$

**例 3-2-5** 求$\lim\limits_{x\to+\infty}\dfrac{x^n}{e^{\lambda x}}$($n$为正整数,$\lambda>0$).

**解** 该极限属于$\dfrac{\infty}{\infty}$型未定式,应用洛必达法则$n$次,得

$$\lim_{x\to+\infty}\frac{x^n}{e^{\lambda x}}\overset{\frac{\infty}{\infty}}{=}\lim_{x\to+\infty}\frac{nx^{n-1}}{\lambda e^{\lambda x}}\overset{\frac{\infty}{\infty}}{=}\lim_{x\to+\infty}\frac{n(n-1)x^{n-2}}{\lambda^2 e^{\lambda x}}\overset{\frac{\infty}{\infty}}{=}\cdots=\lim_{x\to+\infty}\frac{n!}{\lambda^n\cdot e^{\lambda x}}=0.$$

事实上,当$n$为任意正实数时,结论也成立,这说明任何正数幂的幂函数的增长总比指数函数$e^{\lambda x}$的增长慢.

**例 3-2-6** 求$\lim\limits_{x\to 0}\dfrac{x-\sin x}{\sin x^3}$.

**解** 
$$\lim_{x\to 0}\frac{x-\sin x}{\sin x^3}\overset{\frac{0}{0}}{=}\lim_{x\to 0}\frac{1-\cos x}{3x^2\cos x^3}=\lim_{x\to 0}\frac{1}{3\cos x^3}\cdot\lim_{x\to 0}\frac{1-\cos x}{x^2}$$
$$=\frac{1}{3}\lim_{x\to 0}\frac{\sin x}{2x}=\frac{1}{6}\lim_{x\to 0}\frac{\sin x}{x}=\frac{1}{6}.$$

**注意**

(1) 例3-2-6中第二个式子是$\dfrac{0}{0}$型未定式,如果直接运用洛必达法则,分子的导数比较复杂,我们可以把极限存在且不为零的因子可分离出来$\left(\text{比如上式中的}\dfrac{1}{3\cos x^3}\right)$,以便化简后面求解过程.

(2) 在洛必达法则的应用过程中,必须严格检查极限的类型,只有$\dfrac{0}{0}$型或者$\dfrac{\infty}{\infty}$型的极限,才可以使用洛必达法则.看下例:

$$\lim_{x\to 0}\frac{1-\cos x}{x^3}=\lim_{x\to 0}\frac{\sin x}{3x^2}=\lim_{x\to 0}\frac{\cos x}{6x}=\lim_{x\to 0}\frac{\sin x}{6}=0.$$

上述结果是错误的,问题在于第三个式子$\lim\limits_{x\to 0}\dfrac{\cos x}{6x}$不是$\dfrac{0}{0}$型$\left(\dfrac{\infty}{\infty}\text{型}\right)$的,就不能再用洛必达法则.

**例 3-2-7** $\lim\limits_{x\to\infty}\dfrac{x+\sin x}{x}$.

**解** 该极限属于$\dfrac{\infty}{\infty}$型未定式，运用洛必达法则得$\lim\limits_{x\to\infty}\dfrac{x+\sin x}{x}\overset{\frac{\infty}{\infty}}{=}\lim\limits_{x\to\infty}(1+\cos x)$不存在，不满足洛必达法则的第三个条件，所以洛必达法则失效. 事实上，$\lim\limits_{x\to\infty}\dfrac{1}{x}=0$，$|\sin x|\leqslant 1$，有无穷小的性质可知$\lim\limits_{x\to\infty}\dfrac{1}{x}\sin x=0$，所以$\lim\limits_{x\to\infty}\dfrac{x+\sin x}{x}=\lim\limits_{x\to\infty}(1+\dfrac{1}{x}\sin x)=1$.

## 二、其他未定式

未定型除了$\dfrac{0}{0}$型或$\dfrac{\infty}{\infty}$型外，还有$0\cdot\infty$，$\infty-\infty$，$1^\infty$，$0^0$，$\infty^0$ 等类型，一般地，对这些类型的未定式，通过变形总可以转换成$\dfrac{0}{0}$型或$\dfrac{\infty}{\infty}$型，再用洛必达法则求极限.

作为符号演算，通常这些类型的基本变形如下：

(1) $0\cdot\infty=\dfrac{\infty}{\frac{1}{0}}=\dfrac{\infty}{\infty}$或$0\cdot\infty=\dfrac{0}{\frac{1}{\infty}}=\dfrac{0}{0}$；

(2) $\infty-\infty$，将函数进行恒等变形，比如直接通分等，转换成$\dfrac{0}{0}$型或$\dfrac{\infty}{\infty}$型；

(3) $1^\infty=e^{\ln 1^\infty}=e^{\infty\cdot\ln 1}$，问题转换成$0\cdot\infty$型了，$0^0$ 和$\infty^0$ 的处理方法与 $1^\infty$型相同.

下面举例说明.

**例 3-2-8** 求 $\lim\limits_{x\to+\infty}x\cdot\left(\dfrac{\pi}{2}-\arctan x\right)$.

**解** 该极限属于$0\cdot\infty$型未定式.

$$\lim_{x\to+\infty}x\cdot\left(\frac{\pi}{2}-\arctan x\right)=\lim_{x\to+\infty}\frac{\frac{\pi}{2}-\arctan x}{\frac{1}{x}}\overset{\frac{0}{0}}{=}\lim_{x\to+\infty}\frac{-\frac{1}{1+x^2}}{-\frac{1}{x^2}}=\lim_{x\to+\infty}\frac{x^2}{1+x^2}=1.$$

**注意** $0\cdot\infty$型取倒数转化为$\dfrac{0}{0}$型还是$\dfrac{\infty}{\infty}$型，要看转化后的极限使用洛必达法则时，分子分母的导数是否易求.

**例 3-2-9** 求$\lim\limits_{x\to1}\left(\dfrac{x}{x-1}-\dfrac{1}{\ln x}\right)$.

**解** 这是$\infty-\infty$型未定式，通分后可转化成$\dfrac{0}{0}$型.

$$\lim_{x\to1}\left(\frac{x}{x-1}-\frac{1}{\ln x}\right)\overset{\infty-\infty}{=\!=}\lim_{x\to1}\frac{x\ln x-x+1}{(x-1)\ln x}\overset{\frac{0}{0}}{=}\lim_{x\to1}\frac{\ln x}{\frac{x-1}{x}+\ln x}\overset{\frac{0}{0}}{=}\lim_{x\to1}\frac{\frac{1}{x}}{\frac{1}{x^2}+\frac{1}{x}}=\frac{1}{2}.$$

**例 3-2-10** 求 $\lim\limits_{x\to0^+}x^x$.

**解** 这是$0^0$型未定式，结合指数函数的连续性该极限可变形成如下形式：

$$\lim_{x\to 0^+} x^x=\lim_{x\to 0^+} e^{x\ln x}=\exp\lim_{x\to 0^+} x\ln x.$$

由于$\lim\limits_{x\to 0^+}\ln x=-\infty$，$\lim\limits_{x\to 0^+}x\ln x$属于$0\cdot\infty$型未定式.

$$\lim_{x\to 0^+}x\ln x\xlongequal{0\cdot\infty}\lim_{x\to 0^+}\frac{\ln x}{\frac{1}{x}}\overset{\frac{\infty}{\infty}}{=}\lim_{x\to 0^+}\frac{\frac{1}{x}}{-\frac{1}{x^2}}=\lim_{x\to 0^+}(-x)=0,$$

所以$\lim\limits_{x\to 0^+}x^x=e^0=1$.

**例 3-2-11** 求$\lim\limits_{x\to 0}(\cos x)^{\csc^2 x}$.

**解** 这是$1^\infty$型未定式.

$$\lim_{x\to 0}(\cos x)^{\csc^2 x}=\lim_{x\to 0}e^{\csc^2 x\ln\cos x}=\exp\lim_{x\to 0}\csc^2 x\ln\cos x.$$

又$\lim\limits_{x\to 0}\csc^2 x\ln\cos x\xlongequal{0\cdot\infty}\lim\limits_{x\to 0}\dfrac{\ln\cos x}{\sin^2 x}\overset{\frac{0}{0}}{=}\lim\limits_{x\to 0}\dfrac{-\tan x}{2\sin x\cos x}=-\dfrac{1}{2}$,

所以$\lim\limits_{x\to 0}(\cos x)^{\csc^2 x}=e^{-\frac{1}{2}}$.

## 习题 3.2

**1.** 利用洛必达法则求下列极限：

(1) $\lim\limits_{x\to 0}\dfrac{a^x-1}{x}$；

(2) $\lim\limits_{x\to+\infty}\dfrac{\ln x}{x-1}$；

(3) $\lim\limits_{x\to 0}\dfrac{e^x-e^{-x}-2x}{x-\sin x}$；

(4) $\lim\limits_{x\to+\infty}\dfrac{\ln\left(1+\frac{1}{x}\right)}{\operatorname{arccot} x}$；

(5) $\lim\limits_{x\to 0}\left(\dfrac{1}{x}-\dfrac{1}{e^x-1}\right)$；

(6) $\lim\limits_{x\to+\infty}xe^{-x}$；

(7) $\lim\limits_{x\to 0}(1+\sin x)^{\frac{1}{x}}$；

(8) $\lim\limits_{x\to 0}\dfrac{3x-\sin 3x}{(1-\cos x)\ln(1+2x)}$.

**2.** 讨论求解极限时，洛必达法则是否适用？如何求该极限？

(1) $\lim\limits_{x\to+\infty}\dfrac{e^x-e^{-x}}{e^x+e^{-x}}$；

(2) $\lim\limits_{x\to\infty}\dfrac{2x+\sin x}{x-\cos x}$.

# §3.3 函数的单调性与极值

## 一、函数的单调性的判定

我们在初等数学中已给出了函数单调性的定义，但根据定义来判定函数的单调性是比较困难的，下面借助函数的导数的符号来判定函数的单调性.

例如：(1) $f(x)=\ln x$在$(0,+\infty)$内单调增加，当$x\in(0,+\infty)$时，$f'(x)=\dfrac{1}{x}>0$；

(2) $f(x)=\frac{1}{x}$在$(0,+\infty)$内单调减少，当$x\in(0,+\infty)$时，$f'(x)=-\frac{1}{x^2}<0$.

单调增加(减少)函数$y=f(x)$的图形是一条沿$x$轴正方向上升(下降)的曲线(如图3-4)，这时如果函数在每一点$x$的导数都存在，可看到曲线在该点处的切线的倾斜角为锐(钝)角，则其斜率为正(负)，即$f'(x)>0(<0)$.

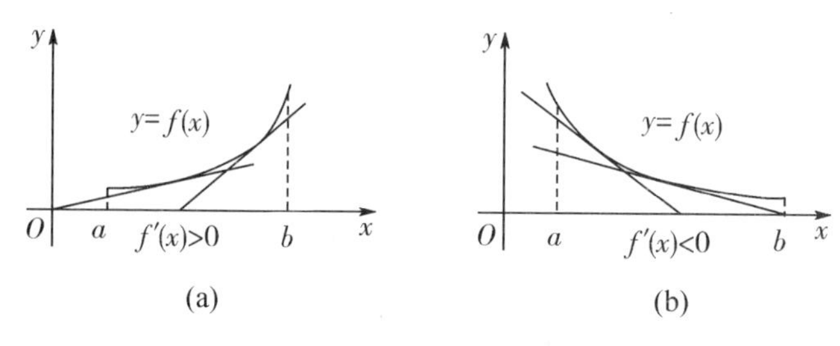


图3-4

由此可见，函数的单调性与导数的正负密切相关，可利用导数的符号来判定函数的单调性.事实上，有如下定理.

**定理3-5(函数单调性的判定法)** 设函数$f(x)$在$[a,b]$上连续，在$(a,b)$内可导.

(1) 若$\forall x\in(a,b)$，有$f'(x)>0$，则$f(x)$在$[a,b]$上单调增加；

(2) 若$\forall x\in(a,b)$，有$f'(x)<0$，则$f(x)$在$[a,b]$上单调减少.

**证明** $\forall x_1,x_2\in[a,b]$，不妨设$x_1<x_2$，由拉格朗日中值定理有

$$f(x_2)-f(x_1)=f'(\xi)(x_2-x_1),\xi\in(x_1,x_2).$$

由$f'(x)>0$，得$f'(\xi)>0$，故$f(x_2)>f(x_1)$，(1)得证.类似地可证(2).

从上面证明过程可以看到，定理中的闭区间若换成其他区间(如开的、闭的或无穷区间等)，结论仍成立.

定理3-5的条件可以适当放宽，即若在$(a,b)$内的有限个点上，有$f'(x)=0$，其余点处处满足定理条件，则定理的结论仍然成立.例如$f(x)=x^3$在$x=0$处有$f'(0)=0$，但它在$(-\infty,+\infty)$上单调增加，如图3-5所示.

**例3-3-1** 求函数$y=e^x-x-1$的单调区间.

**解** 函数的定义域为$(-\infty,+\infty)$，函数在整个定义域内可导，且$y'=e^x-1$.

令$y'=0$，解得$x=0$.当$x<0$时，$y'<0$，故函数在$(-\infty,0]$内单调减少；当$x>0$时，$y'>0$，函数在$(0,+\infty)$内单调增加.

**例3-3-2** 讨论函数$y=\sqrt[3]{x^2}$的单调性.

**解** 函数的定义域为$(-\infty,+\infty)$，当$x\neq0$时，$y'=\frac{2}{3\sqrt[3]{x}}$；当$x=0$时，函数的导数不存在.而当$x>0$时，$y'>0$，函数在$(0,+\infty)$内单调增加；当$x<0$时，$y'<0$，故函数在$(-\infty,0)$内单调减少，如图3-6所示.

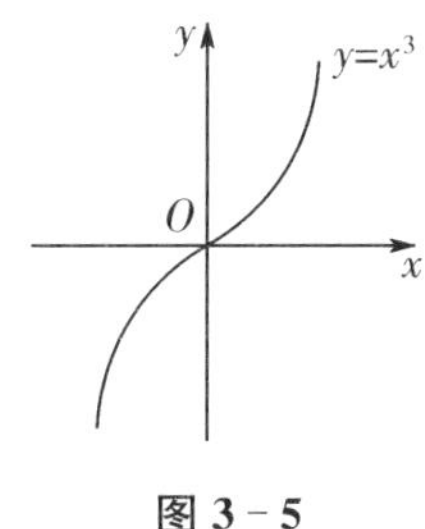

图 3 - 5

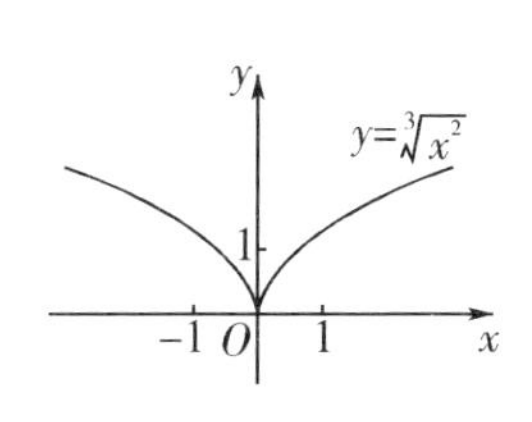

图 3 - 6

从例 3 - 3 - 1、例 3 - 3 - 2 可以看出，函数单调增减区间的分界点是导数为零的点或导数不存在的点，一般地，如果函数在定义域区间上连续，除去有限个导数不存在的点外导数存在，那么只要用 $f'(x)=0$ 的点及 $f'(x)$ 不存在的点来划分函数的定义域区间，在每一区间上判别导数的符号，便可求得函数的单调增减区间.

我们把 $f(x)$ 导数为零的点称为函数 $f(x)$ 的**驻点**.

**例 3 - 3 - 3** 求函数 $y=(x-1)\sqrt[3]{x^2}$ 的单调区间.

**解** (1) 函数的定义域为 $(-\infty,+\infty)$，导数为

$$y'=(x^{\frac{5}{3}}-x^{\frac{2}{3}})'=\frac{5}{3}x^{\frac{2}{3}}-\frac{2}{3}x^{-\frac{1}{3}}=\frac{5x-2}{3x^{\frac{1}{3}}}.$$

(2) 令 $y'=0$，得 $x=\frac{2}{5}$，当 $x=0$ 时，导数不存在.

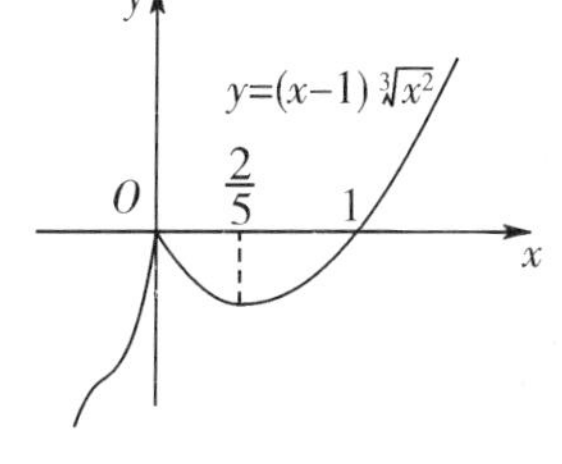

图 3 - 7

(3) 以 0 和 $\frac{2}{5}$ 为分点，将函数定义域 $(-\infty,+\infty)$ 分为三个部分区间，其讨论结果列表如下：

| $x$ | $(-\infty,0)$ | 0 | $\left(0,\frac{2}{5}\right)$ | $\frac{2}{5}$ | $\left(\frac{2}{5},+\infty\right)$ |
|---|---|---|---|---|---|
| $f'(x)$ | + | 不存在 | − | 0 | + |
| $f(x)$ | ↗ | | ↘ | | ↗ |

由表可知，$y$ 的单调增加区间为 $(-\infty,0)$ 和 $\left(\frac{2}{5},+\infty\right)$，单调减少区间为 $\left[0,\frac{2}{5}\right]$，如图 3 - 7所示.

由例题总结求函数单调区间的一般步骤：

第一步 确定函数的定义域，求 $f'(x)$；

第二步 求出定义域内的全部驻点和不可导点；

第三步 利用第二步求得的点把定义域分成若干区间，列表讨论各区间内导数 $f'(x)$ 的符号，再判断单调区间.

利用函数的单调性，可以证明一些不等式.

**例 3 - 3 - 4** 证明：当 $x>0$ 时，$1+\frac{1}{2}x>\sqrt{1+x}$.

**证明** 构造辅助函数 $f(x)=1+\frac{1}{2}x-\sqrt{1+x}$，$f(0)=0$，$f'(x)=\frac{1}{2}-\frac{1}{2\sqrt{1+x}}$.

由于当 $x>0$ 时，$f'(x)>0$，因此 $f(x)$ 在 $[0,+\infty)$ 上严格单调增加，所以当 $x>0$ 时，$f(x)>f(0)=0$，即当 $x>0$ 时，$1+\frac{1}{2}x>\sqrt{1+x}$.

## 二、函数的极值及其求法

函数的极值是一个局部性概念，其确切定义如下：

**定义 3-1** 设 $f(x)$ 在 $x_0$ 的某区间 $(x_0-\delta,x_0+\delta)(\delta>0)$ 内有定义. 若对区间内任一点 $x(x\neq x_0)$，有 $f(x)<f(x_0)$（或 $f(x)>f(x_0)$），则称 $f(x)$ 在点 $x_0$ 处取得极大值（极小值）$f(x_0)$，$x_0$ 称为极大值点（极小值点）.

**注意**

(1) 极值是在一点的附近区域内比较函数值的大小而产生的，显然函数的极值是局部性概念，一个函数在定义域内的极值可能有多个，且其中的极大值不一定大于每一个极小值.

(2) 函数的极值一定出现在区间的内部，在区间的端点不能取得极值.

如图 3-8 所示，函数在 $x_1,x_3,x_5$ 三点处取得极小值，而在两点 $x_2,x_4$ 取得极大值，且极小值 $f(x_5)$ 大于极大值 $f(x_2)$. 由图3-8，观察函数 $f(x)$ 的极值点处，$f(x)$ 在点 $x_3$ 处不可导，在点 $x_1,x_2,x_4,x_5$ 其切线（如果存在）都是水平的，亦即该点处的导数为零. 可见函数取得极值的点可能是驻点或导数不存在的点，由此得函数取得极值的必要条件.

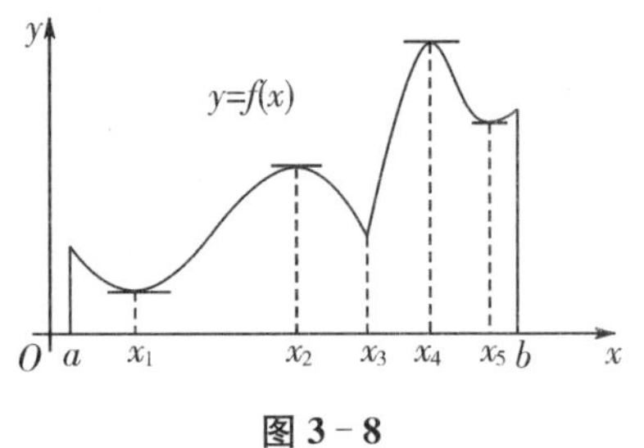


图 3-8

**定理 3-6（必要条件）** 设函数 $f(x)$ 在点 $x_0$ 处可导，且在点 $x_0$ 处取得极值，那么函数 $f(x)$ 在点 $x_0$ 处的导数为零，即 $f'(x_0)=0$.

由定理可知，可导函数的极值点就是驻点；反之，驻点不一定是极值点（如函数 $y=x^3$ 在 $x=0$），导数不存在的点也有可能是极值点（如 $f(x)=|x|$ 在 $x=0$ 处）. 因此，函数可能取得极值的点只能是驻点和导数不存在的点，称这些点为极值点嫌疑点（可能的极值点）. 如何判别它们是否确为极值点呢？我们有以下的判别准则.

**定理 3-7（第一充分条件）** 设函数 $f(x)$ 在以 $x_0$ 为中心的某区间 $(x_0-\delta,x_0+\delta)(\delta>0)$ 内可导，且 $f'(x_0)=0$（或 $f(x)$ 在以 $x_0$ 为中心的某区间（除 $x=x_0$）内可导，在 $x_0$ 连续）.

(1) 若当 $x\in(x_0-\delta,x_0)$ 时，$f'(x)<0$，当 $x\in(x_0,x_0+\delta)$ 时，$f'(x)>0$，则 $f(x)$ 在 $x_0$ 处取得极小值；

(2) 若当 $x\in(x_0-\delta,x_0)$ 时，$f'(x)>0$，当 $x\in(x_0,x_0+\delta)$ 时，$f'(x)<0$，则 $f(x)$ 在 $x_0$ 处取得极大值；

(3) 若在 $x_0$ 的某邻域内，除点 $x_0$ 外，$f'(x)$ 恒为正或恒为负，则 $f(x)$ 在 $x_0$ 处没有极值.

极值第一充分条件判别法和函数单调性判别法有紧密联系. 此判别法在几何上也是很直观的，如图 3-9 所示.

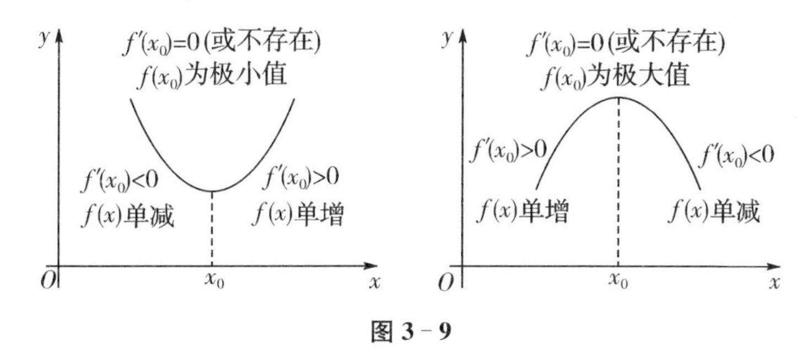


图 3－9

**例 3－3－5**　求函数 $f(x)=x^3-3x^2-9x+5$ 的极值.

**解**　(1) 函数 $f(x)$的定义域是$(-\infty,+\infty)$，导数为

$$f'(x)=3x^2-6x-9=3(x+1)(x-3).$$

(2) 令 $f'(x)=0$，得 $x=-1$，$x=3$.

(3) 列表如下

| $x$ | $(-\infty,-1)$ | $-1$ | $(-1,3)$ | $3$ | $(3,+\infty)$ |
|---|---|---|---|---|---|
| $f'(x)$ | $+$ | $0$ | $-$ | $0$ | $+$ |
| $f(x)$ | ↗ | 极大值 | ↘ | 极小值 | ↗ |

则函数 $f(x)$在 $x=-1$ 处取得极大值 $f(-1)=10$，在 $x=3$ 处取得极小值 $f(3)=-22$.

由例题总结出**求极值的步骤**如下：

第一步　确定函数 $f(x)$的定义域，求导数 $f'(x)$；

第二步　求出定义域内的全部驻点和不可导点；

第三步　利用第二步求得的点把定义域分成若干区间，考查在各点两侧导数的符号，根据定理判别该点是否是极值点，是极大值点还是极小值点；

第四步　确定极值点，求出极值.

**例 3－3－6**　求函数 $y=(x-1)\sqrt[3]{x^2}$ 的极值.

**解**　参考例 3－3－3.

(1) 函数的定义域为$(-\infty,+\infty)$，导数为 $y'=\dfrac{5x-2}{3x^{\frac{1}{3}}}$.

(2) 令 $y'=0$，得 $x=\dfrac{2}{5}$；当 $x=0$ 时，导数不存在.

(3) 以 0 和$\dfrac{2}{5}$为分点，将函数定义域$(-\infty,+\infty)$分为三个部分区间，其讨论结果列表如下：

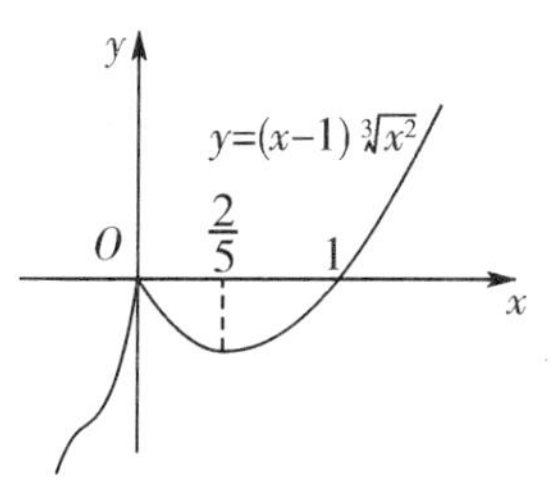


图 3－10

| $x$ | $(-\infty,0)$ | $0$ | $\left(0,\frac{2}{5}\right)$ | $\frac{2}{5}$ | $\left(\frac{2}{5},+\infty\right)$ |
|---|---|---|---|---|---|
| $f'(x)$ | $+$ | 不存在 | $-$ | $0$ | $+$ |
| $f(x)$ | ↗ | 极大值 | ↘ | 极小值 | ↗ |

由表可知，极大值为 $f(0)=0$，极小值为 $f\left(\dfrac{2}{5}\right)=-\dfrac{3}{5}\sqrt[3]{\dfrac{4}{25}}$，如图 3－10 所示.

有时候,对于驻点是否为极值点的判别利用下面定理更简便.

**定理 3-8(第二充分条件——"雨水法则")** 设 $f(x)$在 $x_0$ 处具有二阶导数,且 $f'(x_0)=0$, $f''(x_0)\neq 0$,则

(1) 若 $f''(x_0)>0$,则 $f(x)$在 $x_0$ 处取得极小值;

(2) 若 $f''(x_0)<0$,则 $f(x)$在 $x_0$ 处取得极大值.

| 注意 | 当 $f''(x_0)=0$,不能用此判别点 $x_0$ 是否为极值点,须用第一充分条件来判别. |
|---|---|

**例 3-3-7** 求函数 $f(x)=x^4+4x^3-8x^2+1$ 的极值.

**解** $f(x)$的定义域为$(-\infty,+\infty)$,

$f'(x)=4x^3+12x^2-16x=4x(x+4)(x-1)$, $f''(x)=12x^2+24x-16$.

令 $f'(x)=0$,得驻点:$x=-4$, $x=0$ 及 $x=1$.

又 $f''(-4)=80>0$, $f''(0)=-16<0$, $f''(1)=20>0$.

由第二充分条件判别法知:$f(x)$在 $x=0$ 处取得极大值,极大值为 $f(0)=1$;

在 $x=-4$ 和 $x=1$ 处取得极小值,极小值为 $f(-4)=-127$ 和 $f(1)=-2$.

## 习题 3.3

**1.** 求下面函数的单调区间与极值:

(1) $f(x)=2x^3-3x^2+5$; (2) $y=2x^2-\ln x$;

(3) $f(x)=(2x-5)x^{\frac{2}{3}}$; (4) $f(x)=\dfrac{x^3}{(x-1)^2}$.

**2.** 求函数 $y=2x^3-6x^2-18x+7$ 的极值.

**3.** 证明下列不等式:

(1) 当 $x>0$ 时,$x>\ln(1+x)$; (2) 当 $x>0$ 时,$e^x>1+x$.

**4.** 设 $f(x)=x^3+ax^2+bx$ 在 $x=1$ 处取得极值$-2$.求:

(1) 常数 $a,b$;(2) $f(x)$的所有极值,并判别是极大值,还是极小值?

## §3.4 最优化问题

在许多实际问题中,经常提出诸如用料最省、成本最低、效益最大等问题,这就是所谓的最优化问题.这类问题在数学上常归结为求某一函数(通常称为目标函数)的最大值或最小值问题.

### 一、求最值的一般方法

上一节我们所学的极值是个局部概念,极值点只能是区间内部驻点或导数不存在的点.由初等数学我们知道最值是整体性概念,所以最值既可能在区间内部取到,也可能在区间端点处达到.因此求连续函数 $f(x)$在区间$[a,b]$上最值的步骤如下:

第一步　求函数 $f(x)$ 在开区间 $(a,b)$ 内的所有驻点和不可导点；

第二步　计算函数 $f(x)$ 在区间端点 $a,b$ 处的函数值及所有驻点和不可导点的函数值；

第三步　比较这些函数值的大小，其中最大者就是最大值，最小者就是最小值.

**例 3-4-1**　求函数 $f(x)=x^3-3x^2-9x+5$ 在区间 $[-2,1]$ 上的最大值和最小值.

**解**　$f'(x)=3x^2-6x-9=3(x+1)(x-3)$，令 $f'(x)=0$，得驻点 $x=-1$ 和 $x=3$（舍去），$f(-1)=10$. 再计算区间端点处的函数值 $f(-2)=3$，$f(1)=-6$. 比较这三个函数值的大小，得到 $f(x)$ 在区间 $[-2,1]$ 上的最大值 $f(-1)=10$，最小值为 $f(1)=-6$.

**例 3-4-2**　求 $f(x)=\frac{1}{2}x^2-3\sqrt[3]{x}$ 在 $[-1,2]$ 上的最大值和最小值.

**解**　由 $f'(x)=x-\frac{1}{\sqrt[3]{x^2}}$，令 $f'(x)=0$，得驻点 $x_1=1$；$f'(x)$ 不存在的点：$x_2=0$.

而 $f(1)=-\frac{5}{2}$，$f(0)=0$，$f(-1)=\frac{7}{2}$，$f(2)=2-3\sqrt[3]{2}\approx-1.78$，

因此，$f(x)$ 在 $[-1,2]$ 上的最大值为 $f(-1)=\frac{7}{2}$，最小值为 $f(1)=-\frac{5}{2}$.

**例 3-4-3**　设函数 $y=x^2-2x-1$，问 $x$ 等于多少时，$y$ 的值最小，并求最小值.

**解**　由 $y'=2x-2=2(x-1)=0$，得驻点 $x=1$.

因为 $y''=2>0$，所以 $x=1$ 为函数的极小值点，即有极小值 $y\big|_{x=1}=-2$.

又因为函数在开区间 $(-\infty,+\infty)$ 内只有一个极小值，故为最小值 $y\big|_{x=1}=-2$.

下面两个结论在解应用问题时特别有用：

(1) 若连续函数 $f(x)$ 在某区间（开、闭、有限、无限区间）内只有唯一的一个极值点 $x_0$，则当 $f(x_0)$ 为极大值时，它就是 $f(x)$ 在该区间上的最大值；当 $f(x_0)$ 为极小值时，它就是 $f(x)$ 在该区间上的最小值.

(2) 若 $f(x)$ 在 $[a,b]$ 上单调增加，则 $f(a)$ 为最小值，$f(b)$ 为最大值；若 $f(x)$ 在 $[a,b]$ 上单调递减，则 $f(b)$ 为最小值，$f(a)$ 为最大值.

**例 3-4-4**　对任意的 $x\in\mathbf{R}$，证明：$x^4+(4-x)^4\geqslant32$.

**证明**　构造辅助函数 $f(x)=x^4+(4-x)^4-32$.

对于任意 $x\in\mathbf{R}$，$f'(x)=4x^3-4(4-x)^3$，令 $f'(x)=0$，解得函数唯一的驻点 $x=2$.

又 $f''(x)=12x^2+12(4-x)^2$，而 $f''(2)=96>0$，由判定定理知，$f(x)$ 在 $x=2$ 处取得唯一的极值，且为极小值，所以也是函数的最小值.

因此，对任意的 $x\in\mathbf{R}$，有 $f(x)\geqslant f(2)=0$，即 $x^4+(4-x)^4\geqslant32$.

## 二、最值的应用问题

在用导数研究应用问题的最值时，如果所建立的函数 $f(x)$ 在区间 $(a,b)$ 内是可导的，并且 $f(x)$ 在区间 $(a,b)$ 内只有一个驻点 $x_0$，又根据问题的实际意义，可判断在 $(a,b)$ 内必有最大（小）值，则 $f(x_0)$ 就是所求的最大（小）值，不必再进行数学判断.

**例 3-4-5**　注入人体血液的麻醉药浓度随注入时间的长短而变. 据临床观测，某麻醉药在某人血液中的浓度与时间的函数关系为 $C(t)=0.29483t+0.04253t^2-0.00035t^3$，其中

$C$ 的单位是毫克，$t$ 的单位是秒．现问：大夫给这位患者做手术，这种麻醉药从注入人体开始，过多长时间其血液含该麻醉药的浓度最大？

**解** 我们的问题是要求出函数 $C(t)$ 当 $t>0$ 时的最大值．为此令

$$C'(t)=0.29483+0.08506t-0.00105t^2=0,$$

得唯一驻点 $t_0=84.34$（负值已舍）．

又根据问题的实际意义，血液中麻醉药的浓度最大值一定存在，所以 $C(t)$ 在 $t_0=84.34$ 取得最大值，因此当该麻醉药注入患者体内 84.34 秒时，其血液里麻醉剂的浓度最大．

**例 3-4-6** 某厂生产某种产品的固定成本（固定投入）为 2500 元．已知每生产 $x$ 件这样的产品需要再增加可变成本 $C(x)=200x+\frac{1}{36}x^3$（元），若生产出的产品都能以每件 500 元售出，要使利润最大，该厂应生产多少件这样的产品？最大利润是多少？

**解** 设生产 $x$ 件产品的利润为 $L(x)$元，则

$$L(x)=500x-2500-C(x)=300x-\frac{1}{36}x^3-2500,x\in\mathbf{N}.$$

$$L'(x)=300-\frac{1}{12}x^2,\text{令 } L'(x)=0,\text{得 } x=60.$$

这个问题的最大利润（$L$ 的最大值）一定存在，而函数只有一个驻点 $x=60$，故它就是 $L$ 的最大值点，则最大利润为 $L(60)=9500$．

因此，要使利润最大，该厂应生产 60 件这种产品，最大利润为 9500 元．

## 习题 3.4

**1.** 求 $f(x)=x^4-2x^2+3$ 在区间$[-2,2]$上的最大值和最小值．

**2.** 求函数 $f(x)=(x-1)\sqrt[3]{x^2}$在闭区间$\left[-1,\frac{1}{2}\right]$上的最值．

**3.** 在边长为 60 cm 的正方形铁片的四角切去相等的正方形，再把它的边折起，做成一个无盖的方底箱子，箱底的边长是多少时，箱底的容积最大？最大容积是多少？

**4.** 圆柱形金属饮料罐的容积一定时，它的高与底半径应怎样选取，才能使所用的材料最省？

## §3.5 函数的凹凸性、曲线的拐点及渐近线

### 一、函数的凹凸性、曲线的拐点

前面已经研究了函数的单调性与极值，这对于描绘函数的图形有很大的作用，但还不能完全反映它的变化规律，考虑两个函数 $y=x^2$ 和 $y=\sqrt{x}$，它们在$(0,+\infty)$上都是单调的（如图 3-11），但它们的增长方式却有显著的不同，从几何上来说，两条曲线弯曲方向不同，$y=x^2$ 的图形往下凸出，而 $y=\sqrt{x}$的图形往上凸出．下面将介绍函数凹凸性的概念及判别方法．

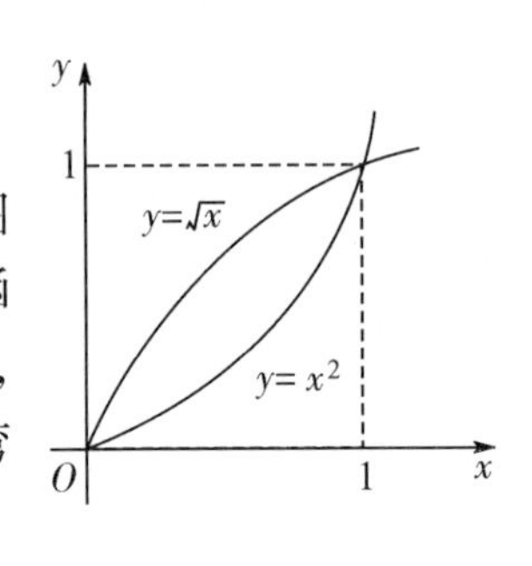


图 3-11

1. 凹凸性的概念及判别法

**定义 3－2** 设函数 $f(x)$在区间 $I$ 上连续(如图 3－12).

(1) 如果对区间 $I$ 上任意两点 $x_1,x_2$,恒有

$$f\left(\frac{x_1+x_2}{2}\right)<\frac{f(x_1)+f(x_2)}{2}$$

成立,则称函数 $f(x)$在区间 $I$ 上的图形是凹的(或凹弧);

(2) 如果对区间 $I$ 上任意两点 $x_1,x_2$,恒有

$$f\left(\frac{x_1+x_2}{2}\right)>\frac{f(x_1)+f(x_2)}{2}$$

成立,则称函数 $f(x)$在区间 $I$ 上的图形是凸的(或凸弧).

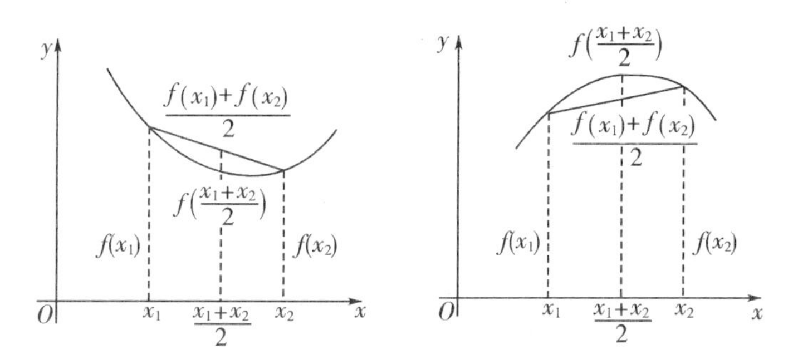


**图 3－12**

由定义知,若在某区间内,曲线 $y=f(x)$位于其每一点切线的上(下)方,则曲线在该区间内为凹的(凸的),记为"∪"("∩"),该区间称为曲线的凹(凸)区间.

如果用定义判别太繁琐,由图形判别,一般用描点法不能准确地画出函数的图形,

观察图形(如图 3－13)可看出,凹(凸)弧上各点切线的斜率随 $x$ 增大而增大(减小),即 $f'(x)$是单调增加(单调减少)的,而 $f'(x)$的单调性又可用$[f'(x)]'=f''(x)$的符号来判定,即

$$f''(x)<0(f''(x)>0).$$

因此我们发现可以利用二阶导数的符号来研究曲线的凹凸性,有如下曲线凹凸性的判定法.

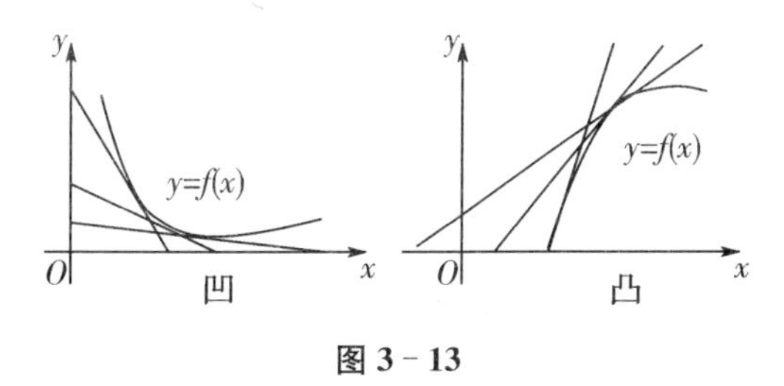


**图 3－13**

**定理 3－9** 设函数 $f(x)$在区间$[a,b]$上连续,在$(a,b)$内具有一阶和二阶导数.

(1) 若当 $x\in(a,b)$时,二阶导数 $f''(x)>0$,则函数 $f(x)$在$[a,b]$上的图形是凹的;

(2) 若当 $x\in(a,b)$时,二阶导数 $f''(x)<0$,则函数 $f(x)$在$[a,b]$上的图形是凸的.

为了便于记忆,这个定理的结论可以概括为"小凸大凹".

定理的证明从略，定理中的闭区间可以换成其他类型的区间. 此外，若在$(a,b)$内除有限个点上有 $f''(x)=0$ 外，其余点处均满足定理的条件，则定理的结论仍然成立. 例如，$y=x^4$ 在 $x=0$ 处有 $f''(x)=0$，但它在$(-\infty,+\infty)$上是凹的.

**例 3-5-1** 判别曲线 $y=\arctan x$ 的凹凸性.

**解** 因为 $y'=\dfrac{1}{1+x^2}, y''=\dfrac{-2x}{(1+x^2)^2}$，

所以，当 $x<0$ 时，$y''>0$，$y$ 在区间$(-\infty,0)$内的图形为凹的；

当 $x>0$ 时，$y''<0$，$y$ 在区间$(0,+\infty)$内的图形为凸的.

2. 曲线的拐点

**定义 3-3** 连续曲线上凹弧与凸弧的分界点称为曲线的拐点.

拐点是曲线上的点，必须用横坐标与纵坐标同时表示，即 $M(x_0, f(x_0))$.

在例 3-5-1 中，点(0,0)是曲线 $y=\arctan x$ 凹与凸的分界点——拐点.

由于拐点是曲线凹弧与凸弧的分界点，所以拐点左右两侧近旁 $f''(x)$必然异号，因此，曲线 $y=f(x)$拐点的横坐标 $x_0$，只可能是使 $f''(x)=0$ 的点或 $f''(x)$不存在的点，从而可得如下**求拐点的方法**：

第一步 确定 $y=f(x)$的定义域；

第二步 求二阶导数 $f''(x)$，求出定义域上使 $f''(x)=0$ 的点或 $f''(x)$不存在的点；

第三步 利用第二步求得的点把定义域分成若干区间，考查在各点两侧二阶导数的符号，再根据相邻区间的凹凸性确定曲线的拐点.

**例 3-5-2** 求函数 $f(x)=x^3-6x^2+9x+1$ 的凹凸区间与拐点.

**解** (1) 曲线 $f(x)=x^3-6x^2+9x+1$ 的定义域为$(-\infty,+\infty)$.

(2) $f'(x)=3x^2-12x+9, f''(x)=6x-12=6(x-2)$.

令 $f''(x)=0$，求得 $x=2$.

(3) 列表

| $x$ | $(-\infty,2)$ | 2 | $(2,+\infty)$ |
|---|---|---|---|
| $f''(x)$ | $-$ | 0 | $+$ |
| $f(x)$ | $\cap$ | 3 | $\cup$ |

可见，在$(-\infty,2]$上曲线是凸的，在$[2,+\infty)$上曲线是凹的，拐点为(2,3).

从函数的图形(如图 3-14)中，可以看出曲线凹凸的变化和拐点的位置.

**例 3-5-3** 求函数 $y=(x-1)\sqrt[3]{x^2}$的凹凸区间及拐点.

**解** (1) 曲线 $y=(x-1)\sqrt[3]{x^2}$的定义为$(-\infty,+\infty)$.

(2) 因为 $y'=(x^{\frac{5}{3}}-x^{\frac{2}{3}})'=\dfrac{5}{3}x^{\frac{2}{3}}-\dfrac{2}{3}x^{-\frac{1}{3}}, y''=\dfrac{2(5x+1)}{9x^{\frac{4}{3}}}$.

令 $y''=0$，得 $x=-\dfrac{1}{5}$；当 $x=0$ 时，$y''$不存在.

(3) 列表如下

| $x$ | $\left(-\infty,-\frac{1}{5}\right)$ | $-\frac{1}{5}$ | $\left(-\frac{1}{5},0\right)$ | 0 | $(0,+\infty)$ |
| --- | --- | --- | --- | --- | --- |
| $y''$ | $-$ | 0 | $+$ | $\times$ | $+$ |
| 曲线 $y=f(x)$ | ∩ | 拐点 | ∪ | 不是拐点 | ∪ |

由上表知，$\left(-\infty,-\frac{1}{5}\right)$为曲线的凸区间，$\left(-\frac{1}{5},+\infty\right)$为曲线的凹区间，$\left(-\frac{1}{5},-\frac{6}{5}\sqrt[3]{\frac{1}{25}}\right)$为曲线的拐点.

从函数的图形(如图 3-15)中,可以看出曲线凹凸的变化和拐点的位置.

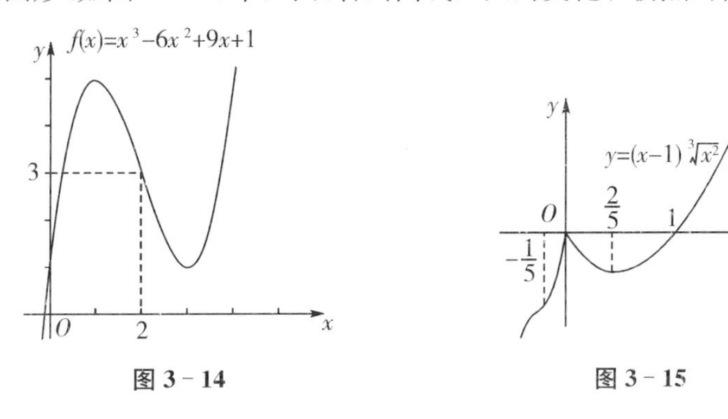


图 3-14　　图 3-15

## 二、曲线的渐近线

在初等数学中,我们已学习过双曲线和渐近线的概念,下面我们对曲线的渐近线作进一步的讨论. 例如函数 $y=\frac{1}{x}$(如图 3-16),当 $x\to\infty$时,曲线上的点无限地接近于直线 $y=0$;当 $x\to 0$ 时,曲线上的点无限地接近于直线 $x=0$,数学上把直线 $y=0$ 和 $x=0$ 分别称为曲线 $y=\frac{1}{x}$的水平渐近线和垂直渐近线. 下面给出一般定义.

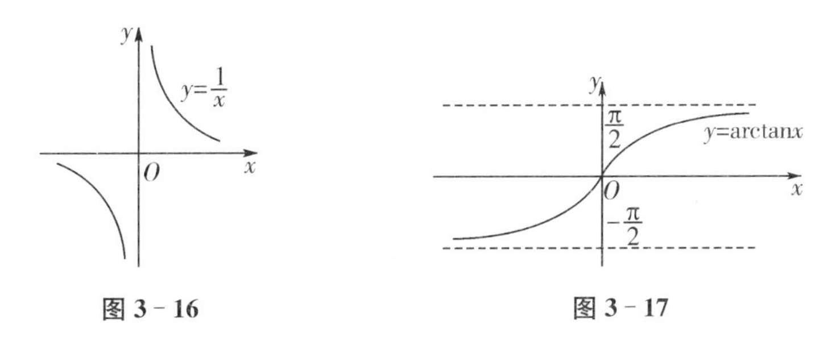


图 3-16　　图 3-17

如果曲线上的一点沿着曲线趋于无穷远时,该点与某条定直线的距离趋于 0,则称该直线为曲线的渐近线. 并不是任意的曲线都有渐近线,下面分两种情况来讨论.

1. 水平渐近线

**定义 3-4**　如果 $\lim\limits_{x\to+\infty}f(x)=a$ 或 $\lim\limits_{x\to-\infty}f(x)=a$,则直线 $y=a$ 是曲线 $y=f(x)$的**水平渐近线.**

**例 3-5-4** 求曲线 $y=\arctan x$ 的水平渐近线.

**解** 因为 $\lim\limits_{x\to+\infty}\arctan x=\frac{\pi}{2}$，$\lim\limits_{x\to-\infty}\arctan x=-\frac{\pi}{2}$，

所以直线 $y=\frac{\pi}{2}$ 和 $y=-\frac{\pi}{2}$ 是曲线 $y=\arctan x$ 的水平渐近线(如图 3-17).

2. 铅垂(垂直)渐近线

**定义 3-5** 如果 $\lim\limits_{x\to x_0^+}f(x)=\infty$ 或 $\lim\limits_{x\to x_0^-}f(x)=\infty$，则直线 $x=x_0$ 是曲线 $y=f(x)$ 的**铅垂渐近线**.

**例 3-5-5** 求曲线 $y=\frac{x+1}{x^2-2x-3}$ 的垂直渐近线.

**解** 因为 $y=\frac{x+1}{x^2-2x-3}=\frac{x+1}{(x-3)(x+1)}$ 有两个间断点 $x=3$ 和 $x=-1$，又因为

$$\lim_{x\to3}\frac{x+1}{(x-3)(x+1)}=\infty,$$

所以 $x=3$ 为曲线的垂直渐近线.

而 $\lim\limits_{x\to-1}\frac{x+1}{(x-3)(x+1)}=-\frac{1}{4}$，所以 $x=-1$ 不是曲线的垂直渐近线.

## 三、函数图形的描绘

我们借助于函数的一阶、二阶导数讨论了函数的单调性、极值、曲线的凹凸性及拐点等，利用函数的这些性质，我们可以比较准确地描绘函数的图形，现将描绘图形的一般步骤概括如下：

第一步 确定函数 $y=f(x)$ 的定义域；

第二步 讨论函数的奇偶性、周期性等，求出函数的一阶导数 $f'(x)$ 和二阶导数 $f''(x)$；

第三步 求出定义域内 $f'(x)$，$f''(x)$ 等于零的点及不存在的点，这些点把函数的定义域分成几个区间；

第四步 列表确定函数的单调区间和极值及曲线的凸凹区间和拐点；

第五步 确定曲线的渐近线；

第六步 算出 $f'(x)$ 和 $f''(x)$ 的零点以及不存在的点所对应的函数值，定出图形上相应的点，有时适当补充一些辅助点(如与坐标轴的交点和曲线的端点等)以便把曲线描绘得更精确；

第七步 然后用平滑曲线连接而画出函数的图形.

**例 3-5-6** 描绘 $f(x)=\frac{1}{\sqrt{2\pi}}e^{-\frac{x^2}{2}}$ 的图形.

**解** (1) 函数的定义域为 $(-\infty,+\infty)$，$f(x)$ 为偶函数，因此它关于 $y$ 轴对称，可以只讨论 $[0,+\infty)$ 上该函数的图形. 又对任意 $x$，有 $f(x)>0$，所以 $y=f(x)$ 的图形位于 $x$ 轴的上方.

(2) $f'(x)=-\frac{x}{\sqrt{2\pi}}e^{-\frac{x^2}{2}}$，$f''(x)=\frac{1}{\sqrt{2\pi}}e^{-\frac{x^2}{2}}(x^2-1)$. 令 $f'(x)=0$ 得 $x=0$；令 $f''(x)=0$ 得 $x=\pm1$.

(3) 列表分析如下：

| $x$ | 0 | (0,1) | 1 | $(1,+\infty)$ |
| --- | --- | --- | --- | --- |
| $f'(x)$ | 0 | $-$ | $-$ | $-$ |
| $f''(x)$ | $-$ | $-$ | 0 | $+$ |
| $f(x)$ | 极大值 | ∩↘ | 拐点 | ∪↘ |

(4) 因 $\lim\limits_{x\to+\infty}\frac{1}{\sqrt{2\pi}}e^{-\frac{x^2}{2}}=0$,故有水平渐近线 $y=0$.

(5) $f(0)=\frac{1}{\sqrt{2\pi}}$, $f(1)=\frac{1}{\sqrt{2\pi e}}$, $f(2)=\frac{1}{\sqrt{2\pi}e^2}$,取辅助点 $\left(0,\frac{1}{\sqrt{2\pi}}\right)$, $\left(1,\frac{1}{\sqrt{2\pi e}}\right)$, $\left(2,\frac{1}{\sqrt{2\pi}e^2}\right)$,画出函数在 $[0,+\infty)$ 上的图形,再利用对称性便得到函数在 $(-\infty,0]$ 上的图形(如图 3-18).

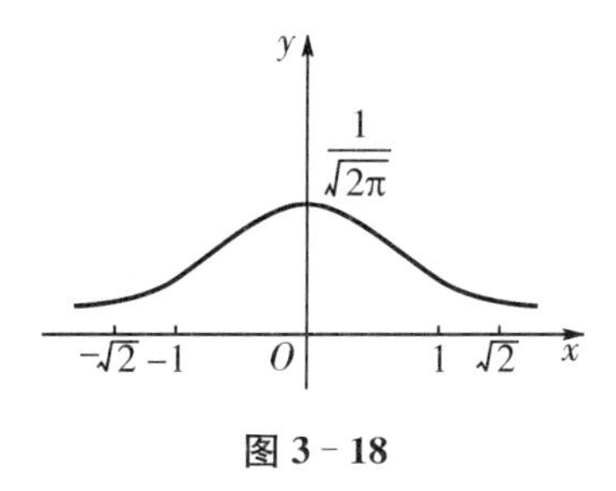


图 3-18

函数 $f(x)=\frac{1}{\sqrt{2\pi}}e^{-\frac{x^2}{2}}$ 是概率论与数理统计中常用到的标准正态分布的密度函数.

## 习题 3.5

**1.** 讨论下列函数的凹凸性,并求曲线的拐点:

(1) $y=3x^4-4x^3+1$; (2) $y=(x-1)^{\frac{5}{3}}-\frac{5}{9}x^2$.

**2.** 已知曲线 $y=3x^3+ax^2+8x$ 在拐点处的切线的斜率为$-1$,确定 $a$ 的值.

**3.** 证明不等式 $\sqrt{xy}\leqslant\frac{x+y}{2}$, $x>0$, $y>0$.

**4.** 求下列曲线的水平渐近线和铅垂渐近线:

(1) $y=\frac{1}{x-1}$; (2) $y=\frac{2-x}{4-x^2}$.

## 小结与复习

1. 中值定理

罗尔定理、拉格朗日中值定理及柯西中值定理之间的关系如下图所示：

$$\text{罗尔定理} \xleftarrow[f(a)=f(b)\text{特例}]{} \text{拉氏定理} \xleftarrow[F(X)=x\text{特例}]{} \text{柯西定理}$$

> **注意** 定理成立的条件.

2. 洛必达法则

洛必达法则只适用于$\frac{0}{0}$型或$\frac{\infty}{\infty}$型未定式，对于 $0\cdot\infty, \infty-\infty, 1^{\infty}, 0^{0}, \infty^{0}$ 等未定式，通过变形总可以转换成$\frac{0}{0}$型或$\frac{\infty}{\infty}$型，再用洛必达法则求极限，通常这些类型的基本变形如下：

(1) $0\cdot\infty$型：常用取倒数的手段化为$\frac{0}{0}$型或$\frac{\infty}{\infty}$型，即：

$$0\cdot\infty \Rightarrow \frac{0}{1/\infty} \Rightarrow \frac{0}{0} \text{ 或 } 0\cdot\infty \Rightarrow \frac{\infty}{1/0} \Rightarrow \frac{\infty}{\infty};$$

(2) $\infty-\infty$型：常用通分的手段化为$\frac{0}{0}$型或$\frac{\infty}{\infty}$型；

(3) $1^{\infty}=e^{\ln 1^{\infty}}=e^{\infty\cdot\ln 1}$，问题转换成 $0\cdot\infty$型，$0^{0}$ 和$\infty^{0}$ 的处理方法与 $1^{\infty}$型相同.

3. 单调性与极值

主要利用一阶导数来求函数的单调性与极值，单调性与一阶导数的符号有关，极值是局部的性质，求极值的思路如下：求 $y'=0$ 的点或者 $y'$不存在的点，然后利用极值的第一或者第二充分条件进行判断. 当所有的极值可疑点多于两个时，若利用第一充分条件，可列表讨论，第二充分条件仅用来对驻点是否为极值点进行判断.

4. 最值

最值是函数的整体性质，最值是唯一的，闭区间上连续函数的最值可以通过比较驻点及不可导点的函数值及区间端点处的函数值得到. 实际应用中，往往在开区间内讨论最值问题，于是唯一存在的驻点就是最值点，相应的函数值就是最值.

5. 函数图形的描绘

(1) 凹凸性及拐点.

主要利用二阶导数来求函数的凹凸性及拐点，凹凸性与二阶导数的符号有关，简记"小凸大凹". 曲线 $y=f(x)$拐点的横坐标 $x_0$，只可能是使 $f''(x)=0$ 的点或 $f''(x)$不存在的点，拐点左右两侧近旁 $f''(x)$必然异号，否则就不是拐点.

(2) 渐近线.

渐近线按定义来求，让 $x\to\infty$，看函数 $y$ 的变化情况，一般可以写出水平渐近线；观察当 $x$ 在什么变化趋势下，$y\to\infty$，一般可以写出垂直渐近线. 这种求法简记为"$x, y$ 轮流趋于无穷大，看相应的另外一个量的变化趋势情况".

(3) 函数图形的描绘(见§3.5).

## 复习题3

### 一、填空题

**1.** $f(x)=x\sqrt{3-x}$在$[0,3]$上满足罗尔定理的$\xi$为________.

**2.** $\lim\limits_{x\to+\infty}\dfrac{x^2}{2x+e^x}=$________.

**3.** 在曲线 $y=2x^2-x+1$ 上求一点,使过此点的切线平行于连接曲线上的点 $A(-1,4)$,$B(3,16)$所成的弦.该点的坐标是________.

**4.** 曲线 $y=\sqrt[3]{x}$的拐点是________.

**5.** 设 $y=f(x)$是 $x$ 的三次函数,其图形关于原点对称,且 $x=\dfrac{1}{2}$时,有极小值$-1$,则 $f(x)=$________.

**6.** $f(x)=2x^3+3x^2-12x+10$ 在区间$[-3,3]$上的最大值为________,最小值为________.

**7.** 函数 $y=\dfrac{x+2}{x^2+3x+2}$的一条垂直渐近线是________.

**8.** 函数 $y=\dfrac{x^3}{e^x}$的一条水平渐近线是________.

### 二、选择题

**1.** 函数 $y=\dfrac{1}{3}x^3-x$ 在区间$[-2,0]$上满足拉格朗日中值定理的$\xi$为 (　　)

A. $\dfrac{2\sqrt{3}}{3}$　　B. $-\dfrac{2\sqrt{3}}{3}$　　C. $\pm\dfrac{2\sqrt{3}}{3}$　　D. $-1$

**2.** 下列结论中,正确的是 (　　)

A. 函数的极值点一定是驻点　　B. 函数的驻点一定是极值点

C. 函数在极值点一定连续　　D. 函数的极值点不一定可导

**3.** 下列命题正确的是 (　　)

A. 若 $f'(x_0)=0$,则 $x_0$ 一定是函数 $f(x)$的极值点

B. 可导函数的极值点必是驻点

C. 可导函数的驻点必是此函数的极值点

D. 若 $x_0$ 是函数 $f(x)$的极值点,则必 $f'(x_0)=0$

**4.** 函数 $y=x-\ln(1+x^2)$在定义域内 (　　)

A. 无极值　　B. 极大值为 $1-\ln 2$

C. 极小值为 $1-\ln 2$　　D. $f(x)$为非单调函数

**5.** 满足方程 $f'(x)=0$ 的点是函数 $y=f(x)$的 (　　)

A. 极值点　　B. 拐点　　C. 驻点　　D. 间断点

**6.** 若在区间 $I$ 上,$f'(x)>0$,$f''(x)<0$,则曲线 $y=f(x)$在 $I$ 是 (　　)

A. 单调减少且为凹弧　　B. 单调减少且为凸弧

C. 单调增加且为凹弧　　D. 单调增加且为凸弧

**7.** 曲线 $y=\frac{2x^3}{(1-x)^2}$　　(　　)

A. 既有水平渐近线,又有垂直渐近线　　B. 只有水平渐近线

C. 有垂直渐近线 $x=1$　　D. 没有渐近线

**三、求下列函数的极限**

**1.** $\lim\limits_{x\to 0}\frac{3^x-5^x}{x}$.

**2.** $\lim\limits_{x\to 0}\frac{\sin x-e^x+1}{1-\sqrt{1-x^2}}$.

**3.** $\lim\limits_{x\to 0}\left(\frac{1}{\sin x}-\frac{1}{x}\right)$.

**4.** $\lim\limits_{x\to 0}x\cot 2x$.

**5.** $\lim\limits_{x\to +\infty}\frac{e^x+\sin x}{e^x-\cos x}$.

**6.** $\lim\limits_{x\to 1}x^{\frac{1}{1-x}}$.

四、求 $f(x)=\frac{2}{3}x-x^{\frac{2}{3}}$ 的单调区间和极值.

五、求 $y=\ln(x^2+1)$ 的凹凸区间和拐点.

六、问 $a,b,c$ 为何值时,点$(-1,1)$是曲线 $y=x^3+ax^2+bx+c$ 的拐点,且是驻点?

# 第4章　不定积分与常微分方程

## 学习目标

1. 理解不定积分的概念、性质、几何意义，熟练掌握基本积分公式，掌握直接积分法.

2. 熟练掌握第一类换元积分法和第二类换元积分法.

3. 熟练掌握分部积分法.

4. 理解微分方程的概念，熟练掌握可分离变量的微分方程、一阶线性微分方程、二阶常系数线性齐次微分方程的解法.

## §4.1　不定积分的概念与性质

### 一、原函数与不定积分

1. 原函数

**定义4-1**　设$F(x)$与$f(x)$在区间$I$上有定义，若$\forall x\in I$，有

$$F'(x)=f(x)\text{或 }\mathrm{d}F(x)=f(x)\mathrm{d}x.$$

则称$F(x)$为$f(x)$在区间$I$上的一个**原函数**.

例如，因为$(x^2)'=2x$，所以$x^2$是$2x$在区间$(-\infty,+\infty)$上的一个原函数.

又如，因为$(\sin x)'=\cos x$，所以$\sin x$是$\cos x$在$(-\infty,+\infty)$上的一个原函数. 容易看出，$(\sin x+C)'=\cos x$（$C$是任意常数），所以$\sin x+C$都是$\cos x$的原函数. 那么，一个函数存在原函数的条件是什么？如果存在，原函数的个数有多少？这些原函数之间存在什么样的关系？

**定理4-1（原函数存在定理）**　若函数$f(x)$在区间$I$内连续，则$f(x)$在该区间内的原函数必定存在.

由于初等函数在其有定义的区间内是连续的. 由定理4-1知：初等函数在其定义的区间内都有原函数.

**定理4-2（原函数族定理）**　如果函数$f(x)$有原函数，则必有无穷多个原函数，且任意两个原函数之间至多只相差一个常数.

定理4-2表明：如果一个函数$f(x)$有原函数$F(x)$存在，则$F(x)+C$（$C$是任意常数）就是$f(x)$的全部原函数.

2. 不定积分

**定义4-2**　函数$f(x)$在区间$I$上的原函数全体称为$f(x)$在区间$I$上的**不定积分**，记作：

$$\int f(x)\mathrm{d}x.$$

其中：$\int$ 为积分号，$f(x)$ 为被积函数，$f(x)\mathrm{d}x$ 为被积表达式，$x$ 为积分变量.

根据上面的讨论可知：如果 $F(x)$是 $f(x)$的一个原函数，则

$$\int f(x)\mathrm{d}x = F(x) + C(\text{其中 } C \text{ 为积分常数}).$$

显然，求不定积分与求导数（或微分）是互逆的，只是不定积分所表示的不是一个函数，而是一族函数.

例如，$\int 2x\mathrm{d}x = x^2 + C$，$\int \cos x\mathrm{d}x = \sin x + C$.

因此求一个函数的不定积分，只需找到被积函数的一个原函数再加上任意常数 $C$ 即可.

**例 4-1-1** 求下列不定积分：

(1) $\int \mathrm{e}^x\mathrm{d}x$； (2) $\int \frac{1}{\sqrt{1-x^2}}\mathrm{d}x$.

**解** (1) 因为$(\mathrm{e}^x)'=\mathrm{e}^x$，所以$\int \mathrm{e}^x\mathrm{d}x = \mathrm{e}^x + C$.

(2) 因为$(\arcsin x)' = \frac{1}{\sqrt{1-x^2}}$，所以$\int \frac{1}{\sqrt{1-x^2}}\mathrm{d}x = \arcsin x + C$.

3. 不定积分的几何意义

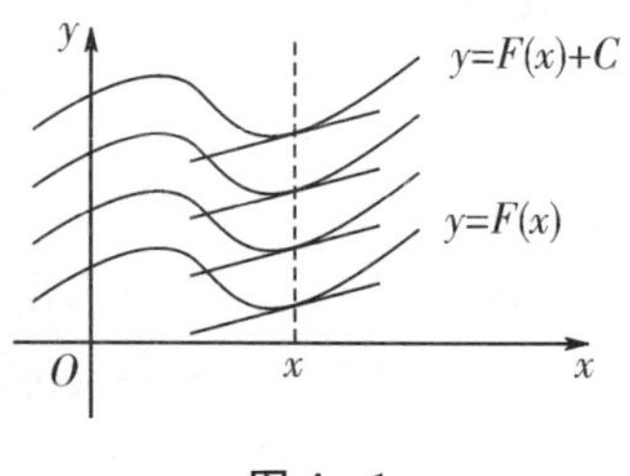


图 4-1

如果函数 $F(x)$ 是 $f(x)$ 的一个原函数，则 $f(x)$ 的不定积分$\int f(x)\mathrm{d}x = F(x) + C$ 是 $f(x)$ 的原函数族，对于 $C$ 每取一个值 $C_0$，就确定 $f(x)$ 的一个原函数，在平面直角坐标系中，就确定一条曲线 $y = F(x) + C_0$，这条曲线叫做函数 $f(x)$ 的一条**积分曲线**，所有这些积分曲线，构成一个曲线族，称为 $f(x)$ 的**积分曲线族**（如图 4-1），这就是不定积分的几何意义. 积分曲线中任意两条曲线上，对应于相同横坐标的点，其对应的纵坐标的差是一个常数，并且在这些点处的切线互相平行.

如果给定一个条件，就可以确定一个 $C$ 值，因而就确定了一个原函数，即确定了一条积分曲线.

**例 4-1-2** 设曲线通过点(2,3)，且其上任一点处的切线斜率等于该点横坐标，求此曲线的方程.

**解** 设所求曲线的方程为 $y = f(x)$，按题意有 $y' = x$. 于是，$y = \int x\mathrm{d}x = \frac{x^2}{2} + C$.

因为曲线通过点(2,3)，代入上式可得 $C=1$.

所以所求曲线的方程为 $y=\frac{x^2}{2}+1$.

## 二、不定积分的性质

由不定积分的定义,可以推出不定积分有如下性质:

**性质 4-1** $\frac{\mathrm{d}}{\mathrm{d}x}[\int f(x)\mathrm{d}x]=f(x)$ 或 $\mathrm{d}[\int f(x)\mathrm{d}x]=f(x)\mathrm{d}x$.

**性质 4-2** $\int F'(x)\mathrm{d}x=F(x)+C$ 或 $\int \mathrm{d}F(x)=F(x)+C$.

**性质 4-3** 两个函数代数和的不定积分等于这两个函数不定积分的代数和,即:

$$\int[f(x)\pm g(x)]\mathrm{d}x=\int f(x)\mathrm{d}x\pm\int g(x)\mathrm{d}x.$$

此性质可推广到有限个函数代数和的情况,即:

$$\int[f_1(x)\pm f_2(x)\pm\cdots\pm f_n(x)]\mathrm{d}x=\int f_1(x)\mathrm{d}x\pm\int f_2(x)\mathrm{d}x\pm\cdots\pm\int f_n(x)\mathrm{d}x.$$

**性质 4-4** 常数 $k(k\neq 0)$可提到不定积分符号的前面,即:

$$\int kf(x)\mathrm{d}x=k\int f(x)\mathrm{d}x(常数\ k\neq 0).$$

**例 4-1-3** 求 $\int(x^2-\frac{5}{x}+3^x-2\sin x)\mathrm{d}x$.

**解** 
$$\begin{aligned}\int(x^2-\frac{5}{x}+3^x-2\sin x)\mathrm{d}x&=\int x^2\mathrm{d}x-5\int\frac{1}{x}\mathrm{d}x+\int 3^x\mathrm{d}x-2\int\sin x\mathrm{d}x\\&=\frac{x^3}{3}-5\ln|x|+\frac{3^x}{\ln 3}+2\cos x+C.\end{aligned}$$

在求函数的代数和的不定积分时,虽然每一项的积分都应有一个积分常数,但任意常数的代数和还是任意常数,所以这里把各积分常数合并为一个积分常数 $C$.

## 三、基本的积分公式

由于不定积分与求导互为逆运算,可以从求基本导数公式得到相应的基本积分公式:

(1) $\int 0\mathrm{d}x=C$;

(2) $\int k\mathrm{d}x=kx+C$($k$ 是常数);

(3) $\int x^\alpha\mathrm{d}x=\frac{x^{\alpha+1}}{\alpha+1}+C$($\alpha$ 是常数且 $\alpha\neq-1$);

(4) $\int\frac{1}{x}\mathrm{d}x=\ln|x|+C(x\neq 0)$;

(5) $\int a^x\mathrm{d}x=\frac{a^x}{\ln a}+C$($a>0$ 且 $a\neq 1$);

(6) $\int \mathrm{e}^x\mathrm{d}x=\mathrm{e}^x+C$;

(7) $\int\sin x\mathrm{d}x=-\cos x+C$;

(8) $\int \cos x \mathrm{d}x = \sin x + C$;

(9) $\int \sec^2 x \mathrm{d}x = \tan x + C$;

(10) $\int \csc^2 x \mathrm{d}x = -\cot x + C$;

(11) $\int \sec x \tan x \mathrm{d}x = \sec x + C$;

(12) $\int \csc x \cot x \mathrm{d}x = -\csc x + C$;

(13) $\int \frac{1}{1+x^2}\mathrm{d}x = \arctan x + C$;

(14) $\int \frac{1}{\sqrt{1-x^2}}\mathrm{d}x = \arcsin x + C$.

上述公式可用微分法验证. 基本积分公式是求不定积分的基础,请读者务必熟记. 如利用幂函数积分公式有:

$$\int \frac{1}{x^2}\mathrm{d}x = \int x^{-2}\mathrm{d}x = \frac{1}{-2+1}x^{-2+1} + C = -\frac{1}{x} + C;$$

$$\int \sqrt{x}\mathrm{d}x = \int x^{\frac{1}{2}}\mathrm{d}x = \frac{1}{\frac{1}{2}+1}x^{\frac{1}{2}+1} + C = \frac{2}{3}x^{\frac{3}{2}} + C.$$

## 四、直接积分法

在求积分问题时,时常对被积函数进行适当的恒等变形(包括代数变换和三角变换),再利用积分的性质 4-3 和性质 4-4,然后按基本积分公式求出结果,这样的积分法叫**直接积分法**.

**例 4-1-4** 求 $\int \frac{3x^2-2x+1}{x}\mathrm{d}x$.

**解** 
$$\begin{aligned}\int \frac{3x^2-2x+1}{x}\mathrm{d}x &= \int \left(3x-2+\frac{1}{x}\right)\mathrm{d}x \\ &= 3\int x\mathrm{d}x - \int 2\mathrm{d}x + \int \frac{1}{x}\mathrm{d}x \\ &= \frac{3}{2}x^2 - 2x + \ln|x| + C.\end{aligned}$$

检验积分结果是否正确,只要对结果求导,看它的导数是否等于被积函数即可.

**例 4-1-5** 求 $\int \frac{x^2}{1+x^2}\mathrm{d}x$.

**解** $\int \frac{x^2}{1+x^2}\mathrm{d}x = \int \left(1-\frac{1}{1+x^2}\right)\mathrm{d}x = x - \arctan x + C$.

**例 4-1-6** 求 $\int \tan^2 x \mathrm{d}x$.

**解** $\int \tan^2 x \mathrm{d}x = \int (\sec^2 x - 1)\mathrm{d}x = \tan x - x + C$.

**例 4-1-7** 求$\int \sin^2 \frac{x}{2}\mathrm{d}x$.

**解** $\int \sin^2 \frac{x}{2}\mathrm{d}x = \int \frac{1-\cos x}{2}\mathrm{d}x = \frac{1}{2}x - \frac{1}{2}\sin x + C.$

**例 4-1-8** 求$\int \frac{1}{\sin^2 x \cos^2 x}\mathrm{d}x$.

**解** $\int \frac{1}{\sin^2 x \cos^2 x}\mathrm{d}x = \int \frac{\sin^2 x + \cos^2 x}{\sin^2 x \cos^2 x}\mathrm{d}x = \int (\sec^2 x + \csc^2 x)\mathrm{d}x = \tan x - \cot x + C.$

**例 4-1-9** 求$\int \frac{\mathrm{d}x}{1+\cos x}$.

**解** $\int \frac{\mathrm{d}x}{1+\cos x} = \int \frac{1-\cos x}{\sin^2 x}\mathrm{d}x = \int (\csc^2 x - \csc x \cot x)\mathrm{d}x = -\cot x + \csc x + C.$

## 习题 4.1

**1.** 求下列不定积分：

(1) $\int \left(x^4 + 3\mathrm{e}^x + \csc^2 x - \frac{1}{x}\right)\mathrm{d}x$；

(2) $\int \frac{3x^4 + 3x^2 + 1}{x^2 + 1}\mathrm{d}x$；

(3) $\int \frac{1}{x\sqrt{x}}\mathrm{d}x$；

(4) $\int \mathrm{e}^x 5^x \mathrm{d}x$；

(5) $\int \frac{x^2 - 4}{x - 2}\mathrm{d}x$；

(6) $\int \frac{1}{x^2(1+x^2)}\mathrm{d}x$；

(7) $\int \cos^2 \frac{x}{2}\mathrm{d}x$；

(8) $\int \frac{1}{1+\cos 2x}\mathrm{d}x$；

(9) $\int \frac{\cos 2x}{\sin^2 x \cos^2 x}\mathrm{d}x$；

(10) $\int \cot^2 x\mathrm{d}x$；

(11) $\int \frac{\cos 2x}{\sin x + \cos x}\mathrm{d}x$；

(12) $\int \sec x(\sec x - \tan x)\mathrm{d}x$.

**2.** 已知某曲线过点(1,2)，且在任意一点$M(x,y)$的切线斜率为$3x^2$，求其曲线方程.

## §4.2 换元积分法

利用直接积分法能求出的不定积分是十分有限的. 因此有必要进一步研究不定积分的其他方法. 本节介绍第一类换元积分法和第二类换元积分法.

### 一、第一类换元积分法(凑微分法)

**定理 4-3** 设$f(u)$具有原函数，$u=\varphi(x)$可导，则有换元公式

$$\int f[\varphi(x)]\varphi'(x)\mathrm{d}x = \int f[\varphi(x)]\mathrm{d}\varphi(x) \xlongequal{\text{设 } \varphi(x)=u} \int f(u)\mathrm{d}u$$

$$= F(u) + C \xlongequal{\text{回代 } u=\varphi(x)} F[\varphi(x)] + C.$$

通常把这样的积分方法称为**第一类换元积分法**.

第一类换元积分法的关键是如何选取 $\varphi(x)$，并将 $\varphi'(x)\mathrm{d}x$ 凑成微分 $\mathrm{d}\varphi(x)$ 的形式，因此第一类换元积分法又称为“凑微分”法.

**例 4-2-1** 求 $\int(3x-1)^{2012}\mathrm{d}x$.

**解** 上式与基本积分公式 $\int x^{a}\mathrm{d}x$ 类似，为此，凑微分 $\mathrm{d}x=\frac{1}{3}\mathrm{d}(3x-1)$，

$$\int(3x-1)^{2012}\mathrm{d}x=\frac{1}{3}\int(3x-1)^{2012}\mathrm{d}(3x-1)\xlongequal{u=3x-1}\frac{1}{3}\int u^{2012}\mathrm{d}u$$

$$=\frac{1}{6039}u^{2013}+C\xlongequal{\text{回代}u=3x-1}\frac{1}{6039}(3x-1)^{2013}+C.$$

当运算比较熟练时，可略去中间的换元步骤，直接凑微分后积分即可.

**例 4-2-2** 求 $\int xe^{x^2}\mathrm{d}x$.

**解** $\int xe^{x^2}\mathrm{d}x=\frac{1}{2}\int e^{x^2}\mathrm{d}(x^2)=\frac{1}{2}e^{x^2}+C.$

**例 4-2-3** 求 $\int\frac{(\ln x)^2}{x}\mathrm{d}x$.

**解** $\int\frac{(\ln x)^2}{x}\mathrm{d}x=\int(\ln x)^2\mathrm{d}(\ln x)=\frac{1}{3}(\ln x)^3+C.$

**例 4-2-4** 求 $\int\frac{\cos\sqrt{x}}{\sqrt{x}}\mathrm{d}x$.

**解** $\int\frac{\cos\sqrt{x}}{\sqrt{x}}\mathrm{d}x=2\int\cos\sqrt{x}\mathrm{d}\sqrt{x}=2\sin\sqrt{x}+C.$

**例 4-2-5** 求 $\int\frac{e^x}{1+e^x}\mathrm{d}x$.

**解** $\int\frac{e^x}{1+e^x}\mathrm{d}x=\int\frac{1}{1+e^x}\mathrm{d}e^x=\int\frac{1}{1+e^x}\mathrm{d}(e^x+1)=\ln(1+e^x)+C.$

**例 4-2-6** 求 $\int\tan x\mathrm{d}x$.

**解** $\int\tan x\mathrm{d}x=\int\frac{\sin x}{\cos x}\mathrm{d}x=-\int\frac{\mathrm{d}(\cos x)}{\cos x}=-\ln|\cos x|+C.$

类似地，可得 $\int\cot x\mathrm{d}x=\ln|\sin x|+C.$

**例 4-2-7** 求 $\int\sin^2x\mathrm{d}x$.

**解** $$\int\sin^2x\mathrm{d}x=\int\frac{1-\cos 2x}{2}\mathrm{d}x=\int\frac{1}{2}\mathrm{d}x-\frac{1}{2}\int\cos 2x\mathrm{d}x$$

$$=\frac{x}{2}-\frac{1}{4}\int\cos 2x\mathrm{d}(2x)=\frac{x}{2}-\frac{1}{4}\sin 2x+C.$$

**例 4-2-8** 求 $\int\sin^4x\cos x\mathrm{d}x$.

**解** $\int\sin^4x\cos x\mathrm{d}x=\int\sin^4x\mathrm{d}(\sin x)=\frac{1}{5}\sin^5x+C.$

**例 4-2-9** 求$\int \sec^4 x\mathrm{d}x$.

**解** $\int \sec^4 x\mathrm{d}x=\int \sec^2 x\mathrm{d}(\tan x)=\int(1+\tan^2 x)\mathrm{d}(\tan x)=\tan x+\frac{1}{3}\tan^3 x+C$.

**例 4-2-10** 求$\int \frac{\arctan\sqrt{x}}{\sqrt{x}(1+x)}\mathrm{d}x$.

**解** $\int \frac{\arctan\sqrt{x}}{\sqrt{x}(1+x)}\mathrm{d}x=2\int \frac{\arctan\sqrt{x}}{1+x}\mathrm{d}(\sqrt{x})$

$$=2\int \arctan\sqrt{x}\mathrm{d}(\arctan\sqrt{x})=(\arctan\sqrt{x})^2+C.$$

**例 4-2-11** 求$\int \frac{1}{\sqrt{a^2-x^2}}\mathrm{d}x(a>0)$.

**解** $\int \frac{1}{\sqrt{a^2-x^2}}\mathrm{d}x=\frac{1}{a}\int \frac{1}{\sqrt{1-\left(\frac{x}{a}\right)^2}}\mathrm{d}x=\int \frac{1}{\sqrt{1-\left(\frac{x}{a}\right)^2}}\mathrm{d}\left(\frac{x}{a}\right)=\arcsin\frac{x}{a}+C$.

类似地,可得$\int \frac{1}{a^2+x^2}\mathrm{d}x=\frac{1}{a}\arctan\frac{x}{a}+C$.

**例 4-2-12** 求$\int \frac{1}{a^2-x^2}\mathrm{d}x$.

**解** $\int \frac{1}{a^2-x^2}\mathrm{d}x=\frac{1}{2a}\int\left(\frac{1}{a-x}+\frac{1}{a+x}\right)\mathrm{d}x=\frac{1}{2a}\int \frac{1}{a+x}\mathrm{d}(a+x)-\frac{1}{2a}\int \frac{1}{a-x}\mathrm{d}(a-x)$

$$=\frac{1}{2a}\ln|a+x|-\frac{1}{2a}\ln|a-x|+C=\frac{1}{2a}\ln\left|\frac{a+x}{a-x}\right|+C.$$

通过以上例题可以发现,运用第一类换元法有很强的技巧性,只有在练习过程中归纳总结,积累经验,才能灵活运用.下面介绍几种常见凑微分的等式供参考:

(1) $\int f(ax+b)\mathrm{d}x=\frac{1}{a}\int f(ax+b)\mathrm{d}(ax+b)(a\neq 0)$, $u=ax+b$;

(2) $\int f(ax^2+b)x\mathrm{d}x=\frac{1}{2a}\int f(ax^2+b)\mathrm{d}(ax^2+b)(a\neq 0)$, $u=ax^2+b$;

(3) $\int f(\ln x)\frac{1}{x}\mathrm{d}x=\int f(\ln x)\mathrm{d}(\ln x)$, $u=\ln x$;

(4) $\int f\left(\frac{1}{x}\right)\frac{1}{x^2}\mathrm{d}x=-\int f\left(\frac{1}{x}\right)\mathrm{d}\left(\frac{1}{x}\right)$, $u=\frac{1}{x}$;

(5) $\int f(\sqrt{x})\frac{1}{\sqrt{x}}\mathrm{d}x=2\int f(\sqrt{x})\mathrm{d}(\sqrt{x})$, $u=\sqrt{x}$;

(6) $\int f(\mathrm{e}^x)\mathrm{e}^x\mathrm{d}x=\int f(\mathrm{e}^x)\mathrm{d}(\mathrm{e}^x)$, $u=\mathrm{e}^x$;

(7) $\int f(\sin x)\cos x\mathrm{d}x=\int f(\sin x)\mathrm{d}(\sin x)$, $u=\sin x$;

(8) $\int f(\cos x)\sin x\mathrm{d}x=-\int f(\cos x)\mathrm{d}(\cos x)$, $u=\cos x$;

(9) $\int f(\tan x)\sec^2 x\mathrm{d}x=\int f(\tan x)\mathrm{d}(\tan x)$, $u=\tan x$;

(10) $\int f(\cot x)\csc^2 x\mathrm{d}x = -\int f(\cot x)\mathrm{d}(\cot x)$, $\qquad u=\cot x$;

(11) $\int f(\arctan x)\dfrac{1}{1+x^2}\mathrm{d}x = \int f(\arctan x)\mathrm{d}(\arctan x)$, $\qquad u=\arctan x$;

(12) $\int f(\arcsin x)\dfrac{1}{\sqrt{1-x^2}}\mathrm{d}x = \int f(\arcsin x)\mathrm{d}(\arcsin x)$, $\qquad u=\arcsin x$.

## 二、第二类换元积分法(去根号法)

第一类换元积分法是选择新的积分变量$u$,令$u=\varphi(x)$进行换元,但另有一些不定积分$\int f(x)\mathrm{d}x$,经适当选择$x=\varphi(t)$代入后,$\int f(x)\mathrm{d}x=\int f[\varphi(t)]\varphi'(t)\mathrm{d}t$容易求出.

例如,$\int \dfrac{1}{1+\sqrt{x}}\mathrm{d}x \xlongequal{\sqrt{x}=t,x=t^2} \int \dfrac{2t}{1+t}\mathrm{d}t$.

**定理 4-4** 设$x=\varphi(t)$单调可导,且$\varphi'(t)\neq 0$,若$\int f(t)\mathrm{d}t=F(t)+C$,则

$$\int f(x)\mathrm{d}x=\int f[\varphi(t)]\varphi'(t)\mathrm{d}t=F(t)+C=F[\varphi^{-1}(x)]+C.$$

这样的积分法叫做**第二类换元积分法**.

第二类换元积分法的关键是恰当地选择变换$x=\varphi(t)$,去掉被积函数中的根式,将无理的被积函数转化为有理的被积函数,因此第二类换元积分法又称为"去根号"法.

1. 根式代换

被积函数中含有$\sqrt[n]{ax+b}$的不定积分,令$\sqrt[n]{ax+b}=t$,即作变换

$$x=\frac{1}{a}(t^n-b)(a\neq 0),\mathrm{d}x=\frac{n}{a}t^{n-1}\mathrm{d}t.$$

**例 4-2-13** 求$\int \dfrac{1}{1+\sqrt{x}}\mathrm{d}x$.

**解** 为去掉被积函数分母中的根式,不妨设$\sqrt{x}=t$,则$x=t^2$,

$$\int \frac{1}{1+\sqrt{x}}\mathrm{d}x=\int \frac{1}{1+t}\mathrm{d}(t^2)=2\int \frac{t}{1+t}\mathrm{d}t=2\int \frac{(1+t)-1}{1+t}\mathrm{d}t$$

$$=2\int \mathrm{d}t-2\int \frac{1}{1+t}\mathrm{d}t=2t-2\ln|1+t|+C=2\sqrt{x}-2\ln(1+\sqrt{x})+C.$$

对积分引进适当的变量代换后,要同时做到两换:一换被积函数,二换积分微元,两者缺一不可.

**例 4-2-14** 求$\int \dfrac{1}{\sqrt{x}+\sqrt[3]{x}}\mathrm{d}x$.

**解** 设$x=t^6(t>0)$,则

$$\int \frac{1}{\sqrt{x}+\sqrt[3]{x}}\mathrm{d}x=\int \frac{6t^5}{t^3+t^2}\mathrm{d}t=6\int \frac{t^3}{t+1}\mathrm{d}t=6\int\left(t^2-t+1-\frac{1}{t+1}\right)\mathrm{d}t$$

$$=6\left(\frac{t^3}{3}-\frac{t^2}{2}+t-\ln|t+1|\right)+C$$

$$= 2\sqrt{x} - 3\sqrt[3]{x} + 6\sqrt[6]{x} - 6\ln(\sqrt[6]{x}+1) + C.$$

如果被积函数中含有不同根指数的同一个函数的根式，我们可以取各不同根指数的最小公倍数作为这函数的根指数，并以所得根式为新的积分变量 $t$，从而同时消除了被积函数中的这些根式.

**例 4-2-15**　求 $\int \frac{1}{\sqrt{e^x-1}}dx$.

**解**　设 $\sqrt{e^x-1}=t$，则 $x=\ln(1+t^2)$，$dx=\frac{2t}{1+t^2}dt$，

$$\int \frac{1}{\sqrt{e^x-1}}dx = 2\int \frac{1}{1+t^2}dt = 2\arctan t + C = 2\arctan\sqrt{e^x-1}+C.$$

2. 三角代换

**例 4-2-16**　求 $\int \sqrt{a^2-x^2}dx(a>0)$.

**解**　被积函数中含有 $\sqrt{a^2-x^2}$，不能像上述进行根式代换，但可以利用三角恒等式 $\sin^2\theta+\cos^2\theta=1$，使被积函数有理化，设 $x=a\sin\theta\left(-\frac{\pi}{2}\leqslant\theta\leqslant\frac{\pi}{2}\right)$，

$$\int \sqrt{a^2-x^2}dx = \int \sqrt{a^2-a^2\sin^2\theta}d(a\sin\theta) = a^2\int \cos^2\theta d\theta = \frac{a^2}{2}\int(1+\cos 2\theta)d\theta$$

$$= \frac{a^2}{2}(\theta+\frac{1}{2}\sin 2\theta)+C = \frac{a^2}{2}\theta+\frac{a^2}{2}\sin\theta\cos\theta+C.$$

因为 $x=a\sin\theta$，$\sin\theta=\frac{x}{a}$，$\theta=\arcsin\frac{x}{a}$，并有

$$\cos\theta=\sqrt{1-\sin^2\theta}=\sqrt{1-\frac{x^2}{a^2}}=\frac{\sqrt{a^2-x^2}}{a}.$$

所以 $\int \sqrt{a^2-x^2}dx = \frac{a^2}{2}\arcsin\frac{x}{a}+\frac{a^2}{2}\frac{x}{a}\frac{\sqrt{a^2-x^2}}{a}+C$

$$= \frac{a^2}{2}\arcsin\frac{x}{a}+\frac{x}{2}\sqrt{a^2-x^2}+C.$$

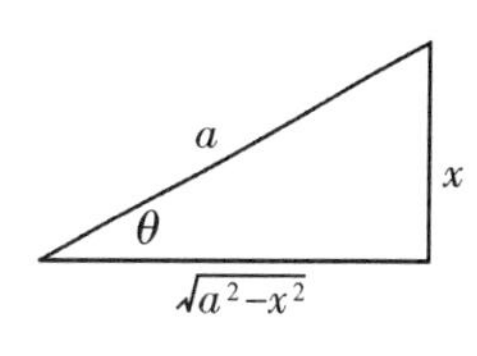

图 4-2

也可根据 $\sin\theta=\frac{x}{a}$，作如图所示的辅助直角三角形(如图 4-2)，直接得出：$\cos\theta=\frac{\sqrt{a^2-x^2}}{a}$.

**例 4-2-17**　求 $\int \frac{1}{\sqrt{a^2+x^2}}dx(a>0)$.

**解**　利用三角公式 $1+\tan^2\theta=\sec^2\theta$.

令 $x=a\tan\theta\left(-\frac{\pi}{2}<\theta<\frac{\pi}{2}\right)$，则

$\sqrt{a^2+x^2}=a\sec\theta$(如图 4-3)，$dx=a\sec^2\theta d\theta$，于是

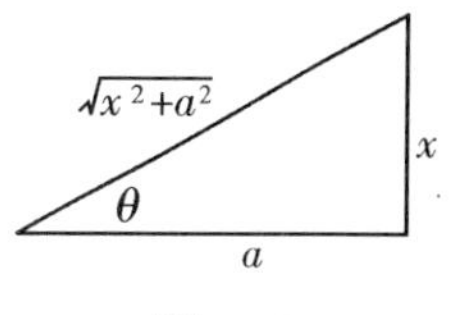

图 4-3

$$\int \frac{dx}{\sqrt{a^2+x^2}} = \int \frac{a\sec^2\theta}{a\sec\theta}d\theta = \int \sec\theta d\theta$$

$$= \ln|\sec\theta+\tan\theta|+C_1$$

$$= \ln \left| \frac{\sqrt{a^2+x^2}}{a} + \frac{x}{a} \right| + C_1$$

$$= \ln \left| x + \sqrt{a^2+x^2} \right| + C(C = C_1 - \ln a).$$

注意 $\int \sec\theta d\theta = \int \frac{\sec\theta(\sec\theta+\tan\theta)}{(\sec\theta+\tan\theta)} d\theta = \int \frac{d(\sec\theta+\tan\theta)}{(\sec\theta+\tan\theta)} = \ln|\sec\theta+\tan\theta|+C.$

第二类换元积分法中的三角代换，主要用于被积函数中含有二次根式的积分，所作变换主要有三种：

(1) 被积函数中含有 $\sqrt{a^2-x^2}(a>0)$，令 $x=a\sin\theta$；

(2) 被积函数中含有 $\sqrt{a^2+x^2}(a>0)$，令 $x=a\tan\theta$；

(3) 被积函数中含有 $\sqrt{x^2-a^2}(a>0)$，令 $x=a\sec\theta$.

**例 4-2-18** $\int \frac{x^2}{\sqrt{1-x^2}} dx$.

**解** 设 $x=\sin t, \sqrt{1-x^2}=\cos t, dx=\cos t dt$，于是

$$\int \frac{x^2}{\sqrt{1-x^2}} dx = \int \frac{\sin^2 t\cos t}{\cos t} dt = \int \sin^2 t dt = \int \frac{1-\cos 2t}{2} dt$$

$$= \frac{1}{2}\int dt - \frac{1}{4}\int \cos 2t d(2t)$$

$$= \frac{1}{2}t - \frac{1}{4}\sin 2t + C = \frac{1}{2}t - \frac{1}{2}\sin t\cos t + C$$

$$= \frac{1}{2}\arcsin x - \frac{x}{2}\sqrt{1-x^2} + C.$$

注意 有时为了消去被积函数分母中的变量因子 $x^n$，常采用**倒代换法**换元.

在本节的例题中，有些不定积分的结果，以后经常用到，现作为基本公式列在下面：

(1) $\int \tan x dx = -\ln|\cos x| + C$；

(2) $\int \cot x dx = \ln|\sin x| + C$；

(3) $\int \sec x dx = \ln|\sec x + \tan x| + C$；

(4) $\int \csc x dx = \ln|\csc x - \cot x| + C$；

(5) $\int \frac{1}{a^2+x^2} dx = \frac{1}{a}\arctan \frac{x}{a} + C$；

(6) $\int \frac{1}{a^2-x^2} dx = \frac{1}{2a}\ln\left|\frac{a+x}{a-x}\right| + C$；

(7) $\int \frac{1}{\sqrt{a^2-x^2}} dx = \arcsin \frac{x}{a} + C$；

(8) $\int \frac{1}{\sqrt{x^2 \pm a^2}} dx = \ln \left| x + \sqrt{x^2 \pm a^2} \right| + C.$

本节介绍了两类换元积分法，利用这两类方法将一些不定积分转化为可以利用直接积分法的不定积分. 第一类换元积分法使用的范围比较广，技巧性比较强，但对一些无理函数的积分，往往需用第二类换元积分法.

## 习题 4.2

**1.** 求下列不定积分：

(1) $\int \cos(1-3x) dx$；

(2) $\int \frac{1}{\sqrt{1-2x}} dx$；

(3) $\int x e^{-x^2} dx$；

(4) $\int \frac{\ln x}{x} dx$；

(5) $\int \frac{1}{x(1+\ln x)} dx$；

(6) $\int \frac{e^x}{2+e^x} dx$；

(7) $\int \frac{1}{1+e^x} dx$；

(8) $\int \frac{1}{x^2} e^{\frac{1}{x}} dx$；

(9) $\int \frac{\sin\sqrt{x}}{\sqrt{x}} dx$；

(10) $\int \frac{\sin x}{\cos^5 x} dx$；

(11) $\int \cos^2 3x dx$；

(12) $\int \sin^4 x \cos x dx$；

(13) $\int e^{\sin x} \cos x dx$；

(14) $\int \frac{\arctan x}{1+x^2} dx$；

(15) $\int \frac{1}{1+9x^2} dx$；

(16) $\int \frac{1}{\sqrt{4-25x^2}} dx$；

(17) $\int \frac{1}{16-9x^2} dx$；

(18) $\int \frac{2x-3}{\sqrt{1-x^2}} dx$.

**2.** 求下列不定积分：

(1) $\int \frac{1}{1-\sqrt{x}} dx$；

(2) $\int \frac{1}{\sqrt{x+1}+2} dx$；

(3) $\int \frac{1}{\sqrt{x}+\sqrt[4]{x}} dx$；

(4) $\int \sqrt{1-4x^2} dx$；

(5) $\int \frac{1}{x\sqrt{x^2-1}} dx$；

(6) $\int \frac{\sqrt{x^2+1}}{x^2} dx$.

## §4.3 分部积分法

换元积分法在计算不定积分时起了很重要的作用，但对像$\int x e^x dx$，$\int x \ln x dx$ 等类型的积分，换元积分法往往不能奏效，下面介绍另一种基本积分法——分部积分法.

**定理 4-5** 设函数 $u(x)$, $v(x)$ 具有连续的导数，则 $\int u\mathrm{d}v = uv - \int v\mathrm{d}u$.

**证明** 根据乘积的微分公式有 $\mathrm{d}(uv)=u\mathrm{d}v+v\mathrm{d}u$，

移项得：$u\mathrm{d}v = \mathrm{d}(uv) - v\mathrm{d}u$，两边积分 $\int u\mathrm{d}v = uv - \int v\mathrm{d}u$.

称为不定积分的**分部积分公式**.

分部积分公式主要解决被积函数是两类函数乘积的不定积分，使用的关键是恰当地选择 $u$ 和 $\mathrm{d}v$：

(1) $\mathrm{d}v$ 易求.

(2) 新积分 $\int v\mathrm{d}u$ 比原积分 $\int u\mathrm{d}v$ 易求 .

**例 4-3-1** 求 $\int x\cos x\mathrm{d}x$.

**解** 设 $u = x$, $\mathrm{d}v = \cos x\mathrm{d}x$，则 $\mathrm{d}u = \mathrm{d}x$, $v = \sin x$，代入公式得，

$$\int x\cos x\mathrm{d}x = \int x\mathrm{d}(\sin x) = x\sin x - \int \sin x\mathrm{d}x = x\sin x + \cos x + C.$$

**例 4-3-2** 求 $\int x\mathrm{e}^{-2x}\mathrm{d}x$.

**解** $$\int x\mathrm{e}^{-2x}\mathrm{d}x = -\frac{1}{2}\int x\mathrm{d}(\mathrm{e}^{-2x}) = -\frac{1}{2}\left(x\mathrm{e}^{-2x} - \int \mathrm{e}^{-2x}\mathrm{d}x\right)$$

$$= -\frac{1}{2}\left[x\mathrm{e}^{-2x} - \left(-\frac{1}{2}\mathrm{e}^{-2x}\right)\right] + C = -\frac{1}{2}x\mathrm{e}^{-2x} - \frac{1}{4}\mathrm{e}^{-2x} + C.$$

**例 4-3-3** 求 $\int x^2\ln x\mathrm{d}x$ .

**解** $$\int x^2\ln x\mathrm{d}x = \frac{1}{3}\int \ln x\mathrm{d}(x^3) = \frac{1}{3}x^3\ln x - \frac{1}{3}\int x^3\mathrm{d}(\ln x)$$

$$= \frac{1}{3}x^3\ln x - \frac{1}{3}\int x^2\mathrm{d}x = \frac{1}{3}x^3\ln x - \frac{1}{9}x^3 + C.$$

**例 4-3-4** 求 $\int \ln x\mathrm{d}x$.

**解** $$\int \ln x\mathrm{d}x = x\ln x - \int x\frac{1}{x}\mathrm{d}x = x\ln x - x + C.$$

类似不定积分有：$\int \arcsin x\mathrm{d}x$，$\int \arctan x\mathrm{d}x$ 等.

**例 4-3-5** 求 $\int x\arctan x\mathrm{d}x$.

**解** $$\int x\arctan x\mathrm{d}x = \frac{1}{2}\int \arctan x\mathrm{d}(x^2) = \frac{1}{2}x^2\arctan x - \frac{1}{2}\int x^2\mathrm{d}(\arctan x)$$

$$= \frac{1}{2}x^2\arctan x - \frac{1}{2}\int \frac{x^2}{1+x^2}\mathrm{d}x$$

$$= \frac{1}{2}x^2\arctan x - \frac{1}{2}x + \frac{1}{2}\arctan x + C.$$

**例 4-3-6** 求 $\int x^2\mathrm{e}^x\mathrm{d}x$.

**解** $\int x^2 e^x dx = \int x^2 d(e^x) = x^2 e^x - \int e^x d(x^2) = x^2 e^x - 2\int x e^x dx$

$$= x^2 e^x - 2\int x d(e^x) = x^2 e^x - 2x e^x + 2\int e^x dx$$

$$= x^2 e^x - 2x e^x + 2e^x + C.$$

按照不定积分求解的需要，可多次使用分部积分公式.

**例 4-3-7**　设$\dfrac{\cos x}{x}$为 $f(x)$ 的一个原函数，求$\int x f'(x) dx$.

**解**　因为$\dfrac{\cos x}{x}$为 $f(x)$的一个原函数，所以

$$\int f(x) dx = \frac{\cos x}{x} + C, f(x) = -\frac{x\sin x + \cos x}{x^2}.$$

所以$\int x f'(x) dx = \int x d[f(x)] = x f(x) - \int f(x) dx$

$$= x f(x) - \frac{\cos x}{x} + C = -\frac{2\cos x}{x} - \sin x + C.$$

**例 4-3-8**　求$\int e^x \sin x dx$.

**解** $\int e^x \sin x dx = \int \sin x d(e^x) = e^x \sin x - \int e^x d(\sin x) = e^x \sin x - \int e^x \cos x dx$

$$= e^x \sin x - \int \cos x d(e^x) = e^x \sin x - e^x \cos x + \int e^x d(\cos x)$$

$$= e^x \sin x - e^x \cos x - \int e^x \sin x dx.$$

移项并合并得：$\int e^x \sin x dx = \dfrac{1}{2} e^x (\sin x - \cos x) + C$.

上面的例子是在两次使用分部积分公式后又回到原来的积分，这时只需要采用解方程的方法，从而解得原不定积分. 但要注意，两次分部积分中 $u$ 的选择要一致，否则二次分部积分后将化回到原式.

一般有：$\int e^{ax} \sin bx dx = \dfrac{e^{ax}}{a^2+b^2}(a\sin bx - b\cos bx) + C$;

$$\int e^{ax} \cos bx dx = \frac{e^{ax}}{a^2+b^2}(a\cos bx + b\sin bx) + C.$$

分部积分法中 $u, v$ 的选择方法有以下常用的几种类型：

(1) $\int P_n(x) e^x dx, \int P_n(x) \sin x dx, \int P_n(x) \cos x dx$ 型（被积函数是幂函数与指数或三角函数的乘积）.

一般选择 $u = P_n(x)$，$dv$ 分别为：$dv = e^x dx$，$dv = \sin x dx$，$dv = \cos x dx$，其中 $P_n(x)$ 为 $n$ 次多项式.

(2) $\int P_n(x) \ln x dx, \int P_n(x) \arcsin x dx, \int P_n(x) \arctan x dx$ 型（被积函数是幂函数与对数或反三角函数的乘积）.

一般选择 $u$ 分别为：$u = \ln x$，$u = \arcsin x$，$u = \arctan x$，而 $dv = P_n(x) dx$，其中 $P_n(x)$ 为 $n$ 次多项式.

(3) $\int e^{ax}\sin bx\,dx$，$\int e^{ax}\cos bx\,dx$ 型.

$u$，$v$ 的选择可以是被积函数中两个因子的任何一个，注意“通过循环”，解方程求不定积分.

有些不定积分还需要综合运用换元积分法和分部积分法来求解.

**例 4－3－9** 求$\int \sin\sqrt{x}\,dx$.

**解** 设$\sqrt{x}=t$，则 $x=t^2$，$dx=2tdt$.

$$\int \sin\sqrt{x}\,dx = 2\int t\sin t\,dt = -2\int t\,d(\cos t) = -2t\cos t + 2\int \cos t\,dt$$

$$= -2t\cos t + 2\sin t + C = -2\sqrt{x}\cos\sqrt{x} + 2\sin\sqrt{x} + C.$$

有些不定积分既可以用换元积分法，也可以用分部积分法求解.

**例 4－3－10** 求$\int \sec^3 x\,dx$.

**解** $\int \sec^3 x\,dx = \int \sec x\cdot\sec^2 x\,dx = \int \sec x\,d(\tan x) = \sec x\tan x - \int \tan x\,d(\sec x)$

$$= \sec x\tan x - \int \sec x\tan^2 x\,dx = \sec x\tan x - \int (\sec^3 x - \sec x)\,dx$$

$$= \sec x\tan x - \int \sec^3 x\,dx + \int \sec x\,dx$$

$$= \sec x\tan x - \int \sec^3 x\,dx + \ln|\sec x + \tan x|.$$

移项并合并得：$\int \sec^3 x\,dx = \frac{1}{2}\sec x\tan x + \frac{1}{2}\ln|\sec x + \tan x| + C.$

## 习题 4.3

**1.** 求下列不定积分：

(1) $\int x\sin x\,dx$；　　(2) $\int xe^{-x}\,dx$；

(3) $\int x^4\ln x\,dx$；　　(4) $\int \arcsin x\,dx$；

(5) $\int x\tan^2 x\,dx$；　　(6) $\int \frac{x}{\cos^2 x}\,dx$；

(7) $\int \frac{\ln x}{\sqrt{x}}\,dx$；　　(8) $\int e^x\cos x\,dx$；

(9) $\int \ln(1+x^2)\,dx$；　　(10) $\int (x^2+2)\cos x\,dx$；

(11) $\int e^{\sqrt{x}}\,dx$；　　(12) $\int \arctan\sqrt{x}\,dx$.

**2.** 设$\frac{\sin x}{x}$为 $f(x)$ 的一个原函数，求$\int xf'(x)\,dx$.

## §4.4 常微分方程

在科学研究和实际生产中，很多问题可以归结为用微分方程表示的数学模型. 本节主要介绍常微分方程的基本概念和几种常用的常微分方程的解法.

### 一、微分方程的基本概念

**定义 4-3** 含有未知函数的导数(或微分)的方程称为**微分方程**. 未知函数为一元函数的微分方程，称为**常微分方程**；未知函数为多元函数(自变量是两个或两个以上的)的微分方程，则称为**偏微分方程**.

本书只讨论一些常微分方程及其解法.

**定义 4-4** 微分方程中含未知函数导数(或微分)的最高阶数称为微分方程的**阶**.

例如，微分方程$\frac{dy}{dx}=3x^2$，$xy'-x\ln x=0$ 都是一阶常微分方程，而 $y''-3y'+2y=x^2$ 是二阶常微分方程.

**定义 4-5** 若把函数 $y=f(x)$代入微分方程后，能使该微分方程成为恒等式，则称该函数为该微分方程的**解**.

若微分方程的解中所含(独立的)任意常数的个数与微分方程的阶数相等，则称这个解为方程的**通解**. 用未知函数及其各阶导数在某个特定点的值作为确定通解中任意常数的条件，称为**初始条件**. 满足初始条件的微分方程的解称为该微分方程的**特解**.

**例 4-4-1** 验证：$y=C_1e^{2x}+C_2e^{-2x}$是微分方程 $y''-4y=0$ 的通解，并求满足初始条件 $y\big|_{x=0}=0$，$y'\big|_{x=0}=1$ 的特解.

**解** (1) 因为 $y'=2C_1e^{2x}-2C_2e^{-2x}$，$y''=4C_1e^{2x}+4C_2e^{-2x}$，将 $y$，$y''$代入方程的左边，得 $y''-4y=0$，所以 $y=C_1e^{2x}+C_2e^{-2x}$是方程的解.

又因为 $C_1$，$C_2$ 是两个相互独立(无关)的任意常数，所以 $y=C_1e^{2x}+C_2e^{-2x}$是方程的通解.

(2) 由 $y\big|_{x=0}=0$，$y'\big|_{x=0}=1$ 得$\begin{cases}C_1+C_2=0\\2C_1-2C_2=1\end{cases}$，解得 $C_1=\frac{1}{4}$，$C_2=-\frac{1}{4}$.

所以满足初始条件的特解 $y=\frac{1}{4}(e^{2x}-e^{-2x})$.

### 二、一阶线性微分方程

一阶微分方程的一般形式为：$F(x,y,y')=0$ 或 $y'=F(x,y)$.

下面介绍几种常见的一阶微分方程的基本类型及其解法.

1. 可分离变量方程

**定义 4-6** 形如$\frac{dy}{dx}=f(x)g(y)$的微分方程，称为**可分离变量的方程**.

这类方程的特点：方程经过适当变形，可以将含有同一变量的函数和微分分离到等式的同一端.

该类方程的求解方法如下：

第一步　分离变量，若 $g(y)\neq 0$ 时，可将其化为 $\frac{\mathrm{d}y}{g(y)}=f(x)\mathrm{d}x$；

第二步　两边分别对各自的自变量积分 $\int\frac{\mathrm{d}y}{g(y)}=\int f(x)\mathrm{d}x+C$；

第三步　得积分通解 $G(y)=F(x)+C$.

> **注意**　$G(y)$，$F(x)$ 分别是函数 $\frac{1}{g(y)}$，$f(x)$ 的一个原函数，因为在上式中已经加上了积分常数.

**例 4-4-2**　求微分方程 $y'-\mathrm{e}^{y}\sin x=0$ 的通解.

**解**　将方程分离变量，得到 $\mathrm{e}^{-y}\mathrm{d}y=\sin x\mathrm{d}x$，两边积分得

$$\int \mathrm{e}^{-y}\mathrm{d}y=\int\sin x\mathrm{d}x,$$

于是方程的通解为 $\cos x-\mathrm{e}^{-y}=C$（$C$ 为任意常数）.

**例 4-4-3**　求微分方程 $\frac{\mathrm{d}y}{\mathrm{d}x}=10^{x+y}$ 的通解及满足初始条件 $y\Big|_{x=0}=0$ 的特解.

**解**　将方程分离变量，得到 $\frac{\mathrm{d}y}{10^{y}}=10^{x}\mathrm{d}x$，两边积分得

$$\int\frac{\mathrm{d}y}{10^{y}}=\int 10^{x}\mathrm{d}x,$$

于是方程的通解为 $-\frac{10^{-y}}{\ln 10}=\frac{10^{x}}{\ln 10}+C_1$，即 $10^{x}+10^{-y}=C$.

将 $y\Big|_{x=0}=0$ 代入上式通解中，得 $C=2$，所以，满足条件 $y\Big|_{x=0}=0$ 的特解为

$$10^{x}+10^{-y}=2.$$

2. 一阶线性微分方程

**定义 4-7**　形如 $\frac{\mathrm{d}y}{\mathrm{d}x}+P(x)y=Q(x)$ 的方程（其中 $P(x)$，$Q(x)$ 都是 $x$ 的已知连续函数），称为**一阶线性微分方程**. 其中"线性"是指未知函数 $y$ 和其导数 $y'$ 都是一次的，$Q(x)$ 称为自由项.

当 $Q(x)\equiv 0$ 时，称方程 $\frac{\mathrm{d}y}{\mathrm{d}x}+P(x)y=0$ 是**一阶线性齐次微分方程**.

当 $Q(x)\neq 0$ 时，称方程 $\frac{\mathrm{d}y}{\mathrm{d}x}+P(x)y=Q(x)$ 是**一阶线性非齐次微分方程**.

下面求齐次线性方程的解.

齐次线性方程 $\frac{\mathrm{d}y}{\mathrm{d}x}+P(x)y=0$ 是可分离变量的，分离变量后，得 $\frac{\mathrm{d}y}{y}=-P(x)\mathrm{d}x$.

两边积分，得 $\ln y=-\int P(x)\mathrm{d}x+\ln C$.

于是，方程 $\frac{\mathrm{d}y}{\mathrm{d}x}+P(x)y=0$ 的通解为 $y=C\mathrm{e}^{-\int P(x)\mathrm{d}x}$.

**注意** 为了书写方便,约定不定积分符号只表示被积函数的一个原函数,即 $\int P(x)\mathrm{d}x$ 是 $P(x)$ 的一个原函数(积分中不再加任意常数).

**例 4-4-4** 求方程 $(x-2)\frac{\mathrm{d}y}{\mathrm{d}x}=y$ 的通解.

**解** 这是齐次线性方程,方程变为 $\frac{\mathrm{d}y}{\mathrm{d}x}-\frac{1}{x-2}y=0$,即 $P(x)=-\frac{1}{x-2}$.

代入公式得 $y=C\mathrm{e}^{-\int\left(-\frac{1}{x-2}\right)\mathrm{d}x}=C\mathrm{e}^{\int\frac{1}{x-2}\mathrm{d}x}=C\mathrm{e}^{\ln(x-2)}=C(x-2)$,
即方程的通解为 $y=C(x-2)$.

下面给出一阶线性非齐次线性方程的通解,用常数变易法求解的过程略.

一阶线性非齐次微分方程 $\frac{\mathrm{d}y}{\mathrm{d}x}+P(x)y=Q(x)$ 的通解为

$$y=\mathrm{e}^{-\int P(x)\mathrm{d}x}\left(\int Q(x)\mathrm{e}^{\int P(x)\mathrm{d}x}\mathrm{d}x+C\right).$$

**例 4-4-5** 求微分方程 $(\cos x)y'+(\sin x)y=1$ 的通解.

**解** 原微分方程可化为 $y'+\tan x\cdot y=\sec x$,所以

$$P(x)=\tan x, Q(x)=\sec x.$$

代入公式得

$$\begin{aligned}y&=\mathrm{e}^{-\int\tan x\mathrm{d}x}\left(\int\sec x\mathrm{e}^{\int\tan x\mathrm{d}x}\mathrm{d}x+C\right)\\&=\mathrm{e}^{\ln\cos x}\left(\int\sec x\mathrm{e}^{-\ln\cos x}\mathrm{d}x+C\right)\\&=\cos x\left(\int\sec x\cdot\sec x\mathrm{d}x+C\right)\\&=\cos x(\tan x+C).\end{aligned}$$

**例 4-4-6** 求微分方程 $x^2\mathrm{d}y+(2xy-x+1)\mathrm{d}x=0$ 满足初始条件 $y|_{x=1}=0$ 的特解.

**解** 将原微分方程变形为 $\frac{\mathrm{d}y}{\mathrm{d}x}+\frac{2}{x}y=\frac{x-1}{x^2}$,所以

$$P(x)=\frac{2}{x}, Q(x)=\frac{x-1}{x^2},$$

代入公式

$$\begin{aligned}y&=\mathrm{e}^{-\int P(x)\mathrm{d}x}\left(\int Q(x)\mathrm{e}^{\int P(x)\mathrm{d}x}\mathrm{d}x+C\right)\\&=\mathrm{e}^{-\int\frac{2}{x}\mathrm{d}x}\left(\int\frac{x-1}{x^2}\mathrm{e}^{\int\frac{2}{x}\mathrm{d}x}\mathrm{d}x+C\right)\\&=\frac{1}{x^2}\left(\int\frac{x-1}{x^2}\cdot x^2\mathrm{d}x+C\right)\\&=\frac{1}{x^2}\left(\frac{x^2}{2}-x+C\right).\end{aligned}$$

将初始条件 $y\Big|_{x=1}=0$ 代入,得 $C=\frac{1}{2}$,所以微分方程的特解为 $y=\frac{1}{2}-\frac{1}{x}+\frac{1}{2x^2}$.

3. 一阶线性微分方程的应用举例

利用微分方程求实际问题中未知函数,一般分三个步骤:

第一步 分析问题,设所求未知函数,建立微分方程,确定初始条件;

第二步　求出微分方程的通解；

第三步　根据初始条件，求出微分方程的特解.

本节将通过实例，简单说明一阶微分方程的应用.

**例 4-4-7**　求一条平面曲线，使其任一点 $P(x,y)$ 与原点的连线与点 $P(x,y)$ 的切线垂直，并且该曲线经过点 $(0,1)$（如图 4-4）.

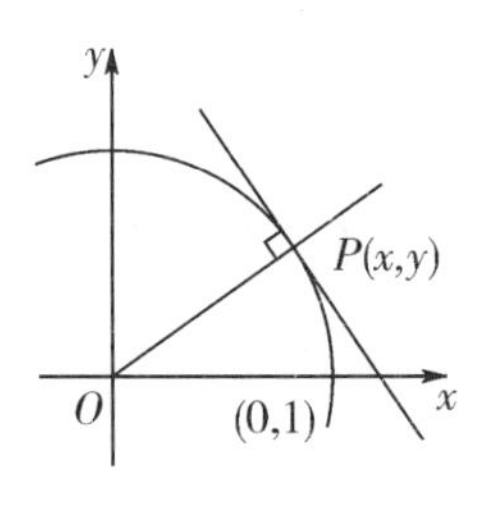


图 4-4

**解**　设所求的曲线为 $y=y(x)$，在曲线上任取一点 $P(x,y)$.

过这一点的切线斜率为 $\dfrac{dy}{dx}$，这是导数的几何意义.

而 $OP$ 的斜率为 $\dfrac{y}{x}$.

因此 $\dfrac{y}{x}\dfrac{dy}{dx}=-1$，也就是 $ydy=-xdx$，

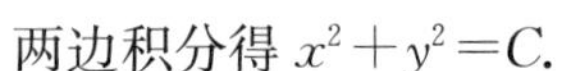
两边积分得 $x^2+y^2=C$.

初始条件为 $y(0)=1$. 代入得 $C=1$.

因此，所求的曲线为 $x^2+y^2=1$.

## 三、二阶常系数线性齐次微分方程

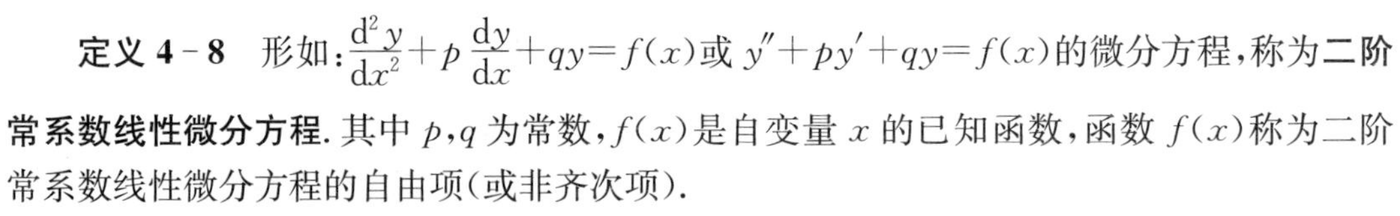
**定义 4-8**　形如：$\dfrac{d^2y}{dx^2}+p\dfrac{dy}{dx}+qy=f(x)$ 或 $y''+py'+qy=f(x)$ 的微分方程，称为**二阶常系数线性微分方程**. 其中 $p,q$ 为常数，$f(x)$ 是自变量 $x$ 的已知函数，函数 $f(x)$ 称为二阶常系数线性微分方程的自由项（或非齐次项）.

当 $f(x)\equiv 0$ 时，$y''+py'+qy=0$ 称为**二阶常系数线性齐次微分方程**，相应地，当 $f(x)\neq 0$ 时，称为**二阶常系数线性非齐次微分方程**，并称微分方程 $y''+py'+qy=0$ 为对应于线性非齐次微分方程 $y''+py'+qy=f(x)$ 的线性齐次微分方程.

1. 二阶常系数齐次线性微分方程及其解法

二阶常系数线性齐次方程的一般形式为 $y''+py'+qy=0$.

特征方程：$r^2+pr+q=0$，特征方程的两个根 $r_1,r_2$ 为**特征根**.

下面给出求二阶常系数线性齐次微分方程 $y''+py'+qy=0$ 通解的步骤：

第一步　写出特征方程 $r^2+pr+q=0$；

第二步　求出特征方程的两个特征根 $r_1,r_2$；

第三步　根据两个根的不同情况，分别写出微分方程的通解.

| 特征方程 $r^2+pr+q=0$ 的根 | 微分方程 $y''+py'+qy=0$ 的通解 |
| --- | --- |
| 有两个不相等的实根 $r_1$ 及 $r_2(r_1\neq r_2)$ | $y=C_1e^{r_1x}+C_2e^{r_2x}$ |
| 两个相等的实根 $r_1=r_2=-\dfrac{p}{2}=r$ | $y=(C_1+C_2x)e^{rx}$ |
| 一对共轭复根 $r_1=\alpha+i\beta,r_2=\alpha-i\beta$ $\left(\alpha=-\dfrac{p}{2},\beta=\dfrac{\sqrt{4q-p^2}}{2}\right)$ | $y=e^{\alpha x}(C_1\cos\beta x+C_2\sin\beta x)$ |

**例 4-4-8**　求微分方程 $y''+5y'+4y=0$ 的通解.

**解** 微分方程所对应的特征方程为：$r^2+5r+4=0$，即$(r+1)(r+4)=0$.

解得特征根为：$r_1=-1, r_2=-4$.

所求的方程的通解为：$y=C_1e^{-x}+C_2e^{-4x}$（$C_1, C_2$ 为任意常数）.

**例 4-4-9** 求方程 $y''-4y'+4y=0$ 满足初始条件 $y\big|_{x=0}=2, y'\big|_{x=0}=5$ 的特解.

**解** 微分方程所对应的特征方程为：$r^2-4r+4=0$.

解得二重特征根 $r=2$，所求方程的通解为：$y=C_1e^{2x}+C_2xe^{2x}$.

将 $y\big|_{x=0}=2, y'\big|_{x=0}=5$ 代入通解中，得 $C_1=2, C_2=1$.

所以满足初始条件的特解为 $y=2e^{2x}+xe^{2x}$.

**例 4-4-10** 求方程 $y''+2y'+3y=0$ 的通解.

**解** 微分方程所对应的特征方程为：$r^2+2r+3=0$.

解得特征根 $r_1=-1+i\sqrt{2}, r_2=-1-i\sqrt{2}$.

所以方程的通解为 $y=e^{-x}(C_1\cos\sqrt{2}x+C_2\sin\sqrt{2}x)$.

## 习题 4.4

**1.** 验证函数 $y=Ce^{-x}+x-1$ 是微分方程 $y'+y=x$ 的通解，并求满足初始条件 $y\big|_{x=0}=2$的特解.

**2.** 求下列微分方程的通解：

(1) $y'-\dfrac{y}{x}=0$；

(2) $(1+x^2)y'=y\ln y$；

(3) $\sin x\mathrm{d}y=2y\cos x\mathrm{d}x$；

(4) $(1+e^x)yy'=e^x$；

(5) $y'-y=1$；

(6) $y'-y\cot x=2x\sin x$；

(7) $\dfrac{\mathrm{d}y}{\mathrm{d}x}+2y=xe^x$；

(8) $xy'+y=x\ln x$；

(9) $y''-3y'+2y=0$；

(10) $y''-4y'=0$；

(11) $y''-6y'+9y=0$；

(12) $y''-2y'+5y=0$.

**3.** 求下列微分方程的特解：

(1) $\dfrac{\mathrm{d}y}{\mathrm{d}x}=e^{x-y}, y\big|_{x=0}=0$；

(2) $xy\mathrm{d}y+\mathrm{d}x=y^2\mathrm{d}x+y\mathrm{d}y, y\big|_{x=0}=2$；

(3) $xy'-y=2, y|_{x=1}=0$；

(4) $\dfrac{\mathrm{d}y}{\mathrm{d}x}-\dfrac{3}{x}y=-\dfrac{x}{2}, y\big|_{x=1}=2$；

(5) $4y''+4y'+y=0, y\big|_{x=0}=2, y'\big|_{x=0}=0$；

(6) $y''+4y=0, y\big|_{x=0}=2, y'\big|_{x=0}=6$.

1. 原函数和不定积分的基本概念

原函数：若 $F'(x)=f(x)$ 或 $\mathrm{d}F(x)=f(x)\mathrm{d}x$，则称 $F(x)$ 为 $f(x)$ 在区间 $I$ 上的一个原函数.

不定积分：函数 $f(x)$ 在区间 $I$ 上的原函数全体称为 $f(x)$ 在区间 $I$ 上的不定积分，记作：$\int f(x)\mathrm{d}x$.

2. 不定积分的基本性质

(1) $\int[f(x)\pm g(x)]\mathrm{d}x=\int f(x)\mathrm{d}x\pm\int g(x)\mathrm{d}x$；

(2) $\int kf(x)\mathrm{d}x=k\int f(x)\mathrm{d}x$（常数 $k\neq 0$）.

3. 积分与微分的关系

(1) $\frac{\mathrm{d}}{\mathrm{d}x}[\int f(x)\mathrm{d}x]=f(x)$ 或 $\mathrm{d}[\int f(x)\mathrm{d}x]=f(x)\mathrm{d}x$；

(2) $\int F'(x)\mathrm{d}x=F(x)+C$ 或 $\int \mathrm{d}F(x)=F(x)+C$.

4. 换元积分法

第一类换元积分法（凑微分法）：

$\int f[\varphi(x)]\varphi'(x)\mathrm{d}x=\int f[\varphi(x)]\mathrm{d}\varphi(x)\xlongequal{设\,\varphi(x)=u}\int f(u)\mathrm{d}u=F(u)+C$

$\xlongequal{回代\,u=\varphi(x)}F[\varphi(x)]+C$.

第二类换元积分法（包括根式代换和三角代换）：

设 $x=\varphi(t)$ 单调可导，$\int f(x)\mathrm{d}x=\int f[\varphi(t)]\varphi'(t)\mathrm{d}t=F(t)+C=F[\varphi^{-1}(x)]+C$.

5. 分部积分公式

$$\int u\mathrm{d}v=uv-\int v\mathrm{d}u.$$

计算不定积分比求导要复杂得多，且技巧性强. 只有多练习并在练习的过程中归纳总结，积累经验，才能灵活运用这几种不定积分的方法.

6. 几种微分方程的解法

(1) 可分离变量微分方程：$\frac{\mathrm{d}y}{\mathrm{d}x}=f(x)g(y)$.

第一步　分离变量，若 $g(y)\neq 0$ 时，可将其化为 $\frac{\mathrm{d}y}{g(y)}=f(x)\mathrm{d}x$；

第二步　两边积分 $\int\frac{\mathrm{d}y}{g(y)}=\int f(x)\mathrm{d}x+C$；

第三步　得积分通解 $G(y)=F(x)+C$.

(2) 一阶线性微分方程.

一阶线性齐次微分方程：$\frac{\mathrm{d}y}{\mathrm{d}x}+P(x)y=0$ 的通解为 $y=C\mathrm{e}^{-\int P(x)\mathrm{d}x}$.

一阶线性非齐次微分方程：$\frac{dy}{dx}+P(x)y=Q(x)$ 的通解为

$$y=e^{-\int P(x)dx}\left(\int Q(x)e^{\int P(x)dx}dx+C\right).$$

（3）二阶常系数齐次线性微分方程.

求二阶常系数线性齐次方程 $y''+py'+qy=0$ 通解的一般步骤：

第一步　写出特征方程 $r^2+pr+q=0$；

第二步　求出特征方程的两个特征根 $r_1,r_2$；

第三步　根据两个根的不同情况，分别写出微分方程的通解.

| 特征方程 $r^2+pr+q=0$ 的根 | 微分方程 $y''+py'+qy=0$ 的通解 |
|---|---|
| 有两个不相等的实根 $r_1$ 及 $r_2(r_1\neq r_2)$ | $y=C_1e^{r_1x}+C_2e^{r_2x}$ |
| 两个相等的实根 $r_1=r_2=-\frac{p}{2}=r$ | $y=(C_1+C_2x)e^{rx}$ |
| 一对共轭复根 $r_1=\alpha+i\beta,r_2=\alpha-i\beta$ $\left(\alpha=-\frac{p}{2},\beta=\frac{\sqrt{4q-p^2}}{2}\right)$ | $y=e^{\alpha x}(C_1\cos\beta x+C_2\sin\beta x)$ |

## 复习题 4

### 一、填空题

**1.** 设 $x^3$ 为 $f(x)$ 的一个原函数，则 $df(x)=$ ________.

**2.** 设 $f(x)$ 的一个原函数为 $\sin x$，则$\int f'(x)dx=$ ________.

**3.** 函数 $f(x)=2x+\frac{1}{x^2}$ 的原函数是________.

**4.** 若函数 $f(x)$ 具有一阶连续导数，则$\int f'(x)\sin f(x)dx=$ ________.

**5.** 设$\int f(x)dx=F(x)+C$，若积分曲线通过原点，则常数 $C=$ ________.

**6.** 已知函数 $f(x)$ 可导，$F(x)$ 是 $f(x)$ 的一个原函数，则$\int xf'(x)dx=$ ________.

**7.** 已知$\int f(x)dx=\sin^2x+C$，则 $f(x)=$ ________.

**8.** 若$\int f(x)dx=\sin x+C$，则$\int\frac{1}{\sqrt{x}}f(\sqrt{x})dx=$ ________.

**9.** 设 $f(x)$ 有一原函数$\frac{\sin x}{x}$，则$\int xf'(x)dx=$ ________.

**10.** $\left(\int e^{-x^2}dx\right)'=$ ________.

**11.** $\int\sec^2xdx=$ ________.

**12.** $\int x\sin 3x\mathrm{d}x=$________.

**13.** $\int \frac{1-\sin x}{x+\cos x}\mathrm{d}x=$________.

**14.** 计算$\int \frac{1}{\sqrt{9-x^2}}\mathrm{d}x$的变量代换式是________.

**15.** 微分方程$xy'''+2x^2y'^2+x^3y=x^4+1$是________阶微分方程.

**16.** 微分方程$y'-y=1$的通解是________.

**17.** 设二阶常系数线性齐次微分方程的特征方程为$r^2-3r-10=0$,则该方程的通解为________.

**18.** 设二阶常系数线性齐次微分方程的特征根为$r=1\pm 2\mathrm{i}$,则该微分方程为________.

**二、选择题**

**1.** 若$F(x)$,$G(x)$均为$f(x)$的原函数,则$F'(x)-G'(x)=$ ( )

A. $f(x)$　　B. $0$　　C. $F(x)$　　D. $f'(x)$

**2.** 若$f(x)$的一个原函数为$x^2-3$,则$f(x)=$ ( )

A. $\frac{1}{3}x^3-3x$　　B. $\frac{1}{3}x^3-3x+C$

C. $2x+C$　　D. $2x$

**3.** 函数$f(x)=1-\frac{1}{x^2}$的原函数是 ( )

A. $x+\frac{1}{x}+C$　　B. $x-\frac{1}{x}+C$　　C. $\frac{1}{x^3}+C$　　D. $x^2+\frac{1}{x}+C$

**4.** 函数$f(x)$的( )原函数,称为$f(x)$的不定积分.

A. 任意一个　　B. 唯一　　C. 所有　　D. 某一个

**5.** 下列各式中成立的是 ( )

A. $\int\cos x\mathrm{d}x=\sin x+C$　　B. $\int\ln x\mathrm{d}x=\frac{1}{x}+C$

C. $\int x^\alpha\mathrm{d}x=\frac{1}{\alpha+1}x^{\alpha+1}+C$　　D. $\int\arcsin x\mathrm{d}x=\frac{1}{\sqrt{1-x^2}}+C$

**6.** 若$\int f(x)\mathrm{d}x=x^2+C$,则$\int xf(1-x^2)\mathrm{d}x$等于 ( )

A. $2(1-x^2)^2+C$　　B. $-2(1-x^2)^2+C$

C. $\frac{1}{2}(1-x^2)^2+C$　　D. $-\frac{1}{2}(1-x^2)^2+C$

**7.** 若$f(x)=\mathrm{e}^{-x}$,则$\int\frac{f'(\ln x)}{x}\mathrm{d}x$等于 ( )

A. $-\frac{1}{x}+C$　　B. $\frac{1}{x}+C$　　C. $\ln x+C$　　D. $-\ln x+C$

**8.** 设$f'(x)$连续,则$\int f'(3x)\mathrm{d}x=$ ( )

A. $\frac{1}{3}f(3x)+C$　　B. $\frac{1}{3}f(x)+C$　　C. $3f(3x)+C$　　D. $3f(x)+C$

**9.** 若 $e^{-x}$ 是 $f(x)$ 的原函数，则 $\int xf(x)dx=$ （　　）

A. $e^{-x}(1-x)+C$　　B. $e^{-x}(x+1)+C$

C. $e^{-x}(x-1)+C$　　D. $-e^{-x}(x+1)+C$

**10.** 如果 $\int df(x)=\int dg(x)$，则必有 （　　）

A. $f(x)=g(x)$　　B. $\int f(x)dx=\int g(x)dx$

C. $f'(x)=g'(x)$　　D. $(\int f(x)dx)'=(\int g(x)dx)'$

**11.** 若 $f'(x)=g'(x)$，则下列式子一定成立的有 （　　）

A. $f(x)=g(x)$　　B. $\int df(x)=\int dg(x)$

C. $(\int f(x)dx)'=(\int g(x)dx)'$　　D. $f(x)=g(x)+1$

**12.** 设 $f(x)$ 是可导函数，则 $(\int f(x)dx)'$ 为 （　　）

A. $f(x)$　　B. $f(x)+C$　　C. $f'(x)$　　D. $f'(x)+C$

**13.** 设函数 $f(x)$ 可微，则 $\int df(x)=$ （　　）

A. $f(x)dx+C$　　B. $f(x)+C$　　C. $f(x)dx$　　D. $f(x)$

**14.** 下列各式中成立的是 （　　）

A. $d\left[\int f(x)dx\right]=f(x)$　　B. $\frac{d}{dx}\int d[f(x)]=f(x)+C$

C. $\int df(x)=f(x)$　　D. $\int df(x)=f(x)+C$

**15.** $\int\left(\frac{1}{1+x^2}\right)'dx=$ （　　）

A. $\frac{1}{1+x^2}$　　B. $\frac{1}{1+x^2}+C$　　C. $\arctan x$　　D. $\arctan x+C$

**16.** $\int[f(x)+xf'(x)]dx=$ （　　）

A. $f(x)+C$　　B. $f'(x)+C$

C. $xf(x)+C$　　D. $f^2(x)+C$

**17.** $\int f(x)dx=xe^x+C$，则 $f(x)=$ （　　）

A. $(x+2)e^x$　　B. $(x-1)e^x$

C. $xe^x$　　D. $(x+1)e^x$

**18.** 下列微分方程是可分离变量的微分方程的是 （　　）

A. $(xy^2+x)dx+(x^2y-y)dy=0$　　B. $\frac{dy}{dx}=x^2+y^2$

C. $xdy+ydx+1=0$　　D. $\frac{dy}{dx}=x^3-y^3$

**19.** 微分方程$\frac{d^2x}{dt^2}+x=0$的通解为$x=$ （　　）

A. $C_1\cos t+C_2\sin t$　　B. $C\cos t$

C. $C\sin t$　　D. $\cos t+\sin t$

## 三、求下列不定积分

**1.** $\int\left(2x-\frac{1}{x}+\sec^2x\right)dx$.

**2.** $\int\frac{e^x-1}{e^x}dx$.

**3.** $\int\frac{(x-1)^2}{x(x^2+1)}dx$.

**4.** $\int\frac{x^4}{1+x^2}dx$.

**5.** $\int 2x\sqrt{1+3x^2}dx$.

**6.** $\int\frac{e^x}{1+e^{2x}}dx$.

**7.** $\int e^{\sin x}\cos x dx$.

**8.** $\int\frac{1}{x\sqrt{3-\ln x}}dx$.

**9.** $\int\frac{2x-1}{\sqrt{1-x^2}}dx$.

**10.** $\int\frac{1}{9+25x^2}dx$.

**11.** $\int\frac{1}{\sqrt{1-9x^2}}dx$.

**12.** $\int\frac{1}{1+\sqrt{1+x}}dx$.

**13.** $\int\frac{x}{1+\sqrt{x+1}}dx$.

**14.** $\int\frac{x}{\sqrt{1-x}}dx$.

**15.** $\int\frac{1}{\sqrt{x}+\sqrt[3]{x^2}}dx$.

**16.** $\int\sqrt{9-x^2}dx$.

**17.** $\int x\ln(1+x^2)dx$.

**18.** $\int x^3\ln x dx$.

**19.** $\int x\sin 2x dx$.

**20.** $\int xe^{-4x}dx$.

## 四、求下列方程的通解

**1.** $\frac{dy}{dx}=e^{x+y}$.

**2.** $\frac{dy}{dx}+y\sin x=0$.

**3.** $y'+2xy=xe^{-x^2}$.

**4.** $\frac{dy}{dx}+2xy=4x$.

**5.** $y''-y'-2y=0$.

**6.** $y''-2y'+y=0$.

## 五、求下列方程的特解

**1.** $\sqrt{1-x^2}y'=x, y\big|_{x=0}=0$.

**2.** $y''-4y'+3y=0, y\big|_{x=0}=6, y'\big|_{x=0}=10$.

# 第 5 章　定积分及其应用

## 学习目标

1. 理解定积分的数学思想、定义和几何意义，理解并掌握微积分基本公式(牛顿-莱布尼兹积分公式).

2. 掌握定积分的换元法和分部积分法.

3. 掌握定积分在几何中的应用.

## §5.1　定积分概念及性质

### 一、定积分的概念

曲边梯形是指由连续曲线 $y=f(x)$ 和三条直线 $x=a$，$x=b$ 及 $x$ 轴所围成的图形(如图 5-1)，在 $x$ 轴上的线段$[a,b]$叫做曲边梯形的底，曲线 $y=f(x)$ 叫做曲边梯形的曲边.

为了计算曲边梯形的面积(假设 $f(x)\geqslant 0$)，我们可以先把曲边梯形分成若干个小曲边梯形(如图 5-2)，再将每个小曲边梯形近似地看作小矩形，那么所有这些小矩形面积之和就是曲边梯形面积的一个近似值. 因为如果 $y=f(x)$ 在$[a,b]$上连续，那么当这些小曲边梯形很窄，即 $x$ 变化很小时，函数值 $f(x)$ 的变化也很小，所以可将小曲边梯形近似看作小矩形. 我们还注意到，如果小曲边梯形越窄，即分得越细，那么这个近似值就越接近所求的面积，因而可以取极限的方法得到所求面积的精确值.

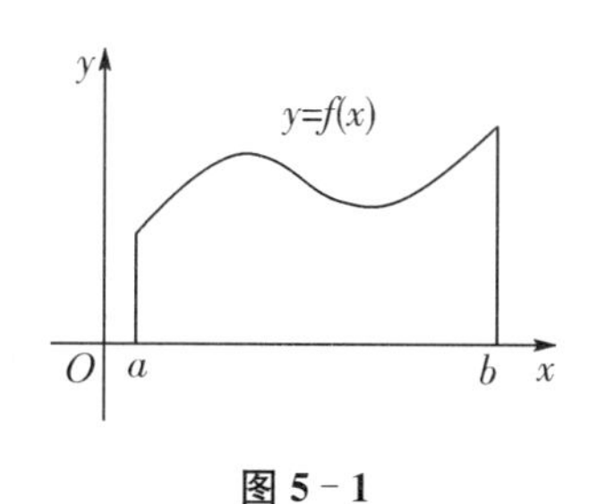


图 5-1

图 5-2

根据上面的分析，曲边梯形的面积可按下述步骤计算：

(1) **分割**　将区间$[a,b]$分成 $n$ 个小区间，其分点 $x_0, x_1, x_2, \cdots, x_{n-1}, x_n$ 满足

$$a=x_0<x_1<x_2<\cdots<x_{n-1}<x_n=b.$$

用 $\Delta x_i$ 记作$[x_{i-1}, x_i]$的区间长度，即 $\Delta x_i=x_i-x_{i-1}(i=1,2,\cdots,n)$.

过每一分点作与 $y$ 轴平行的直线，这些直线把曲边梯形分成 $n$ 个小曲边梯形.

(2) **近似代换** 在每个小区间$[x_{i-1},x_i]$上任取一点$\xi_i$，那么以小区间长度$\Delta x_i$为底、$f(\xi_i)$为高的小矩形的面积就是$f(\xi_i)\Delta x_i$，用它来近似代替相应的小曲边梯形的面积$\Delta A_i$，即$\Delta A_i \approx f(\xi_i)\Delta x_i (i=1,2,\cdots,n)$.

(3) **求和** 对$n$个小矩形的面积求和，就得到曲边梯形的面积$A$的近似值，即

$$A=\sum_{i=1}^{n}\Delta A_i \approx \sum_{i=1}^{n} f(\xi_i)\Delta x_i.$$

(4) **取极限** 记所有小区间长度的最大值为$\lambda=\max\limits_{1\leqslant i\leqslant n}\{\Delta x_i\}$，当$\lambda\to 0$时，和式$\sum\limits_{i=1}^{n} f(\xi_i)\Delta x_i$的极限存在，即$A=\lim\limits_{\lambda\to 0}\sum\limits_{i=1}^{n} f(\xi_i)\Delta x_i$，则定义此极限值为曲边梯形的面积.

我们可以从上述数学模型中抽象出定积分的概念.

**定义 5-1** 设函数$f(x)$在$[a,b]$上有界，任取分点

$$a=x_0<x_1<x_2<\cdots<x_{i-1}<x_i<\cdots<x_{n-1}<x_n=b,$$

将区间$[a,b]$任意分成$n$个小区间$[x_{i-1},x_i]$，其长度为$\Delta x_i=x_i-x_{i-1}(i=1,2,\cdots,n)$.

在每个小区间$[x_{i-1},x_i]$上任取一点$\xi_i$，作乘积$f(\xi_i)\Delta x_i(i=1,2,\cdots,n)$的和式：

$$\sum_{i=1}^{n} f(\xi_i)\Delta x_i.$$

如果不论对区间$[a,b]$采取何种分法以及$\xi_i$如何选取，当最大小区间的长度$\lambda=\max\limits_{1\leqslant i\leqslant n}\{\Delta x_i\}$趋向于零时，上面和式的极限存在，则称此极限为函数在区间$[a,b]$上的**定积分**，记作$\int_a^b f(x)\mathrm{d}x$，即

$$\int_a^b f(x)\mathrm{d}x=\lim_{\lambda\to 0}\sum_{i=1}^{n} f(\xi_i)\Delta x_i.$$

其中$f(x)$称为**被积函数**，$f(x)\mathrm{d}x$称为**被积表达式**，$x$称为**积分变量**，$a$与$b$分别称为**积分的下限与上限**，$[a,b]$称为**积分区间**.

如果函数$f(x)$在区间$[a,b]$上的定积分$\int_a^b f(x)\mathrm{d}x$存在，则称$f(x)$ **在区间$[a,b]$上可积.**

关于定积分的概念，还应注意三点：

(1) 定积分$\int_a^b f(x)\mathrm{d}x$是一个和式的极限，是一个确定的数值. 定积分值只与被积函数$f(x)$和积分区间$[a,b]$有关，而与积分变量的记号无关，即有

$$\int_a^b f(x)\mathrm{d}x=\int_a^b f(t)\mathrm{d}t=\cdots=\int_a^b f(u)\mathrm{d}u.$$

(2) 在定积分的定义中，总假定$a<b$，为了以后计算方便起见，对于$a>b$及$a=b$的情况，给出以下补充定义：

$$\int_a^a f(x)\mathrm{d}x=0;\int_b^a f(x)\mathrm{d}x=-\int_a^b f(x)\mathrm{d}x(a<b).$$

(3) 定积分的存在性：在定义中，要求 $f(x)$ 有界，这是定积分存在的必要条件，但 $f(x)$ 有界不一定可积.

**定理 5-1（充分条件）** 若 $f(x)$ 在 $[a,b]$ 上连续或 $f(x)$ 在 $[a,b]$ 上只有有限个第一类间断点，则 $f(x)$ 在 $[a,b]$ 上可积.

初等函数在其定义区间内都是可积的.

函数 $f(x)$ 在 $[a,b]$ 上可积的条件与 $f(x)$ 在 $[a,b]$ 上连续或可导的条件相比是最弱的条件，即 $f(x)$ 在 $[a,b]$ 上有以下关系：可导⇒连续⇒可积，反之都不一定成立.

## 二、定积分的性质

按照定积分的定义，通过和的极限求定积分是十分困难的，必须寻求定积分的有效计算方法，下面介绍的定积分的基本性质有助于定积分的计算，也有助于对定积分的理解.

在下面的讨论中，假定函数 $f(x)$，$g(x)$ 在所讨论的区间上都是可积的，则有：

**性质 5-1（数乘的运算性质）** 被积函数中的常数因子可以提到积分号外面，即

$$\int_a^b kf(x)\mathrm{d}x = k\int_a^b f(x)\mathrm{d}x\,(k\text{ 为常数}).$$

**性质 5-2（和、差运算性质）** 两个函数的和（差）的定积分等于它们定积分的和（差），即

$$\int_a^b [f(x)\pm g(x)]\mathrm{d}x = \int_a^b f(x)\mathrm{d}x \pm \int_a^b g(x)\mathrm{d}x.$$

**说明**

该性质可推广到有限个函数的代数和的情形.

**性质 5-3** $\int_a^b \mathrm{d}x = b-a.$

**性质 5-4（区间的可加性）** 若将积分区间分成两部分，则在整个区间上的定积分等于这两部分区间上定积分之和，即 $\int_a^b f(x)\mathrm{d}x = \int_a^c f(x)\mathrm{d}x + \int_c^b f(x)\mathrm{d}x.$

## 三、定积分的几何意义

由定积分的定义及曲边梯形面积的讨论可知，定积分有如下几何意义：

(1) 如果函数 $f(x)$ 在区间 $[a,b]$ 上连续，且 $f(x)\geqslant 0$，则定积分 $\int_a^b f(x)\mathrm{d}x$ 在几何上表示由曲线 $y=f(x)$ 和三条直线 $x=a$，$x=b$ 及 $x$ 轴所围成的曲边梯形的面积，即 $\int_a^b f(x)\mathrm{d}x = A.$

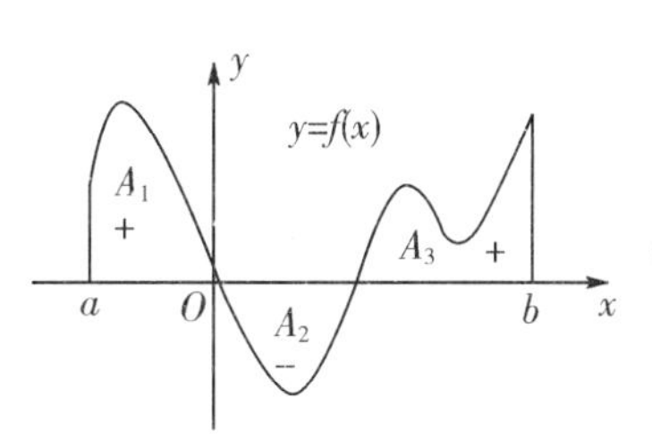


图 5-3

(2) 如果函数 $f(x)$ 在区间 $[a,b]$ 上连续，且 $f(x)\leqslant 0$，

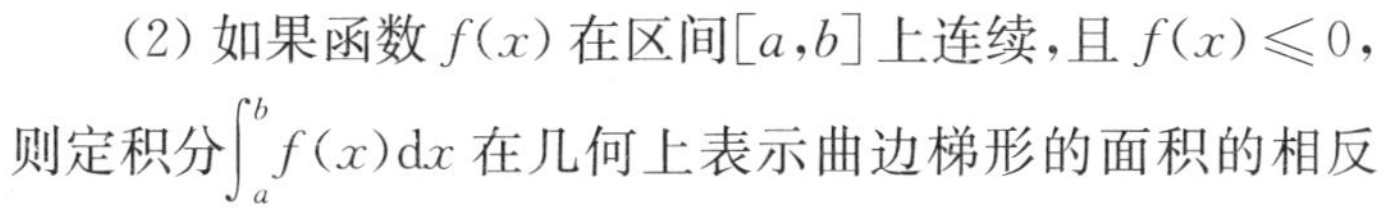

则定积分 $\int_a^b f(x)\mathrm{d}x$ 在几何上表示曲边梯形的面积的相反

数，即$\int_a^b f(x)\mathrm{d}x = -A$.

(3) 如果函数 $f(x)$ 在区间$[a,b]$上连续，且有时取正值，有时取负值（如图 5－3），则$\int_a^b f(x)\mathrm{d}x$ 为各部分面积的代数和，即$\int_a^b f(x)\mathrm{d}x = A_1 - A_2 + A_3$.

**说明**

由性质 5－4，可以看出奇函数和偶函数在对称于原点的区间（简称对称区间）上的定积分有以下计算公式：

(1) 如果 $f(x)$ 在$[-a,a]$上连续且为奇函数，那么$\int_{-a}^a f(x)\mathrm{d}x = 0$.

(2) 如果 $f(x)$ 在$[-a,a]$上连续且为偶函数，那么$\int_{-a}^a f(x)\mathrm{d}x = 2\int_0^a f(x)\mathrm{d}x$.

**例 5－1－1** 利用定积分的几何意义求定积分：

(1) $\int_0^1 (1-x)\mathrm{d}x$；　　(2) $\int_0^2 \sqrt{4-x^2}\mathrm{d}x$.

**解** (1) 因为以 $y = 1-x$ 为曲边，以区间$[0,1]$为底的曲边梯形是一直角三角形，其底边长及高均为 1，所以$\int_0^1 (1-x)\mathrm{d}x = \frac{1}{2}\times 1\times 1 = \frac{1}{2}$.

(2) 因为以 $y = \sqrt{4-x^2}$ 为曲边，以区间$[0,2]$为底的曲边梯形是$\frac{1}{4}$个半径为 2 的圆，所以$\int_0^2 \sqrt{4-x^2}\mathrm{d}x = \frac{1}{4}\pi\cdot 2^2 = \pi$.

## 习题 5.1

利用定积分的几何意义，说明下列等式：

(1) $\int_0^1 \sqrt{1-x^2}\mathrm{d}x = \frac{\pi}{4}$；　　(2) $\int_{-\frac{\pi}{2}}^{\frac{\pi}{2}} \cos x\mathrm{d}x = 2\int_0^{\frac{\pi}{2}} \cos x\mathrm{d}x$；

(3) $\int_{-\pi}^{\pi} \sin x\mathrm{d}x = 0$；　　(4) $\int_1^2 (x-3)\mathrm{d}x = -\frac{3}{2}$.

## §5.2 牛顿-莱布尼兹公式

由定积分的定义来计算定积分的困难很大，为方便定积分的计算，我们将建立定积分与不定积分之间的联系，导出一种计算定积分的简便而有效的方法.

### 一、积分上限的函数及其导数

设函数 $f(x)$ 在区间$[a,b]$上可积，则对$[a,b]$中的每个 $x$，$f(x)$ 在$[a,x]$上的定积分$\int_a^x f(t)\mathrm{d}t$ 都存在（这里为了区别积分上限与积分变量，不用 $x$ 表示积分变量，而改用 $t$ 表示积分变量)，即有唯一确定的积分值与 $x$ 对应，从而在$[a,b]$上定义了一个新的函数，称为积分上限 $x$ 的函数，记作 $\Phi(x)$，即

$$\Phi(x)=\int_a^x f(t)\mathrm{d}t, x\in[a,b].$$

这个积分通常称为**积分上限函数**，又称**变上限积分**(如图 5 - 4).

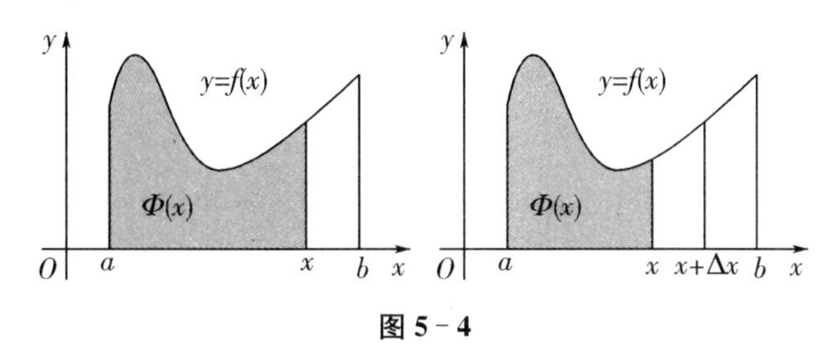


**图 5 - 4**

**定理 5 - 2(原函数存在定理)**　设函数 $f(x)$ 在$[a,b]$上连续，则积分上限函数 $\Phi(x)=\int_a^x f(t)\mathrm{d}t$，在$[a,b]$上可导，且

$$\Phi'(x)=\frac{\mathrm{d}}{\mathrm{d}x}\int_a^x f(t)\mathrm{d}t=f(x) \text{ 或 } \Phi'(x)=f(x), x\in[a,b].$$

也就是说：$\Phi(x)$是 $f(x)$在$[a,b]$上的一个原函数.

定理 5 - 2 说明，连续函数必有原函数，并以变上限积分的形式具体地给出了连续函数 $f(x)$的一个原函数.

**推论 5 - 1**　若 $f(x)$ 在$[a,b]$上连续，则$\left(\int_x^b f(t)\mathrm{d}t\right)'=-f(x)$.

**推论 5 - 2**　若 $f(x)$ 在$[a,b]$上连续，且 $\varphi(x)$ 可导，则

$$\left[\int_a^{\varphi(x)} f(t)\mathrm{d}t\right]'=f[\varphi(x)]\cdot\varphi'(x).$$

**例 5 - 2 - 1**　设 $f(x)=\int_0^x \cos 3t\mathrm{d}t$，求 $f'(x)$.

**解**　$f'(x)=\left(\int_0^x \cos 3t\mathrm{d}t\right)'=\cos 3x$.

**例 5 - 2 - 2**　设 $\varphi(x)=\int_0^{\sqrt{x}} \sin t^2\mathrm{d}t$，求 $\varphi'(x)$.

**解**　$\varphi'(x)=\frac{\mathrm{d}}{\mathrm{d}x}\left(\int_0^{\sqrt{x}} \sin t^2\mathrm{d}t\right)=\sin(\sqrt{x})^2\cdot(\sqrt{x})'=\frac{1}{2\sqrt{x}}\sin x$.

**例 5 - 2 - 3**　求极限：$\lim\limits_{x\to 0}\frac{\int_0^{x^2}\ln(1+t)\mathrm{d}t}{x^4}$.

**解**　利用洛必达法则有

$$\lim_{x\to 0}\frac{\int_0^{x^2}\ln(1+t)\mathrm{d}t}{x^4}\overset{\frac{0}{0}}{=}\lim_{x\to 0}\frac{\left(\int_0^{x^2}\ln(1+t)\mathrm{d}t\right)'}{(x^4)'}=\lim_{x\to 0}\frac{[\ln(1+x^2)]\cdot 2x}{4x^3}$$

$$=\frac{1}{2}\lim_{x\to 0}\ln(1+x^2)^{\frac{1}{x^2}}=\frac{1}{2}\ln\mathrm{e}=\frac{1}{2}.$$

## 二、微积分基本公式

**定理 5-3(牛顿-莱布尼兹公式)** 设 $f(x)$ 在 $[a,b]$ 上连续，$F(x)$ 是 $f(x)$ 在 $[a,b]$ 上的一个原函数，则

$$\int_a^b f(x)\mathrm{d}x = F(x)\Big|_a^b = F(b)-F(a).$$

该公式沟通了微分学与积分学之间的关系，将求定积分问题转化为求原函数的问题.

**例 5-2-4** 计算定积分：

(1) $\int_{-1}^{\sqrt{3}} \frac{1}{1+x^2}\mathrm{d}x$； (2) $\int_0^{2\pi} |\sin x|\mathrm{d}x$； (3) $\int_0^2 \max\{x,x^3\}\mathrm{d}x$.

**解** (1) $\int_{-1}^{\sqrt{3}} \frac{1}{1+x^2}\mathrm{d}x = \arctan x\Big|_{-1}^{\sqrt{3}} = \arctan\sqrt{3} - \arctan(-1) = \frac{\pi}{3}+\frac{\pi}{4} = \frac{7\pi}{12}$.

(2) 由区间的可加性，得：

$\int_0^{2\pi} |\sin x|\mathrm{d}x = \int_0^{\pi}\sin x\mathrm{d}x + \int_{\pi}^{2\pi}(-\sin x)\mathrm{d}x = -\cos x\Big|_0^{\pi} + \cos x\Big|_{\pi}^{2\pi} = 4$.

(3) $\int_0^2 \max\{x,x^3\}\mathrm{d}x = \int_0^1 x\mathrm{d}x + \int_1^2 x^3\mathrm{d}x = \frac{1}{2} + \frac{1}{4}x^4\Big|_1^2 = \frac{1}{2}+\frac{15}{4} = \frac{17}{4}$.

**例 5-2-5** 设 $f(x) = \begin{cases} \sqrt{4-x^2} & -2 \leqslant x \leqslant 0 \\ 3 & 0 < x \leqslant 3 \end{cases}$，求 $\int_{-2}^3 f(x)\mathrm{d}x$.

**解** $\int_{-2}^3 f(x)\mathrm{d}x = \int_{-2}^0 \sqrt{4-x^2}\mathrm{d}x + \int_0^3 3\mathrm{d}x = \frac{1}{4}\cdot\pi\cdot 2^2 + 3^2 = \pi + 9$.

## 习题 5.2

**1.** 计算下列各题：

(1) $\frac{\mathrm{d}}{\mathrm{d}x}\int_1^{x^2} \mathrm{e}^{2t}\ln t\mathrm{d}t$；

(2) $\frac{\mathrm{d}}{\mathrm{d}x}\int_{\sqrt{x}}^{x^2} \sin t^2\mathrm{d}t$；

(3) $\lim\limits_{x\to 0}\frac{\int_0^x \ln(1+\sin t)\mathrm{d}t}{1-\cos x}$；

(4) $\lim\limits_{x\to+\infty}\frac{\int_0^x (\arctan t)^2\mathrm{d}t}{\sqrt{x^2+1}}$.

**2.** 计算下列积分：

(1) $\int_1^3 x^3\mathrm{d}x$；

(2) $\int_1^{\sqrt{3}} \frac{1}{x^2(x^2+1)}\mathrm{d}x$；

(3) $\int_{-2}^{-1} \frac{1}{x}\mathrm{d}x$；

(4) $\int_0^1 \frac{x^2-1}{x^2+1}\mathrm{d}x$；

(5) $\int_1^3 |2-x|\mathrm{d}x$；

(6) $\int_0^3 \max\{x,x^3\}\mathrm{d}x$；

(7) 设 $f(x) = \begin{cases} 1+x & x \leqslant 1 \\ x^2 & x > 1 \end{cases}$，求 $\int_0^2 f(x)\mathrm{d}x$.

**3.** 设 $f(x)$ 连续，且 $f(x) = x + 2\int_0^1 f(x)\mathrm{d}x$，计算函数 $f(x)$ 与 $\int_0^1 f(x)\mathrm{d}x$.

# §5.3　定积分的计算方法

## 一、定积分的换元积分法

**定理 5-4**　设函数 $f(x)$ 在 $[a,b]$ 上连续，而 $x=\varphi(t)$ 满足：

(1) 函数 $x=\varphi(t)$ 在区间 $[\alpha,\beta]$ 上单调且有连续导数；

(2) 当 $t$ 在区间 $[\alpha,\beta]$ 上变化时，对应的函数 $x=\varphi(t)$ 在 $[a,b]$ 上变化，且 $\varphi(\alpha)=a$，$\varphi(\beta)=b$，则 $\int_a^b f(x)\mathrm{d}x \xlongequal[\mathrm{d}x=\varphi'(t)\mathrm{d}t]{x=\varphi(t)} \int_\alpha^\beta f[\varphi(t)]\varphi'(t)\mathrm{d}t$.

上式称为**定积分的换元公式**.

**说明**

(1) 换元必须同时换上、下限，且 $\begin{array}{c|c} x=\varphi(t) & a\to b \\ \hline t & \alpha\to\beta \end{array}$；

(2) 求出原函数 $\varphi(t)$ 后，不必回代，可直接计算；

(3) 定积分的换元积分法有“从左到右”及“从右到左”两种途径，关键是看在换元公式中利用哪一端计算比较容易.

**例 5-3-1**　计算下列定积分：

(1) $\int_0^{\frac{\pi}{2}} \cos^5 x\sin x\mathrm{d}x$；　(2) $\int_1^9 \frac{1}{x+\sqrt{x}}\mathrm{d}x$；　(3) $\int_1^{\sqrt{3}} \frac{1}{x\sqrt{x^2+1}}\mathrm{d}x$.

**解**　(1) 将上述定理“从右到左”用，得：

令 $\cos x=t$，则 $\sin x\mathrm{d}x=-\mathrm{d}(\cos x)=-\mathrm{d}t$，换上、下限 $\begin{array}{c|c} x & 0\to\frac{\pi}{2} \\ \hline t & 1\to 0 \end{array}$，

$$\int_0^{\frac{\pi}{2}} \cos^5 x\sin x\mathrm{d}x=-\int_1^0 t^5\mathrm{d}t=-\frac{1}{6}\left[t^6\right]_1^0=-\frac{1}{6}(0-1)=\frac{1}{6}.$$

另解　$\int_0^{\frac{\pi}{2}} \cos^5 x\sin x\mathrm{d}x=-\int_0^{\frac{\pi}{2}} \cos^5 x\mathrm{d}(\cos x)=-\frac{1}{6}\left[\cos^6 x\right]_0^{\frac{\pi}{2}}=\frac{1}{6}$.

由(1)可以看出，“从右到左”用换元公式计算就是不定积分中的凑微分法.

(2) 令 $\sqrt{x}=t$，则 $x=t^2$，$\mathrm{d}x=2t\mathrm{d}t$，且 $\begin{array}{c|c} x & 1\to 9 \\ \hline t & 1\to 3 \end{array}$，则

$$\int_1^9 \frac{1}{x+\sqrt{x}}\mathrm{d}x=\int_1^3 \frac{2t\mathrm{d}t}{t^2+t}=2\int_1^3 \frac{1}{1+t}\mathrm{d}t=2\left[\ln|1+t|\right]_1^3=2\ln 2.$$

(3) 令 $x=\tan t$，则

$$\int_1^{\sqrt{3}} \frac{1}{x\sqrt{x^2+1}}\mathrm{d}x=\int_{\frac{\pi}{4}}^{\frac{\pi}{3}} \frac{1}{\tan t\sqrt{\tan^2 t+1}}\mathrm{d}\tan t=\int_{\frac{\pi}{4}}^{\frac{\pi}{3}} \frac{1}{\tan t\sec t}\sec^2 t\mathrm{d}t$$

$$=\int_{\frac{\pi}{4}}^{\frac{\pi}{3}} \csc t\mathrm{d}t=\left[\ln|\csc t-\cot t|\right]_{\frac{\pi}{4}}^{\frac{\pi}{3}}=-\ln(\sqrt{2}-1)-\frac{1}{2}\ln 3.$$

**例 5-3-2**　设 $f(x)$ 在 $[-a,a]$ 上连续，证明：

(1) 当 $f(x)$ 为偶函数时,有 $\int_{-a}^{a} f(x)\mathrm{d}x = 2\int_{0}^{a} f(x)\mathrm{d}x$;

(2) 当 $f(x)$ 为奇函数时,有 $\int_{-a}^{a} f(x)\mathrm{d}x = 0$.

**证明** 因为 $\int_{-a}^{a} f(x)\mathrm{d}x = \int_{-a}^{0} f(x)\mathrm{d}x + \int_{0}^{a} f(x)\mathrm{d}x$,

在 $\int_{-a}^{0} f(x)\mathrm{d}x$ 中,令 $x=-t$,得

$$\int_{-a}^{0} f(x)\mathrm{d}x = -\int_{a}^{0} f(-t)\mathrm{d}t = \int_{0}^{a} f(-t)\mathrm{d}t = \int_{0}^{a} f(-x)\mathrm{d}x.$$

所以 $\int_{-a}^{a} f(x)\mathrm{d}x = \int_{0}^{a}[f(x)+f(-x)]\mathrm{d}x$.

(1) 当 $f(x)$ 为偶函数时,$f(-x)=f(x)$,故 $f(x)+f(-x)=2f(x)$,从而有

$$\int_{-a}^{a} f(x)\mathrm{d}x = 2\int_{0}^{a} f(x)\mathrm{d}x.$$

(2) 当 $f(x)$ 为奇函数时,$f(-x)=-f(x)$,故 $f(x)+f(-x)=0$,从而有

$$\int_{-a}^{a} f(x)\mathrm{d}x = 0.$$

**例 5-3-3** 计算 $\int_{-\frac{\pi}{2}}^{\frac{\pi}{2}} \frac{x+\cos x}{1+\sin^2 x}\mathrm{d}x$.

**解** $\int_{-\frac{\pi}{2}}^{\frac{\pi}{2}} \frac{x+\cos x}{1+\sin^2 x}\mathrm{d}x = \int_{-\frac{\pi}{2}}^{\frac{\pi}{2}} \frac{x}{1+\sin^2 x}\mathrm{d}x + \int_{-\frac{\pi}{2}}^{\frac{\pi}{2}} \frac{\cos x}{1+\sin^2 x}\mathrm{d}x$

$$= 0 + 2\int_{0}^{\frac{\pi}{2}} \frac{\cos x}{1+\sin^2 x}\mathrm{d}x = [2\arctan(\sin x)]_{0}^{\frac{\pi}{2}} = \frac{\pi}{2}.$$

我们经常利用该例题的结论求定积分,但需注意积分区间为对称区间.

## 二、定积分的分部积分法

**定理 5-5** 设函数 $u(x)$ 与 $v(x)$ 在区间 $[a,b]$ 上有连续的导数,则

$$\int_{a}^{b} u\mathrm{d}v = uv\Big|_{a}^{b} - \int_{a}^{b} v\mathrm{d}u.$$

这就是定积分的分部积分公式.

**例 5-3-4** 计算定积分:

(1) $\int_{0}^{\pi} x\cos x\mathrm{d}x$; (2) $\int_{0}^{1} \arctan x\mathrm{d}x$.

**解** (1) $\int_{0}^{\pi} x\cos x\mathrm{d}x = \int_{0}^{\pi} x\mathrm{d}\sin x = [x\sin x]_{0}^{\pi} - \int_{0}^{\pi} \sin x\mathrm{d}x$

$$= \pi\sin\pi - 0\sin 0 + \cos x\Big|_{0}^{\pi}$$

$$= 0-1-1=-2.$$

(2) $\int_{0}^{1} \arctan x\mathrm{d}x = [x\arctan x]_{0}^{1} - \int_{0}^{1} \frac{x}{1+x^2}\mathrm{d}x = \arctan 1 - \frac{1}{2}\int_{0}^{1} \frac{\mathrm{d}(1+x^2)}{1+x^2}$

$$=\frac{\pi}{4}-\frac{1}{2}(\ln|1+x^2|)\Big|_0^1=\frac{\pi}{4}-\frac{1}{2}\ln 2.$$

**例 5-3-5** 计算$\int_0^1 e^{\sqrt{x}}dx$.

**解** 令$\sqrt{x}=t$,则

$$\int_0^1 e^{\sqrt{x}}dx=\int_0^1 e^t\cdot 2tdt=2\int_0^1 tde^t=[2te^t]_0^1-2\int_0^1 e^t dt=2e-[2e^t]_0^1=2.$$

## 习题 5.3

**1.** 计算下列定积分:

(1) $\int_1^2 \frac{dx}{\sqrt{5x-1}}$;　　(2) $\int_1^{e^2} \frac{1}{x\sqrt{1+\ln x}}dx$;

(3) $\int_{\frac{1}{\pi}}^{\frac{2}{\pi}} \frac{1}{y^2}\sin\frac{1}{y}dy$;　　(4) $\int_0^{\frac{\pi}{2}} \cos^2 x\sin x dx$;

(5) $\int_0^1 xe^{x^2}dx$;　　(6) $\int_0^{\frac{\pi}{4}} \tan^2 x dx$;

(7) $\int_{-\frac{\pi}{2}}^{\frac{\pi}{2}} \cos^2 x dx$;　　(8) $\int_{-1}^1 \frac{e^x}{1+e^x}dx$;

(9) $f(x)=\begin{cases} e^{-x} & x\leqslant 0 \\ 1+x^2 & x>0 \end{cases}$,求$\int_{-1}^2 f(x)dx$.

**2.** 计算定积分:

(1) $\int_0^4 \frac{x+2}{\sqrt{2x+1}}dx$;　　(2) $\int_{-1}^1 \frac{xdx}{\sqrt{5-4x}}$;

(3) $\int_0^1 \frac{1}{\sqrt{(1+x^2)^3}}dx$;　　(4) $\int_1^{\sqrt{2}} \frac{\sqrt{x^2-1}}{x^4}dx$;

(5) $\int_{\frac{1}{2}}^{\frac{\sqrt{2}}{2}} \frac{1}{x^2\sqrt{1-x^2}}dx$.

**3.** 计算下列定积分:

(1) $\int_0^{\frac{\pi}{2}} x\sin x dx$;　　(2) $\int_1^e \sqrt{x}\ln x dx$;

(3) $\int_0^1 t^2 e^t dt$;　　(4) $\int_{\frac{1}{e}}^e |\ln x|dx$;

(5) $\int_0^{\frac{1}{2}} \arctan 2x dx$;　　(6) $\int_0^1 e^{\sqrt{x}}dx$.

**4.** 利用函数的奇偶性计算下列积分:

(1) $\int_{-1}^1 (x^2+2x-3)dx$;　(2) $\int_{-\frac{\pi}{2}}^{\frac{\pi}{2}} (|x|-\sin x)x dx$;　(3) $\int_{-1}^1 (x+\sqrt{1-x^2})^2 dx$.

**5.** 若 $f(x)=\begin{cases} \frac{1}{1+\cos x} & x\geqslant 0 \\ xe^x & x<0 \end{cases}$,求$\int_{-1}^{\frac{\pi}{2}} f(x)dx$.

## §5.4 反常积分

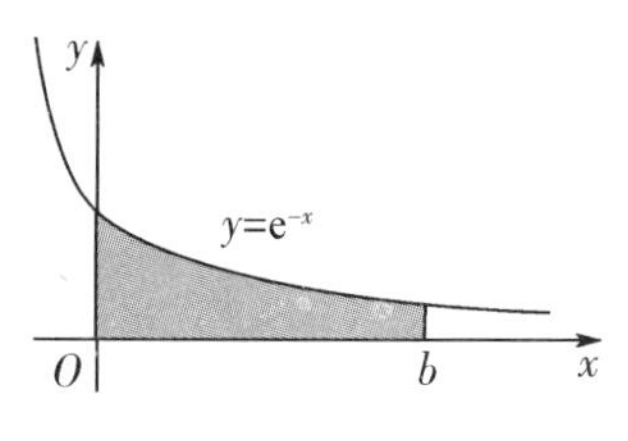

图 5－5

求由曲线 $y=\mathrm{e}^{-x}$，$x$ 轴及 $y$ 轴所围成的开口的曲边梯形的面积 $A$（如图 5－5）．

根据定积分的几何意义，开口曲边梯形的面积可表示为

$$A=\int_{0}^{+\infty}\mathrm{e}^{-x}\mathrm{d}x.$$

然而，这个积分已不是通常意义的定积分了，如何计算这个定积分呢？

任取实数 $b>0$，在有限区间 $[0,b]$ 上，求得曲边梯形（阴影部分）的面积为

$$\int_{0}^{b}\mathrm{e}^{-x}\mathrm{d}x=-\left[\mathrm{e}^{-x}\right]_{0}^{b}=1-\mathrm{e}^{-b}.$$

显然，当 $b\to+\infty$ 时，阴影部分曲边梯形面积的极限就是开口曲边梯形的面积．即

$$A=\int_{0}^{+\infty}\mathrm{e}^{-x}\mathrm{d}x=\lim_{b\to+\infty}(1-\mathrm{e}^{-b})=1.$$

**定义 5－2** 设函数 $f(x)$ 在 $[a,+\infty)$ 上有定义，且对任何实数 $b>a$，$f(x)$ 在 $[a,b]$ 上可积，则称形如 $\int_{a}^{+\infty}f(x)\mathrm{d}x$ 为函数 $f(x)$ 在 $[a,+\infty)$ 上的反常积分．若极限 $\lim\limits_{b\to+\infty}\int_{a}^{b}f(x)\mathrm{d}x\quad(b>a)$ 存在，则称反常积分收敛，即 $\int_{a}^{+\infty}f(x)\mathrm{d}x=\lim\limits_{b\to+\infty}\int_{a}^{b}f(x)\mathrm{d}x$；若极限不存在，则称反常积分发散．

类似地，可定义函数 $f(x)$ 在区间 $(-\infty,b]$ 上的反常积分为

$$\int_{-\infty}^{b}f(x)\mathrm{d}x=\lim_{a\to-\infty}\int_{a}^{b}f(x)\mathrm{d}x.$$

对于 $f(x)$ 在 $(-\infty,+\infty)$ 上的反常积分，定义为

$$\int_{-\infty}^{+\infty}f(x)\mathrm{d}x=\int_{-\infty}^{a}f(x)\mathrm{d}x+\int_{a}^{+\infty}f(x)\mathrm{d}x.$$

其中 $a$ 为任一有限实数，当且仅当右边的两个反常积分皆收敛时才收敛，否则是发散的．根据积分对区间的可加性，易知反常积分 $\int_{-\infty}^{+\infty}f(x)\mathrm{d}x$ 的敛散性及收敛时积分的值都与实数 $a$ 的选取无关．

为了书写简便，可直接引用定积分（牛顿-莱布尼兹）公式的记法．

设 $F(x)$ 是连续函数 $f(x)$ 的原函数，记 $F(+\infty)=\lim\limits_{x\to+\infty}F(x)$，$F(-\infty)=\lim\limits_{x\to-\infty}F(x)$，则

$$\int_{a}^{+\infty}f(x)\mathrm{d}x=F(+\infty)-F(a)=\left[F(x)\right]_{a}^{+\infty};$$

$$\int_{-\infty}^{b}f(x)\mathrm{d}x=F(b)-F(-\infty)=\left[F(x)\right]_{-\infty}^{b};$$

$$\int_{-\infty}^{+\infty} f(x)\mathrm{d}x = F(+\infty) - F(-\infty) = [F(x)]_{-\infty}^{+\infty}.$$

**例 5-4-1**　计算反常积分$\int_{-\infty}^{+\infty} \frac{\mathrm{d}x}{1+x^2}$的值.

**解**　$\int_{-\infty}^{+\infty} \frac{\mathrm{d}x}{1+x^2} = [\arctan x]_{-\infty}^{+\infty} = \frac{\pi}{2} - \left(-\frac{\pi}{2}\right) = \pi.$

**例 5-4-2**　计算反常积分$\int_{0}^{+\infty} x\mathrm{e}^{-x}\mathrm{d}x$的值.

**解**　用分部积分法,得

$$\int_{0}^{+\infty} x\mathrm{e}^{-x}\mathrm{d}x = -\int_{0}^{+\infty} x\mathrm{d}\mathrm{e}^{-x} = -[x\mathrm{e}^{-x}]_{0}^{+\infty} + \int_{0}^{+\infty} \mathrm{e}^{-x}\mathrm{d}x == -[\mathrm{e}^{-x}]_{0}^{+\infty} = -(0-1) = 1.$$

**例 5-4-3**　证明反常积分$\int_{1}^{+\infty} \frac{\mathrm{d}x}{x^p}$,当$p > 1$时收敛,当$p \leqslant 1$时发散.

**证明**　当$p = 1$时,$\int_{1}^{+\infty} \frac{\mathrm{d}x}{x^p} = \int_{1}^{+\infty} \frac{\mathrm{d}x}{x} = [\ln x]_{1}^{+\infty} = +\infty$;

当$p \neq 1$时,$\int_{1}^{+\infty} \frac{\mathrm{d}x}{x^p} = \left[\frac{1}{1-p}x^{1-p}\right]_{1}^{+\infty} = \begin{cases} \frac{1}{p-1} & p > 1 \\ +\infty & p < 1 \end{cases}.$

所以此反常积分当$p>1$时收敛,其值为$\frac{1}{p-1}$;当$p\leqslant 1$时发散.

从上述讨论可以看出,无穷区间上的反常积分的基本思想就是先求有限区间上的定积分,再取极限.而对于无界函数的反常积分,可用类似的方法进行处理,在此不作介绍.

## 习题　5.4

判定下列反常积分的敛散性,若收敛,则计算其值.

(1) $\int_{1}^{+\infty} \frac{1}{x^3}\mathrm{d}x$;　　(2) $\int_{0}^{+\infty} \sin x\mathrm{d}x$;

(3) $\int_{-\infty}^{+\infty} \frac{\mathrm{d}x}{1+x^2}$;　　(4) $\int_{\frac{2}{\pi}}^{+\infty} \frac{1}{x^2}\sin\frac{1}{x}\mathrm{d}x$;

(5) $\int_{1}^{+\infty} \frac{x}{1+x^2}\mathrm{d}x$;　　(6) $\int_{0}^{+\infty} \mathrm{e}^{-\sqrt{x}}\mathrm{d}x$.

## §5.5　定积分在几何中的应用

### 一、平面图形的面积

根据定积分的几何意义,当$f(x) \geqslant 0$时,由曲线$y = f(x)$,直线$x = a$,$x = b$和$x$轴围成的曲边梯形的面积为$A = \int_{a}^{b} f(x)\mathrm{d}x$;当$f(x)$在区间$[a,b]$上有正有负时,曲边梯形的面积为$A = \int_{a}^{b} |f(x)|\mathrm{d}x$.

由此可知,如果平面图形是由曲线 $y=f(x)$,$y=g(x)$($f(x)\geqslant g(x)$)及 $x=a$,$x=b$ 所围成的平面图形(如图 5-6),其面积为 $A=\int_a^b[f(x)-g(x)]\mathrm{d}x$.

同理,如果平面图形是由曲线 $x=\varphi(y)$,$x=\psi(y)$($\varphi(y)\geqslant\psi(y)$)及 $y=c$,$y=d$ 所围成的图形(如图 5-7),其面积 $A=\int_c^d[\varphi(y)-\psi(y)]\mathrm{d}y$.

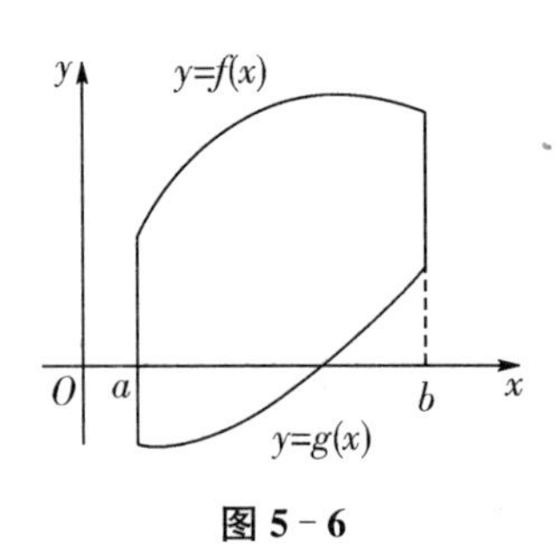

图 5-6

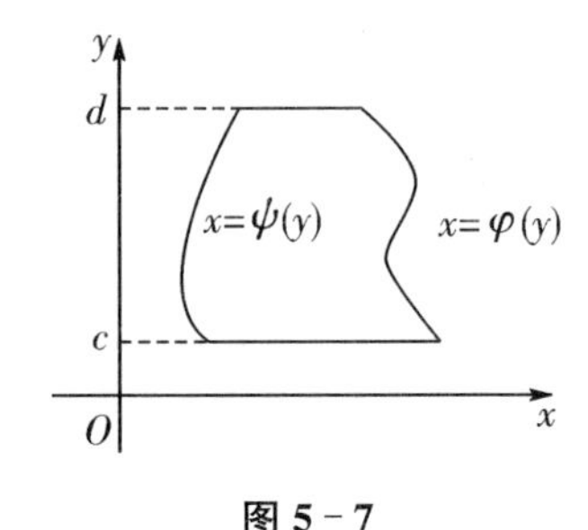

图 5-7

**例 5-5-1** 求由曲线 $y^2=x$,$y=x^2$ 所围图形的面积.

**解** 解方程组 $\begin{cases}y^2=x\\y=x^2\end{cases}$,得两抛物线的交点为(0,0),(1,1)(如图 5-8).

根据图形特点,选 $x$ 为积分变量,得所围图形的面积为

$$A=\int_0^1(\sqrt{x}-x^2)\mathrm{d}x=\left[\frac{2}{3}x^{\frac{3}{2}}-\frac{1}{3}x^3\right]_0^1=\frac{1}{3}.$$

**例 5-5-2** 求由抛物线 $y^2=2x$ 与直线 $y=x-4$ 所围图形的面积.

**解** 解方程组 $\begin{cases}y^2=2x\\y=x-4\end{cases}$,得曲线与直线的交点(2,−2)和(8,4)(如图 5-9).

根据图形特点,选 $y$ 为积分变量,则所围图形的面积为

$$A=\int_{-2}^4\left(y+4-\frac{y^2}{2}\right)\mathrm{d}y=\left[\frac{y^2}{2}+4y-\frac{y^3}{6}\right]_{-2}^4=18.$$

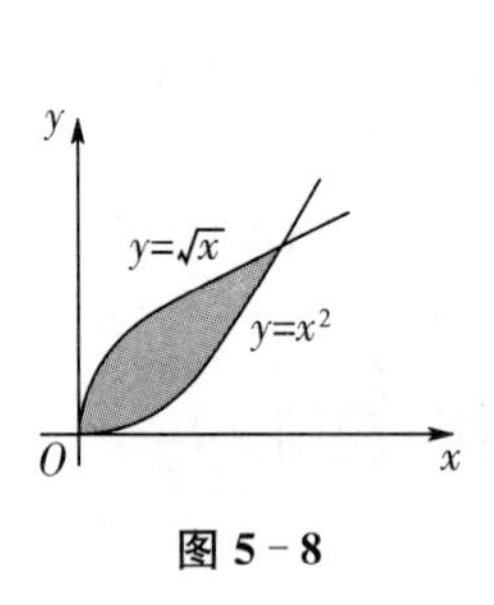

图 5-8

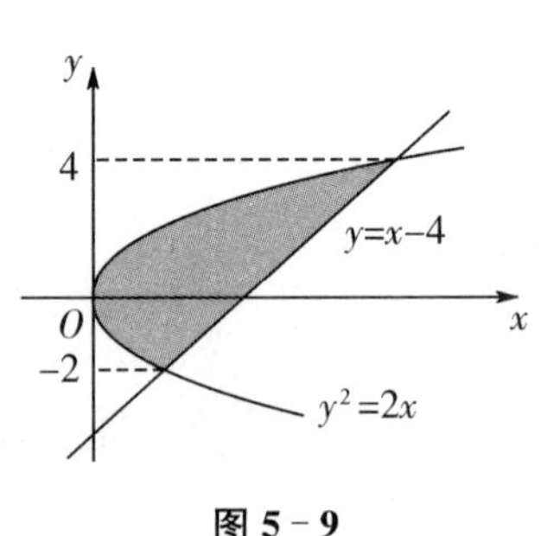

图 5-9

若以 $x$ 为积分变量,则所求面积为

$$A=\int_0^2[\sqrt{2x}-(-\sqrt{2x})]\mathrm{d}x+\int_2^8[\sqrt{2x}-(x-4)]\mathrm{d}x$$

$$=\left[\frac{4\sqrt{2}}{3}x^{\frac{3}{2}}\right]_0^2+\left[\frac{2\sqrt{2}}{3}x^{\frac{3}{2}}-\frac{1}{2}x^2+4x\right]_2^8=18.$$

从上面两例可看出,选取适当的积分变量,会给计算带来方便.

一般说来，求平面图形的面积一般步骤为：

第一步　作草图，确定积分变量与积分区间；

第二步　求出面积微元；

第三步　计算定积分，求出面积.

## 二、体积

### 1. 平行截面面积为已知的立体的体积

对于一般的空间立体体积，如果知道该立体上垂直于一定轴的各个截面面积是一已知连续函数，那么这个立体的体积也可以用定积分来计算.

假设取定轴为 $x$ 轴，且设该立体在过点 $x=a$，$x=b$ 且垂直于 $x$ 轴的两个平面之内，以 $A(x)$ 表示过点 $x$ 且垂直于 $x$ 轴的截面面积(如图 5－10).

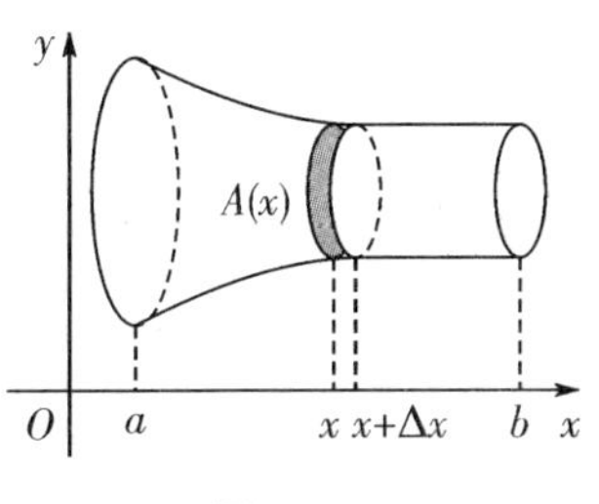


图 5－10

取 $x$ 为积分变量，其变化区间为$[a,b]$. 立体中相应于$[a,b]$上任一小区间$[x,x+dx]$的一薄片的体积近似于底面积为 $A(x)$，高为 $dx$ 的扁柱体的体积，即体积微元为 $dV=A(x)dx$. 于是，该立体的体积为

$$V=\int_a^b A(x)dx.$$

### 2. 旋转体的体积

旋转体是由一个平面图形绕该平面内一条定直线旋转一周而生成的立体，该定直线称为旋转轴. 旋转体是一类特殊的已知平行截面面积的立体，容易导出它的计算公式.

由连续曲线 $y=f(x)$，直线 $x=a$，$x=b(a<b)$，$x$ 轴所围的曲边梯形绕 $x$ 轴旋转一周得到一个旋转体(如图 5－11). 由于过 $x(a\leqslant x\leqslant b)$，且垂直于 $x$ 轴的截面是半径等于$|f(x)|$的圆，截面面积为 $A(x)=\pi f^2(x)$，所以此旋转体的体积为：

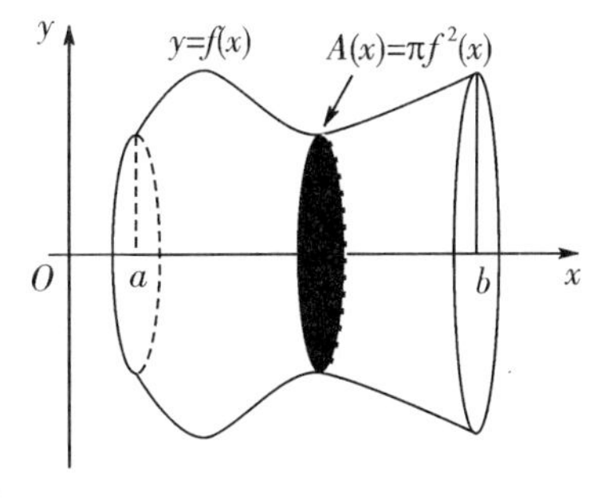


图 5－11

$$V=\pi\int_a^b f^2(x)dx.$$

类似地，由连续曲线 $x=\varphi(y)$，直线 $y=c$，$y=d(c<d)$，$y$ 轴所围的曲边梯形绕 $y$ 轴旋转一周所得旋转体的体积为：

$$V=\pi\int_c^d \varphi^2(y)dy.$$

**例 5－5－3**　一喇叭可视为曲线 $y=x^2$，直线 $x=1$ 以及 $x$ 轴所围成的图形绕 $x$ 轴旋转一周所得的旋转体，如图 5－12 所示，求此旋转体的体积.

**解**　所求旋转体的体积为

$$V=\int_0^1\pi\,(x^2)^2\mathrm{d}x=\frac{\pi}{5}\,[x^5]_0^1=\frac{\pi}{5}.$$

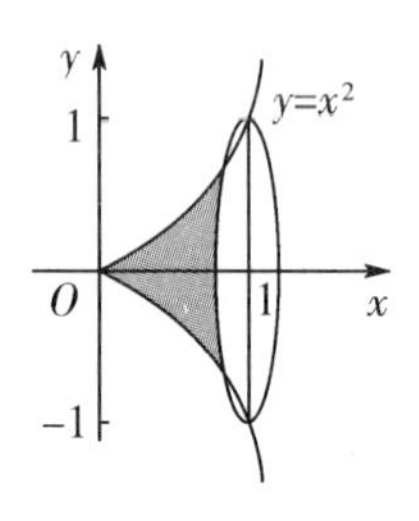


图 5-12

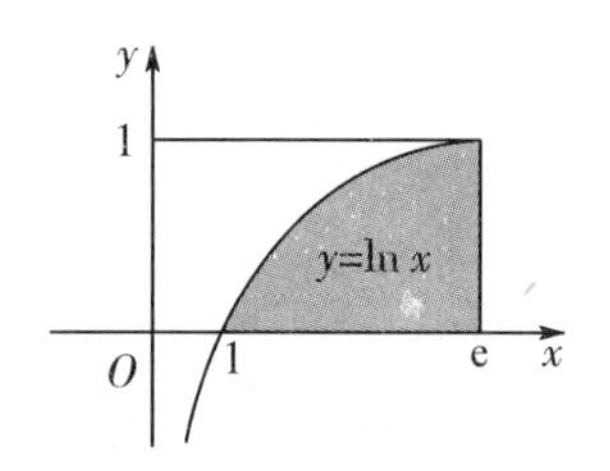


图 5-13

**例 5-5-4** 求由曲线 $y=\ln x$ 和直线 $x=\mathrm{e}$ 及 $x$ 轴围成的平面图形绕 $y$ 轴旋转一周所得的旋转体.

**解** 由图 5-13 可知,所求旋转体为:

$$V=\pi\mathrm{e}^2\cdot 1-\int_0^1\pi\,(\mathrm{e}^y)^2\mathrm{d}y=\pi\mathrm{e}^2-\frac{\pi}{2}[\mathrm{e}^{2y}]_0^1=\frac{\pi}{2}(\mathrm{e}^2+1).$$

## 习题 5.5

**1.** 求抛物线 $y=x^2$ 及 $y=2-x^2$ 所围成的平面图形的面积.

**2.** 求由曲线 $y=\dfrac{1}{x}$, $y=x$, $y=2$ 所围成的平面图形的面积.

**3.** 求由抛物线 $y=x^2$ 与直线 $y=x$ 及 $y=2x$ 所围成的图形的面积.

**4.** 求由曲线 $y=\dfrac{1}{2}x^2$ 与 $x=4y^2$ 所围成的平面图形绕 $x$ 轴旋转而成的旋转体体积.

**5.** 平面图形由 $y=\sin x(0\leqslant x\leqslant\pi)$ 和 $y=0$ 围成,试求该图形分别绕 $x$ 轴、$y$ 轴旋转所得旋转体体积.

## 小结与复习

1. 定积分的概念和性质

(1) 定积分的基本思想方法,即“分割、近似、求和、取极限”四个步骤. 微元法是这一思想方法在应用中的归纳和简化,是解决一类非常广泛的量的计算问题的常用方法,许多实际问题都可以归结为定积分的计算问题. 因此,定积分的计算是本章的重要组成部分之一.

(2) 定积分是特定结构的和式极限,即

$$\int_a^b f(x)\mathrm{d}x=\lim_{\lambda\to 0}\sum_{i=1}^n f(\xi_i)\Delta x_i,$$

其中 $\xi_i$ 介于 $x_i$ 与 $x_i+\Delta x_i$ 之间,$\lambda=\max\{\Delta x_i,1\leqslant i\leqslant n\}$. 因此定积分的值是一个常数,它依赖于被积函数 $f(x)$ 和积分区间$[a,b]$,而与积分变量无关,即

$$\int_a^b f(x)\mathrm{d}x=\int_a^b f(t)\mathrm{d}t=\int_a^b f(u)\mathrm{d}u.$$

2. 牛顿-莱布尼兹公式

设函数 $f(x)$ 在区间 $[a,b]$ 上连续，$F(x)$ 是 $f(x)$ 在区间 $[a,b]$ 上的一个原函数，则

$$\int_a^b f(x)\mathrm{d}x = F(b) - F(a).$$

牛顿-莱布尼兹公式把不定积分与定积分有机地结合在一起，使定积分的计算转化为求被积函数的原函数在积分区间上的增量，从而大大简化了定积分的计算.

3. 定积分的计算方法

定积分的换元积分法和分部积分法与不定积分的积分法解题思路相同，但有两点值得注意，即换元的同时必须换上、下限，在求出原函数后无须代回原积分变量. 另外，奇偶函数在关于原点对称区间上的积分的结果很重要，应牢固掌握.

4. 反常积分

反常积分可理解为定积分的极限，是定积分在积分区间为无限区间情形下的推广，在理解和计算时，应注意两者的相同和不同.

5. 定积分在几何上的应用

应用微元法解决实际问题的一般步骤是：

第一步　建立直角坐标系；

第二步　取典型区段 $[x,x+\mathrm{d}x]$；

第三步　在典型区段上求出所求量的微元表达式；

第四步　写出所求量的定积分表达式，并进行计算.

## 复习题 5

### 一、填空题

**1.** $\int_0^2 \sqrt{x^2-4x+4}\mathrm{d}x =$ ________.

**2.** $\int_{-\pi}^{\pi} (x+\sin^3 x)\cos x\mathrm{d}x =$ ________.

**3.** $\int_{-1}^{1} (x+\tan^4 x)x\mathrm{d}x =$ ________.

**4.** $\left[\int_{-1}^{1} (|x|+\sin^3 x)\mathrm{d}x\right]' =$ ________.

**5.** 若 $\int_0^k (2x-3x^2)\mathrm{d}x = 0$，则 $k =$ ________.

**6.** 若 $\int_0^1 (2x+k)\mathrm{d}x = 2$，则 $k =$ ________.

**7.** 用定积分表示曲线 $y=\ln x$ 与直线 $x=\dfrac{1}{\mathrm{e}}$，$x=\mathrm{e}$ 及 $x$ 轴所围成的图形的面积________.

**8.** 用定积分表示曲线 $y=3-x^2$ 与直线 $y=x+1$ 所围成的图形的面积________.

**9.** 若 $\int_{-\infty}^{+\infty} \dfrac{k}{1+x^2}\mathrm{d}x = 1$，则 $k =$ ________.

**10.** 若$\int_1^{+\infty}\frac{1}{x^k}\mathrm{d}x=\frac{1}{2}$,则 $k=$ ________.

**11.** 设 $f(x)$ 为连续函数,则$\int_0^b f(x)\mathrm{d}x-\int_0^b f(b-x)\mathrm{d}x=$ ________.

**12.** 设 $f(x)=\frac{1}{1+x^2}-2\int_0^1 f(x)\mathrm{d}x$,则$\int_0^1 f(x)\mathrm{d}x=$ ________.

## 二、选择题

**1.** $\int_1^{\mathrm{e}}\frac{\ln x}{x}\mathrm{d}x=$ ( )

A. $\frac{1}{2}$　　B. $\frac{\mathrm{e}^2}{2}-\frac{1}{2}$　　C. $\frac{1}{2\mathrm{e}^2}-\frac{1}{2}$　　D. $-1$

**2.** 若$\int_0^1(2x+k)\mathrm{d}x=2$,则 $k=$ ( )

A. 0　　B. 1　　C. 2　　D. $-1$

**3.** 设$\int_0^x f(t)\mathrm{d}t=\ln(5-x^2)$,则 $f(x)=$ ( )

A. $\frac{5}{5-x^2}$　　B. $\frac{2x}{5-x^2}$　　C. $\frac{-2x}{5-x^2}$　　D. $5x$

**4.** 曲线 $y=\sqrt{x}$与 $y=x^2$ 所围成的平面图形的面积等于 ( )

A. $\frac{1}{3}$　　B. $-\frac{1}{3}$　　C. 1　　D. $-1$

**5.** 若$\int_0^1\mathrm{e}^x f(\mathrm{e}^x)\mathrm{d}x=\int_a^b f(u)\mathrm{d}u$,则 ( )

A. $a=0,b=1$　　B. $a=0,b=\mathrm{e}$　　C. $a=1,b=10$　　D. $a=1,b=\mathrm{e}$

**6.** 图中阴影部分的面积的总和可按(　　)的方法求出.

A. $\int_a^b f(x)\mathrm{d}x$

B. $\left|\int_a^b f(x)\mathrm{d}x\right|$

C. $\int_a^{c_1}f(x)\mathrm{d}x+\int_{c_1}^{c_2}f(x)\mathrm{d}x+\int_{c_2}^{b}f(x)\mathrm{d}x$

D. $-\int_a^{c_1}f(x)\mathrm{d}x+\int_{c_1}^{c_2}f(x)\mathrm{d}x-\int_{c_2}^{b}f(x)\mathrm{d}x$

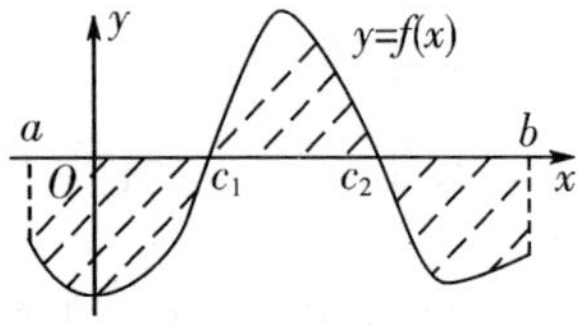

图 5-15

**7.** 下列广义积分中收敛的是 ( )

A. $\int_{-\infty}^{+\infty}\sin x\mathrm{d}x$　　B. $\int_1^{+\infty}\frac{1}{x}\mathrm{d}x$　　C. $\int_0^{+\infty}\frac{1}{1+x^2}\mathrm{d}x$　　D. $\int_{-\infty}^0\mathrm{e}^{-x}\mathrm{d}x$

**8.** 反常积分$\int_{-\infty}^0\mathrm{e}^{-kx}\mathrm{d}x$ 收敛,则 ( )

A. $k>0$　　B. $k\geqslant 0$　　C. $k<0$　　D. $k\leqslant 0$

**9.** $f(x)$在$[a,b]$上连续是$\int_a^b f(x)\mathrm{d}x$ 存在的 ( )

A. 充分条件　　B. 必要条件　　C. 充分必要条件　　D. 以上都不对

**10.** 设 $f(x)$的一个原函数为 $\sin x$,则$\int_0^{\frac{\pi}{2}}xf(x)\mathrm{d}x=$ ( )

A. 0　　B. $\frac{\pi}{2}$　　C. $\frac{\pi}{2}+1$　　D. $\frac{\pi}{2}-1$

**11.** 设在 $[a,b]$ 上，$f(x)>0, f'(x)<0, f''(x)>0$. 记 $S_1=\int_a^b f(x)\mathrm{d}x, S_2=f(b)\cdot(b-a), S_3=\frac{b-a}{2}[f(b)+f(a)]$，则有　　(　　)

A. $S_1<S_2<S_3$　　B. $S_2<S_1<S_3$

C. $S_3<S_1<S_2$　　D. $S_2<S_3<S_1$

**12.** 已知 $f(0)=1, f(1)=2, f'(1)=3$，则$\int_0^1 xf''(x)\mathrm{d}x=$　　(　　)

A. 1　　B. 2　　C. 3　　D. 4

## 三、计算题

**1.** $\int_1^2\left(x+\frac{1}{x}\right)^2\mathrm{d}x$.

**2.** $\int_{-2}^1\frac{\mathrm{d}x}{(11+5x)^2}$.

**3.** $\int_1^2\frac{\sqrt{x-1}}{x}\mathrm{d}x$.

**4.** $\int_1^{\mathrm{e}}\frac{1+\ln x}{x}\mathrm{d}x$.

**5.** $\int_0^3\frac{x}{1+\sqrt{x+1}}\mathrm{d}x$.

**6.** $\int_{-\sqrt{3}}^{\sqrt{3}}x\arctan x\mathrm{d}x$.

**7.** $\int_{\frac{1}{2}}^{\mathrm{e}}|\ln x|\mathrm{d}x$.

**8.** $\int_{\frac{\pi}{4}}^{\frac{\pi}{3}}\frac{x}{\sin^2 x}\mathrm{d}x$.

**9.** $\int_0^{\frac{1}{2}}\frac{x^2}{\sqrt{1-x^2}}\mathrm{d}x$.

**10.** $\int_1^{\sqrt{3}}\frac{1}{x^2\sqrt{1+x^2}}\mathrm{d}x$.

**11.** $\int_{\frac{1}{\sqrt{2}}}^1\frac{\sqrt{1-x^2}}{x^2}\mathrm{d}x$.

**12.** $\int_0^{+\infty}x\mathrm{e}^{-x}\mathrm{d}x$.

**13.** 设 $f(x)=\begin{cases}\sin x & x\leqslant 0\\ \frac{1}{1+x} & x>0\end{cases}$，求$\int_0^{\pi}f\left(x-\frac{\pi}{2}\right)\mathrm{d}x$.

## 四、应用题

**1.** 求曲线 $y=x^2$，直线 $x+y=2$ 所围成的平面图形的面积.

**2.** 求由曲线 $y=\mathrm{e}^x, y=\mathrm{e}^{-x}$ 及直线 $x=1$ 所围成的平面图形的面积.

**3.** 求由曲线 $y=\mathrm{e}^{-x}$ 与 $x=2, x=0, y=0$ 所围成的平面图形绕 $x$ 轴旋转而成的旋转体体积.

**4.** 求由曲线 $y^2=x$ 与 $x^2=y$ 所围成的图形绕 $y$ 轴旋转而成的旋转体的体积.

# 第 6 章　多元函数微积分学

1. 了解空间直角坐标系；了解平面方程、直线方程.
2. 理解多元函数的概念；了解偏导数、全微分的概念；掌握偏导数、全微分的计算方法.
3. 了解二重积分的概念、性质、几何意义，掌握二重积分在直角坐标系中的计算方法.

## §6.1　空间解析几何

空间解析几何的产生是数学史上一个划时代的成就. 它通过点和坐标的对应，把数学研究的两个基本对象“数”和“形”统一起来，使得人们既可以用代数方法研究解决几何问题，也可以用几何方法解决代数问题.

本节简单介绍空间解析几何的一些基本概念，其主要内容包括空间直角坐标系、平面和直线方程、一些常用的空间曲线和曲面的方程等. 这些内容对学习多元函数的微分学和积分学将起到重要的作用.

### 一、空间直角坐标系

过空间一定点 $O$，作三条互相垂直的数轴，并都以 $O$ 为原点且一般具有相同的长度单位. 各个数轴的正向符合右手法则，按右手法则确定其正方向：右手的拇指、食指、中指伸开，使其互相垂直，则拇指、食指、中指分别指向 $Ox$，$Oy$，$Oz$ 轴的正方向(如图 6－1)，构成一个**空间直角坐标系**(如图 6－2). 点 $O$ 叫做坐标原点；三个坐标轴 $Ox$，$Oy$，$Oz$ 依次记为 $x$ **轴**(**横轴**)、$y$ **轴**(**纵轴**)、$z$ **轴**(**竖轴**)，统称为**坐标轴**.

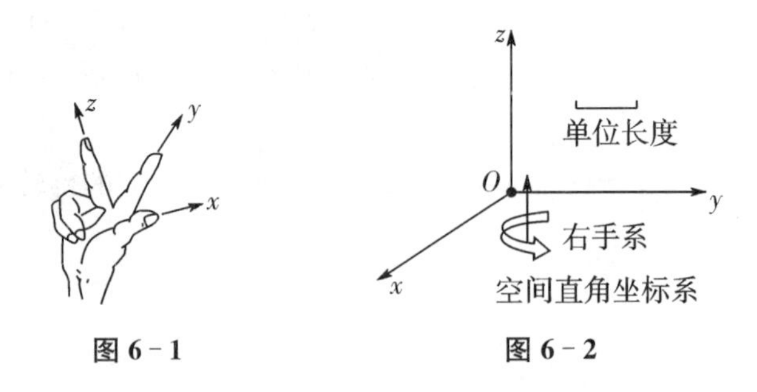


图 6－1　　图 6－2

三条坐标轴中任意两条坐标轴确定一个平面，称为**坐标面**，分别称为 $xOy$ 面、$yOz$ 面和 $zOx$ 面. 三个坐标平面将空间分成八个部分，称为八个**卦限**. 在 $xOy$ 面上方有四个卦限，含 $x$ 轴、$y$ 轴、$z$ 轴正向的卦限称为第Ⅰ卦限，按逆时针方向依次为第Ⅱ、Ⅲ、Ⅳ卦限；在 $xOy$ 面下方有四个卦限，第一卦限下方部分为第Ⅴ卦限，按逆时针方向依次为第Ⅵ、Ⅶ、Ⅷ卦限(如

图 6-3).

## 二、空间点的坐标

设 $M$ 为空间一已知点，过点 $M$ 作三个平面分别垂直于 $x$ 轴、$y$ 轴、$z$ 轴，三个平面与各轴的交点依次为 $P,Q,R$，这三点在 $x$ 轴、$y$ 轴、$z$ 轴上的坐标依次为 $x,y,z$，空间一点 $M$ 就唯一地确定了有序数组 $(x,y,z)$. 称有序数组 $(x,y,z)$ 为点 $M$ 的坐标(如图 6-4)，其中这三个数 $x,y,z$ 分别称为点 $M$ 的**横坐标**、**纵坐标**、**竖坐标**，记作 $M(x,y,z)$.

显然，原点 $O$ 的坐标为 $(0,0,0)$；$x$ 轴、$y$ 轴、$z$ 轴上点的坐标分别为 $(x,0,0)$，$(0,y,0)$，$(0,0,z)$；$xOy$ 面、$yOz$ 面、$zOx$ 面上点的坐标分别为 $(x,y,0)$，$(0,y,z)$，$(x,0,z)$.

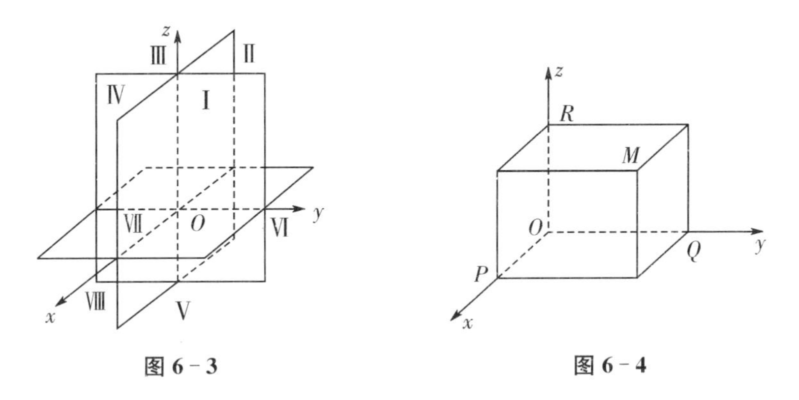


图 6-3　　图 6-4

## 三、空间两点间的距离

设 $M_1(x_1,y_1,z_1)$，$M_2(x_2,y_2,z_2)$ 是空间两点，则空间两点间的距离公式：

$$d=|M_1M_2|=\sqrt{(x_2-x_1)^2+(y_2-y_1)^2+(z_2-z_1)^2}.$$

在空间直角坐标系中，任一点 $M(x,y,z)$ 与坐标原点 $O$ 之间的距离公式：

$$|OM|=\sqrt{x^2+y^2+z^2}.$$

**例 6-1-1**　证明以 $A(4,3,1)$，$B(7,1,2)$，$C(5,2,3)$ 为顶点的三角形 $\triangle ABC$ 是一等腰三角形.

**解**　由两点间距离公式得：

$$|AB|=\sqrt{(7-4)^2+(1-3)^2+(2-1)^2}=\sqrt{14}.$$

同理可得

$$|BC|=\sqrt{6},|CA|=\sqrt{6}.$$

由于 $|BC|=|CA|$，故 $\triangle ABC$ 是一等腰三角形.

**例 6-1-2**　在 $z$ 轴上，求与 $A(-4,1,7)$ 和 $B(3,5,-2)$ 两点等距离的点.

**解**　设 $M$ 为所求的点，因为 $M$ 在 $z$ 轴上，故可设 $M$ 的坐标为：$(0,0,z)$.

根据题意，知

$$\sqrt{[0-(-4)]^2+(0-1)^2+(z-7)^2}=\sqrt{(0-3)^2+(0-5)^2+[z-(-2)]^2}.$$

得：$z=\frac{14}{9}$.

所以点 $M$ 的坐标为 $\left(0,0,\frac{14}{9}\right)$.

## 四、空间平面与空间直线

1. 平面方程

在平面解析几何中可以把曲线看成是动点的轨迹.因此，在空间中曲面可看成是一个动点或一条动曲线(直线)按一定条件或规律运动而产生的轨迹.

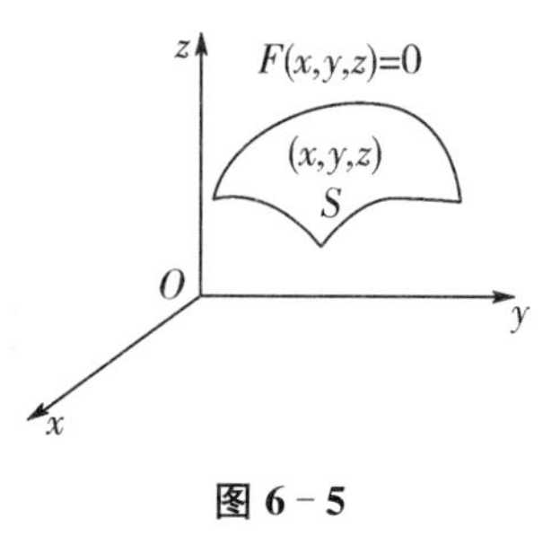

图 6－5

**定义 6－1** 在空间直角坐标系中，如果曲面 $S$ 上任一点坐标都满足方程 $F(x,y,z)=0$，而不在曲面 $S$ 上的任何点的坐标都不满足该方程，则方程 $F(x,y,z)=0$ 称为曲面 $S$ 的方程，而曲面 $S$ 就称为方程 $F(x,y,z)=0$ 的图形(如图 6－5).

**例 6－1－3** 设有点 $A(1,2,3)$ 和 $B(2,-1,4)$，求线段 $AB$ 的垂直平分面的方程.

**解** 由题意知道，所求的平面就是与 $A$ 和 $B$ 等距离的几何轨迹.

设 $M(x,y,z)$ 为所求平面上的任一点，则有 $|AM|=|BM|$，即

$$\sqrt{(x-1)^2+(y-2)^2+(z-3)^2}=\sqrt{(x-2)^2+(y+1)^2+(z-4)^2}.$$

等式两边平方，化简得 $2x-6y+2z-7=0$.

这就是所求平面上的点的坐标所满足的方程，而不在此平面上的点的坐标都不满足这个方程，所以这个方程就是所求平面的方程.

平面是空间中最简单而且最重要的曲面.空间中任一平面都可以用三元一次方程 $Ax+By+Cz+D=0$ 来表示，其中 $A,B,C,D$ 是不全为零的常数.该方程称为**平面的一般方程**.

特别地，当一般式方程中某些系数或常数项为零时，平面对于坐标系具有特殊的位置关系.

(1) 通过原点的平面方程为 $Ax+By+Cz=0(D=0)$.

(2) 坐标面方程为 $x=0$($yOz$ 面)；$y=0$($zOx$ 面)；$z=0$($xOy$ 面).

(3) 平行于坐标面的平面方程为 $x=a$(平行于 $yOz$ 面)；$y=b$(平行于 $zOx$ 面)；$z=c$(平行于 $xOy$ 面).

(4) 通过坐标轴的平面方程为 $Ax+By=0$(平面过 $z$ 轴)；$Ax+Cz=0$(平面过 $y$ 轴)；$By+Cz=0$(平面过 $x$ 轴).

(5) 平行于坐标轴的平面方程为 $Ax+By+D=0$(平行于 $z$ 轴)；$Ax+Cz+D=0$(平行于 $y$ 轴)；$By+Cz+D=0$(平行于 $x$ 轴).

在平面解析几何中，一次方程表示一条直线；在空间解析几何中，一次方程表示一个平面，二者不可混淆.

**例 6－1－4** 求过点 $P(2,-1,3)$ 和 $x$ 轴的平面方程.

**解** 由题意设所求平面方程为 $By+Cz=0$.

因为点 $P(2,-1,3)$ 在平面上，所以 $-B+3C=0$，即 $B=3C$.

所求平面方程为 $3y+z=0$.

**例 6-1-5** 求过点 $A(a,0,0)$，$B(0,b,0)$，$C(0,0,c)$（$a,b,c$ 都不为零）的平面方程.

**解** 设所求平面为 $Ax+By+Cz+D=0$，则有

$$\begin{cases}Aa+D=0\\Bb+D=0\\Cc+D=0\end{cases}，解之得 A=-\frac{D}{a},B=-\frac{D}{b},C=-\frac{D}{c}.$$

所求平面方程为 $\frac{x}{a}+\frac{y}{b}+\frac{z}{c}=1$.

该方程称为**平面的截距式方程**. 其中 $a,b,c$ 分别称为平面在 $x$ 轴、$y$ 轴、$z$ 轴上的**截距**. 利用截距式便于作图（如图 6-6）.

2. 空间直线方程

空间直线 $l$ 可以看作是两平面 $\pi_1,\pi_2$ 的交线，设相交的两平面方程分别为

$$A_1x+B_1y+C_1z+D_1=0 \text{ 和 } A_2x+B_2y+C_2z+D_2=0,$$

其中，系数 $A_1,B_1,C_1$ 与 $A_2,B_2,C_2$ 不成比例，则它们的交线是空间中一直线（如图 6-7）.

方程组

$$\begin{cases}A_1x+B_1y+C_1z+D_1=0\\A_2x+B_2y+C_2z+D_2=0\end{cases}$$

称为**空间直线的一般式方程**.

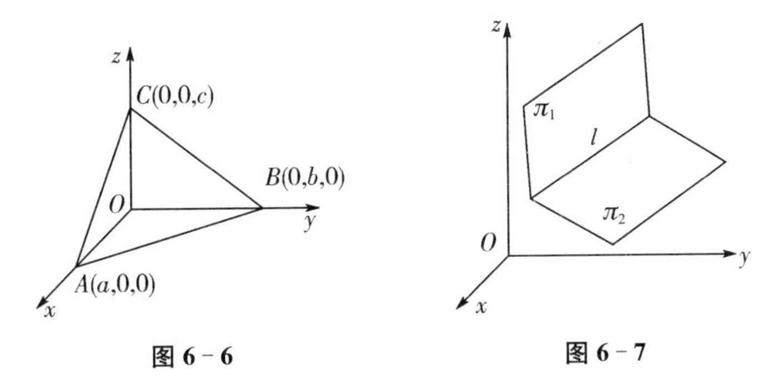


图 6-6　　图 6-7

已知空间直线 $l$ 上两点 $M_1(x_1,y_1,z_1)$，$M_2(x_2,y_2,z_2)$，不难求出直线 $l$ 的方程为

$$\frac{x-x_1}{x_2-x_1}=\frac{y-y_1}{y_2-y_1}=\frac{z-z_1}{z_2-z_1}.$$

该方程称为**空间直线的两点式方程**.

## 习题 6.1

**1.** 指出下列各点所在的卦限：

$A(-3,5,-2)$；$B(-3,-5,-1)$；$C(-3,-2,7)$；$D(-2,4,5)$.

**2.** 写出点 $P(3,5,-2)$ 关于下列条件的对称点的坐标：

(1) $y$ 轴；　(2) $xOy$ 面；　(3) 坐标原点.

**3.** 在 $x$ 轴上求与两点 $P_1(-4,1,7)$ 和 $P_2(3,5,-2)$ 等距离的点.

**4.** 求点 $A(4,-3,5)$ 到坐标原点以及坐标轴间的距离.

**5.** 求过点 $(1,0,5)$ 且与 $xOy$ 面平行的平面方程.

## §6.2 多元函数的基本概念

前面讨论的函数都只有一个自变量,这种函数称为一元函数. 但在许多实际应用问题中,我们往往要考虑多个变量之间的关系,反映到数学上,就是要考虑一个变量(因变量)与另外多个变量(自变量)的相互依赖关系. 由此引入了多元函数以及多元函数的微积分问题. 本节将在一元函数微积分学的基础上,进一步讨论多元函数的微积分学. 讨论中将以二元函数为主要对象,这不仅因为有关的概念和方法大都有比较直观的解释,便于理解,而且这些概念和方法大都能自然推广到二元以上的多元函数.

### 一、多元函数的概念

#### 1. 平面区域

讨论一元函数时,经常用到邻域和区间(开区间、闭区间或半开半闭区间)概念. 而对于多元函数的讨论,需要把一元函数的邻域和区间等概念加以拓广.

设 $P_0(x_0,y_0)$ 是 $xOy$ 平面上的一个点,$\delta$ 是某一正数. 与点 $P_0(x_0,y_0)$ 的距离小于 $\delta$ 的点 $P(x,y)$ 的全体,称为点 $P_0$ 的 $\delta$ **邻域**,记作 $U(P_0,\delta)$,即

$$U(P_0,\delta)=\{(x,y)\mid\sqrt{(x-x_0)^2+(y-y_0)^2}<\delta\}.$$

在几何上,$U(P_0,\delta)$ 就是 $xOy$ 平面上以 $P_0$ 为**中心**,$\delta$ 为**半径**的圆的内部点 $P(x,y)$ 的全体.

若在 $U(P_0,\delta)$ 中去掉中心 $P_0$,则该点集称为点 $P_0$ 的**去心邻域**,记为 $\mathring{U}(P_0,\delta)$,即

$$\mathring{U}(P_0,\delta)=\{(x,y)\mid 0<\sqrt{(x-x_0)^2+(y-y_0)^2}<\delta\}.$$

设 $E$ 是平面上的一个点集,点 $P\in E$. 如果存在 $P$ 的一个邻域 $U(P,\delta)$,使 $U(P,\delta)\subset E$,则称 $P$ 为 $E$ 的内点(如图 6-8(a)). 显然,$E$ 的内点属于 $E$.

如果点 $P$ 的任何一个邻域内既有属于 $E$ 的点,又有不属于 $E$ 的点,则称 $P$ 为 $E$ 的边界点. $E$ 的边界点的全体称为 $E$ 的**边界**,记为 $\partial E$(如图 6-8(b)).

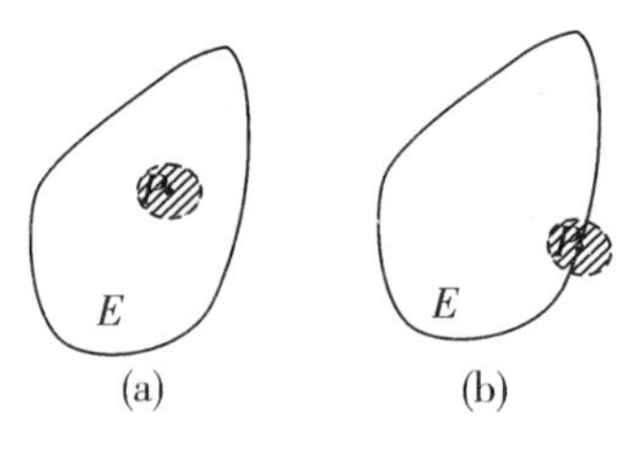


**图 6-8**

例如,$E_1$ 的边界是圆周 $x^2+y^2=1$ 和 $x^2+y^2=4$.

点集 $E$ 中孤立在外的点,称为孤立点,规定孤立点为边界点.

如果点集 $E$ 每一个点都是内点,则称 $E$ 为**开集**. 例如,$D=\{(x,y)\mid 1<x^2+y^2<4\}$ 中每个点都是 $D$ 的内点,因此 $D$ 为开集.

设 $D$ 是开集，如果对于 $D$ 内的任意两点，都可以用折线连接起来，且该折线上的点都属于 $D$，则称 $D$ 是**连通**的.

连通的开集称为**区域**或**开区域**. 开区域连同它的边界一起称为**闭区域**.

例如，$\{(x,y)|x^2+y^2<1\}$是开区域，而$\{(x,y)|x^2+y^2\leqslant 1\}$是闭区域.

如果存在正数 $K$，使某区域 $E$ 包含于以原点为中心、以 $K$ 为半径的圆内，则称 $E$ 是**有界区域**，否则为**无界区域**.

例如：$\{(x,y)|x,y\in\mathbf{R}\}$是无界区域，它表示整个 $xOy$ 面；

$\{(x,y)|1<x^2+y^2<4\}$是有界开区域（如图 6-9，不包括边界）；

$\{(x,y)|1\leqslant x^2+y^2\leqslant 4\}$是有界闭区域（如图 6-9，包括边界）；

$\{(x,y)|x+y>0\}$是无界开区域（如图 6-10），它是以直线 $x+y=0$ 为界的上半平面，不包括直线 $x+y=0$.

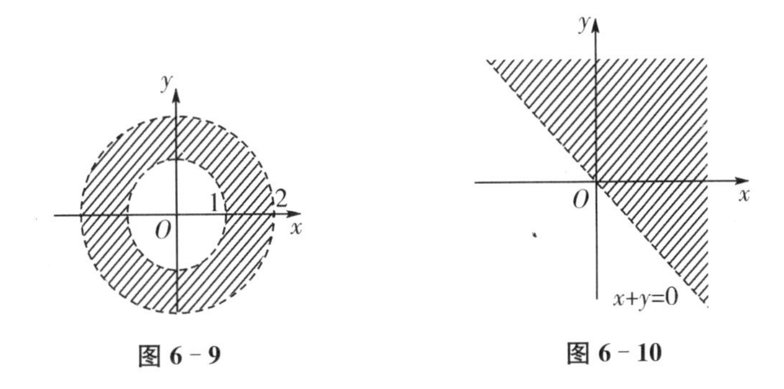


图 6-9　　图 6-10

2. 二元函数的定义

**引例 6-1**　设矩形的边长分别为 $x$ 和 $y$，则矩形的面积 $S$ 为 $S=xy$.

在此，当 $x$ 和 $y$ 每取定一组值时，就有一确定的面积值 $S$，即 $S$ 依赖于 $x$ 和 $y$ 的变化而变化.

**定义 6-2**　设 $D$ 是平面上的一个非空点集，如果对于 $D$ 内的任一点$(x,y)$，变量 $z$ 按照一定法则 $f$，总有唯一确定的值与之对应，则称 $z$ 是变量 $x,y$ 的**二元函数**，记为 $z=f(x,y)$，其中 $x,y$ 称为**自变量**，$z$ 称为**因变量**. 点集 $D$ 称为该函数的**定义域**，数集$\{z|z=f(x,y),(x,y)\in D\}$称为该函数的**值域**.

类似地，可定义三元及三元以上函数. 当 $n\geqslant 2$ 时，$n$ 元函数统称为**多元函数**.

关于多元函数定义域，与一元函数类似，我们作如下约定：在一般地讨论用算式表达的二元函数 $z=f(x,y)$时，就以使这个算式有意义的变元 $x,y$ 的值所组成的点集为这个二元函数的自然定义域. 例如，函数 $z=\ln(x+y)$的定义域为 $D=\{(x,y)|x+y>0\}$，是一个无界开区域. 又如 $z=\arcsin(x^2+y^2)$的定义域为 $D=\{(x,y)|x^2+y^2\leqslant 1\}$，是一个有界闭区域.

3. 二元函数的几何意义

设函数 $z=f(x,y)$的定义域是 $xOy$ 坐标面上的一个点集 $D$，对于 $D$ 上每一点 $P(x,y)$，对应的函数值为 $z=f(x,y)$. 这样，在空间直角坐标系下，以 $x$ 为横坐标，$y$ 为纵坐标，$z=f(x,y)$为竖坐标，在空间就确定了一个点 $M(x,y,z)$. 当点 $P(x,y)$在 $D$ 上变动时，点 $M(x,y,z)$就相应地在空间变动，其轨迹是一张曲面（如图 6-11）.

二元函数的几何意义：函数 $z=f(x,y)$，$(x,y)\in D$，其图形在空间直角坐标系中表示为一张空间曲面，而其定义域 $D$ 就是此曲面在 $xOy$ 坐标面上的投影.

例如，函数 $z=1-x-y$ 的图形是一个平面，这个平面表示通过(1,0,0)，(0,1,0)和(0,0,1)三点的平面，在 $xOy$ 坐标面上的投影是一等腰直角三角形(如图 6-12).

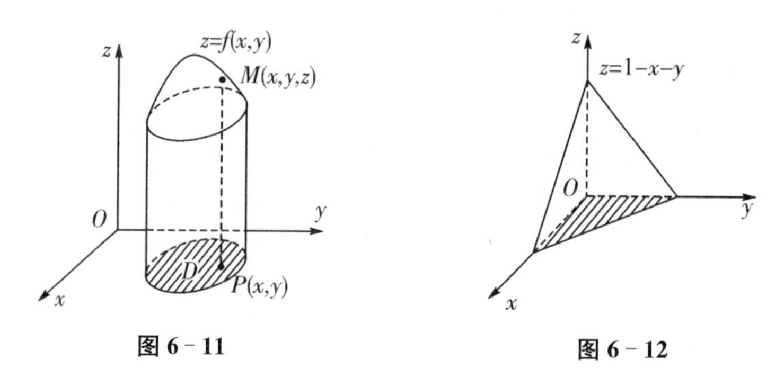


图 6-11　　　　图 6-12

## 二、二元函数的极限

**定义 6-3**　设二元函数 $z=f(x,y)$ 的定义域为 $D$，点 $P_0(x_0,y_0)$(可以不在 $D$ 内)的任一去心邻域内都含 $D$ 的点，如果当点 $P(x,y)$ 以任意方式趋向于点 $P_0(x_0,y_0)$ 时，相应的函数值 $f(x,y)$ 无限接近于一个确定的常数 $A$，则称当 $(x,y)\to(x_0,y_0)$(或 $P\to P_0$)时，函数 $f(x,y)$ 以 $A$ 为极限，记作 $\lim\limits_{\substack{x\to x_0\\y\to y_0}}f(x,y)=A$ 或 $\lim\limits_{P\to P_0}f(P)=A$ 或 $f(P)\to A(P\to P_0)$.

为了区别于一元函数的极限，我们把二元函数的极限叫做二重极限. 二重极限是一元函数极限的推广，有关一元函数的极限运算法则和定理，可以直接类推到二重极限.

**例 6-2-1**　求极限 $\lim\limits_{\substack{x\to 0\\y\to 0}}\dfrac{x^2+y^2}{\sqrt{1+x^2+y^2}-1}$.

**解**　显然，当 $x\to 0,y\to 0$ 时，$x^2+y^2\to 0$，根据极限的四则运算法则及有关连续函数的极限的定理，有

$$\lim_{\substack{x\to 0\\y\to 0}}\frac{x^2+y^2}{\sqrt{1+x^2+y^2}-1}=\lim_{\substack{x\to 0\\y\to 0}}\frac{(x^2+y^2)(\sqrt{1+x^2+y^2}+1)}{(\sqrt{1+x^2+y^2}-1)(\sqrt{1+x^2+y^2}+1)}$$
$$=\lim_{\substack{x\to 0\\y\to 0}}(\sqrt{1+x^2+y^2}+1)=1+1=2.$$

必须注意：二重极限存在，是指 $P(x,y)$ 在定义域内以任何方式趋近于 $P_0(x_0,y_0)$ 时，函数都无限接近于 $A$. 因此，如果 $P(x,y)$ 沿着一条定直线或定曲线趋近于 $P_0(x_0,y_0)$ 时，即使函数无限接近于某一确定值，还不能由此断定函数的极限存在. 但是反过来，如果当 $P(x,y)$ 以不同方式趋近于 $P_0(x_0,y_0)$ 时，函数趋近于不同的值，那么就可以断定此函数的极限不存在.

考察函数 $f(x,y)=\begin{cases}\dfrac{xy}{x^2+y^2} & x^2+y^2\neq 0\\ 0 & x^2+y^2=0\end{cases}$,

显然，当点 $P(x,y)$ 沿直线 $y=0$ 趋近于点(0,0)时，有

$$\lim_{\substack{x\to 0\\y\to 0}} f(x,y)=\lim_{x\to 0} f(x,0)=\lim_{y\to 0} 0=0.$$

当点 $P(x,y)$沿直线 $x=0$ 趋近于点$(0,0)$时,有

$$\lim_{\substack{x\to 0\\y\to 0}} f(x,y)=\lim_{x\to 0} f(0,y)=\lim_{y\to 0} 0=0.$$

虽然点 $P(x,y)$以上述两种特殊方式趋近于原点时函数的极限存在并且相等,但是极限$\lim\limits_{\substack{x\to 0\\y\to 0}} f(x,y)$并不存在.

这是因为当点 $P(x,y)$沿着直线 $y=kx$ 趋近于点$(0,0)$时,有

$$\lim_{\substack{x\to 0\\y\to 0}}\frac{xy}{x^2+y^2}=\lim_{x\to 0}\frac{kx^2}{x^2+k^2x^2}=\frac{k}{1+k^2}.$$

它的极限值随 $k$ 的变化而变化,所以原极限不存在.

**例 6-2-2** 求极限 $\lim\limits_{(x,y)\to(0,0)}\dfrac{x^2y}{x^4+y^2}$.

**解** 当动点 $P(x,y)$在函数定义域内沿直线 $y=kx(k\in\mathbf{R})$趋向于点$(0,0)$时,有

$$\lim_{\substack{(x,y)\to(0,0)\\y=kx}}\frac{x^2y}{x^4+y^2}=\lim_{x\to 0}\frac{kx^3}{x^4+k^2x^2}=0.$$

但还不能确定原极限存在,因为当动点 $P(x,y)$在函数定义域内沿曲线 $y=x^2$ 趋向于点$(0,0)$时,有

$$\lim_{\substack{(x,y)\to(0,0)\\y=x^2}}\frac{x^2y}{x^4+y^2}=\lim_{x\to 0}\frac{x^4}{x^4+x^4}=\frac{1}{2}\neq 0.$$

所以原极限不存在.

**例 6-2-3** 求 $\lim\limits_{(x,y)\to(0,2)}\dfrac{\sin(xy)}{x}$.

**解** $\lim\limits_{(x,y)\to(0,2)}\dfrac{\sin(xy)}{x}=\lim\limits_{(x,y)\to(0,2)}\left[\dfrac{\sin(xy)}{xy}\cdot y\right]=\lim\limits_{xy\to 0}\dfrac{\sin(xy)}{xy}\cdot\lim\limits_{y\to 2}y=1\cdot 2=2.$

### 三、二元函数的连续性

**定义 6-4** 设二元函数 $z=f(x,y)$在点 $P_0(x_0,y_0)$的某一邻域$U(P_0,\delta)$内有定义,如果

$$\lim_{\substack{x\to x_0\\y\to y_0}} f(x,y)=f(x_0,y_0),$$

则称 $z=f(x,y)$在点 $P_0(x_0,y_0)$处连续.

若函数 $f(x,y)$在定义域 $D$ 内的每一点都连续,则称 $f(x,y)$在 $D$ 内连续,或称 $f(x,y)$是 $D$ 内的连续函数.

若 $f(x,y)$在点 $P_0(x_0,y_0)$不连续,则称点 $P_0(x_0,y_0)$是二元函数 $z=f(x,y)$的不连续点或间断点.

前面讨论过的函数 $f(x,y)=\begin{cases}\dfrac{xy}{x^2+y^2} & (x\neq 0,y\neq 0)\\ 0 & (x=0,y=0)\end{cases}$ 当 $(x,y)\to(0,0)$ 时极限不存在，所以点 $(0,0)$ 是该函数的一个间断点. 二元函数的间断点可以形成一条曲线，例如，函数 $z=\sin\dfrac{1}{x^2+y^2-1}$ 在圆周 $x^2+y^2=1$ 上没有定义，所以该圆周上各点都是间断点.

与一元函数类似，二元连续函数经过四则运算和复合运算后仍为二元连续函数.

由 $x$ 和 $y$ 的基本初等函数经过有限次的四则运算和复合所构成的可用一个式子表示的二元函数称为**二元初等函数**.

**一切二元初等函数在其定义区域内是连续的.**

一般地，求 $\lim\limits_{P\to P_0}f(P)$ 时，如果 $f(P)$ 是初等函数，且 $P_0$ 是 $f(P)$ 定义域的内点，则 $f(P)$ 在点 $P_0$ 处连续，于是 $\lim\limits_{P\to P_0}f(P)=f(P_0)$. 也就是说，当要求某个二元初等函数在其定义区域内一点的极限时，只要算出函数在该点的函数值即可.

**例 6-2-4** 求下列函数的极限：

(1) $\lim\limits_{(x,y)\to(1,2)}\dfrac{x+y}{xy}$；　　(2) $\lim\limits_{\substack{x\to 0\\ y\to 0}}(1+xy)^{\frac{1}{\tan xy}}$.

**解** (1) $\lim\limits_{(x,y)\to(1,2)}\dfrac{x+y}{xy}=\dfrac{1+2}{1\cdot 2}=\dfrac{3}{2}$.

(2) 因为 $x\to 0$，$y\to 0$ 时，$xy\to 0$，所以 $\tan xy\sim xy$（等价无穷小）.

$\lim\limits_{\substack{x\to 0\\ y\to 0}}(1+xy)^{\frac{1}{\tan xy}}=\lim\limits_{\substack{x\to 0\\ y\to 0}}(1+xy)^{\frac{1}{xy}}=\mathrm{e}$.

除了用到多元初等函数的连续性，还可以用一元函数求极限中用到的等价无穷小及洛必达法则等运算法则.

**例 6-2-5** 求 $\lim\limits_{(x,y)\to(0,0)}\dfrac{\sqrt{x^2+y^2}-\sin\sqrt{x^2+y^2}}{(x^2+y^2)^{\frac{3}{2}}}$.

**解** 令 $\rho=\sqrt{x^2+y^2}$ $(\rho\neq 0)$，则

$$原式=\lim_{\rho\to 0}\frac{\rho-\sin\rho}{\rho^3}\overset{\frac{0}{0}}{=}\lim_{\rho\to 0}\frac{1-\cos\rho}{3\rho^2}\overset{\frac{0}{0}}{=}\lim_{\rho\to 0}\frac{\sin\rho}{6\rho}=\frac{1}{6}.$$

## 习题 6.2

**1.** 确定下列函数的定义域：

(1) $z=\sqrt{4-x^2-y^2}+\ln(x^2+y^2-1)$；

(2) $z=\sqrt{1-x^2}+\sqrt{x^2+y^2-1}$；

(3) $z=\arcsin\dfrac{y}{x}$.

**2.** 设 $f(x,y)=x^2+y^2-xy\tan\dfrac{x}{y}$，求 $f(tx,ty)$.

**3.** 求下列极限：

(1) $\lim\limits_{\substack{x\to 0\\ y\to 0}}\dfrac{xy}{\sqrt{xy+1}-1}$;  (2) $\lim\limits_{\substack{x\to 2\\ y\to 0}}\dfrac{\sin xy}{y}$;

(3) $\lim\limits_{\substack{x\to 0\\ y\to 1}}\left[\ln(y-x)+\dfrac{y}{\sqrt{1-x^2}}\right]$;  (4) $\lim\limits_{(x,y)\to(0,0)}\dfrac{1-\cos(x^2+y^2)}{(x^2+y^2)e^{x^2y^2}}$.

**4.** 证明$\lim\limits_{\substack{x\to 0\\ y\to 0}}\dfrac{x+y}{x-y}$不存在.

**5.** 讨论下列函数 $f(x,y)$的连续性:

(1) $f(x,y)=\begin{cases}\dfrac{xy}{\sqrt{x^2+y^2}} & x^2+y^2\neq 0\\ 0 & x^2+y^2=0\end{cases}$;  (2) $f(x,y)=\begin{cases}\dfrac{\sin xy}{x^2+y^2} & x^2+y^2\neq 0\\ 0 & x^2+y^2=0\end{cases}$.

## §6.3 偏导数

### 一、偏导数的定义

在研究一元函数时,从讨论函数的变化率引入了导数的概念.对于多元函数,也常常遇到研究它对某个自变量的变化率问题,这就产生了偏导数的概念.

先介绍一下偏增量、全增量的概念.

偏增量:$\Delta_x z=f(x_0+\Delta x,y_0)-f(x_0,y_0)$,$\Delta_y z=f(x_0,y_0+\Delta y)-f(x_0,y_0)$.

全增量:$\Delta z=f(x_0+\Delta x,y_0+\Delta y)-f(x_0,y_0)$.

设函数 $z=f(x,y)$在点$(x_0,y_0)$的某个领域内有定义,固定自变量 $y=y_0$,而自变量 $x$ 在 $x_0$ 处有改变量 $\Delta x$,如果极限 $\lim\limits_{\Delta x\to 0}\dfrac{f(x_0+\Delta x,y_0)-f(x_0,y_0)}{\Delta x}$存在,则称此极限值为函数 $z=f(x,y)$在点$(x_0,y_0)$处对 $x$ 的偏导数,记作

$$\left.\frac{\partial z}{\partial x}\right|_{\substack{x=x_0\\ y=y_0}},\left.\frac{\partial f}{\partial x}\right|_{\substack{x=x_0\\ y=y_0}},z_x(x_0,y_0)\text{或} f_x(x_0,y_0).$$

类似地,函数 $z=f(x,y)$在点$(x_0,y_0)$处对 $y$ 的偏导数定义为

$$\lim_{\Delta y\to 0}\frac{f(x_0,y_0+\Delta y)-f(x_0,y_0)}{\Delta y},$$

记作

$$\left.\frac{\partial z}{\partial y}\right|_{\substack{x=x_0\\ y=y_0}},\left.\frac{\partial f}{\partial y}\right|_{\substack{x=x_0\\ y=y_0}},z_y(x_0,y_0)\text{或} f_y(x_0,y_0).$$

如果函数 $z=f(x,y)$在区域 $D$ 内每一点$(x,y)$处对 $x$ 的偏导数都存在,那么这个偏导数就是 $x,y$ 的函数,称为函数 $z=f(x,y)$关于变量 $x$ 的偏导函数(简称**偏导数**),记作

$$\frac{\partial z}{\partial x},\frac{\partial f}{\partial x},z_x,f_x\text{ 或 }f_x(x,y).$$

类似地,函数 $z=f(x,y)$关于自变量 $y$ 的偏导函数(简称**偏导数**),记作

$$\frac{\partial z}{\partial y},\frac{\partial f}{\partial y},z_y,f_y\text{ 或 }f_y(x,y).$$

由偏导数的概念可知，函数 $z=f(x,y)$ 在点 $(x_0,y_0)$ 处关于 $x$ 的偏导数 $f_x(x_0,y_0)$ 就是偏导函数 $f_x(x,y)$ 在点 $(x_0,y_0)$ 的函数值，而 $f_y(x_0,y_0)$ 就是偏导函数 $f_y(x,y)$ 在点 $(x_0,y_0)$ 处的函数值，即

$$f_x(x_0,y_0)=f_x(x,y)\Big|_{\substack{x=x_0\\y=y_0}};f_y(x_0,y_0)=f_y(x,y)\Big|_{\substack{x=x_0\\y=y_0}}.$$

二元以上的多元函数的偏导数可类似定义.

由偏导数的定义可知，求多元函数对某个自变量的偏导数时，只需将其余自变量看作常数，用一元函数求导法则求导即可.

**例 6－3－1**　求 $f(x,y)=x^2+3xy+y^2$ 在点 $(1,2)$ 处的偏导数.

**解**　把 $y$ 看作常数，对 $x$ 求导得 $\dfrac{\partial z}{\partial x}=2x+3y$.

把 $x$ 看作常数，对 $y$ 求导得 $\dfrac{\partial z}{\partial y}=3x+2y$.

再把点 $(1,2)$ 代入得 $\dfrac{\partial z}{\partial x}\Big|_{\substack{x=1\\y=2}}=8$，$\dfrac{\partial z}{\partial y}\Big|_{\substack{x=1\\y=2}}=7$.

**例 6－3－2**　设 $z=x^y(x>0,x\neq1)$，证明：$\dfrac{x}{y}\dfrac{\partial z}{\partial x}+\dfrac{1}{\ln x}\dfrac{\partial z}{\partial y}=2z$.

**证明**　把 $y$ 看作常数，$z=x^y$ 是 $x$ 的幂函数，故 $\dfrac{\partial z}{\partial y}=yx^{y-1}$.

把 $x$ 看作常数，$z=x^y$ 是 $y$ 的指数函数，故 $\dfrac{\partial z}{\partial y}=x^y\ln x$.

所以　$\dfrac{x}{y}\dfrac{\partial z}{\partial x}+\dfrac{1}{\ln x}\dfrac{\partial z}{\partial y}=\dfrac{x}{y}yx^{y-1}+\dfrac{1}{\ln x}x^y\ln x=x^y+x^y=2z$.

**例 6－3－3**　求 $r=\sqrt{x^2+y^2+z^2}$ 的偏导数.

**解**　把 $y,z$ 都看作常数，得 $\dfrac{\partial r}{\partial x}=\dfrac{x}{\sqrt{x^2+y^2+z^2}}=\dfrac{x}{r}$.

由于所给函数关于自变量的对称性，所以 $\dfrac{\partial r}{\partial y}=\dfrac{y}{r}$，$\dfrac{\partial r}{\partial z}=\dfrac{z}{r}$.

**例 6－3－4**　设 $f(x,y)=\mathrm{e}^{xy}\sin\pi y+(x-1)\arctan\sqrt{\dfrac{x}{y}}$，试求 $f_x(1,1)$.

**解**　因为 $f(x,1)=(x-1)\arctan\sqrt{x}$，故

$$f_x(x,1)=\arctan\sqrt{x}+\frac{(x-1)}{2\sqrt{x}(1+x)},$$

所以 $f_x(1,1)=\arctan 1=\dfrac{\pi}{4}$.

如果先求 $f_x(x,y)$，再代入 $x=1,y=1$，求 $f_x(1,1)$，则比较复杂. 这种先代入一个变量的值，再求另一个变量的偏导数的方法有时比较方便.

在一元函数微分学中，如果函数在某点存在导数，则函数在该点必定连续. 但对多元函数而言，即使函数的各个偏导数都存在，也不能保证函数在该点连续. 例如，二元函数

$$f(x,y)=\begin{cases}\dfrac{xy}{x^2+y^2} & (x,y)\neq(0,0)\\ 0 & (x,y)=(0,0)\end{cases}$$

在点(0,0)处的偏导数为

$$f_x(0,0)=\lim_{\Delta x\to 0}\frac{f(0+\Delta x,0)-f(0,0)}{\Delta x}=\lim_{\Delta x\to 0}\frac{0}{\Delta x}=0,$$

$$f_y(0,0)=\lim_{\Delta y\to 0}\frac{f(0+\Delta y,0)-f(0,0)}{\Delta y}=\lim_{\Delta y\to 0}\frac{0}{\Delta y}=0.$$

但这函数在点(0,0)处不连续.

二元函数 $z=f(x,y)$ 在点 $(x_0,y_0)$ 的偏导数有下述几何意义.

设 $M_0(x_0,y_0,f(x_0,y_0))$ 为曲面 $z=f(x,y)$ 上的一点，过点 $M_0$ 作平面 $y=y_0$，截此曲面得一条曲线，其方程为 $\begin{cases}z=f(x,y_0)\\ y=y_0\end{cases}$.

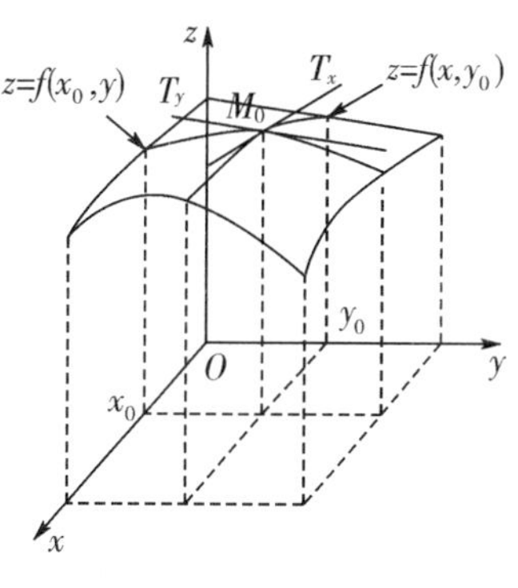


图 6-13

二元函数 $Z=f(x,y)$ 在 $M_0$ 处的偏导数 $f_x(x_0,y_0)$ 就是一元函数 $f(x,y_0)$ 在 $x_0$ 处的导数，它在几何上表示曲线在点 $M_0$ 处的切线 $M_0T_x$ 关于 $x$ 轴的斜率(如图 6-13).

同理，偏导数 $f_y(x_0,y_0)$ 的几何意义是曲面 $z=f(x,y)$ 被平面 $x=x_0$ 所截得的曲线在 $M_0$ 处的切线 $M_0T_y$ 关于 $y$ 轴的斜率.

## 二、高阶偏导数

设函数 $z=f(x,y)$ 在区域 $D$ 上具有偏导数 $f_x(x,y)$，$f_y(x,y)$，一般来说，在 $D$ 内 $f_x(x,y)$ 和 $f_y(x,y)$ 仍是 $x,y$ 的函数. 如果这两个偏导数又存在对 $x,y$ 的偏导数，则称这两个偏导数的偏导数为函数 $z=f(x,y)$ 的**二阶偏导数**.

按照对变量求导次序的不同，共有下列四个二阶偏导数：

$$\frac{\partial}{\partial x}\left(\frac{\partial z}{\partial x}\right)=\frac{\partial^2 z}{\partial x^2}=f_{xx}(x,y),\frac{\partial}{\partial y}\left(\frac{\partial z}{\partial x}\right)=\frac{\partial^2 z}{\partial x\partial y}=f_{xy}(x,y),$$

$$\frac{\partial}{\partial x}\left(\frac{\partial z}{\partial y}\right)=\frac{\partial^2 z}{\partial y\partial x}=f_{yx}(x,y),\frac{\partial}{\partial y}\left(\frac{\partial z}{\partial y}\right)=\frac{\partial^2 z}{\partial y^2}=f_{yy}(x,y),$$

其中 $f_{xy}(x,y)$，$f_{yx}(x,y)$ 称为二阶混合偏导数.

$f_x(x,y)$，$f_y(x,y)$ 称为一阶偏导数，二阶以及二阶以上的偏导数称为**高阶偏导数**.

**例 6-3-5** 求 $z=x^2y^2+x+\sin y+3$ 的二阶偏导数.

**解** $\dfrac{\partial z}{\partial x}=2y^2x+1,\dfrac{\partial z}{\partial y}=2x^2y+\cos y,$

$\dfrac{\partial^2 z}{\partial x^2}=2y^2,\dfrac{\partial^2 z}{\partial y^2}=2x^2-\sin y,$

$\dfrac{\partial^2 z}{\partial x\partial y}=4xy,\dfrac{\partial^2 z}{\partial y\partial x}=4xy.$

我们看到上例中两个混合偏导数相等，即$\frac{\partial^2 z}{\partial x\partial y}=\frac{\partial^2 z}{\partial y\partial x}$，这不是偶然的. 事实上，我们有下述定理.

**定理 6-1** 如果函数 $z=f(x,y)$的两个二阶混合偏导数$\frac{\partial^2 z}{\partial y\partial x}$及$\frac{\partial^2 z}{\partial x\partial y}$在区域 $D$ 内连续，则在该区域内有$\frac{\partial^2 z}{\partial y\partial x}=\frac{\partial^2 z}{\partial x\partial y}$，即 $f_{xy}(x,y)=f_{yx}(x,y)$.

**例 6-3-6** 验证函数 $z=\ln\sqrt{x^2+y^2}$满足拉普拉斯方程：$\frac{\partial^2 z}{\partial x^2}+\frac{\partial^2 z}{\partial y^2}=0$.

**证明** 因为 $z=\ln\sqrt{x^2+y^2}=\frac{1}{2}\ln(x^2+y^2)$，

所以$\frac{\partial z}{\partial x}=\frac{x}{x^2+y^2}$，$\frac{\partial^2 z}{\partial x^2}=\frac{x^2+y^2-x\cdot 2x}{(x^2+y^2)^2}=\frac{y^2-x^2}{(x^2+y^2)^2}$，

$\frac{\partial z}{\partial y}=\frac{y}{x^2+y^2}$，$\frac{\partial^2 z}{\partial y^2}=\frac{x^2+y^2-y\cdot 2y}{(x^2+y^2)^2}=\frac{x^2-y^2}{(x^2+y^2)^2}$，

故$\frac{\partial^2 z}{\partial x^2}+\frac{\partial^2 z}{\partial y^2}=0$.

## 三、全微分

1. 全微分定义

在一元函数 $y=f(x)$中，若该函数可导，则函数的增量可用微分，即自变量的增量的线性函数近似代替，下面我们讨论二元函数的微分.

设函数 $z=f(x,y)$在点 $P(x,y)$的某一邻域内有定义，并设 $P'(x+\Delta x,y+\Delta y)$为此邻域内的任意一点，则称这两点的函数值之差

$$f(x+\Delta x,y+\Delta y)-f(x,y)$$

为函数在点 $P$ 对应于自变量增量 $\Delta x,\Delta y$ 的**全增量**，记为 $\Delta z$，即

$$\Delta z=f(x+\Delta x,y+\Delta y)-f(x,y).$$

一般来说，计算全增量比较复杂. 与一元函数的情形类似，我们也希望利用关于自变量增量 $\Delta x,\Delta y$ 的线性函数来近似地代替函数的全增量 $\Delta z$，从而引入如下定义.

**定义 6-5** 如果二元函数 $z=f(x,y)$在点 $P(x,y)$的全增量

$$\Delta z=f(x+\Delta x,y+\Delta y)-f(x,y)$$

可以表示为

$$\Delta z=A\Delta x+B\Delta y+o(\rho).$$

其中 $A,B$ 不依赖于 $\Delta x,\Delta y$ 而仅与 $x,y$ 有关，$\rho=\sqrt{(\Delta x)^2+(\Delta y)^2}$，则称二元函数 $z=f(x,y)$在点 $P(x,y)$可微，$A\Delta x+B\Delta y$ 称为二元函数 $z=f(x,y)$在点 $P(x,y)$的**全微分**，记为 $\mathrm{d}z$，即

$$\mathrm{d}z=A\Delta x+B\Delta y.$$

若二元函数在区域 $D$ 内各点处可微，则称此函数在 $D$ **内可微**.

若二元函数 $z=f(x,y)$ 在点 $(x_0,y_0)$ 处可微，则函数 $z=f(x,y)$ 在点 $(x_0,y_0)$ 处一定连续.

2. 二元函数 $z=f(x,y)$ 在点 $P(x,y)$ 可微分的条件

**定理 6-2(必要条件)** 如果函数 $z=f(x,y)$ 在点 $P(x,y)$ 处可微，则该函数在点 $P(x,y)$ 的偏导数 $\frac{\partial z}{\partial x},\frac{\partial z}{\partial y}$ 必存在，且 $z=f(x,y)$ 在点 $P(x,y)$ 处的全微分

$$dz=\frac{\partial z}{\partial x}\Delta x+\frac{\partial z}{\partial y}\Delta y.$$

也就是说：可微函数的偏导数一定存在.

我们知道，一元函数在某点的导数存在是微分存在的充分必要条件. 但对于多元函数来说，情形就不同了. 当函数的各偏导数都存在时，而该函数在该点又不连续时，由前面的讨论可知该函数在该点一定不可微. 当函数的各偏导数都存在，而该函数在该点又连续时，虽然形式上能写出 $\frac{\partial z}{\partial x}\Delta x+\frac{\partial z}{\partial y}\Delta y$，但它与 $\Delta z$ 之差并不一定是较 $\rho$ 高阶的无穷小，因此它不一定是函数的全微分. 换句话说，各偏导数的存在只是全微分存在的必要条件而不是充分条件. 例如，函数

$$z=f(x,y)=\begin{cases}\dfrac{xy}{\sqrt{x^2+y^2}} & x^2+y^2\neq 0\\ 0 & x^2+y^2=0\end{cases}$$

在点 $P(0,0)$ 处有 $f_x(0,0)=0$ 及 $f_y(0,0)=0$，所以

$$\Delta z-[f_x(0,0)\cdot\Delta x+f_y(0,0)\cdot\Delta y]=\frac{\Delta x\cdot\Delta y}{\sqrt{(\Delta x)^2+(\Delta y)^2}}.$$

如果考虑点 $P'(x+\Delta x,y+\Delta y)$ 沿着直线 $y=x$ 趋于 $P(0,0)$，则

$$\frac{\frac{\Delta x\cdot\Delta y}{\sqrt{(\Delta x)^2+(\Delta y)^2}}}{\rho}=\frac{\Delta x\cdot\Delta y}{(\Delta x)^2+(\Delta y)^2}=\frac{\Delta x\cdot\Delta x}{(\Delta x)^2+(\Delta x)^2}=\frac{1}{2},$$

它不能随 $\rho\to 0$ 而趋于 0，这表示 $\rho\to 0$ 时，

$$\Delta z-[f_x(0,0)\cdot\Delta x+f_y(0,0)\cdot\Delta y]$$

并不是较 $\rho$ 高阶的无穷小，因此函数在点 $P(0,0)$ 处的全微分并不存在，即函数在点 $P(0,0)$ 处是不可微分的.

由定理可知，偏导数存在是可微分的必要条件而不是充分条件. 但如果再假定函数的各个偏导数连续，就可以证明函数是可微分的，即有下面定理.

**定理 6-3(充分条件)** 如果函数 $z=f(x,y)$ 的偏导数 $\frac{\partial z}{\partial x},\frac{\partial z}{\partial y}$ 在点 $P(x,y)$ 连续，则函数在点 $P(x,y)$ 处可微分.

多元函数连续、可导、可微的关系如图 6-14 所示.

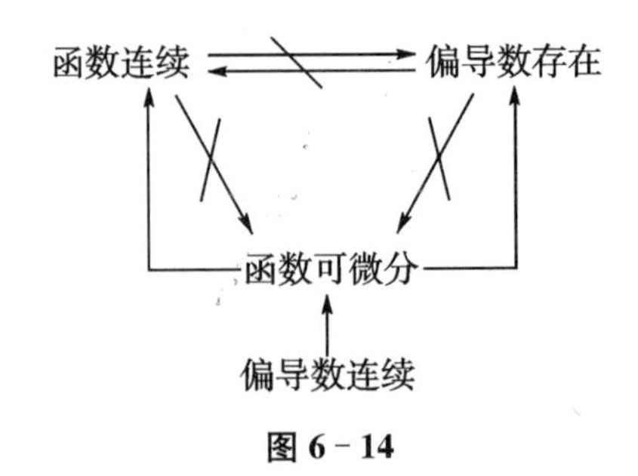


图 6-14

习惯上,常将自变量的增量 $\Delta x,\Delta y$ 分别记为 $dx,dy$,并分别称为自变量的微分. 这样,函数 $z=f(x,y)$ 的全微分就表示为

$$dz=\frac{\partial z}{\partial x}dx+\frac{\partial z}{\partial y}dy=f_x(x,y)dx+f_y(x,y)dy.$$

函数 $z=f(x,y)$ 在点 $P_0(x_0,y_0)$ 的全微分,记作

$$dz\Big|_{(x_0,y_0)}=f_x(x_0,y_0)dx+f_y(x_0,y_0)dy.$$

上述关于二元函数全微分的必要条件和充分条件,可以完全类似地推广到三元及三元以上的多元函数中去.

例如,三元函数 $u=f(x,y,z)$ 的全微分可表示为

$$du=\frac{\partial u}{\partial x}dx+\frac{\partial u}{\partial y}dy+\frac{\partial u}{\partial z}dz=f_x(x,y,z)dx+f_y(x,y,z)dy+f_z(x,y,z)dz.$$

3. 全微分的计算

**例 6-3-7** 求函数 $z=e^{xy}$ 的全微分,并求 $dz\Big|_{(2,1)}$.

**解** 因为 $f_x(x,y)=ye^{xy}$, $f_y(x,y)=xe^{xy}$,

所以 $dz=ye^{xy}dx+xe^{xy}dy$.

所以 $dz\Big|_{(2,1)}=e^2dx+2e^2dy$.

**例 6-3-8** 计算函数 $z=x^2y^2$ 在点(2,−1)处,当 $\Delta x=0.02,\Delta y=-0.01$ 时的全微分 $dz$ 和全增量 $\Delta z$.

**解** 因为 $\frac{\partial z}{\partial x}=2xy^2$, $\frac{\partial z}{\partial y}=2x^2y$,

所以在点(2,−1)处,当 $\Delta x=0.02,\Delta y=-0.01$ 时的全微分

$dz=2\cdot 2\cdot(-1)^2\cdot 0.02+2\cdot 2^2\cdot(-1)\cdot(-0.01)=0.16.$

$\Delta z=f(x_0+\Delta x,y_0+\Delta y)-f(x_0,y_0)=f(2.02,-1.01)-f(2,-1)=0.1624.$

## 习题 6.3

**1.** 求 $z=x^2+3xy+y^2$ 在点(1,2)处的偏导数.

**2.** 求下列函数的一阶偏导数:

(1) $z=x^8e^y$；

(2) $z=\sin(2x+3y)$；

(3) $z=\sqrt{\ln(xy)}$；

(4) $z=\sin xy+\cos^2(xy)$；

(5) $u=(x+2y+3z)^2$.

**3.** $z=f(x,y)=e^{-x}\sin\dfrac{x}{y}$，求$\left.\dfrac{\partial^2 z}{\partial x\partial y}\right|_{(2,\frac{1}{\pi})}$.

**4.** 设$z=\arctan\dfrac{y}{x}$，求$\dfrac{\partial^2 z}{\partial x^2}$，$\dfrac{\partial^2 z}{\partial y\partial x}$，$\dfrac{\partial^2 z}{\partial x\partial y}$，$\dfrac{\partial^2 z}{\partial y^2}$.

**5.** 求下列函数的全微分：

(1) $z=x^3y^4$；

(2) $z=xy\ln y$；

(3) $z=e^x\sin(x+y)$；

(4) $z=\ln\sqrt{x^2+y^2}$；

(5) $u=\ln(2x+3y+4z^2)$.

**6.** 计算函数$z=e^{xy}$在点(2,1)处的全微分.

**7.** 设$z=\dfrac{y}{x}$，当$x=2$，$y=1$，$\Delta x=0.1$，$\Delta y=-0.2$，求$\Delta z$及$dz$.

## §6.4 二重积分

### 一、二重积分的概念

在这一节，我们将把一元函数定积分的概念及基本性质推广到二元函数的定积分，即二重积分，为引出二重积分的概念，我们先来讨论一个实际问题.

1. 曲顶柱体的体积

设有一空间立体，它的底是$xOy$面上的有界闭区域$D$，它的侧面是以$D$的边界曲线为准线，而母线平行于$z$轴的柱面，它的顶是曲面$z=f(x,y)$.

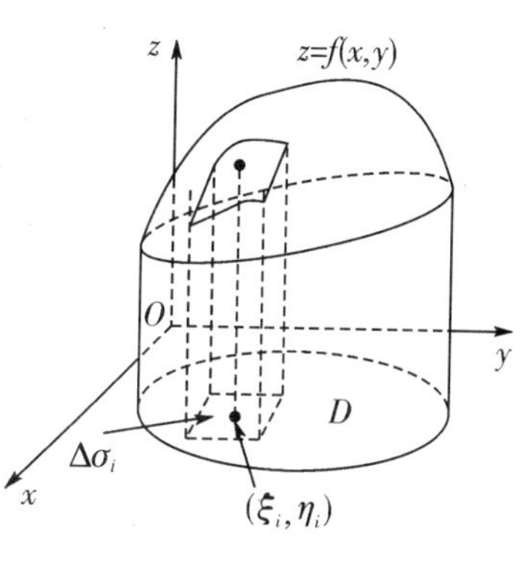

图6-15

当$(x,y)\in D$时，$f(x,y)$在$D$上连续且$f(x,y)\geqslant 0$，我们把这样的立体称为曲顶柱体. 曲顶柱体的体积$V$，我们采用类似于求曲边梯形面积的方法来计算.

(1) 先用任意一组曲线网把区域$D$分成$n$个小区域$\Delta\sigma_i(i=1,2,\cdots,n)$，并用$\Delta\sigma_i$表示该小区域面积. 以这些小区域的边界曲线为准线，而母线平行于$z$轴的柱面将原来的曲顶柱体分成$n$个小曲顶柱体$V_i(i=1,2,\cdots,n)$(如图6-15).

(2) 由于$f(x,y)$在$D$上连续，故当每个$\Delta\sigma_i$的直径$d_i$(小区域$\Delta\sigma_i$上任意两点间距离的最大值)都很小时，$f(x,y)$在$\Delta\sigma_i$上各点的函数值都相差无几，因而可在$\Delta\sigma_i$上任取一点$(\xi_i,\eta_i)$，用以$f(\xi_i,\eta_i)$为高、$\Delta\sigma_i$为底的小平顶柱体的体积$f(\xi_i,\eta_i)\Delta\sigma_i$作为$V_i$的体积$\Delta V_i$的近似值，即

$$\Delta V_i\approx f(\xi_i,\eta_i)\Delta\sigma_i.$$

(3) 把这些小平顶柱体的体积加起来，就得到曲顶柱体体积$V$的近似值

$$V=\sum_{i=1}^{n}\Delta V_i\approx\sum_{i=1}^{n}f(\xi_i,\eta_i)\Delta\sigma_i.$$

(4) 为得到$V$的精确值,只需让这$n$个小区域越来越小,即让每个小区域的最大直径趋向于零,为此记$\lambda=\max\limits_{1\leqslant i\leqslant n}\{d_i\}\to0$,就有

$$\sum_{i=1}^{n}f(\xi_i,\eta_i)\Delta\sigma_i\to V(\text{因体积是客观存在的}),$$

即曲顶柱体的体积为:$V=\lim\limits_{\lambda\to0}\sum\limits_{i=1}^{n}f(\xi_i,\eta_i)\Delta\sigma_i$.

还有很多实际问题,如非均匀平面薄片的质量等都可归结为上述类型的和式的极限.抛开这些问题的实际背景,抓住共同的数学特征,加以抽象,概括后就得到如下二重积分的定义.

2. 二重积分的概念

设函数$z=f(x,y)$是有界闭区域$D$上的有界函数,将区域$D$任意分成$n$个小区域$\Delta\sigma_i$ $(i=1,2,\cdots,n)$,在$\Delta\sigma_i$上任取一点$(\xi_i,\eta_i)$,作乘积$f(\xi_i,\eta_i)\Delta\sigma_i$,并作和式$\sum\limits_{i=1}^{n}f(\xi_i,\eta_i)\Delta\sigma_i$,记$\lambda=\max\limits_{1\leqslant i\leqslant n}\{d_i\mid d_i\text{为}\Delta\sigma_i\text{的直径}\}$,若无论区域$D$的分法如何,也无论点$(\xi_i,\eta_i)$如何选取,当$\lambda\to0$时,和式$\sum\limits_{i=1}^{n}f(\xi_1,\eta_i)\Delta\sigma_i$的极限存在,则称此极限值为函数$f(x,y)$在区域$D$上的二重积分,记为$\iint\limits_{D}f(x,y)\mathrm{d}\sigma$,即

$$\iint\limits_{D}f(x,y)\mathrm{d}\sigma=\lim_{\lambda\to0}\sum_{i=1}^{n}f(\xi_i,\eta_i)\Delta\sigma_i.$$

其中$f(x,y)$称为**被积函数**,$f(x,y)\mathrm{d}\sigma$称为**被积表达式**,$\mathrm{d}\sigma$称为**面积元素**,$x,y$称为**积分变量**,$D$称为**积分区域**,$\sum\limits_{i=1}^{n}f(\xi_i,\eta_i)\Delta\sigma_i$叫做**积分和式**.

若$f(x,y)$在区域$D$上的积分$\iint\limits_{D}f(x,y)\mathrm{d}\sigma$存在,则称$f(x,y)$在区域$D$上可积.

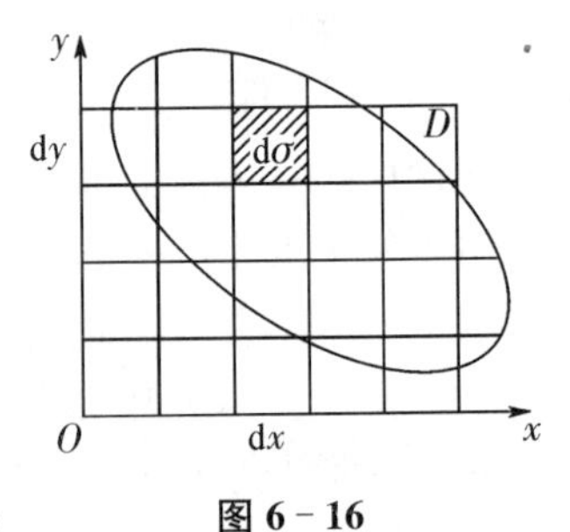

**图 6-16**

在直角坐标系中,用一组平行于坐标轴的直线分割区域$D$(如图6-16),面积微元$\mathrm{d}\sigma$可记为$\mathrm{d}x\mathrm{d}y$,即$\mathrm{d}\sigma=\mathrm{d}x\mathrm{d}y$.进而把二重积分记为

$$\iint\limits_{D}f(x,y)\mathrm{d}x\mathrm{d}y,$$

这里$\mathrm{d}x\mathrm{d}y$称为直角坐标系下的面积微元.

3. 几点说明

(1) 二重积分的存在定理:若$f(x,y)$为闭区域$D$上的连续函数,则$f(x,y)$在闭区域

$D$ 上必可积.

(2) 当 $f(x,y)$ 为闭区域 $D$ 上的连续函数,且 $f(x,y)\geqslant 0$,则二重积分 $\iint\limits_D f(x,y)\mathrm{d}\sigma$ 表示以曲面 $z=f(x,y)$ 为顶,侧面以 $D$ 的边界曲线为准线,母线平行于 $z$ 轴的曲顶柱体的体积.

当封闭曲面 $S$ 在 $xOy$ 平面上的投影区域为 $D$,上半曲面方程为 $z=f_2(x,y)$,下半曲面方程为 $z=f_1(x,y)$,则封闭曲面 $S$ 围成空间区域的体积为

$$\iint\limits_D [f_2(x,y)-f_1(x,y)]\mathrm{d}\sigma.$$

## 二、二重积分的性质

二重积分与定积分有类似性质.

设 $f(x,y)$,$g(x,y)$ 在闭区域 $D$ 上的二重积分存在,则

**性质 6-1(线性性)**

$\iint\limits_D [\alpha f(x,y)\pm\beta g(x,y)]\mathrm{d}\sigma=\alpha\iint\limits_D f(x,y)\mathrm{d}\sigma\pm\beta\iint\limits_D g(x,y)\mathrm{d}\sigma$,其中 $\alpha,\beta$ 为常数.

**性质 6-2(积分区域的有限可加性)**

若 $f(x,y)$ 在 $D_1$ 和 $D_2$ 上都可积,且 $D_1$ 与 $D_2$ 无公共内点,则 $f(x,y)$ 在 $D_1\cup D_2$ 上也可积,且

$$\iint\limits_{D_1\cup D_2} f(x,y)\mathrm{d}\sigma=\iint\limits_{D_1} f(x,y)\mathrm{d}\sigma+\iint\limits_{D_2} f(x,y)\mathrm{d}\sigma.$$

**性质 6-3** 如果在闭区域 $D$ 上,$f(x,y)=1$,$\sigma$ 为 $D$ 的面积,则

$$\iint\limits_D 1\cdot\mathrm{d}\sigma=\iint\limits_D \mathrm{d}\sigma=\sigma.$$

几何意义:以 $D$ 为底、高为 1 的平顶柱体的体积在数值上等于柱体的底面积.

**性质 6-4(单调性)**

如果在闭区域 $D$ 上,有 $f(x,y)\leqslant g(x,y)$,则 $\iint\limits_D f(x,y)\mathrm{d}\sigma\leqslant\iint\limits_D g(x,y)\mathrm{d}\sigma$.

## 三、直角坐标系中二重积分的计算

利用二重积分的定义来计算二重积分显然是不现实的,在直角坐标系下讨论二重积分的计算方法,其基本思想是将二重积分化为两次定积分来计算,转化后的这种两次定积分常称为二次积分或累次积分. 下面根据被积函数与积分区域的不同来加以讨论.

1. 区域分类

**$X$-型区域**:$\{(x,y)\,|\,a\leqslant x\leqslant b,\varphi_1(x)\leqslant y\leqslant\varphi_2(x)\}$,其中函数 $\varphi_1(x)$,$\varphi_2(x)$ 在区间 $[a,b]$ 上连续. 这种区域的特点是:穿过区域且平行于 $y$ 轴的直线与区域的边界相交不多于两个交点(如图 6-17).

**Y -型区域**:$\{(x,y)\,|\,c\leqslant y\leqslant d,\psi_1(y)\leqslant x\leqslant\psi_2(y)\}$,其中函数 $\psi_1(x)$,$\psi_2(x)$在区间$[c,d]$上连续. 这种区域的特点是:穿过区域且平行于 $x$ 轴的直线与区域的边界相交不多于两个交点(如图 6 - 18).

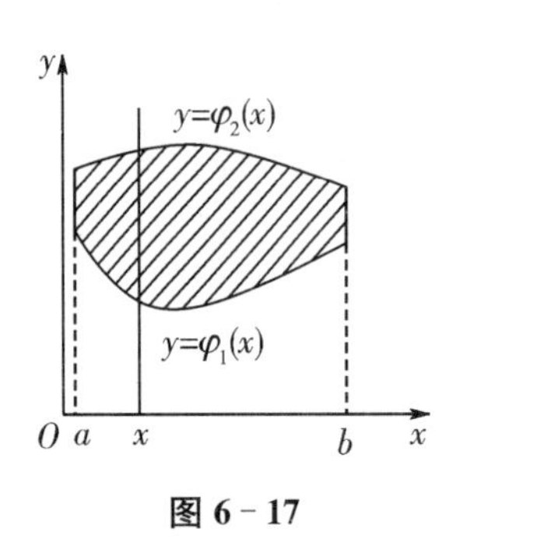


图 6 - 17

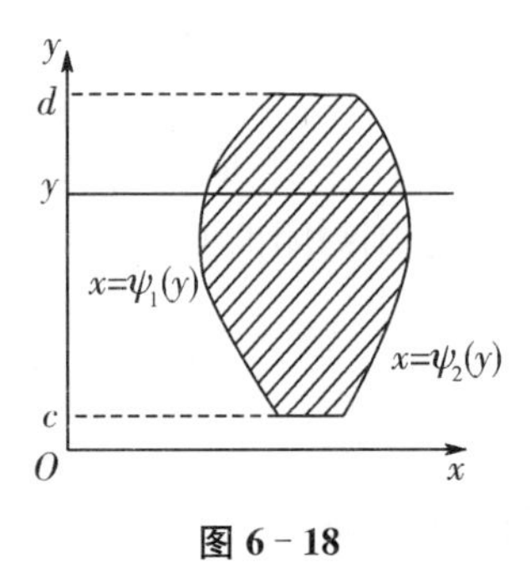


图 6 - 18

2. 二重积分的计算

用几何观点来讨论二重积分$\iint\limits_D f(x,y)\mathrm{d}\sigma$(假定 $f(x,y)\geqslant 0$) 的计算问题.

假定积分区域 $D$ 为 $X$ -型区域:

$$\{(x,y)\,|\,a\leqslant x\leqslant b,\varphi_1(x)\leqslant y\leqslant\varphi_2(x)\}.$$

由二重积分的几何意义知$\iint\limits_D f(x,y)\mathrm{d}\sigma$的值等于以$D$ 为底,以曲面 $z=f(x,y)$ 为顶的曲顶柱体的体积,这个曲顶柱体的体积可按“平行截面面积为已知的立体的体积” 的计算方法求解,具体求法如下:任取 $x\in[a,b]$,过该点作一垂直于 $x$ 轴的平面(如图 6 - 19),截曲顶柱体所得截面为一个以区间$[\varphi_1(x),\varphi_2(x)]$为底,以曲线 $z=f(x,y)$为曲边的曲边梯形. 由定积分的几何意义知其面积

$$A(x)=\int_{\varphi_1(x)}^{\varphi_2(x)}f(x,y)\mathrm{d}y.$$

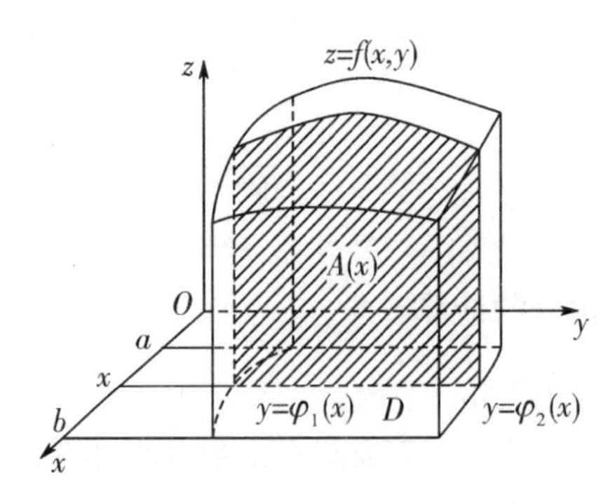


图 6 - 19

由于 $x$ 的变化区间为$[a,b]$,且 $A(x)\mathrm{d}x$ 为曲顶柱体中一个薄片的体积,所以整个曲顶柱体的体积 $V$ 可以由这样的薄片体积 $A(x)\mathrm{d}x$ 从 $x=a$ 到 $x=b$ 无限累加而得,故

$$V=\int_a^b A(x)\mathrm{d}x=\int_a^b\left[\int_{\varphi_1(x)}^{\varphi_2(x)}f(x,y)\mathrm{d}y\right]\mathrm{d}x.$$

从而有

$$\iint_D f(x,y)\mathrm{d}\sigma=\int_a^b\left[\int_{\varphi_1(x)}^{\varphi_2(x)}f(x,y)\mathrm{d}y\right]\mathrm{d}x,$$

或写成

$$\iint_D f(x,y)\mathrm{d}\sigma=\int_a^b\mathrm{d}x\int_{\varphi_1(x)}^{\varphi_2(x)}f(x,y)\mathrm{d}y.$$

上述积分叫做先对 $y$ 后对 $x$ 的二次积分，即先把 $x$ 看作常数，$f(x,y)$ 只看作 $y$ 的函数，对 $f(x,y)$ 计算从 $\varphi_1(x)$ 到 $\varphi_2(x)$ 的定积分，然后把所得的结果（$x$ 的函数）再对 $x$ 从 $a$ 到 $b$ 计算定积分. 这样求得的值就是二重积分的值.

类似地，如果积分区域 $D$ 为 $Y$-型区域：$\{(x,y)\mid c\leqslant y\leqslant d,\psi_1(y)\leqslant x\leqslant\psi_2(y)\}$.
则有

$$\iint_D f(x,y)\mathrm{d}x\mathrm{d}y=\int_c^d\mathrm{d}y\int_{\psi_1(y)}^{\psi_2(y)}f(x,y)\mathrm{d}x=\int_c^d\left[\int_{\psi_1(y)}^{\psi_2(y)}f(x,y)\mathrm{d}x\right]\mathrm{d}y.$$

特别地，当区域 $D$ 为矩形区域 $\{(x,y)\mid a\leqslant x\leqslant b,c\leqslant y\leqslant d\}$ 时，有

$$\iint_D f(x,y)\mathrm{d}x\mathrm{d}y=\int_a^b\mathrm{d}x\int_c^d f(x,y)\mathrm{d}y=\int_c^d\mathrm{d}y\int_a^b f(x,y)\mathrm{d}x.$$

如果积分区域既不是 $X$-型区域，又不是 $Y$-型区域，则可把 $D$ 分成几部分，使每个部分是 $X$-型区域或是 $Y$-型区域，每部分上的二重积分求得后，根据二重积分对于积分区域具有可加性，它们的和就是在 $D$ 上的二重积分.

计算二重积分的步骤归纳如下：

第一步　画出积分区域 $D$ 的图形；

第二步　确定 $D$ 是 $X$-型区域，还是 $Y$-型区域，若既不是 $X$-型区域，又不是 $Y$-型区域，则要把区域 $D$ 划分为几个 $X$-型区域或 $Y$-型区域，并在积分区域 $D$ 用不等式组表示每个 $X$-型区域或 $Y$-型区域，以确定二次积分的上、下限；

第三步　计算二次积分.

**例 6-4-1**　计算 $I=\iint_D(1-x^2)\mathrm{d}x\mathrm{d}y$，其中 $D=\{(x,y)\mid -1\leqslant x\leqslant 1,0\leqslant y\leqslant 2\}$.

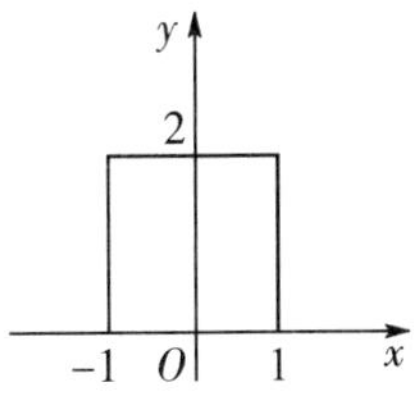

**解**　画出积分区域图形（如图 6-20）

$$I=\iint_D(1-x^2)\mathrm{d}x\mathrm{d}y=\int_{-1}^1\mathrm{d}x\int_0^2(1-x^2)\mathrm{d}y$$

$$=\int_{-1}^1 2(1-x^2)\mathrm{d}x=4\left[x-\frac{1}{3}x^3\right]_0^1=\frac{8}{3}.$$

**图 6-20**

**例 6-4-2**　计算 $I=\iint_D xy\mathrm{d}x\mathrm{d}y$，其中 $D$ 是由曲线 $y^2=x$ 及 $y=x-2$ 所围成的闭

区域.

**解** 由方程组$\begin{cases}y^2=x\\y=x-2\end{cases}$得两曲线的交点坐标为(1,−1),(4,2)(如图6-21).

若将$D$看成$y$型区域$D$:$\begin{cases}y^2\leqslant x\leqslant y+2\\-1\leqslant y\leqslant 2\end{cases}$,

则 $I=\iint\limits_D xy\mathrm{d}x\mathrm{d}y=\int_{-1}^{2}\mathrm{d}y\int_{y^2}^{y+2}xy\mathrm{d}x=\int_{-1}^{2}\left[\frac{x^2y}{2}\right]_{y^2}^{y+2}\mathrm{d}y$

$=\frac{1}{2}\int_{-1}^{2}[y(y+2)^2-y^5]\mathrm{d}y=\frac{1}{2}\left[\frac{y^4}{4}+\frac{4y^3}{3}+2y^2-\frac{y^6}{6}\right]_{-1}^{2}=5\frac{5}{8}$.

若将$D$看成$X$-区域(如图6-22),则必须用直线$x=1$将$D$分成$D_1$和$D_2$两个区域,其中

$$D_1:\begin{cases}-\sqrt{x}\leqslant y\leqslant\sqrt{x},\\0\leqslant x\leqslant 1\end{cases};\quad D_2:\begin{cases}x-2\leqslant y\leqslant\sqrt{x}\\1\leqslant x\leqslant 4\end{cases};D=D_1\cup D_2.$$

根据二重积分性质6-3,有

$$I=\iint\limits_D xy\mathrm{d}x\mathrm{d}y=\iint\limits_{D_1}xy\mathrm{d}x\mathrm{d}y+\iint\limits_{D_2}xy\mathrm{d}x\mathrm{d}y$$

$$=\int_0^1\mathrm{d}x\int_{-\sqrt{x}}^{\sqrt{x}}xy\mathrm{d}y+\int_1^4\mathrm{d}x\int_{x-2}^{\sqrt{x}}xy\mathrm{d}y=5\frac{5}{8}.$$

由此可见,将区域$D$看成$X$-区域,计算比较麻烦.

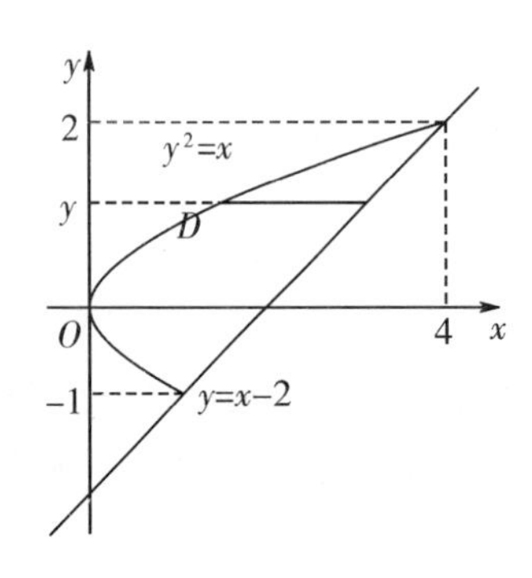


图 6-21

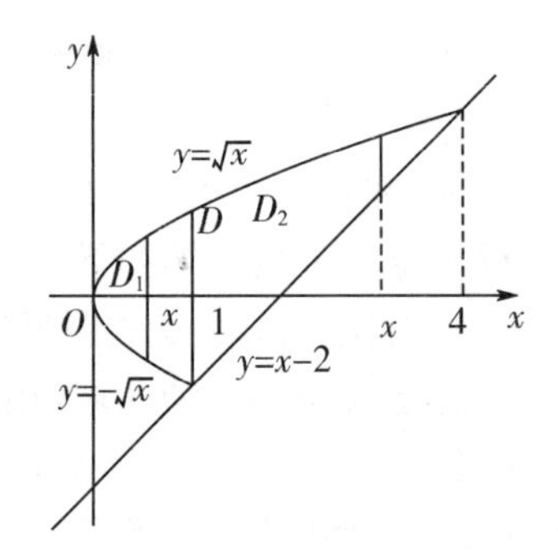


图 6-22

**例 6-4-3** 计算二重积分$\iint\limits_D\frac{\sin y}{y}\mathrm{d}x\mathrm{d}y$,其中$D$是曲线$y=x$,$x=y^2$所围成的.

**解** 画出区域$D$(如图6-23).

若用$X$-型区域计算,就要先计算定积分$\int_x^{\sqrt{x}}\frac{\sin y}{y}\mathrm{d}y$,由于$\frac{\sin y}{y}$的原函数不是初等函数,因而积分$\int_x^{\sqrt{x}}\frac{\sin y}{y}\mathrm{d}y$无法用牛顿-莱布尼兹公式算出.

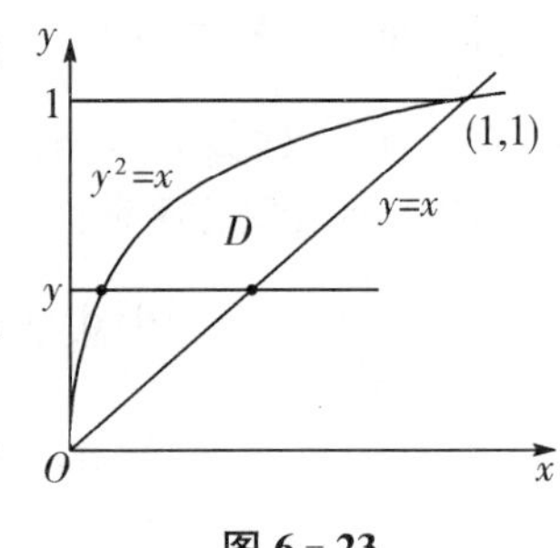


图 6-23

若按$Y$-型区域,则有

$$\iint\limits_D \frac{\sin y}{y}\mathrm{d}x\mathrm{d}y=\int_0^1\mathrm{d}y\int_{y^2}^{y}\frac{\sin y}{y}\mathrm{d}x$$

$$=\int_0^1\frac{\sin y}{y}(y-y^2)\mathrm{d}y$$

$$=\int_0^1(1-y)\sin y\mathrm{d}y$$

$$=\int_0^1(y-1)\mathrm{d}\cos y=[(y-1)\cos y]_0^1-\int_0^1\cos y\mathrm{d}y=1-\sin 1.$$

**注意**

(1) 选择怎样的二积分次序有时直接关系到能否算得二重积分的结果.

(2) 解某些二重积分时,由于所选择的积分次序不同,有的要对积分区域 $D$ 分块,有的不要分块,因此二重积分化为二次积分时,选择积分次序必须注意积分区域 $D$ 的特征.

(3) 在选择积分次序时,还必须注意到被积函数的情况,因此在选择积分次序时要综合考虑被积函数和积分区域 $D$ 的特点.

(4) 由于把二重积分化为二次积分,有两种积分次序,所以有时需要将已给的二次积分交换积分次序,使交换后的二次积分计算更方便.

**例 6-4-4** 交换积分次序计算二重积分 $I=\int_0^1\mathrm{d}y\int_0^{\sqrt{y}}f(x,y)\mathrm{d}x+\int_1^2\mathrm{d}y\int_0^{2-y}f(x,y)\mathrm{d}x.$

**解** 根据所给的积分限,用不等式组表示积分区域 $D_1$ 和 $D_2$,则有

$$D_1:\begin{cases}0\leqslant x\leqslant\sqrt{y}\\0\leqslant y\leqslant 1.\end{cases},D_2:\begin{cases}0\leqslant x\leqslant 2-y\\1\leqslant y\leqslant 2\end{cases},$$

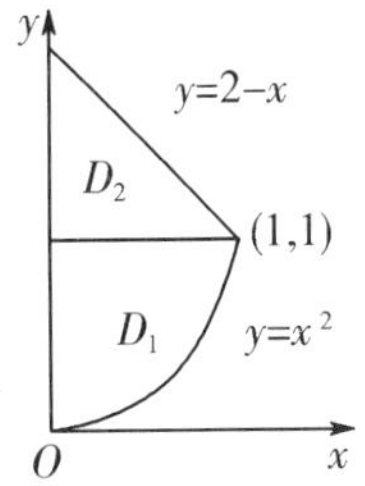

并画出积分区域 $D_1$ 和 $D_2$ 的图形(如图 6-24).

y=2-x
D₂
(1,1)
D₁
y=x²
O
x

图 6-24

由图 6-35 知 $D=D_1\cup D_2$ 是一个 $X$—区域,用不等式组表示为

$$D:\begin{cases}x^2\leqslant y\leqslant 2-x\\0\leqslant x\leqslant 1\end{cases}.$$

于是交换积分次序得到

$$I=\int_0^1\mathrm{d}x\int_{x^2}^{2-x}f(x,y)\mathrm{d}y.$$

一般地,交换给定二次积分的积分次序的步骤为:

第一步 对于给定的二重积分 $\int_a^b\mathrm{d}x\int_{\varphi_1(x)}^{\varphi_2(x)}f(x,y)\mathrm{d}y$,先根据其积分限

$$a\leqslant x\leqslant b,\varphi_1(x)\leqslant y\leqslant\varphi_2(x),$$

画出积分区域 $D$ 的图形;

第二步 根据积分区域的形状,按新的次序确定积分区域 $D$ 的积分限

$$c\leqslant y\leqslant d,\psi_1(y)\leqslant x\leqslant\psi_2(y);$$

第三步 写出结果 $\int_a^b\mathrm{d}x\int_{\varphi_1(x)}^{\varphi_2(x)}f(x,y)\mathrm{d}y=\int_c^d\mathrm{d}y\int_{\psi_1(y)}^{\psi_2(y)}f(x,y)\mathrm{d}x.$

## 习题 6.4

**1.** 利用二重积分的性质,计算$\iint\limits_D d\sigma$,其中 $D$ 为:

(1) $|x|\leqslant 2, |y|\leqslant 1$;　(2) $\dfrac{x^2}{4}+y^2\leqslant 1$;　(3) $1\leqslant x^2+y^2\leqslant 9$.

**2.** 计算 $I=\iint\limits_D (x+y+1)d\sigma$ 的值,其中 $D$ 是 $0\leqslant x\leqslant 1, 0\leqslant y\leqslant 2$ 所围区域.

**3.** 计算$\iint\limits_D (x+2y)dxdy$,其中 $D$ 是矩形:$\begin{cases}-1\leqslant x\leqslant 1\\ 0\leqslant y\leqslant 2\end{cases}$.

**4.** 计算 $I=\iint\limits_D \dfrac{x^2}{y^2}d\sigma$,其中 $D$ 是由 $xy=1, y=x, x=2$ 所围闭区域.

**5.** 计算$\iint\limits_D (x^2+y^2)dxdy$ 其中 $D$ 为 $y=x^2$ 与 $y=x$ 所围闭区域.

**6.** 计算$\iint\limits_D xyd\sigma$,其中 $D$ 是由直线 $y=x-2$ 及抛物线 $y^2=x$ 所围成的闭区域.

**7.** 交换下列二次积分的积分顺序:

(1) $I=\int_0^1 dy\int_{y^2}^{y} f(x,y)dx$;

(2) $I=\int_0^1 dx\int_0^x f(x,y)dy+\int_1^2 dx\int_0^{2-x} f(x,y)dy$;

(3) $I=\int_1^2 dx\int_{\frac{1}{x}}^{x} f(x,y)dy$.

## 小结与复习

1. 空间解析几何

(1) 空间两点的距离:$|M_1M_2|=\sqrt{(x_2-x_1)^2+(y_2-y_1)^2+(z_2-z_1)^2}$.

点 $M(x,y,z)$与坐标原点 $O(0,0,0)$的距离:$|OM|=\sqrt{x^2+y^2+z^2}$.

(2) 曲面方程:

➢ 平面方程的一般式 $Ax+By+Cz+D=0$($A,B,C$ 不全为零).

➢ 平面方程的截距式$\dfrac{x}{a}+\dfrac{y}{b}+\dfrac{z}{c}=1$($a,b,c$ 都不为零).

➢ 直线两点式方程$\dfrac{x-x_1}{x_2-x_1}=\dfrac{y-y_1}{y_2-y_1}=\dfrac{z-z_1}{z_2-z_1}$.

2. 多元函数的概念

求二元函数的极限要比一元函数的极限复杂,要注意以下几点:

(1) 有关一元函数的极限运算法则和定理,可以直接类推到二重极限.

(2) $P(x,y)\to P_0(x_0,y_0)$ 是指函数 $f(x,y)$ 有极限为 $A$,即 $P(x,y)$ 在定义域内以任何方式趋近于 $P_0(x_0,y_0)$ 时,函数都无限接近于 $A$. 因此,如果当 $P(x,y)$ 以不同方式趋近于

$P_0(x_0,y_0)$ 时,函数趋近于不同的值,那么就可以断定这函数的极限不存在.

3. 偏导数

(1)一元函数的导数$\frac{dy}{dx}$既可以看作一个整体,也可以理解为"微商",但二元函数中的偏导数$\frac{\partial z}{\partial x}\left(或\frac{\partial z}{\partial y}\right)$只是整体记号,不是$\partial z$ 与$\partial x$ 的商. 对于一元函数来说,可导必连续,但对于二元函数来说,偏导数存在却不一定连续,而是偏导数连续→可微→连续且偏导数存在.

(2)求二元函数的偏导数是把一个自变量看作常数而对另一个变量求导.

4. 二重积分

在直角坐标系下的二重积分的计算方法是化为两次定积分,选择积分次序和确定积分上、下限是计算的关键. 选择积分次序的方法是:

(1) 尽可能在积分区域不分或少分成子区域的情形下积分.

(2) 第一次积分的上下限表达式要简单,并且容易根据第一次积分的结果作第二次积分.

## 复习题 6

### 一、填空题

**1.** 已知一动点 $M(x,y,z)$到 $xOy$ 平面的距离与点 $M$ 到点$(1,-1,2)$的距离相等,则点 $M$ 的轨迹方程为________.

**2.** 函数 $f(x,y)=xy+\frac{x}{y}$,则 $f\left(\frac{1}{2},3\right)=$________.

**3.** $\lim\limits_{\substack{x\to 2\\ y\to 1}}(x^2-2xy+1)=$________.

**4.** $\lim\limits_{\substack{x\to 0\\ y\to a}}\frac{\sin xy}{x}=$________.

**5.** $\lim\limits_{(x,y)\to(0,0)}\frac{x+y}{\sqrt{x+y+1}-1}=$________.

**6.** 设 $z=e^x\sin xy$,则$\frac{\partial z}{\partial x}=$\_\_\_\_\_\_\_\_,$\frac{\partial z}{\partial y}=$________.

**7.** 设 $f(x,y)=\ln\left(x+\frac{y}{2x}\right)$,则 $f_x(1,0)=$________.

**8.** 设 $z=\ln\sqrt{x^2+y^2}$,则 $dz\Big|_{(1,1)}=$________.

**9.** 设 $D$:$|x|\leqslant\pi$,$|y|\leqslant 1$,则$\iint\limits_D(x-\sin y)dxdy=$________.

**10.** 当函数 $f(x,y)$在有界闭区域 $D$ 上________时,$f(x,y)$在 $D$ 上的二重积分必存在.

**11.** $D$ 为圆形闭区域 $x^2+y^2\leqslant 4$,则$\iint\limits_D d\sigma=$________.

**12.** 改变积分次序:

(1) $\int_0^2 dy\int_{y^2}^{2y}f(x,y)dx=$________;

(2) $\int_{1}^{e}dx\int_{0}^{\ln x}f(x,y)dy=$ ________;

(3) $\int_{0}^{1}dx\int_{0}^{x^2}f(x,y)dy+\int_{1}^{2}dx\int_{0}^{2-x}f(x,y)dy=$ ________.

## 二、选择题

**1.** 函数 $z=\ln(-x-y)$ 的定义域为 ( )

A. $\{(x,y)\mid x<0,y<0\}$  B. $\{(x,y)\mid x+y\leqslant 0\}$

C. $\{(x,y)\mid x+y<0\}$  D. $\{(x,y)\mid x>0,y<0\}$

**2.** 函数 $z=f(x,y)$ 在点 $(x_0,y_0)$ 处对 $y$ 的偏导数是 ( )

A. $\lim\limits_{\Delta x\to 0}\dfrac{f(x_0+\Delta x,y_0+\Delta y)-f(x_0,y_0)}{\Delta x}$  B. $\lim\limits_{\Delta x\to 0}\dfrac{f(x_0+\Delta x,y_0)-f(x_0,y_0)}{\Delta x}$

C. $\lim\limits_{\Delta y\to 0}\dfrac{f(x_0+\Delta x,y_0+\Delta y)-f(x_0,y_0)}{\Delta y}$  D. $\lim\limits_{\Delta y\to 0}\dfrac{f(x_0,y_0+\Delta y)-f(x_0,y_0)}{\Delta y}$

**3.** 设 $z=x^y$,则 $\dfrac{\partial z}{\partial x}=$ ( )

A. $y\cdot x^{y-1}$  B. $\dfrac{1}{y+1}\cdot x^{y+1}$  C. $x^y\cdot\ln x$  D. $x^y\cdot\dfrac{1}{\ln x}$

**4.** 设 $u=\left(\dfrac{x}{y}\right)^z$,则 $du|_{(1,1,1)}=$ ( )

A. $dx+dy+dz$  B. $dx+dy$

C. $dx-dy$  D. $dx-dy+dz$

**5.** 设 $f(x,y)=\arcsin\sqrt{\dfrac{x}{y}}$,则 $f_x(x,1)=$ ( )

A. $\dfrac{1}{2\sqrt{x}(1+x)}$  B. $\dfrac{1}{2\sqrt{x-x^2}}$  C. $x$  D. $\dfrac{1}{\sqrt{1-x}}$

**6.** 如果 $f(x,y)$ 具有二阶连续偏导数,则 $\dfrac{\partial^2 f}{\partial x\partial y}=$ ( )

A. 0  B. $\dfrac{\partial^2 f}{\partial x^2}$  C. $\dfrac{\partial^2 f}{\partial y^2}$  D. $\dfrac{\partial^2 f}{\partial y\partial x}$

**7.** $D$ 为以点 $(-1,-1),(1,-1),(1,1)$ 为顶点的三角形区域,则 $\iint\limits_D d\sigma=$ ( )

A. 2  B. 0  C. 1  D. 4

**8.** 设 $z=e^x\cos y$,则 $\dfrac{\partial^2 z}{\partial x\partial y}=$ ( )

A. $e^x\sin y$  B. $e^x+e^x\sin y$  C. $-e^x\cos y$  D. $-e^x\sin y$

**9.** $D$ 为正方形区域:$-1\leqslant x\leqslant 1,-1\leqslant y\leqslant 1$,则二重积分 $\iint\limits_D x\,d\sigma=$ ( )

A. 1  B. 2  C. 0  D. 4

**10.** 改变二次积分的次序 $\int_{0}^{1}dx\int_{0}^{2}f(x,y)dy=$ ( )

A. $\int_{0}^{1}dy\int_{0}^{2}f(x,y)dx$  B. $\int_{0}^{2}dy\int_{0}^{1}f(x,y)dx$

C. $\int_0^1 dy \int_1^0 f(x,y)dx$　　D. $\int_0^2 dy \int_1^0 f(x,y)dx$

**11.** 设区域 $D$ 由 $y=x^2, x=1, y=0$ 所围成，则二重积分 $\iint\limits_D x^2 y dxdy=$ (　　)

A. 1　　B. $\frac{1}{3}$　　C. $\frac{1}{7}$　　D. $\frac{1}{14}$

**12.** $D$ 为 $0\leqslant x\leqslant 1, 0\leqslant y\leqslant \pi$ 所确定的闭区域，则二重积分 $\iint\limits_D y\cos(xy)dxdy=$ (　　)

A. 0　　B. $2\pi$　　C. 2　　D. $\pi+1$

**13.** 交换积分顺序，则 $\int_0^1 dy \int_0^{y^2} f(x,y)dx =$ (　　)

A. $\int_0^1 dx \int_0^{x^2} f(x,y)dy$　　B. $\int_0^1 dx \int_{x^2}^1 f(x,y)dy$

C. $\int_0^1 dx \int_{\sqrt{x}}^1 f(x,y)dy$　　D. $\int_0^1 dx \int_0^{\sqrt{x}} f(x,y)dy$

## 三、求下列二元函数的偏导数

**1.** $z=x^3+3x^2y-y^3$.　　**2.** $z=x\sin(x+y)+e^{xy^2}$.

**3.** $z=(1+x)^{xy}$.

## 四、求下列二元函数的全微分

**1.** $z=\frac{x}{y}+\tan(xy)$.　　**2.** $z=\arctan x^y$.

## 五、求下列函数的二阶偏导数

**1.** $z=\frac{x+y}{x-y}$.　　**2.** $z=\tan\frac{x^2}{y}$.

## 六、计算下列积分的值

**1.** $\iint\limits_D(3x+2y)d\sigma$，其中 $D$ 是由两坐标轴及直线 $x+y=2$ 所围成的闭区域.

**2.** 已知 $I=\iint\limits_D(x^2+y^2-x)d\sigma$，先写出该二重积分的两个二次积分，然后求其值，其中 $D$ 是由直线 $y=2, y=x$ 及 $y=2x$ 所围成的闭区域.

**3.** $\iint\limits_D \frac{\sin y}{y}d\sigma$，$D$ 是由 $y=x, x=0, y=\frac{\pi}{2}, y=\pi$ 围成的闭区域.

# 第 7 章　无穷级数

## 学习目标

1. 理解无穷数项级数的收敛、发散及级数和的概念.

2. 理解无穷级数收敛的必要条件,知道无穷级数的基本性质.

3. 理解几何级数和 $p$—级数的敛散性,会用正项级数的比较审敛法,掌握正项级数的比值审敛法.

4. 会用交错级数的莱布尼兹判别法,知道级数绝对收敛与条件收敛的概念.

5. 理解幂级数及其收敛半径的概念,会求幂级数的收敛半径、收敛区间和收敛域.

6. 理解幂级数在收敛区间内的基本性质.

7. 会用$\frac{1}{1-x}$,$e^x$,$\sin x$ 等函数的幂级数展开式与幂级数的基本性质,将一些简单的函数展开成幂级数.

8. 理解傅里叶(Fourier)级数的概念,了解三角函数系的正交性.

9. 了解傅里叶级数的收敛定理,会将以 $2\pi$(或 $2l$)为周期的函数展开为傅里叶级数.

无穷级数是数学的一个重要分支,在数值计算(例如,三角函数值、对数函数值、积分值等)、函数表示和函数性质的研究以及解微分方程等方面有着广泛的应用. 本章将介绍:无穷级数的基本概念和性质、常数项级数、幂级数和傅里叶级数.

## §7.1　常数项级数的概念和性质

### 一、常数项级数的概念

1. 常数项级数的定义

**定义 7-1**　设$\{u_n\}$为一个数列,则我们称

$$u_1+u_2+\cdots+u_n+\cdots=\sum_{n=1}^{\infty}u_n \tag{7-1}$$

为常数项无穷级数,简称数项级数,第 $n$ 项 $u_n$ 称为级数(7-1)的通项或一般项.

例如,$1+\frac{1}{2}+\frac{1}{2^2}+\cdots+\frac{1}{2^{n-1}}+\cdots=\sum\limits_{n=1}^{\infty}\frac{1}{2^{n-1}}$ 为数项级数,通项为:$u_n=\frac{1}{2^{n-1}}$.

$\sum\limits_{n=1}^{\infty}\frac{1}{n}=1+\frac{1}{2}+\frac{1}{3}+\cdots+\frac{1}{n}+\cdots$ 也为数项级数,通项为:$u_n=\frac{1}{n}$.

2. 常数项级数的收敛与发散

**定义 7-2**　设$\sum\limits_{n=1}^{\infty}u_n$ 为数项级数,用 $S_n$ 表示该级数的前 $n$ 项部分和,即:

$$S_n=u_1+u_2+\cdots+u_n,$$

若$\lim\limits_{n\to\infty}S_n=S$,则称该级数收敛,其极限值$S$称为该级数的和,即$\sum\limits_{n=1}^{\infty}u_n=S$;若$\lim\limits_{n\to\infty}S_n$不存在,则称该级数发散.

当级数$\sum\limits_{n=1}^{\infty}u_n$收敛时,$r_n=S-S_n=u_{n+1}+u_{n+2}+\cdots$称为级数的余项.用$S_n$近似代替$S$所产生的误差就是余项的绝对值$|r_n|$.

因为 $\lim\limits_{n\to\infty}r_n=0\Leftrightarrow\lim\limits_{n\to\infty}(S-S_n)=0\Leftrightarrow\lim\limits_{n\to\infty}S_n=S$,

所以有级数$\sum\limits_{n=1}^{\infty}u_n$收敛$\Leftrightarrow\lim\limits_{n\to\infty}r_n=0$.

**例 7-1-1** 讨论几何级数(即等比级数)$\sum\limits_{n=0}^{\infty}aq^n=a+aq+aq^2+\cdots+aq^{n-1}+\cdots$的敛散性($a\neq0$,$q$叫做等比级数的公比).

**解** 当$q\neq1$时,前$n$项部分和$S_n=a+aq+aq^2+\cdots+aq^{n-1}=\dfrac{a(1-q^n)}{1-q}$.

当$|q|<1$时,$\lim\limits_{n\to\infty}S_n=\lim\limits_{n\to\infty}\dfrac{a(1-q^n)}{1-q}=\dfrac{a}{1-q}$.

当$|q|>1$时,$\lim\limits_{n\to\infty}S_n=\lim\limits_{n\to\infty}\dfrac{a(1-q^n)}{1-q}=\infty$,当$q=1$时,$\lim\limits_{n\to\infty}S_n=\lim\limits_{n\to\infty}na=\infty$.

当$q=-1$时,$S_n=a+(-a)+a+\cdots+(-1)^{n-1}a=\begin{cases}0 & n=2k,k\in\mathbf{Z}\\ a & n=2k+1,k\in\mathbf{Z}\end{cases}$.

所以$\lim\limits_{n\to\infty}S_n$不存在.

综上所述,对于几何级数$\sum\limits_{n=0}^{\infty}aq^n$,当$|q|<1$时收敛,其和为$\dfrac{a}{1-q}$;当$|q|\geqslant1$时发散.

例如,级数$\sum\limits_{n=1}^{\infty}\dfrac{(-1)^{n-1}}{3^{n-1}}=1-\dfrac{1}{3}+\dfrac{1}{9}-\dfrac{1}{27}+\cdots+\dfrac{(-1)^{n-1}}{3^{n-1}}+\cdots$是收敛的$\left(\text{因为 }q=\dfrac{-1}{3},|q|=\dfrac{1}{3}<1\right)$.

级数$\sum\limits_{n=1}^{\infty}(-1)^{n-1}=1-1+1-\cdots+(-1)^{n-1}-\cdots$是发散的(因为级数的公比$q=-1$,$|q|=1$).

**例 7-1-2** 判定级数$\sum\limits_{n=1}^{\infty}\ln\left(1+\dfrac{1}{n}\right)$的敛散性.

**解** 因为$u_n=\ln\left(1+\dfrac{1}{n}\right)=\ln\dfrac{n+1}{n}$,

所以
$$\begin{aligned}S_n&=\ln\frac{2}{1}+\ln\frac{3}{2}+\ln\frac{4}{3}+\ln\frac{5}{4}+\cdots+\ln\frac{n+1}{n}\\&=\ln\frac{2\cdot3\cdot4\cdot5\cdot\cdots\cdot n\cdot(n+1)}{1\cdot2\cdot3\cdot4\cdot\cdots\cdot n}=\ln(n+1).\end{aligned}$$

所以 $\lim\limits_{n\to\infty}S_n=\lim\limits_{n\to\infty}\ln(n+1)=\infty$,因此级数$\sum\limits_{n=1}^{\infty}\ln\left(1+\dfrac{1}{n}\right)$发散.

**例 7-1-3** 用定义判别级数$\sum_{n=1}^{\infty}\frac{1}{(2n-1)(2n+1)}$的敛散性,若收敛,求级数的和.

**解** 因为$\frac{1}{(2n-1)(2n+1)}=\frac{1}{2}\left(\frac{1}{2n-1}-\frac{1}{2n+1}\right)$,

所以
$$\begin{aligned}S_n&=\frac{1}{1\times3}+\frac{1}{3\times5}+\frac{1}{5\times7}+\cdots+\frac{1}{(2n-1)(2n+1)}\\&=\frac{1}{2}\left[\left(1-\frac{1}{3}\right)+\left(\frac{1}{3}-\frac{1}{5}\right)+\left(\frac{1}{5}-\frac{1}{7}\right)+\cdots+\left(\frac{1}{2n-1}-\frac{1}{2n+1}\right)\right]\\&=\frac{1}{2}\left(1-\frac{1}{2n+1}\right)\to\frac{1}{2}\ (n\to\infty).\end{aligned}$$

所以级数$\sum_{n=1}^{\infty}\frac{1}{(2n-1)(2n+1)}$收敛,其和为$\frac{1}{2}$,即$\sum_{n=1}^{\infty}\frac{1}{(2n-1)(2n+1)}=\frac{1}{2}$.

**例 7-1-4** 证明调和级数$\sum_{n=1}^{\infty}\frac{1}{n}=1+\frac{1}{2}+\frac{1}{3}+\cdots+\frac{1}{n}+\cdots$是发散的.

**证明** 用导数和函数的单调性可以证明:$x>\ln(1+x)(x>0)$.

所以得:$\frac{1}{n}>\ln\left(1+\frac{1}{n}\right)$.$(n=1,2,3,\cdots)$

所以
$$\begin{aligned}S_n&=1+\frac{1}{2}+\frac{1}{3}+\cdots+\frac{1}{n}\\&>\ln(1+1)+\ln\left(1+\frac{1}{2}\right)+\ln\left(1+\frac{1}{3}\right)+\cdots+\ln\left(1+\frac{1}{n}\right)\\&=\ln 2+\ln\frac{3}{2}+\ln\frac{4}{3}+\cdots+\ln\frac{n+1}{n}\\&=\ln\left(2\cdot\frac{3}{2}\cdot\frac{4}{3}\cdot\cdots\cdot\frac{n}{n-1}\cdot\frac{n+1}{n}\right)=\ln(n+1).\end{aligned}$$

所以$\lim\limits_{n\to\infty}S_n>\lim\limits_{n\to\infty}\ln(n+1)=+\infty$,即$\sum_{n=1}^{\infty}\frac{1}{n}$发散.

## 二、无穷级数的基本性质

**性质 7-1** 若级数$\sum_{n=1}^{\infty}u_n$和$\sum_{n=1}^{\infty}v_n$都收敛,则级数$\sum_{n=1}^{\infty}(u_n\pm v_n)$也收敛,且

$$\sum_{n=1}^{\infty}(u_n\pm v_n)=\sum_{n=1}^{\infty}u_n\pm\sum_{n=1}^{\infty}v_n.$$

**性质 7-2** 若级数$\sum_{n=1}^{\infty}u_n$收敛,$k$为任意常数,则级数$\sum_{n=1}^{\infty}ku_n$也收敛,且

$$\sum_{n=1}^{\infty}ku_n=k\sum_{n=1}^{\infty}u_n.$$

**性质 7-3** 若级数$\sum_{n=1}^{\infty}u_n$加上、去掉或改变有限项,级数的敛散性不变,但对于收敛的级数其和要改变.

**性质 7-4** 收敛级数加括号后所成的级数仍然收敛,且其和不变.

应该指出，性质 7－4 的逆命题是不成立的，即一个级数加括号后所得的新级数收敛，原级数未必收敛.

例如，级数$[1+(-1)]+[1+(-1)]+\cdots+[1+(-1)]+\cdots$收敛于 0，但去掉了括号后的新级数 $1+(-1)+1+(-1)+\cdots+(-1)^{n-1}+\cdots$却是发散的.

由性质 7－4 可得到如下结论：若加括号后所得到的级数发散，则原级数也发散.

**性质 7－5（级数收敛的必要条件）** 若级数 $\sum\limits_{n=1}^{\infty} u_n$ 收敛，则$\lim\limits_{n\to\infty} u_n=0$.

**证明** 设 $\sum\limits_{n=1}^{\infty} u_n=S$， 所以$\lim\limits_{n\to\infty} u_n=\lim\limits_{n\to\infty}(S_n-S_{n-1})=S-S=0$.

性质 7－5 的逆否命题是$\lim\limits_{n\to\infty} u_n\neq 0$，则级数$\sum\limits_{n=1}^{\infty} u_n$ 发散 .

> **注意**
>
> $\lim\limits_{n\to\infty} u_n=0$ 并不是级数收敛的充分条件，有些级数虽然通项趋于零，但仍然是发散的. 例如，调和级数$\sum\limits_{n=1}^{\infty} \dfrac{1}{n}$，它的通项的极限$\lim\limits_{n\to\infty} u_n=\lim\limits_{n\to\infty}\dfrac{1}{n}=0$，但它是发散的.

**例 7－1－5** 判断下列级数的敛散性：

(1) $\sum\limits_{n=1}^{\infty} \dfrac{3+(-1)^n}{2^n}$； (2) $\sum\limits_{n=1}^{\infty} \dfrac{n}{2n-1}$.

**解** (1) 由等比级数的敛散性知，级数$\sum\limits_{n=1}^{\infty} \dfrac{1}{2^n}$ 与 $\sum\limits_{n=1}^{\infty} \dfrac{(-1)^n}{2^n}$ 收敛，所以由级数的运算性质知，级数$\sum\limits_{n=1}^{\infty} \dfrac{3+(-1)^n}{2^n}$ 收敛.

(2) 因为$\lim\limits_{n\to\infty} u_n=\lim\limits_{n\to\infty}\dfrac{n}{2n-1}=\dfrac{1}{2}\neq 0$，所以级数$\sum\limits_{n=1}^{\infty} \dfrac{n}{2n-1}$ 发散.

## 习题 7.1

**1.** 用定义判别下列级数的敛散性：

(1) $\sum\limits_{n=1}^{\infty} \dfrac{1}{n(n+1)}$； (2) $\dfrac{1}{2}-\dfrac{1}{4}+\dfrac{1}{8}+\cdots+\dfrac{(-1)^{n-1}}{2^n}+\cdots$；

(3) $\sum\limits_{n=1}^{\infty} \dfrac{1}{\sqrt{n+1}+\sqrt{n}}$.

**2.** 用性质判别下列级数的敛散性：

(1) $\sum\limits_{n=1}^{\infty} \dfrac{2+(-1)^n}{2^n}$； (2) $\sum\limits_{n=1}^{\infty} 2^n\sin\dfrac{1}{2^n}$；

(3) $\sum\limits_{n=1}^{\infty} \sin\dfrac{n\pi}{2}$.

## §7.2 正项级数及其审敛法

对于一个无穷级数，重要的是解决如下两个问题：

(1) 如何判别级数是否收敛？

(2) 如果收敛，怎样求和？

第二个问题通常比第一个问题要难得多.本节将介绍如何判别正项级数是否收敛的方法，即审敛法.

### 一、正项级数的基本定理

**定义 7-3** 若级数 $\sum\limits_{n=1}^{\infty}u_n$ 的通项满足 $u_n \geqslant 0(n=1,2,\cdots)$，则称该级数为正项级数.

对于正项级数 $\sum\limits_{n=1}^{\infty}u_n$，因为 $S_n=u_1+u_2+\cdots+u_n$，$u_n \geqslant 0(n=1,2,\cdots)$，所以 $S_{n+1}=u_1+u_2+\cdots+u_n+u_{n+1}=S_n+u_{n+1}\geqslant S_n(n=1,2,\cdots)$.

由此得 $S_1\leqslant S_2\leqslant S_3\leqslant\cdots$.

可见，正项级数 $\sum\limits_{n=1}^{\infty}u_n$ 的前 $n$ 项部分和数列 $\{S_n\}$ 是单调增加的.所以有

**定理 7-1(正项级数基本定理)** 正项级数 $\sum\limits_{n=1}^{\infty}u_n$ 收敛 $\Leftrightarrow$ 它的部分和数列 $\{S_n\}$ 有界.

**例 7-2-1** 证明：正项级数 $\sum\limits_{n=0}^{\infty}\dfrac{1}{n!}=1+\dfrac{1}{1!}+\dfrac{1}{2!}+\cdots+\dfrac{1}{n!}+\cdots$ 是收敛的.

**证明** 因为 $\dfrac{1}{n!}=\dfrac{1}{1\cdot 2\cdot 3\cdot\cdots\cdot n}\leqslant\dfrac{1}{\underbrace{1\cdot 2\cdot 2\cdot 2\cdot\cdots\cdot 2}_{n-1}}=\dfrac{1}{2^{n-1}}$，$n=0,1,2,3,\cdots$，

所以 $\forall n\in\mathbf{N}$，有

$$S_n=1+\frac{1}{1!}+\frac{1}{2!}+\cdots+\frac{1}{n!}<1+1+\frac{1}{2}+\frac{1}{2^2}+\cdots+\frac{1}{2^{n-1}}$$

$$=1+\frac{1-\frac{1}{2^n}}{1-\frac{1}{2}}=3-\frac{1}{2^{n-1}}<3,$$

即部分和数列 $\{S_n\}$ 有上界，所以正项级数 $\sum\limits_{n=1}^{\infty}\dfrac{1}{n!}$ 收敛.

### 二、正项级数的比较审敛法

**定理 7-2(比较审敛法)** 设 $\sum\limits_{n=1}^{\infty}u_n$ 和 $\sum\limits_{n=1}^{\infty}v_n$ 为两个正项级数，如果它们的通项从第 $N$ 项起满足 $u_n\leqslant v_n$，则：

(1) 当 $\sum\limits_{n=1}^{\infty}v_n$ 收敛时，$\sum\limits_{n=1}^{\infty}u_n$ 也收敛；(2) 当 $\sum\limits_{n=1}^{\infty}u_n$ 发散时，$\sum\limits_{n=1}^{\infty}v_n$ 也发散.

上述定理可以简单地这样记忆：两个正项级数相比较，如果大的正项级数收敛，则小的正项级数也收敛；如果小的正项级数发散，则大的正项级数也发散.

级数 $\sum_{n=1}^{\infty}\frac{1}{n^p}$（$p$ 是常数）称为 $p$ — 级数. 当 $p=1$ 时，$\sum_{n=1}^{\infty}\frac{1}{n}$ 称为调和级数.

关于 $p$—级数有如下定理：

**定理 7-3**　当 $p\leqslant 1$ 时，$p$ — 级数 $\sum_{n=1}^{\infty}\frac{1}{n^p}$ 发散；当 $p>1$ 时，$p$ — 级数 $\sum_{n=1}^{\infty}\frac{1}{n^p}$ 收敛.

**证明**　当 $p\leqslant 1$ 时，$u_n=\frac{1}{n^p}\geqslant\frac{1}{n}$，因为 $\sum_{n=1}^{\infty}\frac{1}{n}$ 发散，由比较判别法知发散. 当 $p>1$ 时，

$$
\begin{aligned}
S&=\sum_{n=1}^{\infty}\frac{1}{n^p}=1+\frac{1}{2^p}+\frac{1}{3^p}+\cdots+\frac{1}{n^p}+\cdots\\
&=1+\underbrace{\left(\frac{1}{2^p}+\frac{1}{3^p}\right)}_{2\text{项}}+\underbrace{\left(\frac{1}{4^p}+\frac{1}{5^p}+\frac{1}{6^p}+\frac{1}{7^p}\right)}_{2^2\text{项}}+\underbrace{\left(\frac{1}{8^p}+\cdots+\frac{1}{15^p}\right)}_{2^3\text{项}}+\cdots\\
&<1+\underbrace{\left(\frac{1}{2^p}+\frac{1}{2^p}\right)}_{2\text{项}}+\underbrace{\left(\frac{1}{4^p}+\frac{1}{4^p}+\frac{1}{4^p}+\frac{1}{4^p}\right)}_{2^2\text{项}}+\underbrace{\left(\frac{1}{8^p}+\cdots+\frac{1}{8^p}\right)}_{2^3\text{项}}+\cdots\\
&=1+\frac{1}{2^{p-1}}+\frac{1}{4^{p-1}}+\frac{1}{8^{p-1}}+\cdots=1+\frac{1}{2^{p-1}}+\frac{1}{2^{2(p-1)}}+\frac{1}{2^{3(p-1)}}+\cdots\\
&=\frac{1}{1-\frac{1}{2^{p-1}}}=\frac{1}{1-2^{1-p}}.
\end{aligned}
$$

所以 $S_n<S=\frac{1}{1-2^{1-p}}$.

所以 $\{S_n\}$ 有界，从而由正项级数基本定理知 $\sum_{n=1}^{\infty}\frac{1}{n^p}$ 收敛.

例如：

级数 $1+\frac{1}{\sqrt[3]{2}}+\frac{1}{\sqrt[3]{3}}+\cdots+\frac{1}{\sqrt[3]{4}}+\cdots$，它是 $p=\frac{1}{3}<1$ 的 $p$ — 级数，所以 $\sum_{n=1}^{\infty}\frac{1}{\sqrt[3]{n}}$ 是发散的.

级数 $1+\frac{1}{4}+\frac{1}{9}+\frac{1}{16}+\cdots+\frac{1}{n^2}+\cdots$，它是 $p=2>1$ 的 $p$ — 级数，所以 $\sum_{n=1}^{\infty}\frac{1}{n^2}$ 收敛的.

**例 7-2-2**　判断下列级数的敛散性：

(1) $\sum_{n=1}^{\infty}\frac{1}{3^n+2n}$；　　(2) $\sum_{n=1}^{\infty}\frac{\sqrt{n}}{\sqrt{n+n^5}}$.

**解**　(1) 因为 $0<\frac{1}{3^n+2n}<\frac{1}{3^n}=\left(\frac{1}{3}\right)^n$，而级数 $\sum_{n=1}^{\infty}\left(\frac{1}{3}\right)^n$ 是公比为 $\frac{1}{3}$ 的几何级数，是收敛的，所以由比较判别法知级数 $\sum_{n=1}^{\infty}\frac{1}{3^n+2n}$ 收敛.

(2) 因为 $\frac{\sqrt{n}}{\sqrt{n+n^5}}<\frac{\sqrt{n}}{\sqrt{n^5}}=\frac{1}{n^2}$，而 $\sum_{n=1}^{\infty}\frac{1}{n^2}$ 是 $p=2>1$ 的 $p$ — 级数，是收敛的，所以由

比较判别法知级数$\sum\limits_{n=1}^{\infty}\dfrac{\sqrt{n}}{\sqrt{n+n^5}}$收敛.

运用比较判别法的关键是要找出一个已知其敛散性的比较简单的级数作为比较对象，几何级数与$p$—级数是两个最常用的比较对象，希望读者要熟记它们的敛散性.

## 三、正项级数的比值审敛法

**定理7-4（达朗贝尔（d'Alembert）比值审敛法）**

设$\sum\limits_{n=1}^{\infty}u_n$为正项级数，如果$\lim\limits_{n\to\infty}\dfrac{u_{n+1}}{u_n}=l$，那么：

(1) 当$l<1$时，级数$\sum\limits_{n=1}^{\infty}u_n$收敛；

(2) 当$l>1$或为$+\infty$时，级数$\sum\limits_{n=1}^{\infty}u_n$发散；

(3) 当$l=1$时，级数可能收敛，也可能发散. 此时需用其他方法比较（通常用比较判别法等）.

**例7-2-3** 判别下列级数的敛散性：

(1) $\sum\limits_{n=1}^{\infty}\dfrac{n!}{2^n}$； (2) $\sum\limits_{n=1}^{\infty}\dfrac{n^2}{2^n}$； (3) $\sum\limits_{n=1}^{\infty}\dfrac{1}{\ln(1+n)}$.

**解** (1) $\lim\limits_{n\to\infty}\dfrac{u_{n+1}}{u_n}=\lim\limits_{n\to\infty}\left[\dfrac{(n+1)!}{2^{n+1}}\cdot\dfrac{2^n}{n!}\right]=\lim\limits_{n\to\infty}\dfrac{n+1}{2}=\infty$，

由比值判别法知级数$\sum\limits_{n=1}^{\infty}\dfrac{n!}{2^n}$发散.

(2) $\lim\limits_{n\to\infty}\dfrac{u_{n+1}}{u_n}=\lim\limits_{n\to\infty}\left[\dfrac{(n+1)^2}{2^{n+1}}\cdot\dfrac{2^n}{n^2}\right]=\lim\limits_{n\to\infty}\dfrac{1}{2}\left(1+\dfrac{1}{n}\right)^2=\dfrac{1}{2}<1$，

由比值判别法知级数$\sum\limits_{n=1}^{\infty}\dfrac{n^2}{2^n}$收敛.

(3) 因为$\lim\limits_{x\to+\infty}\dfrac{\ln(1+x)}{\ln(2+x)}=\lim\limits_{x\to+\infty}\dfrac{2+x}{1+x}=1$，所以$\lim\limits_{n\to\infty}\dfrac{u_{n+1}}{u_n}=\lim\limits_{n\to\infty}\dfrac{\ln(1+n)}{\ln(2+n)}=1$.

所以此时不能判别级数的敛散性，用比较判别法试试.

因为$\dfrac{1}{\ln(1+n)}>\dfrac{1}{n}$，级数$\sum\limits_{n=1}^{\infty}\dfrac{1}{n}$发散，由比较判别法知，级数$\sum\limits_{n=1}^{\infty}\dfrac{1}{\ln(1+n)}$也发散.

**例7-2-4** 判定级数$\sum\limits_{n=1}^{\infty}\dfrac{n^2\sin^2\dfrac{n\pi}{4}}{2^n}$的敛散性.

**解** 由正弦函数性质知：$0\leqslant\dfrac{n^2\sin^2\dfrac{n\pi}{4}}{2^n}\leqslant\dfrac{n^2}{2^n}$.

对于级数$\sum\limits_{n=1}^{\infty}\dfrac{n^2}{2^n}$，$\lim\limits_{n\to\infty}\dfrac{u_{n+1}}{u_n}=\lim\limits_{n\to\infty}\dfrac{(n+1)^2}{2^{n+1}}\cdot\dfrac{2^n}{n^2}=\dfrac{1}{2}<1$，因此$\sum\limits_{n=1}^{\infty}\dfrac{n^2}{2^n}$收敛.

由比较判别法知，$\sum\limits_{n=1}^{\infty}\dfrac{n^2\sin^2\dfrac{n\pi}{4}}{2^n}$收敛.

**例 7-2-5** 判别级数$\sum\limits_{n=1}^{\infty}\left(\frac{n}{2n+1}\right)^n$的敛散性.

**解法一** 因为

$$l=\lim_{n\to\infty}\frac{u_{n+1}}{u_n}=\lim_{n\to\infty}\frac{\left(\frac{n+1}{2n+3}\right)^{n+1}}{\left(\frac{n}{2n+1}\right)^n}=\lim_{n\to\infty}\left[\left(\frac{n+1}{n}\right)^n\cdot\left(\frac{2n+1}{2n+3}\right)^n\cdot\frac{n+1}{2n+3}\right]$$

$$=\lim_{n\to\infty}\left(1+\frac{1}{n}\right)^n\frac{\left(1+\frac{1}{2n}\right)^n}{\left(1+\frac{3}{2n}\right)^n}\cdot\frac{1}{2}=\mathrm{e}\cdot\frac{\mathrm{e}^{\frac{1}{2}}}{\mathrm{e}^{\frac{3}{2}}}\cdot\frac{1}{2}=\frac{1}{2}<1.$$

所以由比值法可知原级数收敛.

**解法二** 因为$\left(\frac{n}{2n+1}\right)^n<\left(\frac{n}{2n}\right)^n=\left(\frac{1}{2}\right)^n$.

因为$\sum\limits_{n=1}^{\infty}\left(\frac{1}{2}\right)^n$收敛,所以由比较法可知原级数收敛.

正项级数判别法有多种方法,由于篇幅所限这里不作介绍.值得注意的是,上述方法不是绝对的,例如上面例 7-2-5,所以学生应多做练习,熟能生巧.

## 习题 7.2

**1.** 用比较判别法,判别下列级数的敛散性:

(1) $\sum\limits_{n=1}^{\infty}\frac{1}{n\sqrt{n+1}}$;　(2) $\sum\limits_{n=1}^{\infty}\frac{n}{(3n+1)^2}$;

(3) $\sum\limits_{n=1}^{\infty}\sin\frac{1}{2^n}$;　(4) $\sum\limits_{n=1}^{\infty}\frac{1}{2^n+n^2}$.

**2.** 用比值判别法,判别下列级数的敛散性:

(1) $\sum\limits_{n=1}^{\infty}\frac{1}{(n-1)!}$;　(2) $\sum\limits_{n=1}^{\infty}\frac{n^4}{4^n}$;

(3) $\sum\limits_{n=1}^{\infty}\frac{n!}{3^n}$;　(4) $\sum\limits_{n=1}^{\infty}\frac{n!}{n^n}$.

**3.** 用适当的方法,判别下列级数的敛散性.

(1) $\sum\limits_{n=1}^{\infty}\frac{n+1}{n^2+1}$;　(2) $\sum\limits_{n=1}^{\infty}\frac{n+1}{n^3(n+2)}$;

(3) $\sum\limits_{n=1}^{\infty}\frac{2^n}{n!}$;　(4) $\sum\limits_{n=1}^{\infty}[3^{-n}+(-1)^n]$;

(5) $\sum\limits_{n=1}^{\infty}(\frac{n}{3n+1})^n$.

## §7.3 一般常数项级数

上一节讨论了正项级数的审敛法,本节讨论一般常数项级数的审敛法.

### 一、交错级数及其审敛法

若级数$\sum\limits_{n=1}^{\infty}u_n$是正项级数,则级数$\sum\limits_{n=1}^{\infty}(-1)^{n-1}u_n=u_1-u_2+u_3+\cdots+(-1)^{n-1}u_n+\cdots$或$\sum\limits_{n=1}^{\infty}(-1)^n u_n=-u_1+u_2-u_3+\cdots+(-1)^n u_n+\cdots$称为**交错级数**.

**定理 7-5(莱布尼兹(Leibniz)审敛法)** 如果交错级数$\sum\limits_{n=1}^{\infty}(-1)^{n-1}u_n$满足:

(1) $u_n\geqslant u_{n+1}(n\in\mathbf{N})$;

(2) $\lim\limits_{n\to\infty}u_n=0$.

那么交错级数$\sum\limits_{n=1}^{\infty}(-1)^{n-1}u_n$收敛,且其和$S\leqslant u_1$,且余项$r_n$的绝对值$|r_n|<u_{n+1}$.

**例 7-3-1** 讨论下列交错级数的敛散性:

(1) $\sum\limits_{n=1}^{\infty}(-1)^{n-1}\dfrac{1}{n}$;  (2) $\sum\limits_{n=2}^{\infty}(-1)^n\dfrac{1}{\ln n}$;  (3) $\sum\limits_{n=1}^{\infty}(-1)^n\dfrac{n-1}{2n}$.

**解** (1) 因为$u_n=\dfrac{1}{n}>\dfrac{1}{n+1}=u_{n+1}$,$\lim\limits_{n\to\infty}u_n=\lim\limits_{n\to\infty}\dfrac{1}{n}=0$,所以级数$\sum\limits_{n=1}^{\infty}(-1)^{n-1}\dfrac{1}{n}$收敛.

(2) 因为$u_n=\dfrac{1}{\ln n}>\dfrac{1}{\ln(n+1)}=u_{n+1}(n=2,3,4,\cdots)$,$\lim\limits_{n\to\infty}u_n=\lim\limits_{n\to\infty}\dfrac{1}{\ln n}=0$,所以级数$\sum\limits_{n=2}^{\infty}(-1)^n\dfrac{1}{\ln n}$收敛.

(3) 因为$\lim\limits_{n\to\infty}(-1)^n u_n=\lim\limits_{n\to\infty}(-1)^n\dfrac{n-1}{2n}=\lim\limits_{n\to\infty}(-1)^n\dfrac{1}{2}\neq0$,所以原级数发散.

### 二、条件收敛和绝对收敛

**定义 7-4** 设级数$\sum\limits_{n=1}^{\infty}u_n$,其中$u_n$为任意实数,这种级数称为**任意项级数**.

**定义 7-5** 若任意项级数$\sum\limits_{n=1}^{\infty}u_n$各项的绝对值所构成的正项级数$\sum\limits_{n=1}^{\infty}|u_n|$收敛,则称级数$\sum\limits_{n=1}^{\infty}u_n$绝对收敛;若任意项级数$\sum\limits_{n=1}^{\infty}u_n$收敛,而级数$\sum\limits_{n=1}^{\infty}|u_n|$发散,则称级数$\sum\limits_{n=1}^{\infty}u_n$**条件收敛**.

例如,级数$\sum\limits_{n=1}^{\infty}(-1)^n\dfrac{1}{n^2}$是绝对收敛的,而级数$\sum\limits_{n=1}^{\infty}(-1)^n\dfrac{1}{\sqrt{n}}$则是条件收敛的.

**定理 7-6** 如果级数$\sum\limits_{n=1}^{\infty}|u_n|$收敛,则级数$\sum\limits_{n=1}^{\infty}u_n$也收敛.

**证明** 令 $v_n=\frac{1}{2}(u_n+|u_n|)\quad(n=1,2,\cdots)$,

则 $v_n\geqslant 0$,并且 $v_n=\frac{1}{2}(u_n+|u_n|)\leqslant|u_n|$. 如果 $\sum\limits_{n=1}^{\infty}|u_n|$ 收敛,则由比较审敛法知 $\sum\limits_{n=1}^{\infty}v_n$ 收敛,再由 $u_n=2v_n-|u_n|$ 及级数基本运算性质知级数 $\sum\limits_{n=1}^{\infty}u_n$ 收敛.

**例 7-3-2** 判别级数 $\sum\limits_{n=1}^{\infty}\frac{\sin 3n}{2^n}$ 的敛散性.

**解** 由于 $0\leqslant\left|\frac{\sin 3n}{2^n}\right|\leqslant\frac{1}{2^n}$,而级数 $\sum\limits_{n=1}^{\infty}\frac{1}{2^n}$ 收敛,由比较判别法知 $\sum\limits_{n=1}^{\infty}\left|\frac{\sin 3n}{2^n}\right|$ 收敛,即 $\sum\limits_{n=1}^{\infty}\frac{\sin 3n}{2^n}$ 绝对收敛,从而 $\sum\limits_{n=1}^{\infty}\frac{\sin 3n}{2^n}$ 收敛.

**注意**

若级数 $\sum\limits_{n=1}^{\infty}|u_n|$ 发散,不能断定级数 $\sum\limits_{n=1}^{\infty}u_n$ 一定发散. 例如,级数 $\sum\limits_{n=1}^{\infty}(-1)^n\frac{1}{n}$ 的各项取绝对值所得到的级数 $\sum\limits_{n=1}^{\infty}\frac{1}{n}$ 是发散的,但 $\sum\limits_{n=1}^{\infty}(-1)^n\frac{1}{n}$ 却是收敛的.

### 三、任意项级数敛散性判定

设 $\sum\limits_{n=1}^{\infty}u_n$ 为任意项级数,则 $\sum\limits_{n=1}^{\infty}|u_n|$ 为正项级数,所以由正项级数的比值审敛法和绝对收敛与条件收敛的关系定理直接得下面的定理.

**定理 7-7** 对于任意项级数 $\sum\limits_{n=1}^{\infty}u_n$,若 $\lim\limits_{n\to\infty}\left|\frac{u_{n+1}}{u_n}\right|=\rho$,则

(1) 当 $\rho<1$ 时,$\sum\limits_{n=1}^{\infty}u_n$ 绝对收敛;

(2) 当 $\rho>1$(包括 $\rho=+\infty$) 时,$\sum\limits_{n=1}^{\infty}u_n$ 发散;

(3) 当 $\rho=1$ 时,$\sum\limits_{n=1}^{\infty}u_n$ 可能收敛,也可能发散,需用其他方法(如莱布尼兹审敛法等) 判别其敛散性.

**例 7-3-3** 判定级数 $\sum\limits_{n=1}^{\infty}(-1)^{n-1}\frac{1}{n^p}$ 的敛散性,如果收敛,指出是绝对收敛还是条件收敛.

**解** 当 $p\leqslant 0$ 时,因为 $\lim\limits_{n\to\infty}(-1)^{n-1}\frac{1}{n^p}\neq 0$,所以 $\sum\limits_{n=1}^{\infty}(-1)^{n-1}\frac{1}{n^p}$ 发散.

当 $0<p\leqslant 1$ 时,由莱布尼兹审敛法知 $\sum\limits_{n=1}^{\infty}(-1)^{n-1}\frac{1}{n^p}$ 收敛.

而 $\sum\limits_{n=1}^{\infty}\frac{1}{n^p}$ 是 $p-$级数 $(0<p\leqslant 1)$ 发散,所以级数 $\sum\limits_{n=1}^{\infty}(-1)^{n-1}\frac{1}{n^p}(0<p\leqslant 1)$ 条件

收敛.

当 $p>1$ 时，$\sum\limits_{n=1}^{\infty}\frac{1}{n^p}$ 是 $p$－级数（$p>1$）收敛，所以级数 $\sum\limits_{n=1}^{\infty}(-1)^{n-1}\frac{1}{n^p}(p>1)$ 绝对收敛.

综上所述：级数

$$\sum_{n=1}^{\infty}(-1)^{n-1}\frac{1}{n^p}\begin{cases}\text{发散} & p\leqslant 0,\\ \text{条件收敛} & 0<p\leqslant 1,\\ \text{绝对收敛} & p>1.\end{cases}$$

## 习题 7.3

**1.** 判别下列交错级数是否收敛？如果收敛，指出是条件收敛还是绝对收敛.

(1) $\sum\limits_{n=1}^{\infty}\frac{(-1)^n}{\sqrt{n^2+1}}$；　　(2) $\sum\limits_{n=1}^{\infty}\frac{(-1)^n}{n^2}$；

(3) $\sum\limits_{n=1}^{\infty}(-1)^{n-1}\frac{n}{n+3}$.

**2.** 判别下列任意项级数的收敛性：

(1) $\sum\limits_{n=1}^{\infty}\frac{1}{n^2}\sin\frac{n\pi}{3}$；　　(2) $\sum\limits_{n=1}^{\infty}\frac{n\cos\frac{n\pi}{3}}{2^n}$；

(3) $\sum\limits_{n=1}^{\infty}\frac{\cos n\pi}{n}$.

# §7.4　幂 级 数

前面学习了数项级数的基本知识，本节学习最简单的函数项级数，即幂级数.

### 一、函数项级数的基本概念

**定义 7－6**　如果 $\{u_n(x)\}$ 是定义在同一数集 $D$ 上的函数列，则

$$u_1(x)+u_2(x)+u_3(x)+\cdots+u_n(x)+\cdots$$

称为**函数项级数**，简记为 $\sum\limits_{n=1}^{\infty}u_n(x)$，$D$ 称为函数项级数的定义域.

例如，

$$\sum_{n=0}^{\infty}\frac{x^n}{n!}=1+\frac{x}{1}+\frac{x^2}{2!}+\cdots+\frac{x^n}{n!}+\cdots,$$

$$\sum_{n=1}^{\infty}\frac{\cos nx}{n}=\cos x+\frac{\cos 2x}{2}+\frac{\cos 3x}{3}+\cdots+\frac{\cos nx}{n}+\cdots,$$

等都是定义在 $(-\infty,+\infty)$ 上的函数项级数.

若将函数项级数的定义域中的某个值 $x_0\in D$，代入级数 $\sum\limits_{n=1}^{\infty}u_n(x)$ 中，则得到一个数项

级数 $u_1(x_0)+u_2(x_0)+u_3(x_0)+\cdots+u_n(x_0)+\cdots$,若级数 $\sum\limits_{n=1}^{\infty}u_n(x_0)$ 收敛,就称点 $x_0$ 是函数项级数 $\sum\limits_{n=1}^{\infty}u_n(x)$ 的**收敛点**;若级数 $\sum\limits_{n=1}^{\infty}u_n(x_0)$ 发散,就称点 $x_0$ 是函数项级数 $\sum\limits_{n=1}^{\infty}u_n(x)$ 的**发散点**,级数 $\sum\limits_{n=1}^{\infty}u_n(x)$ 的所有收敛点组成的集合称为级数的**收敛域**,所有发散点的集合称为级数的**发散域**.

设函数项级数 $\sum\limits_{n=1}^{\infty}u_n(x)$ 的收敛域为 $D$,对应于任一 $x_0\in D$,级数对应的数项级数 $\sum\limits_{n=1}^{\infty}u_n(x_0)$ 有和 $S(x_0)$,因此确定了收敛域 $D$ 上的一个函数 $S(x)$,通常称 $S(x)$ 为函数项级数 $\sum\limits_{n=1}^{\infty}u_n(x)$ 的**和函数**,记作 $S(x)=\sum\limits_{n=1}^{\infty}u_n(x)$, $x\in D$.

例如,函数项级数 $\sum\limits_{n=1}^{\infty}x^{n-1}$ 是以 $x$ 为公比的等比级数.当 $|x|<1$ 时,级数 $\sum\limits_{n=1}^{\infty}x^{n-1}$ 是收敛的,所以它的收敛域为 $(-1,1)$,且其和函数为 $S(x)=\dfrac{1}{1-x}$,它的发散域为 $(-\infty,-1]\cup[1,+\infty)$,即 $\sum\limits_{n=1}^{\infty}x^{n-1}=1+x+x^2+\cdots+x^n+\cdots=\dfrac{1}{1-x}$, $x\in(-1,1)$.

设 $\sum\limits_{n=1}^{\infty}u_n(x)$ 的前 $n$ 项部分和记作 $S_n(x)$,和函数为 $S(x)$,则在收敛域内有

$$\lim_{n\to\infty}S_n(x)=S(x),x\in D.$$

在函数项级数 $\sum\limits_{n=1}^{\infty}u_n(x)$ 的收敛域 $D$ 上,$r_n(x)=S(x)-S_n(x)$ 称为级数的余项,显然 $\lim\limits_{n\to\infty}r_n(x)=0$.

下面讨论的都是幂函数的函数项级数,即幂级数.

## 二、幂级数的概念及其敛散性

### 1. 幂级数的概念

**定义 7-7** 形如 $\sum\limits_{n=0}^{\infty}a_n(x-x_0)^n=a_0+a_1(x-x_0)+a_2(x-x_0)^2+\cdots+a_n(x-x_0)^n+\cdots$ 的函数项级数,称为关于 $(x-x_0)$ 的**幂级数**,其中 $x$ 是自变量,常数 $a_0,a_1,\cdots,a_n,\cdots$ 称为幂级数的系数.

当 $x_0=0$ 时,级数 $\sum\limits_{n=0}^{\infty}a_nx^n=a_0+a_1x+a_2x^2+\cdots+a_nx^n+\cdots$ 称为 $x$ 的**幂级数**.

幂级数 $\sum\limits_{n=0}^{\infty}a_n(x-x_0)^n$ 只要作代换 $t=x-x_0$,就变为幂级数 $\sum\limits_{n=0}^{\infty}a_nt^n$ 的形式,因此只要讨论幂级数 $\sum\limits_{n=0}^{\infty}a_nx^n$ 即可.

2. 幂级数的收敛半径、收敛区间及收敛域

**定理 7-8** 对幂级数$\sum\limits_{n=0}^{\infty}a_nx^n$,若极限$\lim\limits_{n\to\infty}\left|\dfrac{a_{n+1}}{a_n}\right|=\rho(0\leqslant\rho\leqslant+\infty)$,则

(1) 若$0<\rho<+\infty$,当$|x|<\dfrac{1}{\rho}$时,幂级数$\sum\limits_{n=0}^{\infty}a_nx^n$绝对收敛,当$|x|>\dfrac{1}{\rho}$时,幂级数$\sum\limits_{n=0}^{\infty}a_nx^n$发散.

(2) 若$\rho=0$,则对一切实数$x$,幂级数$\sum\limits_{n=0}^{\infty}a_nx^n$绝对收敛.

(3) 若$\rho=+\infty$,幂级数$\sum\limits_{n=0}^{\infty}a_nx^n$仅在点$x=0$处收敛.

**证明** 设$u_n=a_nx^n$,用正项级数的比值审敛法得

$$l=\lim_{n\to\infty}\left|\frac{u_{n+1}}{u_n}\right|=\lim_{n\to\infty}\left|\frac{a_{n+1}x^{n+1}}{a_nx^n}\right|=\lim_{n\to\infty}\left|\frac{a_{n+1}x}{a_n}\right|=|x|\lim_{n\to\infty}\left|\frac{a_{n+1}}{a_n}\right|=\rho|x|.$$

所以

(1) 若$0<\rho<+\infty$,当$l=\rho|x|<1$时,即当$|x|<\dfrac{1}{\rho}$时,或$x\in\left(-\dfrac{1}{\rho},\dfrac{1}{\rho}\right)$时,幂级数$\sum\limits_{n=0}^{\infty}a_nx^n$绝对收敛,当$l=\rho|x|>1$时,即当$|x|>\dfrac{1}{\rho}$时,幂级数$\sum\limits_{n=0}^{\infty}a_nx^n$发散.

(2) 若$\rho=0$,则$\forall x\in(-\infty,+\infty)$,$l=\rho|x|=0<1$,所以对一切实数$x$,幂级数$\sum\limits_{n=0}^{\infty}a_nx^n$绝对收敛.

(3) 若$\rho=+\infty$,则当$x\neq0$时,$l=\rho|x|=+\infty>1$,幂级数$\sum\limits_{n=0}^{\infty}a_nx^n$发散;仅当$x=0$时,$l=\rho|x|=0<1$,幂级数$\sum\limits_{n=0}^{\infty}a_nx^n$收敛,所以如果$\rho=+\infty$,则幂级数$\sum\limits_{n=0}^{\infty}a_nx^n$仅在点$x=0$处收敛.

在上述定理中令$R=\dfrac{1}{\rho}$,则得

(1) 当$0<\rho<+\infty$,在区间$(-R,R)$内,幂级数$\sum\limits_{n=0}^{\infty}a_nx^n$绝对收敛;

(2) 当$\rho=0$,在$(-\infty,+\infty)$内幂级数$\sum\limits_{n=0}^{\infty}a_nx^n$绝对收敛,此时$R=+\infty$;

(3) 当$\rho=+\infty$时,幂级数$\sum\limits_{n=0}^{\infty}a_nx^n$仅在$x=0$处收敛,此时$R=0$.

称$R$为幂级数$\sum\limits_{n=0}^{\infty}a_nx^n$的**收敛半径**,$(-R,R)$叫做幂级数$\sum\limits_{n=0}^{\infty}a_nx^n$的**收敛区间**.再结合幂级数$\sum\limits_{n=0}^{\infty}a_nx^n$在$x=\pm R$处的收敛性,可求得$\sum\limits_{n=0}^{\infty}a_nx^n$的**收敛域**.

**例 7-4-1** 求下列幂级数的收敛半径、收敛区间及收敛域:

(1) $\sum\limits_{n=1}^{\infty}\dfrac{x^n}{n}$; (2) $\sum\limits_{n=0}^{\infty}(-1)^n\dfrac{x^n}{n+1}$.

**解** (1) 因为 $a_n=\frac{1}{n}, a_{n+1}=\frac{1}{n+1}$,所以

$$\rho=\lim_{n\to\infty}\left|\frac{a_{n+1}}{a_n}\right|=\lim_{n\to\infty}\frac{n}{(n+1)}=1,$$

因而收敛半径 $R=\frac{1}{\rho}=1$,收敛区间$(-1,1)$.

因为当 $x=1$ 时,级数 $\sum_{n=1}^{\infty}\frac{1}{n}$ 为调和级数,它是发散的;当 $x=-1$ 时,级数 $\sum_{n=1}^{\infty}\frac{(-1)^n}{n}$ 为交错级数,它是收敛的,因此收敛域为$[-1,1)$.

(2) 因为 $a_n=(-1)^n\frac{1}{n+1}, a_{n+1}=(-1)^{n+1}\frac{1}{n+2}$,所以

$$\rho=\lim_{n\to\infty}\left|\frac{a_{n+1}}{a_n}\right|=\lim_{n\to\infty}\left|\frac{(-1)^{n+1}}{n+2}\cdot\frac{n+1}{(-1)^n}\right|=\lim_{n\to\infty}\frac{n+1}{n+2}=1.$$

所以收敛半径为 $R=\frac{1}{\rho}=1$;收敛区间为$(-1,1)$;当 $x=1$ 时,级数 $\sum_{n=0}^{\infty}\frac{(-1)^n}{n+1}$ 为交错级数,它是收敛的;当 $x=-1$ 时,级数 $\sum_{n=0}^{\infty}\frac{1}{n+1}$ 为调和级数,它是发散的. 因此收敛域为$(-1,1]$.

**例 7-4-2** 求幂级数 $\sum_{n=0}^{\infty}\frac{1}{n^2+1}(x-1)^{2n}$ 的收敛域.

**解法一** 作变量代换 $t=(x-1)^2$,将幂级数 $\sum_{n=0}^{\infty}\frac{1}{n^2+1}(x-1)^{2n}$ 化为标准形式

$$\sum_{n=0}^{\infty}\frac{1}{n^2+1}t^n.$$

再用定理公式求

$$\rho=\lim_{n\to\infty}\left|\frac{a_{n+1}}{a_n}\right|=\lim_{n\to\infty}\frac{n^2+1}{(n+1)^2+1}=1,$$

所以收敛半径 $R=\frac{1}{\rho}=1$.

对于级数 $\sum_{n=0}^{\infty}\frac{1}{n^2+1}t^n$,当 $t=1$ 时,$\sum_{n=0}^{\infty}\frac{1}{n^2+1}$ 收敛,当 $t=-1$ 时,$\sum_{n=0}^{\infty}\frac{(-1)^n}{n^2+1}$ 也收敛. 因此级数 $\sum_{n=0}^{\infty}\frac{1}{n^2+1}t^n$ 的收敛域为$[-1,1]$.

所以 $-1\leqslant(x-1)^2\leqslant1$,得 $0\leqslant x\leqslant2$,所以级数 $\sum_{n=0}^{\infty}\frac{1}{n^2+1}(x-1)^{2n}$ 的收敛域为$[0,2]$.

**解法二** 用上述定理证明中的方法,即用比值方法直接求

$$l=\lim_{n\to\infty}\left|\frac{u_{n+1}}{u_n}\right|=\lim_{n\to\infty}\left|\frac{(x-1)^{2n+2}}{(n+1)^2+1}\cdot\frac{n^2+1}{(x-1)^{2n}}\right|=(x-1)^2,$$

所以当 $l=(x-1)^2<1$ 时,即 $0<x<2$ 时,原级数收敛. 当 $x=0,2$ 时,级数

$$\sum_{n=0}^{\infty}\frac{1}{n^2+1}(x-1)^{2n}=\sum_{n=0}^{\infty}\frac{1}{n^2+1}$$

也收敛,所以级数$\sum\limits_{n=0}^{\infty}\frac{1}{n^2+1}(x-1)^{2n}$的收敛域为$[0,2]$.

由此可见,求幂级数的收敛半径和收敛区间时,如果幂级数是标准形式$\sum\limits_{n=0}^{\infty}a_nx^n$,则用定理公式求;如果幂级数不是标准形式$\sum\limits_{n=0}^{\infty}a_nx^n$,可用两种方法:

(1) 通过作变量代换将幂级数化为标准形式,再用定理公式求;

(2) 用定理证明中的方法,即用比值方法直接求.

## 三、幂级数的性质

在将函数展开为幂级数时,或求幂级数的和函数时,经常用到幂级数的以下性质:

设幂级数$\sum\limits_{n=0}^{\infty}a_nx^n=f(x)$,收敛半径为$R_1$,$\sum\limits_{n=0}^{\infty}b_nx^n=g(x)$,收敛半径为$R_2$.

记$R=\min\{R_1,R_2\}$. 则

**性质 7-6(可加性)**

$$\sum_{n=0}^{\infty}a_nx^n\pm\sum_{n=0}^{\infty}b_nx^n=\sum_{n=0}^{\infty}(a_n\pm b_n)x^n=f(x)\pm g(x),x\in(-R,R).$$

**性质 7-7(连续性)**

$$\lim_{x\to x_0}f(x)=\lim_{x\to x_0}\left(\sum_{n=0}^{\infty}a_nx^n\right)=\sum_{n=0}^{\infty}\left(\lim_{x\to x_0}a_nx^n\right)=\sum_{n=0}^{\infty}a_nx_0^n=f(x_0),x_0\in(-R_1,R_1).$$

**性质 7-8(逐项可导性)**

$$f'(x)=\left(\sum_{n=0}^{\infty}a_nx^n\right)'=\sum_{n=0}^{\infty}a_n(x^n)'=\sum_{n=0}^{\infty}a_nnx^{n-1},x\in(-R_1,R_1).$$

**性质 7-9(逐项可积性)**

$$\int_0^x f(x)\mathrm{d}x=\int_0^x\left(\sum_{n=0}^{\infty}a_nx^n\right)\mathrm{d}x=\sum_{n=0}^{\infty}\left(\int_0^x a_nx^n\mathrm{d}x\right)=\sum_{n=0}^{\infty}\frac{a_n}{n+1}x^{n+1},x\in(-R_1,R_1).$$

**例 7-4-3** 求$\sum\limits_{n=1}^{\infty}(-1)^{n-1}\frac{x^n}{n}$的收敛区间、收敛域和和函数,并求$\sum\limits_{n=1}^{\infty}(-1)^{n-1}\frac{1}{n}$.

**解** 因为$\rho=\lim\limits_{n\to\infty}\left|\frac{a_{n+1}}{a_n}\right|=\lim\limits_{n\to\infty}\left|\frac{(-1)^n\frac{1}{n+1}}{(-1)^{n-1}\frac{1}{n}}\right|=\lim\limits_{n\to\infty}\frac{n}{n+1}=1$.

所以幂级数$\sum\limits_{n=1}^{\infty}(-1)^{n-1}\frac{x^n}{n}$的收敛半径$R=\frac{1}{\rho}=1$,即收敛区间为$(-1,1)$. 当$x=1$时,幂级数$\sum\limits_{n=1}^{\infty}(-1)^{n-1}\frac{x^n}{n}=\sum\limits_{n=1}^{\infty}(-1)^{n-1}\frac{1}{n}$为交错级数,它收敛. 当$x=-1$时,幂级数$\sum\limits_{n=1}^{\infty}(-1)^{n-1}\frac{x^n}{n}=-\sum\limits_{n=1}^{\infty}\frac{1}{n}$为调和级数,它发散. 所以收敛域为$(-1,1]$.

设和函数为$S(x)$,即

$$S(x)=\sum_{n=1}^{\infty}(-1)^{n-1}\frac{x^n}{n},$$

则 $S'(x)=\sum\limits_{n=1}^{\infty}(-1)^{n-1}\left(\frac{x^n}{n}\right)'=\sum\limits_{n=1}^{\infty}(-1)^{n-1}x^{n-1}=\sum\limits_{n=1}^{\infty}(-x)^{n-1}=\frac{1}{1+x}.$

所以 $S(x)=\int_0^x\frac{1}{1+x}\mathrm{d}x=\ln(1+x)$，即

$$\sum_{n=1}^{\infty}(-1)^{n-1}\frac{x^n}{n}=\ln(1+x),x\in(-1,1].$$

令 $x=1$ 得 $\sum\limits_{n=1}^{\infty}(-1)^{n-1}\frac{1}{n}=\ln 2.$

**例 7-4-4** 求幂级数 $\sum\limits_{n=1}^{\infty}n^2x^{n-1}$ 的收敛域和和函数.

**解** $\rho=\lim\limits_{n\to\infty}\left|\frac{a_{n+1}}{a_n}\right|=\lim\limits_{n\to\infty}\frac{(n+1)^2}{n^2}=1,R=\frac{1}{\rho}=1.$

所以收敛区间为$(-1,1)$. 当 $x=\pm1$ 时，$\sum\limits_{n=1}^{\infty}(-1)^{n-1}n^2$，$\sum\limits_{n=1}^{\infty}n^2$ 都发散，所以收敛域为$(-1,1)$.

设和函数为 $S(x)=\sum\limits_{n=1}^{\infty}n^2x^{n-1},x\in(-1,1)$，则

$$\begin{aligned}S(x)&=\sum_{n=1}^{\infty}n^2x^{n-1}=\sum_{n=1}^{\infty}(n+1)nx^{n-1}-\sum_{n=1}^{\infty}nx^{n-1}\\&=\sum_{n=1}^{\infty}(x^{n+1})''-\sum_{n=1}^{\infty}(x^n)'=\left(\sum_{n=1}^{\infty}x^{n+1}\right)''-\left(\sum_{n=1}^{\infty}x^n\right)'=\left(\frac{x^2}{1-x}\right)''-\left(\frac{x}{1-x}\right)'\\&=\frac{2}{(1-x)^3}-\frac{1}{(1-x)^2}=\frac{1+x}{(1-x)^3},x\in(-1,1).\end{aligned}$$

求幂级数的和函数，通常在收敛区间内对幂级数逐项求导和逐项积分，将级数化为等比级数 $\sum\limits_{n=0}^{\infty}x^n$ 的形式. 若原幂级数的系数有关于 $n$ 的因子，可先逐项积分，求出和函数后再逐项求导；若原幂级数的系数的分母有关于 $n$ 的因子，可先逐项求导，求出和函数后再逐项积分.

## 习题 7.4

**1.** 求下列幂级数的收敛半径、收敛区间和收敛域：

(1) $\sum\limits_{n=1}^{\infty}\frac{x^n}{2n-1}$；　(2) $\sum\limits_{n=1}^{\infty}\frac{x^n}{n^2+1}$；　(3) $\sum\limits_{n=1}^{\infty}\frac{1}{4^n}x^{2n}$；

(4) $\sum\limits_{n=1}^{\infty}\frac{2^n}{n}(x-1)^n$；　(5) $\sum\limits_{n=1}^{\infty}\left(\frac{1}{2^n}+3^n\right)x^n$.

**2.** 利用逐项求导或逐项积分，求下列各级数的和函数和收敛域：

(1) $\sum\limits_{n=1}^{\infty}\frac{x^n}{n}$；　(2) $\sum\limits_{n=1}^{\infty}nx^{n-1}$；　(3) $\sum\limits_{n=1}^{\infty}\frac{x^{2n}}{2n}$；

(4) $\sum\limits_{n=1}^{\infty}\frac{x^{2n-1}}{2n-1}$；　(5) $\sum\limits_{n=1}^{\infty}(n+1)x^n$.

## §7.5 函数展开成幂级数

在上一节中，我们利用幂级数的性质等方法求幂级数的和函数及其收敛域，本节我们考虑相反的问题：已知给定函数 $f(x)$，求它的幂级数，使它在某个区间上收敛，而且其和函数就是 $f(x)$. 这样做的意义在于，我们可以用一个幂级数来逼近这个函数 $f(x)$，也就是说，我们可以用幂级数来计算函数 $f(x)$ 的近似值. 例如，可以计算 $\sin x$，$\cos x$，$\ln x$，$\arctan x$，$e^x$ 等函数的近似值.

### 一、泰勒(Taylor)级数的概念

如果函数 $f(x)$ 在 $x_0$ 的某邻域内具有任意阶导数，则称幂函数

$$\sum_{n=0}^{\infty}\frac{f^{(n)}(x_0)}{n!}(x-x_0)^n=$$

$$f(x_0)+f'(x_0)(x-x_0)+\frac{f''(x_0)}{2!}(x-x_0)^2+\cdots+\frac{f^{(n)}(x_0)}{n!}(x-x_0)^n+\cdots$$

为函数 $f(x)$ 在 $x_0$ 处的**泰勒(Taylor)级数**，

$$f(x)=f(x_0)+\cdots+\frac{f^{(n)}(x_0)}{n!}(x-x_0)^n+R_n(x),$$

称为 $f(x)$ 的**泰勒公式**，$R_n(x)=\frac{f^{(n+1)}(\xi)}{(n+1)!}(x-x_0)^{n+1}$ 称为拉格朗日(Lagrange)型余项，其中 $\xi$ 在 $x_0$ 和 $x$ 之间.

当 $n=0$ 时，得到：$f(x)=f(x_0)+f'(\xi)(x-x_0)$，这就是拉格朗日中值定理.

在泰勒级数中，令 $x_0=0$，得幂级数

$$\sum_{n=0}^{\infty}\frac{f^{(n)}(0)}{n!}x^n=f(0)+f'(0)x+\frac{f''(0)}{2!}x^2+\cdots+\frac{f^{(n)}(0)}{n!}x^n+\cdots,$$

称为函数 $f(x)$ 的**麦克劳林(Maclaurin)级数**，即

$$f(x)=f(0)+f'(0)x+\frac{f''(0)}{2!}x^2+\cdots+\frac{f^{(n)}(0)}{n!}x^n+R_n(x),$$

其中 $R_n(x)=\frac{f^{(n+1)}(\xi)}{(n+1)!}x^{n+1}$，$\xi$ 在 0 和 $x$ 之间.

**定理 7-9** 设 $f(x)$ 在 $x_0$ 的某邻域内有任意阶导数，则 $f(x)$ 在 $x_0$ 处的泰勒级数在该区间内收敛于 $f(x)$ 的充要条件是在该邻域内满足 $\lim\limits_{n\to\infty}R_n(x)=0$.

**定理 7-10** 如果 $f(x)$ 在 $x_0$ 的某邻域内可以展开为 $x-x_0$ 的幂级数 $\sum\limits_{n=0}^{\infty}a_n(x-x_0)^n$，则必有

$$a_n=\frac{f^{(n)}(x_0)}{n!}\ (n\in\mathbf{N}).$$

这就是说，如果函数 $f(x)$ 在 $x_0$ 的某个邻域内展开成 $(x-x_0)$ 的幂级数，则它必定在这

个邻域内具有任意阶导数，而且其展开式是唯一的，它就是 $f(x)$ 在 $x_0$ 处的泰勒级数. 如果 $f(x)$ 在 0 的某个邻域内展开成 $x$ 的幂级数，则其展开式也是唯一的，它就是 $f(x)$ 的麦克劳林级数.

## 二、函数 $f(x)$ 展开为幂级数的方法

1. 直接展开法

直接展开法是指直接运用麦克劳林级数，将函数 $f(x)$ 展开为 $x$ 的幂级数，通常按下列步骤进行：

第一步　求出 $f(x)$ 在 $x=0$ 处的各阶导数 $f^{(n)}(0)$；

第二步　写出幂级数 $f(0)+f'(0)x+\frac{f''(0)}{2!}x^2+\cdots+\frac{f^{(n)}(0)}{n!}x^n+\cdots$，并求其收敛半径 $R$；

第三步　证明 $\lim\limits_{n\to\infty}R_n(x)=\lim\limits_{n\to\infty}\frac{f^{(n+1)}(\xi)}{(n+1)!}x^{n+1}=0$ 是否成立（$-R<x<R$，$\xi$ 在 0 与 $x$ 之间），如果成立，则得到 $f(x)$ 关于 $x$ 的幂级数展开式.

$$f(x)=\sum_{n=0}^{\infty}\frac{f^{(n)}(0)}{n!}x^n, x\in(-R,R).$$

**例 7-5-1**　将函数 $f(x)=\mathrm{e}^x$ 展开成 $x$ 的幂级数.

**解**　因为 $f^{(n)}(x)=\mathrm{e}^x\quad(n\in\mathbf{N})$，所以 $f^{(n)}(0)=1$，于是 $f(x)=\mathrm{e}^x$ 的麦克劳林级数为

$$1+x+\frac{1}{2!}x+\cdots+\frac{1}{n!}x^n+\cdots,$$

$\rho=\lim\limits_{n\to\infty}\left|\frac{a_{n+1}}{a_n}\right|=\lim\limits_{n\to\infty}\frac{n!}{(n+1)!}=0$，所以收敛半径为 $R=\frac{1}{\rho}=+\infty$.

对于任意取定的 $x\in(-\infty,+\infty)$，因为 $\xi$ 在 0 与 $x$ 之间，所以 $\mathrm{e}^{\xi}<\mathrm{e}^{|x|}$，

$$|R_n(x)|=\left|\frac{f^{(n+1)}(\xi)}{(n+1)!}\right|\cdot|x|^{n+1}=\frac{\mathrm{e}^{\xi}}{(n+1)!}|x|^{n+1}<\frac{\mathrm{e}^{|x|}}{(n+1)!}|x|^{n+1}.$$

$\mathrm{e}^{|x|}$ 与 $n$ 无关，而 $\frac{|x|^{n+1}}{(n+1)!}$ 是收敛级数 $\sum\limits_{n=0}^{\infty}\frac{|x|^n}{n!}$ 的通项，故有 $\lim\limits_{n\to\infty}\frac{|x|^{n+1}}{(n+1)!}=0$，

所以 $0\leqslant\lim\limits_{n\to\infty}|R_n(x)|=\lim\limits_{n\to\infty}\frac{\mathrm{e}^{\xi}}{(n+1)!}|x|^{n+1}\leqslant\lim\limits_{n\to\infty}\frac{\mathrm{e}^{x}}{(n+1)!}|x|^{n+1}=0$.

所以 $\lim\limits_{n\to\infty}R_n(x)=0$.

所以 $\mathrm{e}^x=1+x+\frac{1}{2!}x^2+\cdots+\frac{1}{n!}x^n+\cdots\quad(-\infty<x<+\infty)$.

**例 7-5-2**　将函数 $f(x)=\sin x$ 展开成 $x$ 的幂级数.

**解**　$f^{(n)}(x)=(\sin x)^{(n)}=\sin\left(x+\frac{n}{2}\pi\right)\quad(n\in\mathbf{N})$，

$f(0)=0, f'(0)=1, f''(0)=0, f'''(0)=-1,\cdots$，依次循环取四个数 $0,1,0,-1,\cdots$

所以 $f(x)=\sin x$ 的幂级数为

$$x-\frac{1}{3!}x^3+\frac{1}{5!}x^5-\frac{1}{7!}x^7+\cdots+\frac{(-1)^n}{(2n+1)!}x^{2n+1}+\cdots,$$

其收敛半径 $R=+\infty$.

可以证明：$\lim\limits_{n\to\infty}R_n(x)=0$.

所以 $\sin x=x-\frac{1}{3!}x^3+\frac{1}{5!}x^5-\frac{1}{7!}x^7+\cdots+\frac{(-1)^n}{(2n+1)!}x^{2n+1}+\cdots, x\in(-\infty,+\infty)$.

在直接展开法中求函数的任意阶导数和证明余项极限 $\lim\limits_{n\to\infty}R_n(x)=0$ 是很麻烦的，下面介绍间接展开法，可以避免上述繁琐的计算.

2. 间接展开法

间接展开法是指利用已知的幂级数展开式，运用幂级数的运算性质、变量替换等方法，求出其他函数的幂级数展开式. 在间接展开法中，常用的幂级数展开式有三个，应记住.

(1) $\frac{1}{1+x}=\sum\limits_{n=0}^{\infty}(-1)^n x^n=1-x+x^2-\cdots+(-1)^n x^n+\cdots, x\in(-1,1)$；

(2) $e^x=\sum\limits_{n=0}^{\infty}\frac{x^n}{n!}=1+x+\frac{1}{2!}x^2+\cdots+\frac{1}{n!}x^n+\cdots, x\in(-\infty,+\infty)$；

(3) $\sin x=\sum\limits_{n=0}^{\infty}(-1)^n\frac{x^{2n+1}}{(2n+1)!}=x-\frac{1}{3!}x^3+\frac{1}{5!}x^5-\frac{1}{7!}x^7+\cdots+\frac{(-1)^n}{(2n+1)!}x^{2n+1}+\cdots$, $x\in(-\infty,+\infty)$.

**例 7-5-3** 将函数 $f(x)=\cos x$ 展开成 $x$ 的幂级数.

**解** $\cos x=(\sin x)'$，而

$$\sin x=x-\frac{1}{3!}x^3+\frac{1}{5!}x^5+\cdots+\frac{(-1)^n}{(2n+1)!}x^{2n+1}+\cdots, x\in(-\infty,+\infty).$$

逐项求导得 $\cos x$ 关于 $x$ 的幂级数展开式：

$$\cos x=1-\frac{1}{2!}x^2+\frac{1}{4!}x^4+\cdots+\frac{(-1)^n}{(2n)!}x^{2n}+\cdots, x\in(-\infty,+\infty).$$

**例 7-5-4** 将函数 $f(x)=\arctan x$ 展开成 $x$ 的幂级数.

**解** 因为 $$\frac{1}{1+x}=\sum_{n=0}^{\infty}(-1)^n x^n, x\in(-1,1),$$

所以 $(\arctan x)'=\frac{1}{1+x^2}=\sum\limits_{n=0}^{\infty}(-1)^n(x^2)^n=\sum\limits_{n=0}^{\infty}(-1)^n x^{2n}\quad(-1<x<1)$.

逐项积分得 $\arctan x$ 关于 $x$ 的幂级数展开式：

$$\text{所以}\arctan x=\int_0^x\frac{1}{1+x^2}dx=\sum_{n=0}^{\infty}(-1)^n\int_0^x x^{2n}dx=\sum_{n=0}^{\infty}(-1)^n\frac{1}{2n+1}x^{2n+1}$$

$$=x-\frac{1}{3}x^3+\frac{1}{5}x^5+\cdots+(-1)^n\frac{1}{2n+1}x^{2n+1}+\cdots, x\in[-1,1].$$

**注意** 因为上述级数在 $x=\pm1$ 时收敛，所以收敛域为 $[-1,1]$.

**例 7-5-5** 将函数 $f(x)=\ln(1+x)$ 展开成 $x$ 的幂级数.

**解** $\frac{1}{1+x}=\sum\limits_{n=0}^{\infty}(-1)^n x^n=1-x+x^2-\cdots+(-1)^n x^n+\cdots, x\in(-1,1)$.

逐项积分得 $\ln(1+x)$ 关于 $x$ 的幂级数展开式：

$$\ln(1+x)=\sum_{n=0}^{\infty}\int_0^x(-1)^n x^n \mathrm{d}x=\sum_{n=0}^{\infty}(-1)^n\frac{x^{n+1}}{n+1}$$
$$=x-\frac{x^2}{2}+\frac{x^3}{3}-\frac{x^4}{4}+\cdots+(-1)^{n-1}\frac{x^n}{n}+\cdots,x\in(-1,1).$$

因为上述级数在 $x=1$ 时收敛，在 $x=-1$ 时发散，所以收敛域为 $(-1,1]$.

即 $\ln(1+x)=x-\frac{x^2}{2}+\frac{x^3}{3}-\frac{x^4}{4}+\cdots+(-1)^{n-1}\frac{x^n}{n}+\cdots,x\in(-1,1]$.

令 $x=1$ 得：$1-\frac{1}{2}+\frac{1}{3}-\frac{1}{4}+\cdots+(-1)^{n-1}\frac{1}{n}+\cdots=\ln 2$.

**例 7-5-6** 将下列函数展开成 $x$ 的幂级数：

(1) $f(x)=\mathrm{e}^{-x}$； (2) $f(x)=\frac{1}{2-x}$.

**解** (1) 因为 $\mathrm{e}^x=\sum_{n=0}^{\infty}\frac{x^n}{n!},x\in(-\infty,+\infty)$，

所以 $\mathrm{e}^{-x}=\sum_{n=0}^{\infty}\frac{(-x)^n}{n!}=\sum_{n=0}^{\infty}(-1)^n\frac{x^n}{n!},x\in(-\infty,+\infty)$.

(2) 因为 $\frac{1}{1-x}=1+x+x^2+\cdots+x^n+\cdots,x\in(-1,1)$，

所以 $f(x)=\frac{1}{2-x}=\frac{1}{2}\cdot\frac{1}{1-\frac{x}{2}}$

$$=\frac{1}{2}\left[1+\frac{x}{2}+\left(\frac{x}{2}\right)^2+\cdots+\left(\frac{x}{2}\right)^n+\cdots\right],\frac{x}{2}\in(-1,1).$$

即 $\frac{1}{2-x}=\sum_{n=1}^{\infty}\frac{x^{n-1}}{2^n},x\in(-2,2)$.

**例 7-5-7** 将函数 $f(x)=\frac{1}{x+2}$ 展开成 $x-1$ 的幂函数.

**解** 因为 $\frac{1}{1+x}=\sum_{n=0}^{\infty}(-1)^n x^n,x\in(-1,1)$，

所以 $f(x)=\frac{1}{x+2}=\frac{1}{3+x-1}$

$$=\frac{1}{3}\cdot\frac{1}{1+\frac{x-1}{3}}=\frac{1}{3}\sum_{n=0}^{\infty}(-1)^n\left(\frac{x-1}{3}\right)^n,\frac{x-1}{3}\in(-1,1).$$

即 $\frac{1}{x+2}=\sum_{n=0}^{\infty}\frac{1}{3^{n+1}}(-1)^n(x-1)^n,x\in(-2,4)$.

## 习题 7.5

**1.** 将下列函数展开成 $x$ 的幂级数：

(1) $f(x)=x\mathrm{e}^{-x}$； (2) $f(x)=\frac{1}{3-x}$；

(3) $f(x)=\frac{1}{(1-x)^2}$； (4) $f(x)=\ln(4+x)$；

(5) $f(x)=\sin^2 x$;　　　　(6) $f(x)=(1+x)\ln(1+x)$.

**2.** 将函数 $f(x)=\ln(1+x)$展开成 $x-2$ 的幂级数.

## §7.6 傅里叶级数

傅里叶(Fourier,1768－1830,法国数学家、物理学家)在 1822 年发表的名著 *The Analytical Theory of Heat*(热的解析理论)一书中提出,一类广泛的函数 $f(x)$可表示为三角级数(后被称为傅里叶级数),即

$$f(x)=\frac{a_0}{2}+\sum_{n=1}^{\infty}(a_n\cos nx+b_n\sin nx).$$

傅里叶级数理论在解决周期现象问题(例如,振动,声、光、电的波动,天体运动等)中是一个强有力的工具.

### 一、三角级数、三角函数系的正交性

形如$\frac{a_0}{2}+\sum\limits_{n=1}^{\infty}(a_n\cos nx+b_n\sin nx)$的级数称为**三角级数**,其中 $a_0,a_n,b_n(n=1,2,\cdots)$都是常数.

三角函数集合$\{1,\sin x,\cos x,\sin 2x,\cos 2x,\cdots,\sin nx,\cos nx,\cdots\}$称为**三角函数系**.

三角函数系中任何两个不同的函数的乘积在区间$[-\pi,\pi]$上的积分恒等于零(不难计算),即

$$\int_{-\pi}^{\pi}\sin mx\cdot\sin nx\,dx=0(m\neq n);\int_{-\pi}^{\pi}\cos mx\cdot\cos nx\,dx=0(m\neq n);$$

$$\int_{-\pi}^{\pi}\sin mx\cdot\cos nx\,dx=0;\qquad\int_{-\pi}^{\pi}\sin mx\,dx=0;$$

$$\int_{-\pi}^{\pi}\cos mx\,dx=0(m,n=1,2,3,\cdots).$$

上述性质称为三角函数系的**正交性**.

三角函数系中除 1 外的任何一个函数的平方在区间$[-\pi,\pi]$上的积分都等于 $\pi$,即

$$\int_{-\pi}^{\pi}\sin^2 nx\,dx=\int_{-\pi}^{\pi}\cos^2 nx\,dx=\pi\quad(n=1,2,3,\cdots).$$

### 二、以 2π 为周期的函数展开为傅里叶级数

设函数 $f(x)$以 $2\pi$ 为周期,在$[-\pi,\pi]$上可积,且可展开为在区间$[-\pi,\pi]$上可逐项积分的三角级数:

$$f(x)=\frac{a_0}{2}+\sum_{n=1}^{\infty}(a_n\cos nx+b_n\sin nx).\tag{7-2}$$

将上式两端在$[-\pi,\pi]$上积分,由三角函数系的正交性,得

$$\int_{-\pi}^{\pi}f(x)dx=a_0\int_{-\pi}^{\pi}\frac{1}{2}dx+\sum_{n=1}^{\infty}\left[a_n\int_{-\pi}^{\pi}\cos nx\,dx+b_n\int_{-\pi}^{\pi}\sin nx\,dx\right]=a_0\pi,$$

所以 $a_0=\frac{1}{\pi}\int_{-\pi}^{\pi}f(x)\mathrm{d}x$.

用 $\cos kx(k=1,2,\cdots)$乘(7-1) 式的两边，再在$[-\pi,\pi]$上积分，并运用三角函数系的正交性得：

$$\int_{-\pi}^{\pi}f(x)\cos kx\mathrm{d}x=\int_{-\pi}^{\pi}\frac{a_0}{2}\cos kx\mathrm{d}x+\sum_{n=1}^{\infty}\left[a_n\int_{-\pi}^{\pi}\cos kx\cos nx\mathrm{d}x+b_n\int_{-\pi}^{\pi}\cos kx\sin nx\mathrm{d}x\right]$$

$$=a_k\int_{-\pi}^{\pi}\cos^2 kx\mathrm{d}x=a_k\pi,(k=1,2,\cdots)$$

所以 $a_k=\frac{1}{\pi}\int_{-\pi}^{\pi}f(x)\cos kx\mathrm{d}x.\ (k=1,2,\cdots)$

再用 $\sin kx$ 乘(7-1) 式的两边，再在$[-\pi,\pi]$上积分，同理可得：

$$b_k=\frac{1}{\pi}\int_{-\pi}^{\pi}f(x)\sin kx\mathrm{d}x.\ (k=1,2,\cdots)$$

我们称公式 $\begin{cases}a_n=\frac{1}{\pi}\int_{-\pi}^{\pi}f(x)\cos nx\mathrm{d}x & (n=0,1,2,\cdots)\\ b_n=\frac{1}{\pi}\int_{-\pi}^{\pi}f(x)\sin nx\mathrm{d}x & (n=1,2,\cdots)\end{cases}$

为**欧拉-傅里叶**公式，称由该公式确定的 $a_n,b_n$ 为 $f(x)$ 的**傅里叶系数**，并称(7-1) 式右端的级数$\frac{a_0}{2}+\sum_{n=1}^{\infty}(a_n\cos nx+b_n\sin nx)$为**傅里叶级数**.

问题是：函数 $f(x)$满足什么条件，才能使由上述方法计算得到的傅里叶级数收敛，而且收敛于 $f(x)$? 这就是下面著名的收敛定理.

**定理 7-11(收敛定理，狄利克雷(Dirichlet)充分条件)** 设 $f(x)$是周期为 $2\pi$ 的周期函数，满足条件：

(1) 在一个周期内连续或只有有限个第一类间断点；

(2) 在一个周期内至多只有有限个极值点.

则 $f(x)$的傅里叶级数收敛，而且：当 $x$ 为 $f(x)$的连续点时，级数收敛于 $f(x)$；当 $x$ 为 $f(x)$的第一类间断点时，级数收敛于$\frac{1}{2}[f(x+0)+f(x-0)]$. 即

$$\frac{a_0}{2}+\sum_{n=1}^{\infty}(a_n\cos nx+b_n\sin nx)=\begin{cases}f(x) & x\text{ 为连续点}\\ \frac{1}{2}[f(x+0)+f(x-0)] & x\text{ 为第一类间断点}\end{cases}$$

**例 7-6-1** 以 $2\pi$ 为周期的脉冲电压函数 $f(t)$在$[-\pi,\pi)$上的表达式为：

$$f(t)=\begin{cases}0 & -\pi\leqslant t<0\\ t & 0\leqslant t<\pi\end{cases},$$

求 $f(t)$ 的傅里叶级数，并求：$\sum_{n=1}^{\infty}\frac{1}{(2n-1)^2}$ 及$\sum_{n=1}^{\infty}\frac{(-1)^{n+1}}{2n-1}$.

**解** 先计算傅里叶系数：

$$a_0=\frac{1}{\pi}\int_{-\pi}^{\pi}f(t)\mathrm{d}t=\frac{1}{\pi}\int_{0}^{\pi}t\mathrm{d}t=\frac{1}{2\pi}t^2\Big|_0^{\pi}=\frac{\pi}{2}.$$

$$a_n = \frac{1}{\pi}\int_{-\pi}^{\pi} f(t)\cos nt\,dt = \frac{1}{\pi}\int_0^{\pi} t\cos nt\,dt$$
$$= \frac{1}{\pi}\int_0^{\pi} t\,d\left(\frac{1}{n}\sin nt\right) = \frac{t}{\pi n}\sin nt\Big|_0^{\pi} - \frac{1}{\pi n}\int_0^{\pi}\sin nt\,dt$$
$$= \frac{1}{n^2\pi}\cos nt\Big|_0^{\pi} = \frac{1}{n^2\pi}[(-1)^n - 1]$$
$$= \begin{cases} 0 & n\text{ 为偶数} \\ -\dfrac{2}{n^2\pi} & n\text{ 为奇数} \end{cases} \quad (n = 1,2,\cdots).$$
$$b_n = \frac{1}{\pi}\int_{-\pi}^{\pi} f(t)\sin nt\,dt = \frac{1}{\pi}\int_0^{\pi} t\sin nt\,dt$$
$$= -\frac{1}{\pi}\int_0^{\pi} t\,d\left(\frac{1}{n}\cos nt\right) = \frac{-t}{n\pi}\cos nt\Big|_0^{\pi} + \frac{1}{n\pi}\int_0^{\pi}\cos nt\,dt$$
$$= \frac{(-1)^{n+1}\pi}{n\pi} + \frac{1}{n^2\pi}\sin nt\Big|_0^{\pi} = \frac{(-1)^{n+1}}{n}(n = 1,2,\cdots).$$

由 $f(t)$ 的图像(如图 7-1)知,$f(t)$ 的间断点为:$t=(2k-1)\pi(k\in\mathbf{Z})$.

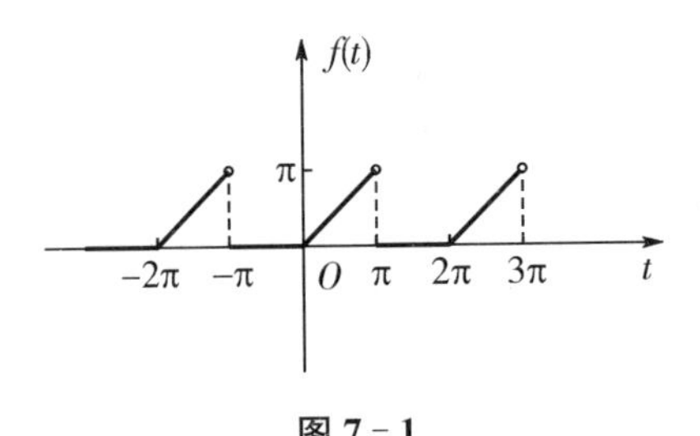


图 7-1

所以 $f(t)$ 的傅里叶级数为:

$$f(t)=\frac{\pi}{4}-\frac{2}{\pi}\left[\cos t+\frac{1}{3^2}\cos 3t+\cdots+\frac{1}{(2n-1)^2}\cos (2n-1)t+\cdots\right]$$
$$+\left[\sin t-\frac{1}{2}\sin 2t+\frac{1}{3}\sin 3t-\cdots+\frac{(-1)^{n+1}}{n}\sin nt+\cdots\right]. \quad (7-3)$$

$t\neq(2k-1)\pi.(k\in\mathbf{Z})$

该和函数的图像如图 7-2 所示.

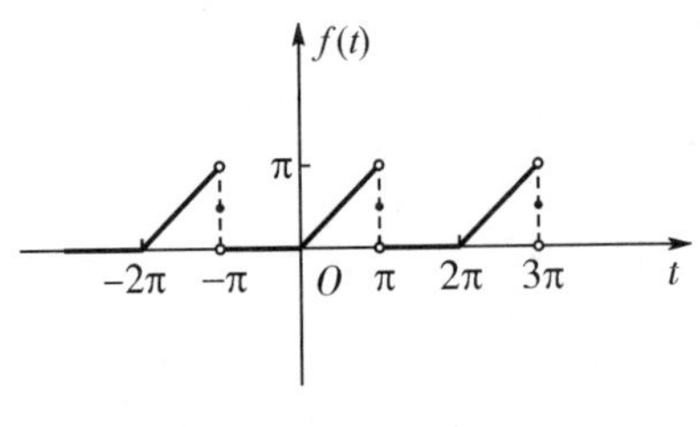


图 7-2

将 $t=0$ 代入(7-2)式得:左边$=f(0)=0$,

右边$=\dfrac{\pi}{4}-\dfrac{2}{\pi}\left[1+\dfrac{1}{3^2}+\dfrac{1}{5^2}+\cdots+\dfrac{1}{(2n-1)^2}+\cdots\right]$,

所以 $\sum\limits_{n=1}^{\infty}\frac{1}{(2n-1)^2}=\frac{\pi^2}{8}$.

再将 $t=\frac{\pi}{2}$ 代入(7-2)式得:左边 $=f\left(\frac{\pi}{2}\right)=\frac{\pi}{2}$,

右边 $=\frac{\pi}{4}+\left[1-\frac{1}{3}+\frac{1}{5}-\cdots+\frac{(-1)^{n+1}}{(2n-1)}+\cdots\right]$,

所以 $\sum\limits_{n=1}^{\infty}\frac{(-1)^{n+1}}{(2n-1)}=\frac{\pi}{4}$.

## 三、正弦级数与余弦级数

设 $f(x)$ 为以 $2\pi$ 为周期的奇函数,则由积分运算性质得:

$$a_n=\frac{1}{\pi}\int_{-\pi}^{\pi}f(x)\cos nx\,\mathrm{d}x=0(n=0,1,2,\cdots).$$

$$b_n=\frac{1}{\pi}\int_{-\pi}^{\pi}f(x)\sin nx\,\mathrm{d}x=\frac{2}{\pi}\int_{0}^{\pi}f(x)\sin nx\,\mathrm{d}x(n=1,2,\cdots).$$

所以奇函数 $f(x)$ 的傅里叶级数是正弦级数 $\sum\limits_{n=1}^{\infty}b_n\sin nx$.

若 $f(x)$ 为以 $2\pi$ 为周期的偶函数,则同理可得:

$$a_n=\frac{1}{\pi}\int_{-\pi}^{\pi}f(x)\cos nx\,\mathrm{d}x=\frac{2}{\pi}\int_{0}^{\pi}f(x)\cos nx\,\mathrm{d}x(n=0,1,2,\cdots).$$

$$b_n=\frac{1}{\pi}\int_{-\pi}^{\pi}f(x)\sin nx\,\mathrm{d}x=0(n=1,2,\cdots).$$

所以周期为 $2\pi$ 的偶函数的傅里叶级数是余弦级数 $\frac{a_0}{2}+\sum\limits_{n=1}^{\infty}a_n\cos nx$.

**例 7-6-2** 将函数 $f(x)=x+1(0\leqslant x\leqslant\pi)$ 分别展成正弦级数和余弦级数.

**解** 只要将 $f(x)$ 在 $(-\pi,0)$ 上进行奇(偶)延拓,就可得到相应的正(余)弦级数. 先将 $f(x)$ 进行奇延拓(如图 7-3),得:$a_n=0(n=0,1,2,\cdots)$.

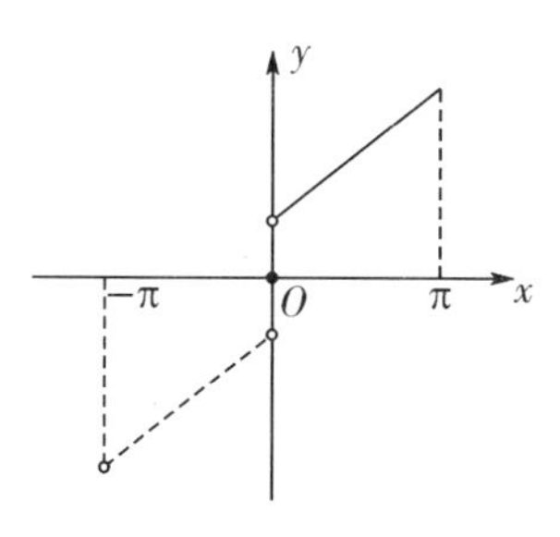


图 7-3 奇延拓

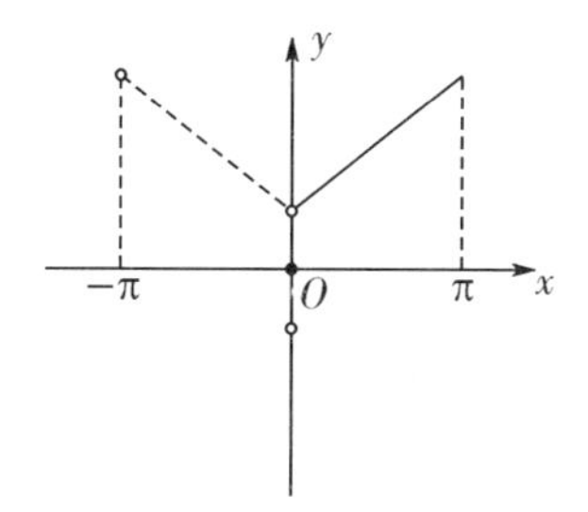


图 7-4 偶延拓

$$b_n=\frac{2}{\pi}\int_0^{\pi}f(x)\sin nx\,\mathrm{d}x=\frac{2}{\pi}\int_0^{\pi}(x+1)\sin nx\,\mathrm{d}x$$

$$=-\frac{2}{n\pi}\int_0^{\pi}(x+1)\mathrm{d}(\cos nx)=-\frac{2(x+1)}{n\pi}\cos nx\Big|_0^{\pi}+\frac{2}{n\pi}\int_0^{\pi}\cos nx\,\mathrm{d}x$$

$$=\frac{2}{n\pi}[1+(-1)^{n+1}(\pi+1)]=\begin{cases}\frac{2(\pi+2)}{n\pi} & n\text{ 为奇数}\\ -\frac{2}{n} & n\text{ 为偶数}\end{cases}.$$

当 $x=0,\pi$ 时，该级数收敛于 0. 所以 $f(x)$ 的傅里叶级数为

$$f(x)=\frac{2}{\pi}\left[(\pi+2)\sin x-\frac{\pi}{2}\sin 2x+\frac{1}{3}(\pi+2)\sin 3x-\frac{\pi}{4}\sin 4x+\cdots\right],x\in(0,\pi).$$

再将 $f(x)$ 偶延拓，将它展开为余弦级数（如图 7 - 4）.

此时：$b_n=0.(n=1,2,\cdots)$

$$a_0=\frac{2}{\pi}\int_0^\pi f(x)\mathrm{d}x=\frac{2}{\pi}\int_0^\pi(x+1)\mathrm{d}x=\frac{1}{\pi}(x+1)^2\Big|_0^\pi=\pi+2.$$

$$a_n=\frac{2}{\pi}\int_0^\pi f(x)\cos nx\mathrm{d}x=\frac{2}{\pi}\int_0^\pi(x+1)\cos nx\mathrm{d}x$$

$$=\frac{2}{n\pi}\int_0^\pi(x+1)\mathrm{d}(\sin nx)=\frac{2(x+1)}{n\pi}\sin nx\Big|_0^\pi-\frac{2}{n\pi}\int_0^\pi\sin nx\mathrm{d}x$$

$$=\frac{2}{n^2\pi}\cos nx\Big|_0^\pi=\frac{2}{n^2\pi}[(-1)^n-1]=\begin{cases}-\dfrac{4}{n^2\pi} & n\text{ 为奇数}\\ 0 & n\text{ 为偶数}\end{cases}(n=1,2,\cdots).$$

在 $x=0$ 处，级数收敛于 $f(0+0)=1=f(0)$.

在 $x=\pi$ 处，级数收敛于 $f(\pi-0)=\pi+1=f(\pi)$，所以 $f(x)$ 的傅里叶级数为

$$x+1=\frac{\pi+2}{2}-\frac{4}{\pi}\left(\cos x+\frac{1}{3^2}\cos 3x+\frac{1}{5^2}\cos 5x+\cdots\right),x\in[0,\pi].$$

通过以上分析和例题可知，以 $2\pi$ 为周期的函数和定义在 $[-\pi,\pi]$ 上的函数，它们的傅里叶级数是唯一的，但定义在 $[0,\pi]$ 上的函数 $f(x)$，将 $f(x)$ 在 $(-\pi,0)$ 上奇（偶）延拓时，$f(x)$ 的傅里叶级数为正（余）弦级数，如果进行其他的不同的延拓，$f(x)$ 的傅里叶级数也随之不同. 因此定义在 $[0,\pi]$ 上的函数的傅里叶级数不唯一.

## 四、以 $2l$ 为周期的函数展为傅里叶级数

前面讨论了以 $2\pi$ 为周期的函数展为傅里叶级数的方法. 但在实际问题中，函数的周期不一定是 $2\pi$，所以需要讨论一般周期函数，即以 $2l(l>0)$ 为周期的函数展开为傅里叶级数的方法.

设 $f(x)$ 以 $2l$ 为周期，而且满足收敛定理条件，作变换：$x=\frac{l}{\pi}t$. 则 $f(x)=f\left(\frac{l}{\pi}t\right)=\varphi(t)$. 当 $x$ 在 $[-l,l]$ 上取值时，$t$ 相应地在 $[-\pi,\pi]$ 上取值，因为 $f(x)$ 以 $2l$ 为周期，所以：

$$f(x+2l)=f(x)\Rightarrow\varphi(t+2\pi)=f\left[\frac{l}{\pi}(t+2\pi)\right]=f\left(\frac{l}{\pi}t+2l\right)=f(x+2l)=f(x)=\varphi(t).$$

所以 $\varphi(t)$ 以 $2\pi$ 为周期，而且满足收敛定理条件（因为 $\varphi(t)=f(x)$）. 从而由上一节讨论的结果知，$\varphi(t)$ 可展为傅里叶级数：

$$\frac{a_0}{2}+\sum_{n=1}^{\infty}(a_n\cos nt+b_n\sin nt).$$

其中：$a_0=\frac{1}{\pi}\int_{-\pi}^{\pi}\varphi(t)\mathrm{d}t$；$a_n=\frac{1}{\pi}\int_{-\pi}^{\pi}\varphi(t)\cos nt\mathrm{d}t(n=1,2,\cdots)$；

$$b_n=\frac{1}{\pi}\int_{-\pi}^{\pi}\varphi(t)\sin nt\mathrm{d}t(n=1,2,\cdots).$$

在上述各式中，将 $t$ 换回 $x$，即将 $t=\frac{\pi}{l}x$ 代入上述各式，并注意 $\varphi(t)=f(x)$，得到以 $2l$

为周期的函数 $f(x)$ 的傅里叶级数为：

$$\frac{a_0}{2}+\sum_{n=1}^{\infty}\left(a_n\cos\frac{n\pi x}{l}+b_n\sin\frac{n\pi x}{l}\right).$$

其中：$a_0=\frac{1}{l}\int_{-l}^{l}f(x)\mathrm{d}x$；

$a_n=\frac{1}{l}\int_{-l}^{l}f(x)\cos\frac{n\pi x}{l}\mathrm{d}x(n=1,2,\cdots)$；

$b_n=\frac{1}{l}\int_{-l}^{l}f(x)\sin\frac{n\pi x}{l}\mathrm{d}x(n=1,2,\cdots)$.

**注意**　$a_0$ 与 $a_n$ 分开写，主要是因为 $a_0$ 经常需要单独计算(当 $a_n$ 的表达式中，要求 $n\neq 0$ 时).

特别，当 $f(x)$ 为奇函数，且满足收敛定理条件时，$f(x)$ 的傅里叶级数为：$\sum_{n=1}^{\infty}b_n\sin\frac{n\pi x}{l}$，其中，$b_n=\frac{2}{l}\int_{0}^{l}f(x)\sin\frac{n\pi x}{l}\mathrm{d}x(n=1,2,\cdots)$.

当 $f(x)$ 为偶函数，且满足收敛定理条件时，$f(x)$ 的傅里叶级数为：

$$\frac{a_0}{2}+\sum_{n=1}^{\infty}a_n\cos\frac{n\pi x}{l},$$

$$a_0=\frac{2}{l}\int_{0}^{l}f(x)\mathrm{d}x,a_n=\frac{2}{l}\int_{0}^{l}f(x)\cos\frac{n\pi x}{l}\mathrm{d}x(n=1,2,\cdots).$$

上节中讨论的关于周期延拓的方法对以 $2l$ 为周期的函数仍适用.

**例 7-6-3**　设以 2 为周期的脉冲电压(或电流)函数 $f(t)$ 的表达式为：$f(t)=\begin{cases}t & 0\leqslant t\leqslant 1\\ 0 & 1<t\leqslant 2\end{cases}$，脉冲图形如图 7-5 所示.

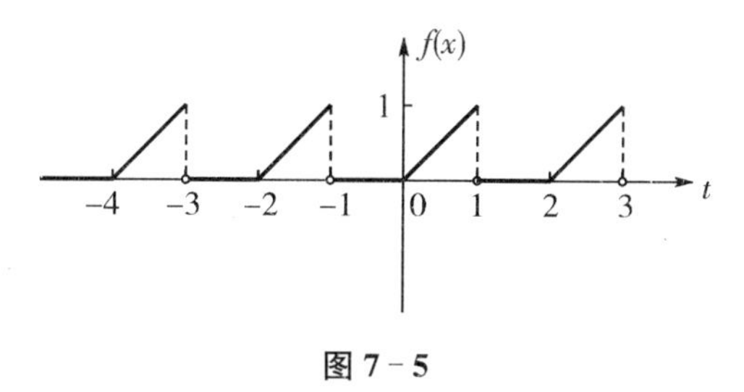


**图 7-5**

其中 $t$ 表示时间，将 $f(t)$ 展开为傅里叶级数.

**解**　如图 7-5 所示，$f(t)$ 的间断点为：$t=2n-1(n\in\mathbf{Z})$，$l=1$. 因为 $f(t)$ 是以 $2l$ 为周期的函数. 由周期函数的定积分性质，得：

$$a_0=\frac{1}{l}\int_{-l}^{l}f(t)\mathrm{d}t=\frac{1}{l}\int_{0}^{2l}f(t)\mathrm{d}t=\int_{0}^{2}f(t)\mathrm{d}t=\int_{0}^{1}t\mathrm{d}t=\frac{1}{2};$$

$$a_n=\frac{1}{l}\int_{-l}^{l}f(t)\cos\frac{n\pi t}{l}\mathrm{d}t=\frac{1}{l}\int_{0}^{2l}f(t)\cos\frac{n\pi t}{l}\mathrm{d}t=\int_{0}^{2}f(t)\cos n\pi t\mathrm{d}t$$

$$= \int_0^1 t\cos n\pi t \mathrm{d}t = \frac{1}{\pi n}\int_0^1 t \mathrm{d}(\sin n\pi t)$$

$$= \frac{t}{\pi n}\sin n\pi t\Big|_0^1 - \frac{1}{\pi n}\int_0^1 \sin n\pi t \mathrm{d}t$$

$$= \frac{1}{\pi^2 n^2}\cos n\pi t\Big|_0^1 = \frac{(-1)^n - 1}{\pi^2 n^2} = \begin{cases} \frac{-2}{\pi^2 n^2} & n \text{ 为奇数} \\ 0 & n \text{ 为偶数} \end{cases};$$

$$b_n = \frac{1}{l}\int_{-l}^{l} f(t)\sin \frac{n\pi t}{l}\mathrm{d}t = \frac{1}{l}\int_0^{2l} f(t)\sin \frac{n\pi t}{l}\mathrm{d}t = \int_0^2 f(t)\sin n\pi t \mathrm{d}t$$

$$= \int_0^1 t\sin n\pi t \mathrm{d}t = -\frac{1}{n\pi}\int_0^1 t \mathrm{d}(\cos n\pi t)$$

$$= \frac{-t}{n\pi}\cos n\pi t\Big|_0^1 + \frac{1}{n\pi}\int_0^1 \cos n\pi t \mathrm{d}t$$

$$= \frac{(-1)^{n+1}}{n\pi}(n = 1, 2, \cdots).$$

所以 $f(t) = \frac{1}{4} - \frac{2}{\pi^2}\left(\cos \pi t + \frac{1}{3^2}\cos 3\pi t + \frac{1}{5^2}\cos 5\pi t + \cdots\right)$

$$+\frac{1}{\pi}\left(\sin \pi t - \frac{1}{2}\sin 2\pi t + \frac{1}{3}\sin 3\pi t - \cdots\right). t \in \mathbf{R}, t \neq 2n-1 (n \in \mathbf{Z}).$$

## 习题 7.6

**1.** 将下列以 $2\pi$ 为周期的函数展开为傅里叶级数：

(1) $f(x) = \begin{cases} 0 & -\pi < x \leqslant 0 \\ 1 & 0 < x \leqslant \pi \end{cases}$；　　(2) $f(x) = x(-\pi \leqslant x < \pi)$；

(3) $f(x) = |x|(-\pi < x \leqslant \pi)$，并求 $1^2 + \frac{1}{3^2} + \frac{1}{5^2} + \frac{1}{7^2} + \cdots$；

(4) $f(x) = x + \pi \quad (-\pi < x \leqslant \pi)$；　　(5) $f(x) = 2\sin \frac{x}{3}(-\pi \leqslant x < \pi)$.

**2.** 将函数 $f(x) = \begin{cases} x & 0 \leqslant x < 1 \\ 2 - x & 1 \leqslant x \leqslant 2 \end{cases}$ 展开为正弦级数.

**3.** 将函数 $f(x) = x(x-\pi)(0 \leqslant x \leqslant \pi)$ 展开为余弦级数，并计算 $\sum_{n=1}^{\infty} \frac{(-1)^{n+1}}{n^2}$ 及 $\sum_{n=1}^{\infty} \frac{1}{n^2}$.

**4.** 将周期为 $2l$ 的函数 $f(x) = \begin{cases} 0 & -l \leqslant x < 0 \\ 2 & 0 \leqslant x < l \end{cases}$ 在 $[-l, l]$ 上展开为傅里叶级数.

## 小结与复习

1. 级数的概念和性质

(1) 数项级数敛散性定义：设 $\sum_{n=1}^{\infty} u_n$ 为数项级数，若 $\lim\limits_{n\to\infty} S_n = S$，则称该级数收敛，即 $\sum_{n=1}^{\infty} u_n = S$；若 $\lim\limits_{n\to\infty} S_n$ 不存在，则称该级数发散.

(2) 级数$\sum\limits_{n=1}^{\infty}u_n$收敛的必要条件是$\lim\limits_{n\to\infty}u_n=0$，即若$\lim\limits_{n\to\infty}u_n\neq 0$，则级数$\sum\limits_{n=1}^{\infty}u_n$发散.

(3) 两类特殊级数的敛散性：

① 几何级数$\sum\limits_{n=0}^{\infty}aq^n$：当$|q|<1$时收敛，其和为$\frac{a}{1-q}$；当$|q|\geqslant 1$时发散.

② $p-$级数$\sum\limits_{n=1}^{\infty}\frac{1}{n^p}$：当$p\leqslant 1$时，发散；当$p>1$时，收敛.

2. 常数项级数

(1) 正项级数：① 定义；② 正项级数的敛散性的判断：比较法、比值法.

(2) 交错级数：① 定义；② 交错级数的敛散性的判断——莱布尼兹判别法.

(3) 任意项级数：① 条件收敛；② 绝对收敛.

3. 幂级数

(1) 收敛半径、收敛区间、和函数及收敛域.

(2) 运算和性质(逐项可积性、逐项可导性).

(3) 函数展开成幂级数：直接展开法、间接展开法.

4. 傅里叶级数

(1) 以$2\pi(2l)$为周期的函数展开为傅里叶级数.

(2) 傅里叶级数收敛定理.

## 复习题 7

### 一、填空题

**1.** 设无穷级数$\sum\limits_{n=0}^{\infty}u_n$收敛，则极限$\lim\limits_{n\to\infty}u_n=$________.

**2.** $\sum\limits_{n=1}^{\infty}3\left(\frac{1}{3}\right)^n$的和为________.

**3.** 级数$\frac{1}{1\cdot 3}+\frac{1}{3\cdot 5}+\frac{1}{5\cdot 7}+\cdots$的一般项$u_n=$________，部分和$S_n=$________，和$S=$________.

**4.** $\sum\limits_{n=1}^{\infty}\frac{x^n}{2n+3}$的收敛区间是________，收敛域是________.

**5.** $\sum\limits_{n=1}^{\infty}\frac{x^{2n}}{3^n}$的收敛半径是________，收敛区间是________，收敛域是________.

**6.** 若幂级数$\sum\limits_{n=1}^{\infty}a_nx^n$的收敛半径为 8，则$\sum\limits_{n=1}^{\infty}a_nx^{3n}$的收敛半径为________.

**7.** 在区间$[-1,1)$内幂级数$\sum\limits_{n=1}^{\infty}\frac{x^{n+1}}{n}$的和函数是________.

**8.** 无穷级数$\sum\limits_{n=0}^{\infty}\frac{1}{n!}x^{2n}$的和函数为________.

**9.** 设$f(x)$以$2\pi$为周期，在$[-\pi,\pi]$的表达式为$f(x)=\begin{cases}0 & -\pi\leqslant x<0\\ x & 0\leqslant x<\pi\end{cases}$，则$f(x)$的傅

里叶级数在 $x=\pi$ 处收敛于________，在 $x=0$ 处收敛于________.

## 二、选择题

**1.** 若级数 $\sum_{n=1}^{\infty}u_n$ 收敛（$u_n>0$），则级数（　　）一定收敛.

A. $\sum_{n=1}^{\infty}(u_n+1)$　　B. $\sum_{n=1}^{\infty}10(u_n-1)$　　C. $\sum_{n=1}^{\infty}\sqrt{u_n}$　　D. $\sum_{n=1}^{\infty}(-1)^n u_n$

**2.** 正项级数 $\sum_{n=0}^{\infty}u_n$ 收敛的充分必要条件是　　（　　）

A. $\lim\limits_{n\to\infty}u_n=0$　　B. $\lim\limits_{n\to\infty}\frac{u_{n+1}}{u_n}=\rho\leqslant 1$

C. $\lim\limits_{n\to\infty}S_n\neq+\infty$（$S_n$ 为部分和）　　D. $\lim\limits_{n\to\infty}\frac{u_{n+1}}{u_n}=\rho<1$

**3.** 下列级数收敛的是　　（　　）

A. $\sum_{n=1}^{\infty}\frac{1}{2n-1}$　　B. $\sum_{n=1}^{\infty}\frac{1}{\sqrt[3]{n^4}}$　　C. $\sum_{n=2}^{\infty}\frac{1}{\ln n}$　　D. $\sum_{n=1}^{\infty}\frac{1-n}{n^2}$

**4.** $\sum_{n=1}^{\infty}\frac{1}{n^{p+1}}$ 收敛，则有　　（　　）

A. $p\leqslant 0$　　B. $p>0$　　C. $p\leqslant 1$　　D. $p<1$

**5.** 幂级数 $\sum_{n=1}^{\infty}\frac{2^n}{3n+5}x^n$ 的收敛域是　　（　　）

A. $\left[-\frac{1}{2},\frac{1}{2}\right)$　　B. $\left[-\frac{1}{3},\frac{1}{3}\right)$　　C. $\left(-\frac{1}{2},\frac{1}{2}\right)$　　D. $\left[-\frac{1}{2},\frac{1}{2}\right]$

**6.** 设幂级数 $\sum_{n=1}^{\infty}a_n(x-5)^n$ 在 $x=2$ 处收敛，则该幂级数在 $x=3$ 处　　（　　）

A. 发散　　B. 条件收敛

C. 绝对收敛　　D. 可能收敛也可能发散

**7.** 函数 $f(x)=\frac{x}{x^2-5x+6}$ 的 $x$ 的幂级数展开式是　　（　　）

A. $\sum_{n=0}^{\infty}\left(\frac{x}{2}\right)^n-\sum_{n=0}^{\infty}\left(\frac{x}{3}\right)^n(|x|<+\infty)$　　B. $\sum_{n=0}^{\infty}\left(\frac{x}{2}\right)^n-\sum_{n=0}^{\infty}\left(\frac{x}{3}\right)^n(|x|<2)$

C. $\sum_{n=0}^{\infty}\frac{3^n-2^n}{6^n}x^n(|x|<3)$　　D. $\sum_{n=1}^{\infty}\left(\frac{x}{2}\right)^n-\sum_{n=1}^{\infty}\left(\frac{x}{3}\right)^n(|x|>2)$

**8.** 若 $\sum_{n=1}^{\infty}a_n(x+4)^n$ 在 $x=0$ 处收敛，则它在 $x=2$ 处　　（　　）

A. 发散　　B. 条件收敛　　C. 绝对收敛　　D. 不能判断

**9.** 设 $f(x)$是周期为 2 的周期函数，在$(-1,1)$上的表达式为 $f(x)=\begin{cases}-2 & -1<x\leqslant 0\\ 2x & 0<x\leqslant 1\end{cases}$，则 $f(x)$的傅里叶级数在 $x=1$ 处收敛于　　（　　）

A. $-\frac{1}{2}$　　B. $\frac{1}{2}$　　C. 2　　D. 0

**10.** 设函数 $f(x)=\begin{cases}-x & -\pi\leqslant x\leqslant 0\\ x & 0<x\leqslant\pi\end{cases}$ 的傅里叶级数展开式 为$\frac{a_0}{2}+\sum_{n=1}^{\infty}(a_n\cos nx+$

$b_n\sin nx$)，则 $b_9=$ （　　）

A. $\pi$　　B. 0　　C. $\pi^2$　　D. $\dfrac{\pi+\pi^2}{2}$

## 三、解答题

**1.** 判断下列级数的敛散性：

(1) $\sum\limits_{n=1}^{\infty}\dfrac{n}{4n^2-3}$；　　(2) $\sum\limits_{n=1}^{\infty}\dfrac{1}{\sqrt{n+3}\cdot\sqrt{n^2+1}}$；

(3) $\sum\limits_{n=1}^{\infty}\dfrac{3n-1}{3^n}$；　　(4) $\sum\limits_{n=1}^{\infty}(-1)^n\dfrac{1}{\sqrt{2n+1}}$.

**2.** 判断下列级数是绝对收敛、条件收敛还是发散？

(1) $\sum\limits_{n=1}^{\infty}(-1)^{n-1}\dfrac{n}{2^n+n}$；　　(2) $\sum\limits_{n=1}^{\infty}(-1)^{n-1}\dfrac{1}{\sqrt{n(n+1)}}$.

**3.** 求下列幂级数的收敛半径和收敛区间：

(1) $\sum\limits_{n=0}^{\infty}8^nx^n$；　　(2) $\sum\limits_{n=1}^{\infty}\dfrac{(x-2)^n}{n}$.

**4.** 求下列幂级数的和函数，并指出其收敛区间：

(1) $\sum\limits_{n=1}^{\infty}(-1)^n\dfrac{x^{2n+1}}{2n+1}$；　　(2) $\sum\limits_{n=1}^{\infty}\dfrac{x^{n-1}}{n\cdot 2^n}$.

**5.** 将下列函数展开成 $x$ 的幂级数：

(1) $f(x)=\dfrac{1}{2+x}$；　　(2) $f(x)=\ln(3-x^2)$.

**6.** 将 $f(x)=\dfrac{1}{x}$ 展开成 $x-1$ 的幂级数.

**7.** 将函数 $f(x)=\ln(x+1)$ 展开成 $(x-1)$ 的幂级数.

**8.** 将 $f(x)=\begin{cases}\pi+x & -\pi<x<0\\ \pi-x & 0\leqslant x<\pi\end{cases}$ 展开成傅里叶级数.

# 第 8 章　线性代数初步

## 学习目标

1. 了解二阶、三阶、$n$ 阶行列式的定义，理解行列式的性质.
2. 掌握二阶、三阶、$n$ 阶行列式的计算，掌握克莱姆法则.
3. 理解矩阵、逆矩阵、矩阵的秩的概念，了解几种特殊的矩阵.
4. 掌握求逆矩阵的两种方法，掌握矩阵的线性运算、乘法运算、矩阵的初等行变换和用初等行变换求矩阵的秩.
5. 掌握线性方程组解的存在性的判定定理，用初等变换求线性方程组的通解.
6. 会计算方阵的特征值和特征向量.

在科学研究与实际生产中，经常遇到的许多问题都可以直接或近似地表示成一些变量之间的线性关系，而行列式、矩阵和线性方程组是研究线性关系的重要工具. 本章将介绍行列式和矩阵的一些基本概念，并讨论一般线性方程组的解法.

## §8.1　行列式的概念与计算

### 一、$n$ 阶行列式

1. 二阶、三阶行列式

用消元法解二元线性方程组$\begin{cases} a_{11}x_1+a_{12}x_2=b_1 \\ a_{21}x_1+a_{22}x_2=b_2 \end{cases}$，若 $a_{11}a_{22}-a_{12}a_{21}\neq 0$，利用消元法，得到方程组的解为：$\begin{cases} x_1=\dfrac{b_1a_{22}-b_2a_{12}}{a_{11}a_{22}-a_{12}a_{21}} \\ x_2=\dfrac{b_2a_{11}-b_1a_{21}}{a_{11}a_{22}-a_{12}a_{21}} \end{cases}$，为了便于记忆，我们引进二阶行列式的概念：

**定义 8-1**　用 $2^2$ 个数组成的记号$\begin{vmatrix} a_{11} & a_{12} \\ a_{21} & a_{22} \end{vmatrix}$表示数值 $a_{11}a_{22}-a_{12}a_{21}$，并称之为**二阶行列式**，其中 $a_{ij}(i,j=1,2)$称为二阶行列式的元素，横排称为行，竖排称为列；从左上角到右下角的对角线称为行列式的主对角线，从左下角到右上角的对角线称为行列式的副对角线. 则当二元线性方程组系数组成的行列式 $D=\begin{vmatrix} a_{11} & a_{12} \\ a_{21} & a_{22} \end{vmatrix}\neq 0$ 时，它的解可用行列式简洁地记为：

$$x_1=\frac{\begin{vmatrix} b_1 & a_{12} \\ b_2 & a_{22} \end{vmatrix}}{\begin{vmatrix} a_{11} & a_{12} \\ a_{21} & a_{22} \end{vmatrix}}=\frac{D_1}{D},x_2=\frac{\begin{vmatrix} a_{11} & b_1 \\ a_{21} & b_2 \end{vmatrix}}{\begin{vmatrix} a_{11} & a_{12} \\ a_{21} & a_{22} \end{vmatrix}}=\frac{D_2}{D}.$$

其中 $D_1,D_2$ 是以 $b_1,b_2$ 分别替换系数行列式 $D$ 中第一列、第二列的元素所得到的两个二阶行列式.

**例 8-1-1** 用行列式解二元一次方程组 $\begin{cases} 2x_1-x_2=3 \\ x_1-3x_2=-1 \end{cases}$.

**解** $D=\begin{vmatrix} 2 & -1 \\ 1 & -3 \end{vmatrix}=-5\neq 0,D_1=\begin{vmatrix} 3 & -1 \\ -1 & -3 \end{vmatrix}=-10,D_2=\begin{vmatrix} 2 & 3 \\ 1 & -1 \end{vmatrix}=-5.$

所以方程组的解为：$x_1=\frac{D_1}{D}=2,x_2=\frac{D_2}{D}=1.$

**定义 8-2** 类似地，用 $3^2$ 个数组成的记号 $\begin{vmatrix} a_{11} & a_{12} & a_{13} \\ a_{21} & a_{22} & a_{23} \\ a_{31} & a_{32} & a_{33} \end{vmatrix}$ 表示数值

$$a_{11}a_{22}a_{33}+a_{12}a_{23}a_{31}+a_{13}a_{21}a_{32}-a_{13}a_{22}a_{31}-a_{12}a_{21}a_{33}-a_{11}a_{23}a_{32},$$

并称之为**三阶行列式**，它是由 3 行 3 列共 9 个元素组成，是 6 项的代数和.

上式也可用对角线法则记忆，如图 8-1 所示：实线上三个元素的乘积取正号，虚线上三个元素的乘积取负号.

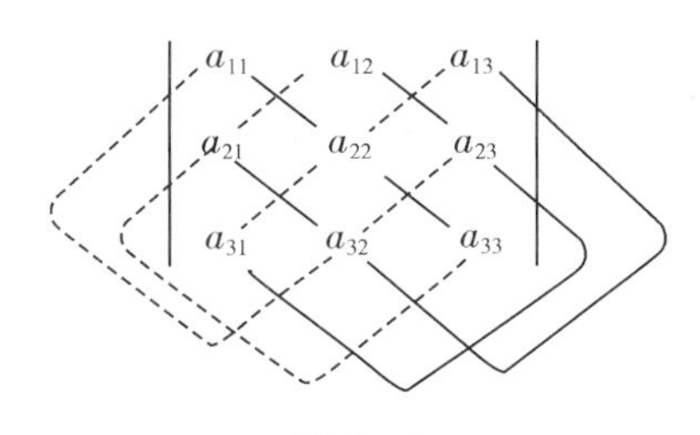


**图 8-1**

**例 8-1-2** 计算三阶行列式 $\begin{vmatrix} 1 & -1 & 0 \\ 4 & -5 & -3 \\ 2 & 3 & 6 \end{vmatrix}$.

**解** 原式 $=1\times(-5)\times 6+(-1)\times(-3)\times 2+0\times 4\times 3-1\times 3\times(-3)-(-1)\times 4\times 6$
$-0\times 2\times(-5)=9.$

2. $n$ 阶行列式

**定义 8-3** 由 $n^2$ 个元素组成的一个算式 $\begin{vmatrix} a_{11} & a_{12} & \cdots & a_{1n} \\ a_{21} & a_{22} & \cdots & a_{2n} \\ \vdots & \vdots & & \vdots \\ a_{n1} & a_{n2} & \cdots & a_{nn} \end{vmatrix}$ 称为 $n$ 阶行列式，其中 $a_{ij}$ 为行列式 $D$ 的第 $i$ 行、第 $j$ 列的元素 $(i,j=1,2,\cdots,n)$，$n$ 阶行列式简记为 $|a_{ij}|$.

当 $n=1$ 时，规定：$D=|a_{11}|=a_{11}$.

**定义 8-4** 在 $n$ 阶行列式 $D=|a_{ij}|$ 中，划去元素 $a_{ij}$ 所在的第 $i$ 行、第 $j$ 列后剩下的元素按原来顺序组成的 $n-1$ 阶行列式，称为元素 $a_{ij}$ 的余子式，记作 $M_{ij}$，将 $(-1)^{i+j}M_{ij}$ 称为元素 $a_{ij}$ 的代数余子式，记为 $A_{ij}$，即 $A_{ij}=(-1)^{i+j}M_{ij}$.

当 $n=3$ 时，

$$\begin{vmatrix} a_{11} & a_{12} & a_{13} \\ a_{21} & a_{22} & a_{23} \\ a_{31} & a_{32} & a_{33} \end{vmatrix} = a_{11}a_{22}a_{33}+a_{12}a_{23}a_{31}+a_{13}a_{21}a_{32}-a_{13}a_{22}a_{31}-a_{12}a_{21}a_{33}-a_{11}a_{23}a_{32}$$

$$=a_{11}(a_{22}a_{33}-a_{23}a_{32})-a_{12}(a_{21}a_{33}-a_{23}a_{31})+a_{13}(a_{21}a_{32}-a_{22}a_{31})$$

$$=a_{11}\begin{vmatrix} a_{22} & a_{23} \\ a_{32} & a_{33} \end{vmatrix}-a_{12}\begin{vmatrix} a_{21} & a_{23} \\ a_{31} & a_{33} \end{vmatrix}+a_{13}\begin{vmatrix} a_{21} & a_{22} \\ a_{31} & a_{32} \end{vmatrix}$$

$$=(-1)^{1+1}a_{11}\begin{vmatrix} a_{22} & a_{23} \\ a_{32} & a_{33} \end{vmatrix}+(-1)^{1+2}a_{12}\begin{vmatrix} a_{21} & a_{23} \\ a_{31} & a_{33} \end{vmatrix}+(-1)^{1+3}a_{13}\begin{vmatrix} a_{21} & a_{22} \\ a_{31} & a_{32} \end{vmatrix}$$

$$=a_{11}A_{11}+a_{12}A_{12}+a_{13}A_{13}=\sum_{j=1}^{3}a_{1j}A_{1j}.$$

上式称为三阶行列式按第一行展开的展开式.

**注意**

根据上述推导过程，也可以得到三阶行列式按其他行或列展开的展开式，例如，三阶行列式按第二列展开的展开式为：

$$\begin{vmatrix} a_{11} & a_{12} & a_{13} \\ a_{21} & a_{22} & a_{23} \\ a_{31} & a_{32} & a_{33} \end{vmatrix} = a_{12}A_{12}+a_{22}A_{22}+a_{32}A_{32}=\sum_{i=1}^{3}a_{i2}A_{i2}.$$

这个结论可推广到 $n$ 阶行列式，$n$ 阶行列式按第一行展开的展开式为：

$$\begin{vmatrix} a_{11} & a_{12} & \cdots & a_{1n} \\ a_{21} & a_{22} & \cdots & a_{2n} \\ \vdots & \vdots & & \vdots \\ a_{n1} & a_{n2} & \cdots & a_{nn} \end{vmatrix} = a_{11}A_{11}+a_{12}A_{12}+\cdots+a_{1n}A_{1n}=\sum_{j=1}^{n}a_{1j}A_{1j}.$$

**例 8-1-3** 写出四阶行列式 $\begin{vmatrix} 1 & 0 & 5 & -4 \\ 6 & 0 & 6 & 1 \\ -2 & 3 & 1 & 7 \\ 1 & 4 & 8 & 1 \end{vmatrix}$ 中的元素 $a_{23}$ 的余子式和代数余子式.

**解** 元素 $a_{23}$ 的余子式 $M_{23}=\begin{vmatrix} 1 & 0 & -4 \\ -2 & 3 & 7 \\ 1 & 4 & 1 \end{vmatrix}$，

元素 $a_{23}$ 的代数余子式 $A_{23}=(-1)^{2+3}M_{23}=-\begin{vmatrix} 1 & 0 & -4 \\ -2 & 3 & 7 \\ 1 & 4 & 1 \end{vmatrix}$.

3. 几个常见的特殊的行列式

形如$\begin{vmatrix} a_{11} & a_{12} & \cdots & a_{1n} \\ 0 & a_{22} & \cdots & a_{2n} \\ \vdots & \vdots & & \vdots \\ 0 & 0 & \cdots & a_{nn} \end{vmatrix}$（$\begin{vmatrix} a_{11} & 0 & \cdots & 0 \\ a_{21} & a_{22} & \cdots & 0 \\ \vdots & \vdots & & \vdots \\ a_{n1} & a_{n2} & \cdots & a_{nn} \end{vmatrix}$）的行列式称为上（下）三角行列式，其特点是主对角线以下（上）的元素全为零.

我们来计算上三角行列式的值，每次均通过按第一列展开的方法来降低行列式的阶数，而每次第一列仅有第一项元素不为零，故有

$$\begin{vmatrix} a_{11} & a_{12} & \cdots & a_{1n} \\ 0 & a_{22} & \cdots & a_{2n} \\ \vdots & \vdots & & \vdots \\ 0 & 0 & \cdots & a_{nn} \end{vmatrix} = a_{11}a_{22}\cdots a_{nn}.$$

上三角行列式、下三角行列式统称为三角行列式，且三角行列式的值等于主对角线上元素的乘积.

## 二、行列式的性质

将 $n$ 阶行列式 $D=\begin{vmatrix} a_{11} & a_{12} & \cdots & a_{1n} \\ a_{21} & a_{22} & \cdots & a_{2n} \\ \vdots & \vdots & & \vdots \\ a_{n1} & a_{n2} & \cdots & a_{nn} \end{vmatrix}$ 中的行与列按原来的顺序互换，得到新的行列式，称为 $D$ 的转置行列式，记为 $D^{\mathrm{T}}$，即若

$$D=\begin{vmatrix} a_{11} & a_{12} & \cdots & a_{1n} \\ a_{21} & a_{22} & \cdots & a_{2n} \\ \vdots & \vdots & & \vdots \\ a_{n1} & a_{n2} & \cdots & a_{nn} \end{vmatrix}, \text{则 } D^{\mathrm{T}}=\begin{vmatrix} a_{11} & a_{21} & \cdots & a_{n1} \\ a_{12} & a_{22} & \cdots & a_{n2} \\ \vdots & \vdots & & \vdots \\ a_{1n} & a_{2n} & \cdots & a_{nn} \end{vmatrix}.$$

显然 $D$ 也是 $D^{\mathrm{T}}$ 的转置行列式.

**性质 8-1** 行列式 $D$ 与它的转置行列式 $D^{\mathrm{T}}$ 相等，即 $D=D^{\mathrm{T}}$.

由性质 8-1 知道：行列式中的行与列具有相同的位置，所以行列式的行具有的性质，对列也同样适用.

**性质 8-2** 交换行列式的任意两行（列）后，则行列式的值改变符号.

**注意** 以 $r_i$ 表示行列式的第 $i$ 行，以 $c_i$ 表示行列式的第 $i$ 列. 交换 $i,j$ 两行（列）记作 $r_i \leftrightarrow r_j (c_i \leftrightarrow c_j)$.

**推论 8-1** 如果行列式中两行（列）对应元素完全相同，则行列式的值为零.

**性质 8-3** 行列式中一行（列）的公因子可以提到行列式符号的前面.

**推论 8-2** 行列式中如果两行（列）对应元素成比例，则行列式的值为零.

**性质 8-4** 如果行列式中某一行（列）的每一个元素可以写成两数之和，那么此行列式

等于两个行列式之和，即

$$\begin{vmatrix} a_{11} & a_{12} & \cdots & a_{1n} \\ \vdots & \vdots & & \vdots \\ b_{i1}+c_{i1} & b_{i2}+c_{i2} & \cdots & b_{in}+c_{in} \\ \vdots & \vdots & & \vdots \\ a_{n1} & a_{n2} & \cdots & a_{nn} \end{vmatrix} = \begin{vmatrix} a_{11} & a_{12} & \cdots & a_{1n} \\ \vdots & \vdots & & \vdots \\ b_{i1} & b_{i2} & \cdots & b_{in} \\ \vdots & \vdots & & \vdots \\ a_{n1} & a_{n2} & \cdots & a_{nn} \end{vmatrix} + \begin{vmatrix} a_{11} & a_{12} & \cdots & a_{1n} \\ \vdots & \vdots & & \vdots \\ c_{i1} & c_{i2} & \cdots & c_{in} \\ \vdots & \vdots & & \vdots \\ a_{n1} & a_{n2} & \cdots & a_{nn} \end{vmatrix}.$$

**性质 8-5** 在行列式中，把某一行(列)的倍数加到另一行(列)对应的元素上去，那么行列式的值不变.

> **注意** 如数 $k$ 乘第 $i$ 行(列)加到第 $j$ 行(列)上，记作 $r_j+k\cdot r_i(c_j+k\cdot c_i)$.

**性质 8-6** 设 $n$ 阶行列式中元素 $a_{ij}$ 的代数余子式为 $A_{ij}$，则

$$\sum_{k=1}^{n} a_{ik}A_{jk} = \begin{cases} D & 当\ i=j \\ 0 & 当\ i\neq j \end{cases} 或 \sum_{k=1}^{n} a_{ki}A_{kj} = \begin{cases} D & 当\ i=j \\ 0 & 当\ i\neq j \end{cases}.$$

> **注意** 行列式的值等于它的任一行(列)的各元素与其对应的代数余子式乘积之和. 利用这一法则，并结合行列式的性质，可以简化行列式的计算.

**例 8-1-4** 计算行列式 $D=\begin{vmatrix} 2 & -3 & 0 & 8 \\ 4 & -1 & 6 & 2 \\ 1 & 4 & 0 & -7 \\ 0 & 0 & 0 & 5 \end{vmatrix}$.

**解** 选一行(或列)具有较多的零元素来展开，按第三列展开，得

$$D=6\cdot(-1)^{2+3}\begin{vmatrix} 2 & -3 & 8 \\ 1 & 4 & -7 \\ 0 & 0 & 5 \end{vmatrix}=-6\cdot 5\,(-1)^{3+3}\begin{vmatrix} 2 & -3 \\ 1 & 4 \end{vmatrix}=-330.$$

> **注意** 行列式的基本计算方法常用的有两种：**“降阶法”**和**“化三角形法”**.

**降阶法**是选择零元素最多的行(列)，按这一行(列)展开，或利用行列式的性质把某一行(列)的元素化为仅有一个非零元素，然后再按这一行(列)展开.

**例 8-1-5** 计算 $D=\begin{vmatrix} 2 & -1 & 1 & 6 \\ 4 & -1 & 5 & 0 \\ -1 & 2 & 0 & -5 \\ 1 & 4 & -2 & -2 \end{vmatrix}$.

**解** $$D=\begin{vmatrix} 2 & -1 & 1 & 6 \\ 4 & -1 & 5 & 0 \\ -1 & 2 & 0 & -5 \\ 1 & 4 & -2 & -2 \end{vmatrix} \xlongequal[c_4-5c_1]{c_2+2c_1} \begin{vmatrix} 2 & 3 & 1 & -4 \\ 4 & 7 & 5 & -20 \\ -1 & 0 & 0 & 0 \\ 1 & 6 & -2 & -7 \end{vmatrix} = -\begin{vmatrix} 3 & 1 & -4 \\ 7 & 5 & -20 \\ 6 & -2 & -7 \end{vmatrix}$$

$$\xlongequal{r_2-5r_1}-\begin{vmatrix}3&1&-4\\-8&0&0\\6&-2&-7\end{vmatrix}=-8\begin{vmatrix}1&-4\\-2&-7\end{vmatrix}=120.$$

**化三角形法**是根据行列式的特点，利用行列式的性质，把行列式逐步转化为上(或下)三角行列式，由前面的结论可知，这时行列式的值就等于主对角线上元素的乘积.

**例 8-1-6** 计算 $D=\begin{vmatrix}3&1&1&1\\1&3&1&1\\1&1&3&1\\1&1&1&3\end{vmatrix}$.

注意到行列式中各行(列)的四个元素之和都是 6，所以把第二行至第四行同时加到第一行，然后提公因子 6，各行减去第一行，化为上三角形行列式来计算.

**解** $D=\begin{vmatrix}3&1&1&1\\1&3&1&1\\1&1&3&1\\1&1&1&3\end{vmatrix}\xlongequal{r_1+r_2+r_3+r_4}\begin{vmatrix}6&6&6&6\\1&3&1&1\\1&1&3&1\\1&1&1&3\end{vmatrix}=6\begin{vmatrix}1&1&1&1\\1&3&1&1\\1&1&3&1\\1&1&1&3\end{vmatrix}$

$$\xlongequal[r_4-r_1]{r_2-r_1 \\ r_3-r_1}6\begin{vmatrix}1&1&1&1\\0&2&0&0\\0&0&2&0\\0&0&0&2\end{vmatrix}=48.$$

**例 8-1-7** 计算 $n$ 阶行列式 $\begin{vmatrix}a&b&\cdots&b\\b&a&\cdots&b\\\vdots&\vdots&&\vdots\\b&b&\cdots&a\end{vmatrix}$.

**解** 从行列式 $D$ 中的元素排列的特点来看，每一列元素的和相等，把第 $2,3,\cdots,n$ 行同时加到第一行，提取公因子 $a+(n-1)b$，然后各行减去第一行的 $b$ 倍，有

$$\begin{vmatrix}a&b&\cdots&b\\b&a&\cdots&b\\\vdots&\vdots&&\vdots\\b&b&\cdots&a\end{vmatrix}=[a+(n-1)b]\begin{vmatrix}1&1&\cdots&1\\b&a&\cdots&b\\\vdots&\vdots&&\vdots\\b&b&\cdots&a\end{vmatrix}$$

$$=[a+(n-1)b]\begin{vmatrix}1&1&\cdots&1\\0&a-b&\cdots&0\\\vdots&\vdots&&\vdots\\0&0&\cdots&a-b\end{vmatrix}$$

$$=[a+(n-1)b](a-b)^{n-1}.$$

## 三、克莱姆法则

在引入克莱姆法则之前，我们先介绍 $n$ 元线性方程组的概念：

方程组

$$\begin{cases} a_{11}x_1+a_{12}x_2+\cdots+a_{1n}x_n=b_1 \\ a_{21}x_1+a_{22}x_2+\cdots+a_{2n}x_n=b_2 \\ \vdots \\ a_{n1}x_1+a_{n2}x_2+\cdots+a_{nn}x_n=b_n \end{cases},$$

称为 $n$ 元线性方程组，当其右端的常数项 $b_1,b_2,\cdots,b_n$ 不全为零时，上述线性方程组称为非齐次线性方程组，当 $b_1,b_2,\cdots,b_n$ 全为零时，上述线性方程组称为齐次线性方程组.

**定理 8-1(克莱姆法则)** 设含有 $n$ 个未知量 $x_1,x_2,\cdots,x_n$，由 $n$ 个方程所组成的线性方程组 $\begin{cases} a_{11}x_1+a_{12}x_2+\cdots+a_{1n}x_n=b_1 \\ a_{21}x_1+a_{22}x_2+\cdots+a_{2n}x_n=b_2 \\ \vdots \\ a_{n1}x_1+a_{n2}x_2+\cdots+a_{nn}x_n=b_n \end{cases}$，如果系数行列式 $D=\begin{vmatrix} a_{11} & \cdots & a_{1n} \\ \vdots & & \vdots \\ a_{n1} & \cdots & a_{nn} \end{vmatrix}\neq 0$，则方程有唯一解，且其解为

$$x_j=\frac{D_j}{D}(j=1,2,\cdots,n),$$

其中 $D_j(j=1,2,\cdots,n)$ 是把系数行列式 $D$ 中的第 $j$ 列的元素用方程组右端的常数代替后所得到的 $n$ 阶行列式.

$$D_j=\begin{vmatrix} a_{11} & \cdots & a_{1,j-1} & b_1 & a_{1,j+1} & \cdots & a_{1n} \\ a_{21} & \cdots & a_{2,j-1} & b_2 & a_{2,j+1} & \cdots & a_{2n} \\ \vdots & & \vdots & \vdots & \vdots & & \vdots \\ a_{n1} & \cdots & a_{n,j-1} & b_n & a_{n,j+1} & \cdots & a_{nn} \end{vmatrix}.$$

**推论 8-3** 若齐次线性方程组 $\begin{cases} a_{11}x_1+a_{12}x_2+\cdots+a_{1n}x_n=0 \\ a_{21}x_1+a_{22}x_2+\cdots+a_{2n}x_n=0 \\ \vdots \\ a_{n1}x_1+a_{n2}x_2+\cdots+a_{nn}x_n=0 \end{cases}$ 的系数行列式 $D\neq 0$，则它只有零解.

即若 $n$ 元齐次线性方程组有非零解，则必有 $D=0$.

**例 8-1-8** 用克莱姆法则解线性方程组 $\begin{cases} 2x_1+x_2-5x_3+x_4=8 \\ x_1-3x_2-6x_4=9 \\ 2x_2-x_3+2x_4=-5 \\ x_1+4x_2-7x_3+6x_4=0 \end{cases}$.

**解** 系数行列式 $D=\begin{vmatrix} 2 & 1 & -5 & 1 \\ 1 & -3 & 0 & -6 \\ 0 & 2 & -1 & 2 \\ 1 & 4 & -7 & 6 \end{vmatrix} \xlongequal[r_4-r_2]{r_1-2r_2} \begin{vmatrix} 0 & 7 & -5 & 13 \\ 1 & -3 & 0 & -6 \\ 0 & 2 & -1 & 2 \\ 0 & 7 & -7 & 12 \end{vmatrix}$

$$\xlongequal[\text{展开}]{\text{按第一列}} -\begin{vmatrix} 7 & -5 & 13 \\ 2 & -1 & 2 \\ 7 & -7 & 12 \end{vmatrix}$$

$$\xrightarrow[c_3+2c_2]{c_1+2c_2}-\begin{vmatrix}-3&-5&3\\0&-1&0\\-7&-7&-2\end{vmatrix}=\begin{vmatrix}-3&3\\-7&-2\end{vmatrix}=27\neq0.$$

同理可以计算：

$$D_1=\begin{vmatrix}8&1&-5&1\\9&-3&0&-6\\-5&2&-1&2\\0&4&-7&6\end{vmatrix}=81,D_2=\begin{vmatrix}2&8&-5&1\\1&9&0&-6\\0&-5&-1&2\\1&0&-7&6\end{vmatrix}=-108,$$

$$D_3=\begin{vmatrix}2&1&8&1\\1&-3&9&-6\\0&2&-5&2\\1&4&0&6\end{vmatrix}=-27,D_4=\begin{vmatrix}2&1&-5&8\\1&-3&0&9\\0&2&-1&-5\\1&4&-7&0\end{vmatrix}=27.$$

所以 $x_1=\frac{D_1}{D}=\frac{81}{27}=3,x_2=\frac{D_2}{D}=\frac{-108}{27}=-4,$

$x_3=\frac{D_3}{D}=\frac{-27}{27}=-1,x_4=\frac{D_4}{D}=\frac{27}{27}=1.$

**例 8-1-9** 当 $\lambda$ 取何值时，齐次线性方程组$\begin{cases}\lambda x+y+z=0\\x+\lambda y-z=0\\2x-y+z=0\end{cases}$有非零解？

**解** 方程组有非零解，则系数行列式

$D=\begin{vmatrix}\lambda&1&1\\1&\lambda&-1\\2&-1&1\end{vmatrix}=0$，即 $(\lambda+1)(\lambda-4)=0$，解得：$\lambda=-1$ 或 $\lambda=4$，

所以当 $\lambda=-1$ 或 $\lambda=4$ 时方程组有非零解.

**注意** 克莱姆法则的使用是有条件的：$n$ 个未知数，$n$ 个方程，且系数行列式 $D\neq0$.

## 习题 8.1

**1.** 计算下列行列式：

(1) $\begin{vmatrix}a&a^2\\b&ab\end{vmatrix}$； (2) $\begin{vmatrix}5&2\\3&7\end{vmatrix}$； (3) $\begin{vmatrix}1&-3&2\\3&0&-2\\2&-1&6\end{vmatrix}$.

**2.** 用行列式性质计算：

(1) $\begin{vmatrix}1&1&1\\1&1+a&1\\1&1&1+b\end{vmatrix}$； (2) $\begin{vmatrix}1&1&1&1\\1&2&3&4\\1&3&6&10\\1&4&10&20\end{vmatrix}$；

(3) $\begin{vmatrix} 5 & 0 & 4 & 2 \\ 1 & 1 & 2 & 1 \\ 4 & 1 & 2 & 0 \\ 1 & 1 & 1 & 1 \end{vmatrix}$；　　(4) $\begin{vmatrix} 1 & 2 & 0 & 0 \\ 3 & 4 & 0 & 0 \\ 0 & 0 & -1 & 3 \\ 0 & 0 & 5 & 1 \end{vmatrix}$；

(5) $\begin{vmatrix} 5 & 1 & 1 & 1 \\ 1 & 5 & 1 & 1 \\ 1 & 1 & 5 & 1 \\ 1 & 1 & 1 & 5 \end{vmatrix}$；　　(6) $\begin{vmatrix} 1 & -3 & 0 & 9 \\ 2 & 1 & -5 & 8 \\ 0 & 2 & -1 & -5 \\ 1 & 4 & -7 & 0 \end{vmatrix}$；

(7) $\begin{vmatrix} x_1-m & x_2 & x_3 & \cdots & x_n \\ x_1 & x_2-m & x_3 & \cdots & x_n \\ x_1 & x_2 & x_3-m & \cdots & x_n \\ \vdots & \vdots & \vdots & & \vdots \\ x_1 & x_2 & x_3 & \cdots & x_n-m \end{vmatrix}$；(8) $\begin{vmatrix} 1+x & 1 & 1 & 1 \\ 1 & 1-x & 1 & 1 \\ 1 & 1 & 1+y & 1 \\ 1 & 1 & 1 & 1-y \end{vmatrix}$.

**3.** 用行列式性质证明下列等式：

(1) $\begin{vmatrix} b & a & a \\ a & b & a \\ a & a & b \end{vmatrix}=(2a+b)(b-a)^2$；　　(2) $\begin{vmatrix} 1 & a & b & c+d \\ 1 & b & c & d+a \\ 1 & c & d & a+b \\ 1 & d & a & b+c \end{vmatrix}=0$；

(3) $\begin{vmatrix} y+z & z+x & x+y \\ x+y & y+z & z+x \\ z+x & x+y & y+z \end{vmatrix}=2\begin{vmatrix} x & y & z \\ z & x & y \\ y & z & x \end{vmatrix}$.

**4.** 分别写出三阶行列式 $D=\begin{vmatrix} 1 & -1 & 0 \\ 4 & -5 & -3 \\ 2 & 3 & 6 \end{vmatrix}$ 中元素 $a_{22}$，$a_{32}$ 的余子式和代数余子式，并求其值.

**5.** 计算范德蒙行列式 $V_4=\begin{vmatrix} 1 & 1 & 1 & 1 \\ x_1 & x_2 & x_3 & x_4 \\ x_1^2 & x_2^2 & x_3^2 & x_4^2 \\ x_1^3 & x_2^3 & x_3^3 & x_4^3 \end{vmatrix}$.

**6.** 用克莱姆法则解下列线性方程组：

(1) $\begin{cases} x+y-2z=-3 \\ 5x-2y+7z=22 \\ 2x-5y+4z=4 \end{cases}$；　　(2) $\begin{cases} x_1+x_2+x_3=5 \\ 2x_1+x_2-x_3+x_4=1 \\ x_1+2x_2-x_3+x_4=2 \\ x_2+2x_3+3x_4=3 \end{cases}$.

**7.** 判断齐次线性方程组 $\begin{cases} 2x+2y-z=0 \\ x-2y+4z=0 \\ 5x+8y-2z=0 \end{cases}$ 是否仅有零解.

## §8.2 矩阵的概念及其运算

矩阵实际上就是一张数表,无论是在日常生活还是科学实验中,矩阵都是一种常见的数学现象.诸如学校里的课程表、工厂的销售统计表、车站里的时刻表、股市里的证券价目表等,它是处理大量生活、生产与科研问题的有力工具.

### 一、矩阵的概念

1. 引例

线性方程组$\begin{cases} a_{11}x_1+a_{12}x_2+\cdots a_{1n}x_n=b_1 \\ a_{21}x_1+a_{22}x_2+\cdots a_{2n}x_n=b_2 \\ \vdots \\ a_{m1}x_1+a_{m2}x_2+\cdots a_{mn}x_n=b_m \end{cases}$的系数$a_{ij}(i=1,2,\cdots,m,j=1,2,\cdots,n)$,$b_j(j=1,2,\cdots,m)$按原来的位置组成一张数表:

$$\begin{pmatrix} a_{11} & a_{12} & \cdots & a_{1n} & b_1 \\ a_{21} & a_{22} & \cdots & a_{2n} & b_2 \\ \vdots & \vdots & & \vdots & \vdots \\ a_{m1} & a_{m2} & \cdots & a_{mn} & b_m \end{pmatrix}.$$

有了这张数表,方程组就完全确定了,因而研究这种数表很有必要.

2. 矩阵的概念

**定义 8-5** 由$m\times n$个数$a_{ij}(i=1,2,\cdots,m;j=1,2,\cdots,n)$排列成的一个$m$行$n$列的数表,并加圆括号或方括号标记

$$\begin{pmatrix} a_{11} & a_{12} & \cdots & a_{1n} \\ a_{21} & a_{22} & \cdots & a_{2n} \\ \vdots & \vdots & & \vdots \\ a_{m1} & a_{m2} & \cdots & a_{mn} \end{pmatrix} \text{或} \begin{bmatrix} a_{11} & a_{12} & \cdots & a_{1n} \\ a_{21} & a_{22} & \cdots & a_{2n} \\ \vdots & \vdots & & \vdots \\ a_{m1} & a_{m2} & \cdots & a_{mn} \end{bmatrix},$$

称为$m$行$n$列的矩阵,简称$m\times n$矩阵.$a_{ij}(i=1,2,\cdots,m,j=1,2,\cdots,n)$称为矩阵的第$i$行、第$j$列的元素,矩阵通常用大写字母$\boldsymbol{A},\boldsymbol{B},\boldsymbol{C},\cdots$来表示,一个$m\times n$矩阵也可简记为

$$\boldsymbol{A}=\boldsymbol{A}_{m\times n}=(a_{ij})_{m\times n}.$$

元素都是实数的矩阵称为实矩阵,而元素是复数的矩阵称为复矩阵,本书中的矩阵都是实矩阵(除非有特殊说明).

特别地,当$m=n$时,称$\boldsymbol{A}$为$n$阶矩阵或$n$阶方阵.

当$m=1$或$n=1$时,矩阵只有一行或只有一列,即

$$\boldsymbol{A}=[a_1 \quad a_2 \quad \cdots \quad a_n]\text{或}\boldsymbol{A}=\begin{bmatrix} a_1 \\ a_2 \\ \vdots \\ a_n \end{bmatrix},$$

分别称为行矩阵或列矩阵.

> **注意**
> 矩阵与行列式有着本质的区别:
> (1) 矩阵是一个数表;而行列式是一个算式,一个数字行列式通过计算可求得其值.
> (2) 矩阵的行数与列数可以相等,也可以不等,但行列式的行数与列数则必须相等.

3. 特殊矩阵

**方阵**:矩阵 $\boldsymbol{A}$ 的行数与列数相等,即当 $m=n$ 时,称 $\boldsymbol{A}$ 为 $n$ 阶矩阵或 $n$ 阶**方阵**,记作 $\boldsymbol{A}_n$,从左上角到右下角的连线称为主对角线,主对角线上的元素 $a_{11},a_{22},\cdots,a_{nn}$,称为主对角线上的元素.

**行矩阵**:只有一行的矩阵 $\boldsymbol{A}=\begin{bmatrix}a_{11} & a_{12} & \cdots & a_{1n}\end{bmatrix}$称为**行矩阵**.

**列矩阵**:只有一列的矩阵 $\boldsymbol{A}=\begin{bmatrix}a_{11}\\a_{21}\\\vdots\\a_{m1}\end{bmatrix}$称为**列矩阵**.

**零矩阵**:所有元素全为零的 $m\times n$ 矩阵,称为**零矩阵**,记为 $\boldsymbol{O}_{m\times n}$或$\boldsymbol{O}$.

> **注意**
> 不同型的零矩阵是不相等的.

**负矩阵**:在矩阵 $\boldsymbol{A}=[a_{ij}]_{m\times n}$中各个元素的前面都添加上负号(即取相反数)得到的矩阵,称为 $\boldsymbol{A}$ 的**负矩阵**,记为$-\boldsymbol{A}$,即$-\boldsymbol{A}=[-a_{ij}]_{m\times n}$.

**三角矩阵**:主对角线下(上)方的元素全部是零的 $n$ 阶方阵,称为 $n$ 阶**上(下)三角矩阵**,即

$$\boldsymbol{A}=\begin{bmatrix}a_{11} & a_{12} & \cdots & a_{1n}\\0 & a_{22} & \cdots & a_{2n}\\\vdots & \vdots & & \vdots\\0 & 0 & \cdots & a_{nn}\end{bmatrix}$$

为上三角矩阵,

$$\boldsymbol{A}=\begin{bmatrix}a_{11} & 0 & \cdots & 0\\a_{21} & a_{22} & \cdots & 0\\\vdots & \vdots & & \vdots\\a_{n1} & a_{n2} & \cdots & a_{nn}\end{bmatrix}$$

为下三角矩阵.

> **注意**
> 上(下)三角矩阵的主对角线下(上)方的元素一定是零,而其他元素可以是零,也可以不是零.

**对角矩阵**:若一个 $n$ 阶方阵既是上三角矩阵,又是下三角矩阵,则称其为 $n$ 阶**对角矩阵**.对角矩阵是非零元素只能在对角线上出现的方阵,即

$$\boldsymbol{A}=\begin{bmatrix} a_{11} & 0 & \cdots & 0 \\ 0 & a_{22} & \cdots & 0 \\ \vdots & \vdots & & \vdots \\ 0 & 0 & \cdots & a_{nn} \end{bmatrix}.$$

显然,由主对角线的元素就足以确定对角矩阵本身,因此常将对角矩阵记为

$$\boldsymbol{A}=\operatorname{diag}[a_{11} \quad a_{22} \quad \cdots \quad a_{nn}].$$

当然允许 $a_{11},a_{22},\cdots,a_{nn}$ 中的某些元素为零.

主对角线上元素都是非零常数 $a$ 的 $n$ 阶对角矩阵,称为 $n$ 阶数量矩阵,记为 $\boldsymbol{S}$,即

$$\boldsymbol{S}=\begin{bmatrix} a & 0 & \cdots & 0 \\ 0 & a & \cdots & 0 \\ \vdots & \vdots & & \vdots \\ 0 & 0 & \cdots & a \end{bmatrix}.$$

**单位矩阵**:主对角线上元素是1的 $n$ 阶数量矩阵,称为 $n$ 阶**单位矩阵**,记为 $\boldsymbol{I}$ 或 $\boldsymbol{E}$,有时为区分维数也可记为 $\boldsymbol{I}_n$ 或 $\boldsymbol{E}_n$,即

$$\boldsymbol{E}_n=\begin{bmatrix} 1 & 0 & \cdots & 0 \\ 0 & 1 & \cdots & 0 \\ \vdots & \vdots & & \vdots \\ 0 & 0 & \cdots & 1 \end{bmatrix}.$$

**对称矩阵**:满足 $a_{ij}=a_{ji}(i=1,2,\cdots,n;j=1,2,\cdots,n)$ 的方阵 $\boldsymbol{A}=[a_{ij}]_{n\times n}$ 称为**对称矩阵**.

## 二、矩阵的运算

1. 矩阵的相等

若 $\boldsymbol{A},\boldsymbol{B}$ 两个矩阵的行数与列数分别相等,则称 $\boldsymbol{A},\boldsymbol{B}$ 是同型矩阵.

若矩阵 $\boldsymbol{A}=[a_{ij}]_{m\times n}$ 与 $\boldsymbol{B}=[b_{ij}]_{m\times n}$ 是同型矩阵,且 $a_{ij}=b_{ij}(i=1,2,\cdots,m;j=1,2,\cdots,n)$,则称矩阵 $\boldsymbol{A}$ 与矩阵 $\boldsymbol{B}$ 相等,记为 $\boldsymbol{A}=\boldsymbol{B}$.

2. 矩阵的加(减)法

**定义 8-6** 设 $\boldsymbol{A}=[a_{ij}]_{m\times n},\boldsymbol{B}=[b_{ij}]_{m\times n}$ 是两个 $m\times n$ 同型矩阵,规定:

$$\boldsymbol{A}\pm\boldsymbol{B}=[a_{ij}\pm b_{ij}]_{m\times n}=\begin{bmatrix} a_{11}\pm b_{11} & a_{12}\pm b_{12} & \cdots & a_{1n}\pm b_{1n} \\ a_{21}\pm b_{21} & a_{22}\pm b_{22} & \cdots & a_{2n}\pm b_{2n} \\ \vdots & \vdots & & \vdots \\ a_{m1}\pm b_{m1} & a_{m2}\pm b_{m2} & \cdots & a_{mn}\pm b_{mn} \end{bmatrix},$$

称矩阵 $\boldsymbol{A}\pm\boldsymbol{B}$ 为 $\boldsymbol{A}$ 与 $\boldsymbol{B}$ 的**和或差**.

**例 8-2-1** 设 $\boldsymbol{A}=\begin{bmatrix} 6 & 5 & 4 \\ 3 & 2 & 3 \end{bmatrix},\boldsymbol{B}=\begin{bmatrix} -5 & 6 & 4 \\ 4 & 3 & 2 \end{bmatrix}$,求 $\boldsymbol{A}+\boldsymbol{B},\boldsymbol{A}-\boldsymbol{B}$.

**解** $\boldsymbol{A}+\boldsymbol{B}=\begin{bmatrix}6&5&4\\3&2&3\end{bmatrix}+\begin{bmatrix}-5&6&4\\4&3&2\end{bmatrix}=\begin{bmatrix}1&11&8\\7&5&5\end{bmatrix}$.

$\boldsymbol{A}-\boldsymbol{B}=\begin{bmatrix}6&5&4\\3&2&3\end{bmatrix}-\begin{bmatrix}-5&6&4\\4&3&2\end{bmatrix}=\begin{bmatrix}11&-1&0\\-1&-1&1\end{bmatrix}$.

设 $\boldsymbol{A},\boldsymbol{B},\boldsymbol{C}$ 都是 $m\times n$ 矩阵，则矩阵的加法满足以下运算法则：

(1) 交换律 $\boldsymbol{A}+\boldsymbol{B}=\boldsymbol{B}+\boldsymbol{A}$；

(2) 结合律 $(\boldsymbol{A}+\boldsymbol{B})+\boldsymbol{C}=\boldsymbol{A}+(\boldsymbol{B}+\boldsymbol{C})$；

(3) 分配律 $k(\boldsymbol{A}+\boldsymbol{B})=k\boldsymbol{A}+k\boldsymbol{B}$.

3. 矩阵的数乘

**定义 8-7** 设 $k$ 是任意一个实数，$\boldsymbol{A}=[a_{ij}]_{m\times n}$ 是一个 $m\times n$ 矩阵，规定：

$$k\boldsymbol{A}=k\begin{bmatrix}a_{11}&a_{12}&\cdots&a_{1n}\\a_{21}&a_{22}&\cdots&a_{2n}\\\vdots&\vdots&&\vdots\\a_{m1}&a_{m2}&\cdots&a_{mn}\end{bmatrix}=\begin{bmatrix}ka_{11}&ka_{12}&\cdots&ka_{1n}\\ka_{21}&ka_{22}&\cdots&ka_{2n}\\\vdots&\vdots&&\vdots\\ka_{m1}&ka_{m2}&\cdots&ka_{mn}\end{bmatrix},$$

称矩阵 $k\boldsymbol{A}$ 为数 $k$ 与矩阵 $\boldsymbol{A}$ 的数乘.

由定义可知，用数 $k$ 乘一个矩阵 $\boldsymbol{A}$，是要用数 $k$ 乘矩阵 $\boldsymbol{A}$ 中的每一个元素.

例如，设从某地四个地区到另外三个地区的距离(单位 km)为：

$$\boldsymbol{B}=\begin{pmatrix}40&60&105\\175&130&190\\120&70&135\\80&55&100\end{pmatrix}.$$

已知货物每吨的运费为 2.40 元/km. 那么，各地区之间每吨货物的运费可记为

$$2.4\times\boldsymbol{B}=\begin{pmatrix}2.4\times40&2.4\times60&2.4\times105\\2.4\times175&2.4\times130&2.4\times190\\2.4\times120&2.4\times70&2.4\times135\\2.4\times80&2.4\times55&2.4\times100\end{pmatrix}=\begin{pmatrix}96&144&252\\420&312&456\\288&168&324\\192&132&240\end{pmatrix}.$$

**注意** 矩阵的加法和数与矩阵的乘法运算统称为矩阵的线性运算.

**例 8-2-2** 设 $\boldsymbol{A}=\begin{bmatrix}1&6&4\\-4&2&8\end{bmatrix}$，$\boldsymbol{B}=\begin{bmatrix}-2&0&1\\2&-3&4\end{bmatrix}$，求：

(1) $2\boldsymbol{A}-3\boldsymbol{B}$；

(2) 若 $\boldsymbol{X}$ 满足 $\boldsymbol{A}+2\boldsymbol{X}=\boldsymbol{B}$，求 $\boldsymbol{X}$.

**解** $2\boldsymbol{A}-3\boldsymbol{B}=2\begin{bmatrix}1&6&4\\-4&2&8\end{bmatrix}-3\begin{bmatrix}-2&0&1\\2&-3&4\end{bmatrix}$

$=\begin{bmatrix}2&12&8\\-8&4&16\end{bmatrix}-\begin{bmatrix}-6&0&3\\6&-9&12\end{bmatrix}$

$$=\begin{bmatrix} 8 & 12 & 5 \\ -14 & 13 & 4 \end{bmatrix}.$$

由 $\boldsymbol{A}+2\boldsymbol{X}=\boldsymbol{B}$，得 $\boldsymbol{X}=\frac{1}{2}(\boldsymbol{B}-\boldsymbol{A})=\frac{1}{2}\begin{bmatrix} -3 & -6 & -3 \\ 6 & -5 & -4 \end{bmatrix}=\begin{bmatrix} -\frac{3}{2} & -3 & -\frac{3}{2} \\ 3 & -\frac{5}{2} & -2 \end{bmatrix}$.

4. 矩阵的乘法

**定义 8－8** 设 $\boldsymbol{A}=(a_{ij})_{m\times s}=\begin{bmatrix} a_{11} & a_{12} & \cdots & a_{1s} \\ a_{21} & a_{22} & \cdots & a_{2s} \\ \vdots & \vdots & & \vdots \\ a_{m1} & a_{m2} & \cdots & a_{ms} \end{bmatrix}$，$\boldsymbol{B}=(b_{ij})_{s\times n}=\begin{bmatrix} b_{11} & b_{12} & \cdots & b_{1n} \\ b_{21} & b_{22} & \cdots & b_{2n} \\ \vdots & \vdots & & \vdots \\ b_{s1} & b_{s2} & \cdots & b_{sn} \end{bmatrix}$，

矩阵 $\boldsymbol{A}$ 与 $\boldsymbol{B}$ 的乘积记作 $\boldsymbol{AB}$，规定：

$$\boldsymbol{AB}=(c_{ij})_{m\times n}=\begin{bmatrix} c_{11} & c_{12} & \cdots & c_{1n} \\ c_{21} & c_{22} & \cdots & c_{2n} \\ \vdots & \vdots & & \vdots \\ c_{m1} & c_{m2} & \cdots & c_{mn} \end{bmatrix},$$

其中 $c_{ij}=a_{i1}b_{1j}+a_{i2}b_{2j}+\cdots+a_{is}b_{sj}=\sum_{k=1}^{s}a_{ik}b_{kj}\,(i=1,2,\cdots,m;j=1,2,\cdots,n)$，记号 $\boldsymbol{AB}$ 称为矩阵 $\boldsymbol{A}$ 与 $\boldsymbol{B}$ 的乘积.

**注意** 在矩阵的乘法定义中，要求左矩阵的列数与右矩阵的行数相等，否则不能进行乘法运算. 乘积矩阵 $\boldsymbol{C}=\boldsymbol{AB}$ 中的第 $i$ 行、第 $j$ 列个元素等于 $\boldsymbol{A}$ 的第 $i$ 行元素与 $\boldsymbol{B}$ 的第 $j$ 列对应元素的乘积之和.

**例 8－2－3** 设 $\boldsymbol{A}=\begin{bmatrix} 9 & -8 \\ -8 & 0 \end{bmatrix}$，$\boldsymbol{B}=\begin{bmatrix} 1 & -2 & -3 \\ -2 & 1 & 0 \end{bmatrix}$，求 $\boldsymbol{AB}$.

**解** $c_{11}=9\times1+(-8)\times(-2)=25$，$c_{12}=9\times(-2)+(-8)\times1=-26$，

$c_{13}=9\times(-3)+(-8)\times0=-27$，$c_{21}=(-8)\times1+0\times(-2)=-8$，

$c_{22}=(-8)\times(-2)+0\times1=16$，$c_{23}=(-8)\times(-3)+0=24$，

所以 $\boldsymbol{AB}=\begin{bmatrix} 25 & -26 & -27 \\ -8 & 16 & 24 \end{bmatrix}$.

**注意** 因为矩阵 $\boldsymbol{B}$ 的列数与 $\boldsymbol{A}$ 的行数不等，所以乘积 $\boldsymbol{BA}$ 没有意义.

由此可知：矩阵的乘法一般不满足交换律.

例如：设矩阵 $\boldsymbol{A}=\begin{bmatrix} 1 & 1 \\ -1 & -1 \end{bmatrix}$，$\boldsymbol{B}=\begin{bmatrix} 1 & -1 \\ -1 & 1 \end{bmatrix}$，求 $\boldsymbol{AB}$.

**解** $\boldsymbol{AB}=\begin{bmatrix} 1 & 1 \\ -1 & -1 \end{bmatrix}\begin{bmatrix} 1 & -1 \\ -1 & 1 \end{bmatrix}=\begin{bmatrix} 0 & 0 \\ 0 & 0 \end{bmatrix}$.

由本例可知：在讨论矩阵时，不能从 $\boldsymbol{AB}=\boldsymbol{0}$ 推出 $\boldsymbol{A}=\boldsymbol{0}$ 或 $\boldsymbol{B}=\boldsymbol{0}$.

例如，设矩阵 $\boldsymbol{A}=\begin{bmatrix}2&3&0\\1&2&0\end{bmatrix}$，$\boldsymbol{B}=\begin{bmatrix}1&0\\0&2\\3&0\end{bmatrix}$，$\boldsymbol{C}=\begin{bmatrix}1&0\\0&2\\4&5\end{bmatrix}$ 求 $\boldsymbol{AB}$ 及 $\boldsymbol{AC}$.

**解** $\boldsymbol{AB}=\begin{bmatrix}2&3&0\\1&2&0\end{bmatrix}\begin{bmatrix}1&0\\0&2\\3&0\end{bmatrix}=\begin{bmatrix}2&6\\1&4\end{bmatrix}$，$\boldsymbol{AC}=\begin{bmatrix}2&3&0\\1&2&0\end{bmatrix}\begin{bmatrix}1&0\\0&2\\4&5\end{bmatrix}=\begin{bmatrix}2&6\\1&4\end{bmatrix}$，

即 $\boldsymbol{AB}=\boldsymbol{AC}$，但 $\boldsymbol{B}\neq\boldsymbol{C}$，也就是说，矩阵乘法不满足消去律.

矩阵乘法虽然不满足交换律和消去律，而且两个非零矩阵的乘积有可能是零矩阵. 这是矩阵乘法与数的乘法的不同之处，但矩阵乘法也有许多与数的乘法相似的地方. 它满足以下运算律：

(1) 结合律 $(\boldsymbol{AB})\boldsymbol{C}=\boldsymbol{A}(\boldsymbol{BC})$，$k(\boldsymbol{AB})=(k\boldsymbol{A})\boldsymbol{B}=\boldsymbol{A}(k\boldsymbol{B})$；

(2) 分配律 $\boldsymbol{A}(\boldsymbol{B}+\boldsymbol{C})=\boldsymbol{AB}+\boldsymbol{AC}$，$(\boldsymbol{B}+\boldsymbol{C})\boldsymbol{A}=\boldsymbol{BA}+\boldsymbol{CA}$.

例如，对线性方程组 $\begin{cases}a_{11}x_1+a_{12}x_2+\cdots+a_{1n}x_n=b_1\\a_{21}x_1+a_{22}x_2+\cdots+a_{2n}x_n=b_2\\\qquad\vdots\\a_{m1}x_1+a_{m2}x_2+\cdots+a_{mn}x_n=b_m\end{cases}$，

若记 $\boldsymbol{A}=\begin{bmatrix}a_{11}&a_{12}&\cdots&a_{1n}\\a_{21}&a_{22}&\cdots&a_{2n}\\\vdots&\vdots&&\vdots\\a_{m1}&a_{m2}&\cdots&a_{mn}\end{bmatrix}$，$\boldsymbol{X}=\begin{bmatrix}x_1\\x_2\\\vdots\\x_n\end{bmatrix}$，$\boldsymbol{B}=\begin{bmatrix}b_1\\b_2\\\vdots\\b_m\end{bmatrix}$.

利用矩阵的乘法，则上述线性方程组可以表示为矩阵形式 $\boldsymbol{AX}=\boldsymbol{B}$，$\boldsymbol{A}$ 称为线性方程组的系数矩阵，$\boldsymbol{AX}=\boldsymbol{B}$ 称为矩阵方程. 将线性方程组写成矩阵方程的形式，不仅书写方便，而且可以把线性方程组的理论与矩阵理论联系起来，这给线性方程组的讨论带来很大的便利.

5. 方阵的幂

**定义 8-9** 若 $\boldsymbol{A}$ 是 $n$ 阶方阵，则 $k$ 个 $\boldsymbol{A}$ 的连乘积称为 $\boldsymbol{A}$ 的 $k$ 次幂，即 $k$ 个 $\boldsymbol{A}$ 相乘，记为 $\boldsymbol{A}^k$，$k$ 是正整数. 当 $k=0$ 时，规定 $\boldsymbol{A}^0=\boldsymbol{E}$.

方阵的幂满足以下运算法则：

$$\boldsymbol{A}^m\boldsymbol{A}^n=\boldsymbol{A}^{m+n},(\boldsymbol{A}^m)^n=\boldsymbol{A}^{mn},$$

其中 $m,n$ 为正整数.

由于矩阵乘法不满足交换律，因此，一般地有

$$(\boldsymbol{AB})^m\neq\boldsymbol{A}^m\boldsymbol{B}^n,(\boldsymbol{A}+\boldsymbol{B})(\boldsymbol{A}-\boldsymbol{B})\neq\boldsymbol{A}^2-\boldsymbol{B}^2.$$

**例 8-2-4** 求 $\begin{bmatrix}1&0\\0&2\end{bmatrix}+\begin{bmatrix}1&0\\0&2\end{bmatrix}^2+\cdots+\begin{bmatrix}1&0\\0&2\end{bmatrix}^n$.

**解** 因为 $\begin{bmatrix}1&0\\0&2\end{bmatrix}^2=\begin{bmatrix}1&0\\0&2\end{bmatrix}\begin{bmatrix}1&0\\0&2\end{bmatrix}=\begin{bmatrix}1&0\\0&2^2\end{bmatrix}$，

$\begin{bmatrix}1&0\\0&2\end{bmatrix}^3=\begin{bmatrix}1&0\\0&2\end{bmatrix}\begin{bmatrix}1&0\\0&2^2\end{bmatrix}=\begin{bmatrix}1&0\\0&2^3\end{bmatrix}$，

所以以此类推，得：$\begin{bmatrix}1&0\\0&2\end{bmatrix}^n=\begin{bmatrix}1&0\\0&2^n\end{bmatrix}$，

$$\begin{bmatrix}1&0\\0&2\end{bmatrix}+\begin{bmatrix}1&0\\0&2\end{bmatrix}^2+\cdots+\begin{bmatrix}1&0\\0&2\end{bmatrix}^n=\begin{bmatrix}1+1+\cdots+1&0\\0&2+2^2+\cdots+2^n\end{bmatrix}=\begin{bmatrix}n&0\\0&2(2^n-1)\end{bmatrix}.$$

6. 矩阵的转置

**定义 8－10** 将矩阵 $\boldsymbol{A}$ 的行与列按顺序互换所得到的矩阵，称为矩阵 $\boldsymbol{A}$ 的转置矩阵，记为 $\boldsymbol{A}^{\mathrm{T}}$，即

$$\boldsymbol{A}=\begin{bmatrix}a_{11}&a_{12}&\cdots&a_{1n}\\a_{21}&a_{22}&\cdots&a_{2n}\\\vdots&\vdots&&\vdots\\a_{m1}&a_{m2}&\cdots&a_{mn}\end{bmatrix},\boldsymbol{A}^{\mathrm{T}}=\begin{bmatrix}a_{11}&a_{21}&\cdots&a_{m1}\\a_{12}&a_{22}&\cdots&a_{m2}\\\vdots&\vdots&&\vdots\\a_{1n}&a_{2n}&\cdots&a_{mn}\end{bmatrix}.$$

矩阵的转置方法与行列式相类似，但是，若矩阵不是方阵，则矩阵转置后，行、列数都变了，各元素的位置也变了，所以通常 $\boldsymbol{A}\neq\boldsymbol{A}^{\mathrm{T}}$.

转置矩阵满足以下运算规则：

(1) $(\boldsymbol{A}^{\mathrm{T}})^{\mathrm{T}}=\boldsymbol{A}$；

(2) $(\boldsymbol{A}+\boldsymbol{B})^{\mathrm{T}}=\boldsymbol{A}^{\mathrm{T}}+\boldsymbol{B}^{\mathrm{T}}$；

(3) $(k\boldsymbol{A})^{\mathrm{T}}=k\boldsymbol{A}^{\mathrm{T}}$；

(4) $(\boldsymbol{AB})^{\mathrm{T}}=\boldsymbol{B}^{\mathrm{T}}\boldsymbol{A}^{\mathrm{T}}$，$(\boldsymbol{ABC})^{\mathrm{T}}=\boldsymbol{C}^{\mathrm{T}}\boldsymbol{B}^{\mathrm{T}}\boldsymbol{A}^{\mathrm{T}}$.

其中 $\boldsymbol{A},\boldsymbol{B},\boldsymbol{C}$ 是矩阵，$k$ 是常数.

**例 8－2－5** 设 $\boldsymbol{A}=\begin{bmatrix}1&2\\-1&0\\0&3\end{bmatrix}$，$\boldsymbol{B}=\begin{bmatrix}1&1&0\\-1&0&1\end{bmatrix}$，计算 $(\boldsymbol{AB})^{\mathrm{T}}$，$\boldsymbol{B}^{\mathrm{T}}\boldsymbol{A}^{\mathrm{T}}$.

**解** $\boldsymbol{AB}=\begin{bmatrix}1&2\\-1&0\\0&3\end{bmatrix}\begin{bmatrix}1&1&0\\-1&0&1\end{bmatrix}=\begin{bmatrix}-1&1&2\\-1&-1&0\\-3&0&3\end{bmatrix}$，$(\boldsymbol{AB})^{\mathrm{T}}=\begin{bmatrix}-1&-1&-3\\1&-1&0\\2&0&3\end{bmatrix}$，

$\boldsymbol{A}^{\mathrm{T}}=\begin{bmatrix}1&-1&0\\2&0&3\end{bmatrix}$，$\boldsymbol{B}^{\mathrm{T}}=\begin{bmatrix}1&-1\\1&0\\0&1\end{bmatrix}$，

$\boldsymbol{B}^{\mathrm{T}}\boldsymbol{A}^{\mathrm{T}}=\begin{bmatrix}-1&-1&-3\\1&-1&0\\2&0&3\end{bmatrix}$，所以 $(\boldsymbol{AB})^{\mathrm{T}}=\boldsymbol{B}^{\mathrm{T}}\boldsymbol{A}^{\mathrm{T}}$.

7. 方阵的行列式

**定义 8－11** 设 $n$ 阶方阵 $\boldsymbol{A}=\begin{bmatrix}a_{11}&a_{12}&\cdots&a_{1n}\\a_{21}&a_{22}&\cdots&a_{2n}\\\vdots&\vdots&&\vdots\\a_{n1}&a_{n2}&\cdots&a_{nn}\end{bmatrix}$，则称对应的行列式

$$D=\begin{vmatrix} a_{11} & a_{12} & \cdots & a_{1n} \\ a_{21} & a_{22} & \cdots & a_{2n} \\ \vdots & \vdots & & \vdots \\ a_{n1} & a_{n2} & \cdots & a_{nn} \end{vmatrix}$$

为方阵 $\boldsymbol{A}$ 的行列式,记为 $|\boldsymbol{A}|$ 或 $\det\boldsymbol{A}$.

关于方阵的行列式有下面的重要定理:

**定理 8-2** 设 $\boldsymbol{A},\boldsymbol{B}$ 是任意两个 $n$ 阶方阵,则 $|\boldsymbol{AB}|=|\boldsymbol{A}||\boldsymbol{B}|$,即方阵乘积的行列式等于方阵行列式的乘积.

**例 8-2-6** 设矩阵 $\boldsymbol{A}=\begin{bmatrix} 2 & 3 & 1 \\ 0 & 2 & 8 \\ 0 & 0 & 3 \end{bmatrix}$,$\boldsymbol{B}=\begin{bmatrix} 2 & 1 & 4 \\ 0 & 1 & 9 \\ 0 & 0 & -3 \end{bmatrix}$.

求 $|\boldsymbol{AB}|$,$|\boldsymbol{A}|+|\boldsymbol{B}|$,$|\boldsymbol{A}+\boldsymbol{B}|$,$|2\boldsymbol{B}|$,$|\boldsymbol{B}^2|$.

**解** $|\boldsymbol{AB}|=|\boldsymbol{A}||\boldsymbol{B}|=\begin{vmatrix} 2 & 3 & 1 \\ 0 & 2 & 8 \\ 0 & 0 & 3 \end{vmatrix}\begin{vmatrix} 2 & 1 & 4 \\ 0 & 1 & 9 \\ 0 & 0 & -3 \end{vmatrix}=12\times(-6)=-72$,

$$|\boldsymbol{A}|+|\boldsymbol{B}|=\begin{vmatrix} 2 & 3 & 1 \\ 0 & 2 & 8 \\ 0 & 0 & 3 \end{vmatrix}+\begin{vmatrix} 2 & 1 & 4 \\ 0 & 1 & 9 \\ 0 & 0 & -3 \end{vmatrix}=12-6=6.$$

因为 $\boldsymbol{A}+\boldsymbol{B}=\begin{bmatrix} 2 & 3 & 1 \\ 0 & 2 & 8 \\ 0 & 0 & 3 \end{bmatrix}+\begin{bmatrix} 2 & 1 & 4 \\ 0 & 1 & 9 \\ 0 & 0 & -3 \end{bmatrix}=\begin{bmatrix} 4 & 4 & 5 \\ 0 & 3 & 17 \\ 0 & 0 & 0 \end{bmatrix}$,

所以 $|\boldsymbol{A}+\boldsymbol{B}|=\begin{vmatrix} 4 & 4 & 5 \\ 0 & 3 & 17 \\ 0 & 0 & 0 \end{vmatrix}=0$.

因为 $2\boldsymbol{B}=\begin{bmatrix} 4 & 2 & 8 \\ 0 & 2 & 18 \\ 0 & 0 & -6 \end{bmatrix}$,所以 $|2\boldsymbol{B}|=\begin{vmatrix} 4 & 2 & 8 \\ 0 & 2 & 18 \\ 0 & 0 & -6 \end{vmatrix}=-48$.

因为 $\boldsymbol{B}^2=\begin{bmatrix} 2 & 1 & 4 \\ 0 & 1 & 9 \\ 0 & 0 & -3 \end{bmatrix}\begin{bmatrix} 2 & 1 & 4 \\ 0 & 1 & 9 \\ 0 & 0 & -3 \end{bmatrix}=\begin{bmatrix} 4 & 3 & 5 \\ 0 & 1 & -18 \\ 0 & 0 & 9 \end{bmatrix}$,所以 $|\boldsymbol{B}^2|=36$.

由上例可知,一般地:

$$|\boldsymbol{A}+\boldsymbol{B}|\neq|\boldsymbol{A}|+|\boldsymbol{B}|,\ |k\boldsymbol{A}|\neq k|\boldsymbol{A}|,$$

而有 $|k\boldsymbol{A}|=k^n|\boldsymbol{A}|$($\boldsymbol{A}$ 为 $n$ 阶方阵).

由方阵行列式的乘积定理,可知方阵行列式的乘积满足以下运算规则:设 $\boldsymbol{A}$ 是 $n$ 阶矩阵,$k$ 是任意常数,$m$ 是任意自然数,则

(1) $|k\boldsymbol{A}|=k^n|\boldsymbol{A}|$;

(2) $|\boldsymbol{A}^m|=|\boldsymbol{A}|^m$;

(3) $|\boldsymbol{A}\boldsymbol{A}^{\mathrm{T}}|=|\boldsymbol{A}^{\mathrm{T}}\boldsymbol{A}|=|\boldsymbol{A}|^2$.

## 习题 8.2

**1.** 设 $\boldsymbol{A}=\begin{bmatrix}1&2&1&2\\2&1&2&1\\1&2&3&4\end{bmatrix}$，$\boldsymbol{B}=\begin{bmatrix}4&3&2&1\\-2&1&2&3\\1&0&0&1\end{bmatrix}$，计算下列各式：

(1) 求 $2\boldsymbol{A}-3\boldsymbol{B}$；　(2) 若 $\boldsymbol{X}$ 满足 $3\boldsymbol{A}+2\boldsymbol{X}=4\boldsymbol{B}$，求 $\boldsymbol{X}$.

**2.** 计算：

(1) $\begin{bmatrix}3\\2\\1\end{bmatrix}\begin{bmatrix}1&2&3\end{bmatrix}$；　(2) $\begin{bmatrix}1&0&4\end{bmatrix}\begin{bmatrix}3\\1\\-2\end{bmatrix}$；

(3) $\begin{bmatrix}1&2&3\\-1&-2&4\\0&5&1\end{bmatrix}\begin{bmatrix}7\\2\\1\end{bmatrix}$；　(4) $\begin{bmatrix}1&2\\1&-3\\0&4\end{bmatrix}\begin{bmatrix}1&2&0\\-1&0&1\end{bmatrix}$.

**3.** 计算：

(1) $\begin{bmatrix}1&1\\0&0\end{bmatrix}^3$；　(2) $\begin{bmatrix}\sin\theta&\cos\theta\\\cos\theta&\sin\theta\end{bmatrix}^2$；　(3) $\begin{bmatrix}1&0\\1&1\end{bmatrix}^n$.

**4.** 设 $\boldsymbol{A}=\begin{bmatrix}-1&3&2\\0&2&4\\0&0&6\end{bmatrix}$，$\boldsymbol{B}=\begin{bmatrix}-1&0&0\\5&2&0\\1&0&3\end{bmatrix}$，求：

(1) $|\boldsymbol{A}\boldsymbol{B}^{\mathrm{T}}|$；　(2) $|\boldsymbol{A}|+|\boldsymbol{B}|$；　(3) $|3\boldsymbol{A}|$.

**5.** 设 $\boldsymbol{A}=\begin{bmatrix}1&1\\0&3\end{bmatrix}$，$\boldsymbol{B}=\begin{bmatrix}1&0\\2&1\end{bmatrix}$，验证：$(\boldsymbol{A}\boldsymbol{B})^{\mathrm{T}}=\boldsymbol{B}^{\mathrm{T}}\boldsymbol{A}^{\mathrm{T}}$.

**6.** 设 $\boldsymbol{A}=\begin{bmatrix}-2&3\\-5&0\end{bmatrix}$，$\boldsymbol{B}=\begin{bmatrix}2&1\\3&4\end{bmatrix}$，验证：$|\boldsymbol{A}\boldsymbol{B}|=|\boldsymbol{B}\boldsymbol{A}|$.

**7.** 设 $\boldsymbol{A}=\begin{pmatrix}1&1&1\\1&1&-1\\1&-1&1\end{pmatrix}$，$\boldsymbol{B}=\begin{pmatrix}1&2&3\\-1&-2&4\\0&5&1\end{pmatrix}$，求 $3\boldsymbol{A}\boldsymbol{B}-2\boldsymbol{A}$ 及 $\boldsymbol{A}^{\mathrm{T}}\boldsymbol{B}$.

**8.** 设 $\boldsymbol{A}=\begin{pmatrix}1&2\\1&3\end{pmatrix}$，$\boldsymbol{B}=\begin{pmatrix}1&0\\1&2\end{pmatrix}$，问：

(1) $\boldsymbol{A}\boldsymbol{B}=\boldsymbol{B}\boldsymbol{A}$ 吗？

(2) $(\boldsymbol{A}+\boldsymbol{B})^2=\boldsymbol{A}^2+2\boldsymbol{A}\boldsymbol{B}+\boldsymbol{B}^2$ 吗？

(3) $(\boldsymbol{A}+\boldsymbol{B})(\boldsymbol{A}-\boldsymbol{B})=\boldsymbol{A}^2-\boldsymbol{B}^2$ 吗？

**9.** 设 $\boldsymbol{A}=\begin{pmatrix}1&0\\\lambda&1\end{pmatrix}$，求 $\boldsymbol{A}^k(k\in\mathbf{N})$.

## §8.3 逆矩阵

### 一、可逆矩阵与逆矩阵

我们知道:矩阵有加法、减法、数乘、乘法等几种运算,自然会想到,矩阵是否有类似于数的除法那样的运算呢?考虑代数方程 $ax=b$,若 $a\neq 0$,则 $x=b\div a=\frac{b}{a}=a^{-1}b$,对于矩阵方程 $\boldsymbol{AX}=\boldsymbol{B}$,它的解 $\boldsymbol{X}$ 是否也能表示为 $\boldsymbol{A}^{-1}\boldsymbol{B}$?若能,如何求 $\boldsymbol{A}^{-1}$?

**定义 8-12** 对于 $n$ 阶矩阵 $\boldsymbol{A}$,如果存在一个 $n$ 阶矩阵 $\boldsymbol{B}$,使得 $\boldsymbol{AB}=\boldsymbol{BA}=\boldsymbol{E}$,则称矩阵 $\boldsymbol{A}$ 为**可逆矩阵**,简称 $\boldsymbol{A}$ 可逆,而矩阵 $\boldsymbol{B}$ 为 $\boldsymbol{A}$ 的逆矩阵,记为 $\boldsymbol{A}^{-1}$,即 $\boldsymbol{A}^{-1}=\boldsymbol{B}$.

$$\boldsymbol{AA}^{-1}=\boldsymbol{A}^{-1}\boldsymbol{A}=\boldsymbol{E}.$$

**注意** $\boldsymbol{A}$ 与 $\boldsymbol{B}$ 一定是同阶的方阵,$\boldsymbol{A}$ 与 $\boldsymbol{B}$ 互为逆矩阵,$\boldsymbol{B}^{-1}=\boldsymbol{A}$.

**引例 8-1** 设 $\boldsymbol{A}=\begin{bmatrix}1&2\\2&3\end{bmatrix}$,$\boldsymbol{B}=\begin{bmatrix}-3&2\\2&-1\end{bmatrix}$,证明 $\boldsymbol{A}$ 与 $\boldsymbol{B}$ 互为逆矩阵.

**证明** 因为 $\boldsymbol{AB}=\begin{bmatrix}1&2\\2&3\end{bmatrix}\begin{bmatrix}-3&2\\2&-1\end{bmatrix}=\begin{bmatrix}1&0\\0&1\end{bmatrix}$,

$\boldsymbol{BA}=\begin{bmatrix}-3&2\\2&-1\end{bmatrix}\begin{bmatrix}1&2\\2&3\end{bmatrix}=\begin{bmatrix}1&0\\0&1\end{bmatrix}$,

即 $\boldsymbol{A}$ 与 $\boldsymbol{B}$ 满足 $\boldsymbol{AB}=\boldsymbol{BA}=\boldsymbol{E}$.

所以矩阵 $\boldsymbol{A}$ 可逆,其逆矩阵 $\boldsymbol{A}^{-1}=\boldsymbol{B}$,即 $\begin{bmatrix}1&2\\2&3\end{bmatrix}^{-1}=\begin{bmatrix}-3&2\\2&-1\end{bmatrix}$.

**例 8-3-1** 设 $\boldsymbol{A}=\begin{bmatrix}a_1&0&0&0\\0&a_2&0&0\\0&0&a_3&0\\0&0&0&a_4\end{bmatrix}$,其中 $a_i\neq 0(i=1,2,3,4)$,求 $\boldsymbol{A}^{-1}$.

**解** $$\begin{bmatrix}a_1&0&0&0\\0&a_2&0&0\\0&0&a_3&0\\0&0&0&a_4\end{bmatrix}\begin{bmatrix}\frac{1}{a_1}&0&0&0\\0&\frac{1}{a_2}&0&0\\0&0&\frac{1}{a_3}&0\\0&0&0&\frac{1}{a_4}\end{bmatrix}=\begin{bmatrix}1&0&0&0\\0&1&0&0\\0&0&1&0\\0&0&0&1\end{bmatrix},$$

$$\begin{bmatrix} \frac{1}{a_1} & 0 & 0 & 0 \\ 0 & \frac{1}{a_2} & 0 & 0 \\ 0 & 0 & \frac{1}{a_3} & 0 \\ 0 & 0 & 0 & \frac{1}{a_4} \end{bmatrix} \begin{bmatrix} a_1 & 0 & 0 & 0 \\ 0 & a_2 & 0 & 0 \\ 0 & 0 & a_3 & 0 \\ 0 & 0 & 0 & a_4 \end{bmatrix} = \begin{bmatrix} 1 & 0 & 0 & 0 \\ 0 & 1 & 0 & 0 \\ 0 & 0 & 1 & 0 \\ 0 & 0 & 0 & 1 \end{bmatrix},$$

所以 $\boldsymbol{A}^{-1} = \begin{bmatrix} \frac{1}{a_1} & 0 & 0 & 0 \\ 0 & \frac{1}{a_2} & 0 & 0 \\ 0 & 0 & \frac{1}{a_3} & 0 \\ 0 & 0 & 0 & \frac{1}{a_4} \end{bmatrix}$.

## 二、逆矩阵的求法

对矩阵 $\boldsymbol{A}$,满足什么条件可逆?若 $\boldsymbol{A}$ 可逆,则 $\boldsymbol{A}^{-1}$ 怎么求?在介绍可逆矩阵的判别之前,先给出两个相关概念.

**定义 8-13** 若方阵 $\boldsymbol{A}$ 满足 $|\boldsymbol{A}| \neq 0$,则称 $\boldsymbol{A}$ 为**非奇异矩阵**或**非退化矩阵**. 否则,若 $|\boldsymbol{A}| = 0$,则称 $\boldsymbol{A}$ 为**奇异矩阵**或**退化矩阵**.

**定义 8-14** 设有 $n$ 阶方阵 $\boldsymbol{A} = \begin{bmatrix} a_{11} & a_{12} & \cdots & a_{1n} \\ a_{21} & a_{22} & \cdots & a_{2n} \\ \vdots & \vdots & & \vdots \\ a_{n1} & a_{n2} & \cdots & a_{nn} \end{bmatrix}$,将行列式 $|\boldsymbol{A}|$ 的 $n^2$ 个代数余子式 $A_{ij}$ 排成 $n$ 阶方阵,并记为 $\boldsymbol{A}^*$,$\boldsymbol{A}^* = \begin{bmatrix} A_{11} & A_{21} & \cdots & A_{n1} \\ A_{12} & A_{22} & \cdots & A_{n2} \\ \vdots & \vdots & & \vdots \\ A_{1n} & A_{2n} & \cdots & A_{nn} \end{bmatrix}$,则矩阵 $\boldsymbol{A}^*$ 称为矩阵 $\boldsymbol{A}$ 的**伴随矩阵**.

**定理 8-3(逆矩阵的存在定理)** $n$ 阶矩阵 $\boldsymbol{A}$ 可逆的充分必要条件是 $|\boldsymbol{A}| \neq 0$,且当方阵 $\boldsymbol{A}$ 可逆时,有 $\boldsymbol{A}^{-1} = \frac{1}{|\boldsymbol{A}|}\boldsymbol{A}^*$($\boldsymbol{A}^*$ 称为矩阵 $\boldsymbol{A}$ 的伴随矩阵).

**证明** 必要性:

$\boldsymbol{A}$ 可逆,即有 $\boldsymbol{A}^{-1}$,使 $\boldsymbol{A}\boldsymbol{A}^{-1} = \boldsymbol{E}$,故 $|\boldsymbol{A}\boldsymbol{A}^{-1}| = |\boldsymbol{A}|\,|\boldsymbol{A}^{-1}| = |\boldsymbol{E}| = 1$.

所以 $|\boldsymbol{A}| \neq 0$.

充分性:

$$AA^*=\begin{bmatrix}a_{11}&a_{12}&\cdots&a_{1n}\\a_{21}&a_{22}&\cdots&a_{2n}\\\vdots&\vdots&&\vdots\\a_{n1}&a_{n2}&\cdots&a_{nn}\end{bmatrix}\begin{bmatrix}A_{11}&A_{21}&\cdots&A_{n1}\\A_{12}&A_{22}&\cdots&A_{n2}\\\vdots&\vdots&&\vdots\\A_{1n}&A_{2n}&\cdots&A_{nn}\end{bmatrix}=\begin{bmatrix}|A|&0&\cdots&0\\0&|A|&\cdots&0\\\vdots&\vdots&&\vdots\\0&0&\cdots&|A|\end{bmatrix}$$

$$=|A|E.$$

因为$|A|\neq0$,故有$\frac{1}{|A|}(AA^*)=E,A(\frac{1}{|A|}A^*)=E.$

同理可证:$\frac{1}{|A|}(A^*A)=E,\left(\frac{1}{|A|}A^*\right)A=E.$

根据逆矩阵的定义,即有$A^{-1}=\frac{1}{|A|}A^*$.

利用逆矩阵的存在定理求逆矩阵$A^{-1}$的方法称为**伴随矩阵法**.

**例 8-3-2** 设$A=\begin{bmatrix}1&2\\3&5\end{bmatrix}$,问矩阵$A$是否可逆?若可逆,求$A^{-1}$.

**解** 因为$|A|=\begin{vmatrix}1&2\\3&5\end{vmatrix}=-1\neq0$,则$A$可逆. 又

$$A_{11}=5,A_{12}=-3,A_{21}=-2,A_{22}=1,$$

所以$A^*=\begin{bmatrix}A_{11}&A_{21}\\A_{12}&A_{22}\end{bmatrix}=\begin{bmatrix}5&-2\\-3&1\end{bmatrix}$.

所以$A^{-1}=\frac{1}{|A|}A^*=\frac{1}{-1}\begin{bmatrix}5&-2\\-3&1\end{bmatrix}=\begin{bmatrix}-5&2\\3&-1\end{bmatrix}$.

**例 8-3-3** 求矩阵$A=\begin{bmatrix}1&-4&-3\\1&-5&-3\\-1&6&4\end{bmatrix}$的逆矩阵.

**解** 因为$|A|=\begin{vmatrix}1&-4&-3\\1&-5&-3\\-1&6&4\end{vmatrix}=-1\neq0$,所以$A$可逆.

计算$|A|$中各元素的代数余子式:

$A_{11}=(-1)^{1+1}\begin{vmatrix}-5&-3\\6&4\end{vmatrix}=-2,A_{12}=(-1)^{1+2}\begin{vmatrix}1&-3\\-1&4\end{vmatrix}=-1,$

$A_{13}=(-1)^{1+3}\begin{vmatrix}1&-5\\-1&6\end{vmatrix}=1,A_{21}=(-1)^{2+1}\begin{vmatrix}-4&-3\\6&4\end{vmatrix}=-2,$

$A_{22}=(-1)^{2+2}\begin{vmatrix}1&-3\\-1&4\end{vmatrix}=1,A_{23}=(-1)^{2+3}\begin{vmatrix}1&-4\\-1&6\end{vmatrix}=-2,$

$A_{31}=(-1)^{3+1}\begin{vmatrix}-4&-3\\-5&-3\end{vmatrix}=-3,A_{32}=(-1)^{3+2}\begin{vmatrix}1&-3\\1&-3\end{vmatrix}=0,$

$A_{33}=(-1)^{3+3}\begin{vmatrix}1&-4\\1&-5\end{vmatrix}=-1.$

所以 $A^{-1}=\frac{1}{|A|}A^*=-\begin{bmatrix}-2&-2&-3\\-1&1&0\\1&-2&-1\end{bmatrix}=\begin{bmatrix}2&2&3\\1&-1&0\\-1&2&1\end{bmatrix}$.

**注意**

利用伴随矩阵法求逆矩阵的主要步骤是：

(1) 求矩阵 $A$ 的行列式 $|A|$，判断 $A$ 是否可逆；

(2) 若 $A^{-1}$ 存在，求 $A$ 的伴随矩阵 $A^*$；

(3) 利用公式 $A^{-1}=\frac{1}{|A|}A^*$，求 $A^{-1}$.

## 三、用逆矩阵解矩阵方程

有了逆矩阵的概念，我们来讨论矩阵方程 $AX=B$ 的求解问题，

记 $A=\begin{bmatrix}a_{11}&a_{12}&\cdots&a_{1n}\\a_{21}&a_{22}&\cdots&a_{2n}\\\vdots&\vdots&&\vdots\\a_{n1}&a_{n2}&\cdots&a_{nn}\end{bmatrix}$，$X=\begin{bmatrix}x_1\\x_2\\\vdots\\x_n\end{bmatrix}$，$B=\begin{bmatrix}b_1\\b_2\\\vdots\\b_n\end{bmatrix}$，则 $AX=B$.

如果 $A$ 可逆，用 $A^{-1}$ 左乘方程两端，得 $X=A^{-1}B$，我们对 $X=A^{-1}B$ 进一步运算，有

$$X=A^{-1}B=(\frac{1}{|A|}A^*)B=\frac{1}{|A|}\begin{bmatrix}A_{11}&A_{21}&\cdots&A_{n1}\\A_{12}&A_{22}&\cdots&A_{n2}\\\vdots&\vdots&&\vdots\\A_{1n}&A_{2n}&\cdots&A_{nn}\end{bmatrix}\begin{bmatrix}b_1\\b_2\\\vdots\\b_n\end{bmatrix}$$

$$=\frac{1}{|A|}\begin{bmatrix}\sum_{k=1}^{n}b_kA_{k1}\\\sum_{k=1}^{n}b_kA_{k2}\\\vdots\\\sum_{k=1}^{n}b_kA_{kn}\end{bmatrix}=\frac{1}{|A|}\begin{bmatrix}D_1\\D_2\\\vdots\\D_n\end{bmatrix},$$

所以 $X=\begin{bmatrix}x_1\\x_2\\\vdots\\x_n\end{bmatrix}=\begin{bmatrix}\frac{D_1}{D}\\\frac{D_2}{D}\\\vdots\\\frac{D_n}{D}\end{bmatrix}$.

由此可见，用逆矩阵解线性方程组与用克莱姆法则解线性方程组没有本质的区别.

同理，对矩阵方程 $XA=B$（$A$ 可逆），$X=BA^{-1}$；$AXB=C$（$A$，$B$ 可逆），则有 $X=A^{-1}CB^{-1}$.

**例 8-3-4** 利用逆矩阵解线性方程组$\begin{cases} x_1-4x_2-3x_3=1 \\ x_1-5x_2-3x_3=2 \\ -x_1+6x_2+4x_3=3 \end{cases}$.

**解** 方程组可用矩阵表示为$\begin{bmatrix} 1 & -4 & -3 \\ 1 & -5 & -3 \\ -1 & 6 & 4 \end{bmatrix}\begin{bmatrix} x_1 \\ x_2 \\ x_3 \end{bmatrix}=\begin{bmatrix} 1 \\ 2 \\ 3 \end{bmatrix}$,

由例 8-3-3 可得:$\begin{bmatrix} x_1 \\ x_2 \\ x_3 \end{bmatrix}=\begin{bmatrix} 1 & -4 & -3 \\ 1 & -5 & -3 \\ -1 & 6 & 4 \end{bmatrix}^{-1}\begin{bmatrix} 1 \\ 2 \\ 3 \end{bmatrix}=\begin{bmatrix} 2 & 2 & 3 \\ 1 & -1 & 0 \\ -1 & 2 & 1 \end{bmatrix}\begin{bmatrix} 1 \\ 2 \\ 3 \end{bmatrix}=\begin{bmatrix} 15 \\ -1 \\ 6 \end{bmatrix}$.

**例 8-3-5** 解矩阵方程 $\boldsymbol{AX}=\boldsymbol{B}$,其中 $\boldsymbol{A}=\begin{bmatrix} 3 & 1 \\ 2 & 1 \end{bmatrix}$,$\boldsymbol{B}=\begin{bmatrix} 2 & 1 & 0 \\ 3 & 0 & -1 \end{bmatrix}$.

**解** 因为矩阵 $\boldsymbol{A}$ 的行列式$|\boldsymbol{A}|=\begin{vmatrix} 3 & 1 \\ 2 & 1 \end{vmatrix}=1\neq 0$,所以 $\boldsymbol{A}$ 可逆.

由 $\boldsymbol{A}^{-1}=\dfrac{1}{|\boldsymbol{A}|}\boldsymbol{A}^*$,可得 $\boldsymbol{A}^{-1}=\begin{bmatrix} 1 & -1 \\ -2 & 3 \end{bmatrix}$.

所以 $\boldsymbol{X}=\boldsymbol{A}^{-1}\boldsymbol{B}=\begin{bmatrix} 1 & -1 \\ -2 & 3 \end{bmatrix}\begin{bmatrix} 2 & 1 & 0 \\ 3 & 0 & -1 \end{bmatrix}=\begin{bmatrix} -1 & 1 & 1 \\ 5 & -2 & -3 \end{bmatrix}$.

## 四、逆矩阵的性质

由逆矩阵定义,可证明可逆矩阵具有以下性质:

**性质 8-7** 若 $\boldsymbol{AB}=\boldsymbol{E}$(或 $\boldsymbol{BA}=\boldsymbol{E}$),则 $\boldsymbol{B}^{-1}=\boldsymbol{A}$,$\boldsymbol{A}^{-1}=\boldsymbol{B}$.

由 $\boldsymbol{AB}=\boldsymbol{E}$,得$|\boldsymbol{AB}|=|\boldsymbol{A}||\boldsymbol{B}|=|\boldsymbol{E}|=1$,所以$|\boldsymbol{A}|\neq 0$,于是 $\boldsymbol{A}$ 可逆,在等式 $\boldsymbol{AB}=\boldsymbol{E}$ 两边同时左乘 $\boldsymbol{A}^{-1}$,即得 $\boldsymbol{B}=\boldsymbol{A}^{-1}$,同理可得 $\boldsymbol{A}=\boldsymbol{B}^{-1}$.

这一性质说明,如果要验证 $\boldsymbol{B}$ 是 $\boldsymbol{A}$ 的逆矩阵,只要验证一个等式 $\boldsymbol{AB}=\boldsymbol{E}$ 或 $\boldsymbol{BA}=\boldsymbol{E}$ 即可,不必再按定义验证两个等式.

**性质 8-8** 若矩阵 $\boldsymbol{A}$ 可逆,则 $\boldsymbol{A}$ 的逆矩阵唯一.

**证明** 若矩阵 $\boldsymbol{B}$ 和 $\boldsymbol{C}$ 都是 $\boldsymbol{A}$ 的逆矩阵,则有 $\boldsymbol{AB}=\boldsymbol{BA}=\boldsymbol{E}$,$\boldsymbol{AC}=\boldsymbol{CA}=\boldsymbol{E}$,则

$$\boldsymbol{B}=\boldsymbol{BE}=\boldsymbol{B}(\boldsymbol{AC})=(\boldsymbol{BA})\boldsymbol{C}=\boldsymbol{EC}=\boldsymbol{C},$$

所以 $\boldsymbol{A}$ 的逆矩阵是唯一的.

**性质 8-9** 若矩阵 $\boldsymbol{A}$ 可逆,则 $\boldsymbol{A}^{-1}$ 也可逆,且$(\boldsymbol{A}^{-1})^{-1}=\boldsymbol{A}$.

**证明** 因为由矩阵 $\boldsymbol{A}$ 可逆知

$$\boldsymbol{AA}^{-1}=\boldsymbol{A}^{-1}\boldsymbol{A}=\boldsymbol{E},$$

所以 $\boldsymbol{A}^{-1}$ 是 $\boldsymbol{A}$ 的逆矩阵,同时 $\boldsymbol{A}$ 是 $\boldsymbol{A}^{-1}$ 的逆矩阵,即$(\boldsymbol{A}^{-1})^{-1}=\boldsymbol{A}$.

**性质 8-10** 若矩阵 $\boldsymbol{A}$ 可逆,数 $\lambda\neq 0$,则 $\lambda\boldsymbol{A}$ 也可逆,且$(\lambda\boldsymbol{A})^{-1}=\lambda^{-1}\boldsymbol{A}^{-1}$.

**证明** 因为 $\lambda\boldsymbol{A}(\lambda^{-1}\boldsymbol{A}^{-1})=(\lambda\lambda^{-1})(\boldsymbol{AA}^{-1})=\boldsymbol{E}$,

$$(\lambda^{-1}\boldsymbol{A}^{-1})\lambda\boldsymbol{A}=(\lambda^{-1}\lambda)(\boldsymbol{A}^{-1}\boldsymbol{A})=\boldsymbol{E},$$

所以 $\lambda\boldsymbol{A}$ 可逆,且$(\lambda\boldsymbol{A})^{-1}=\lambda^{-1}\boldsymbol{A}^{-1}$.

**性质 8-11** 若 $n$ 阶矩阵 $\boldsymbol{A}$ 和 $\boldsymbol{B}$ 都可逆,则 $\boldsymbol{AB}$ 也可逆,且$(\boldsymbol{AB})^{-1}=\boldsymbol{B}^{-1}\boldsymbol{A}^{-1}$.

**证明** 因为 $n$ 阶矩阵 $\boldsymbol{A}$ 和 $\boldsymbol{B}$ 都可逆,即 $\boldsymbol{A}^{-1}$,$\boldsymbol{B}^{-1}$ 存在,且

$(\boldsymbol{AB})(\boldsymbol{B}^{-1}\boldsymbol{A}^{-1})=\boldsymbol{A}(\boldsymbol{BB}^{-1})\boldsymbol{A}^{-1}=\boldsymbol{AEA}^{-1}=\boldsymbol{AA}^{-1}=\boldsymbol{E}$,

$(\boldsymbol{B}^{-1}\boldsymbol{A}^{-1})(\boldsymbol{AB})=\boldsymbol{B}^{-1}(\boldsymbol{A}^{-1}\boldsymbol{A})\boldsymbol{B}=\boldsymbol{B}^{-1}\boldsymbol{EB}=\boldsymbol{B}^{-1}\boldsymbol{B}=\boldsymbol{E}$,

所以可知 $\boldsymbol{AB}$ 可逆,且$(\boldsymbol{AB})^{-1}=\boldsymbol{B}^{-1}\boldsymbol{A}^{-1}$.

**推论 8-4**　若同阶矩阵 $\boldsymbol{A}_1,\boldsymbol{A}_2,\cdots,\boldsymbol{A}_m$ 都可逆,则乘积矩阵 $\boldsymbol{A}_1\boldsymbol{A}_2\cdots\boldsymbol{A}_m$ 也可逆,且

$$(\boldsymbol{A}_1\boldsymbol{A}_2\cdots\boldsymbol{A}_m)^{-1}=\boldsymbol{A}_m^{-1}\cdots\boldsymbol{A}_2^{-1}\boldsymbol{A}_1^{-1}.$$

特别地,有$(\boldsymbol{ABC})^{-1}=\boldsymbol{C}^{-1}\boldsymbol{B}^{-1}\boldsymbol{A}^{-1}$.

**性质 8-12**　若矩阵 $\boldsymbol{A}$ 可逆,则 $\boldsymbol{A}^{\mathrm{T}}$ 也可逆,且$(\boldsymbol{A}^{\mathrm{T}})^{-1}=(\boldsymbol{A}^{-1})^{\mathrm{T}}$.

**证明**　因为矩阵 $\boldsymbol{A}$ 可逆,故 $\boldsymbol{A}^{-1}$存在,且

$(\boldsymbol{A}^{-1})^{\mathrm{T}}\boldsymbol{A}^{\mathrm{T}}=(\boldsymbol{AA}^{-1})^{\mathrm{T}}=\boldsymbol{E}^{\mathrm{T}}=\boldsymbol{E}$,

$\boldsymbol{A}^{\mathrm{T}}(\boldsymbol{A}^{-1})^{\mathrm{T}}=(\boldsymbol{A}^{-1}\boldsymbol{A})^{\mathrm{T}}=\boldsymbol{E}^{\mathrm{T}}=\boldsymbol{E}$.

所以由逆矩阵的定义知,$\boldsymbol{A}^{\mathrm{T}}$ 也是可逆的,且$(\boldsymbol{A}^{\mathrm{T}})^{-1}=(\boldsymbol{A}^{-1})^{\mathrm{T}}$.

**性质 8-13**　若矩阵 $\boldsymbol{A}$ 可逆,则$|\boldsymbol{A}^{-1}|=|\boldsymbol{A}|^{-1}$.

**证明**　因此矩阵 $\boldsymbol{A}$ 可逆,所以 $\boldsymbol{AA}^{-1}=\boldsymbol{A}^{-1}\boldsymbol{A}=\boldsymbol{E}$,

所以$|\boldsymbol{A}|\cdot|\boldsymbol{A}^{-1}|=|\boldsymbol{AA}^{-1}|=|\boldsymbol{E}|=1$,即$|\boldsymbol{A}^{-1}|=|\boldsymbol{A}|^{-1}$.

> **注意**　若 $n$ 阶方阵 $\boldsymbol{A}$ 和 $\boldsymbol{B}$ 都可逆,但是 $\boldsymbol{A}+\boldsymbol{B}$ 也不一定可逆;即使当 $\boldsymbol{A}+\boldsymbol{B}$ 可逆,$(\boldsymbol{A}+\boldsymbol{B})^{-1}\neq\boldsymbol{A}^{-1}+\boldsymbol{B}^{-1}$.

例如,$\boldsymbol{A}=\begin{bmatrix}1&0&0\\0&-1&0\\0&0&2\end{bmatrix}$,$\boldsymbol{B}=\begin{bmatrix}1&0&0\\0&1&0\\0&0&2\end{bmatrix}$都是可逆矩阵,但 $\boldsymbol{A}+\boldsymbol{B}=\begin{bmatrix}2&0&0\\0&0&0\\0&0&4\end{bmatrix}$是不可逆的.

**例 8-3-6**　设 $\boldsymbol{A}$ 为三阶方阵,且$|\boldsymbol{A}|=\frac{1}{2}$,求$|(3\boldsymbol{A})^{-1}-2\boldsymbol{A}^*|$的值.

**解**　因为 $\boldsymbol{A}^{-1}=\frac{1}{|\boldsymbol{A}|}\boldsymbol{A}^*$,所以 $\boldsymbol{A}^*=|\boldsymbol{A}|\boldsymbol{A}^{-1}=\frac{1}{2}\boldsymbol{A}^{-1}$,

$$\begin{aligned}|(3\boldsymbol{A})^{-1}-2\boldsymbol{A}^*|&=\left|\frac{1}{3}\boldsymbol{A}^{-1}-2\cdot\frac{1}{2}\boldsymbol{A}^{-1}\right|=\left|-\frac{2}{3}\boldsymbol{A}^{-1}\right|\\&=\left(-\frac{2}{3}\right)^3|\boldsymbol{A}^{-1}|=\left(-\frac{2}{3}\right)^3\frac{1}{|\boldsymbol{A}|}=-\frac{8}{27}\times2=-\frac{16}{27}.\end{aligned}$$

## 习题　8.3

**1.** 求下列矩阵的逆矩阵:

(1) $\begin{bmatrix}2&1\\1&2\end{bmatrix}$;　　(2) $\begin{bmatrix}1&1&2\\-1&2&0\\1&1&3\end{bmatrix}$;

(3) $\begin{bmatrix}2&2&3\\1&-1&0\\-1&2&1\end{bmatrix}$;　　(4) $\begin{bmatrix}1&2&3&4\\0&1&2&3\\0&0&1&2\\0&0&0&1\end{bmatrix}$.

**2.** 解下列矩阵方程:

(1) $\begin{bmatrix}0 & -1\\1 & 0\end{bmatrix}X=\begin{bmatrix}1 & 2\\2 & 1\end{bmatrix}$;　　(2) $\begin{bmatrix}1 & 4\\-1 & 2\end{bmatrix}X\begin{bmatrix}2 & 0\\-1 & 1\end{bmatrix}=\begin{bmatrix}3 & 1\\0 & 1\end{bmatrix}$;

(3) $\begin{bmatrix}1 & 0 & 1\\-1 & 1 & 1\\2 & -1 & 1\end{bmatrix}X=\begin{bmatrix}2\\0\\3\end{bmatrix}$.

**3.** 利用逆矩阵解线性方程组:

(1) $\begin{cases}x_1+2x_2+3x_3=1\\2x_1+2x_2+5x_3=2\\3x_1+5x_2+x_3=3\end{cases}$;　　(2) $\begin{cases}x_1+x_2+3x_3=-5\\2x_1+x_2+x_3=8\\3x_1+2x_2+3x_3=-9\end{cases}$.

**4.** 设 $A=\begin{bmatrix}0 & 3 & 3\\1 & 1 & 0\\-1 & 2 & 3\end{bmatrix}$,$AB=A+2B$,求矩阵 $B$.

**5.** 设 $n$ 阶矩阵 $A$ 满足 $A^2-A-2E=0$,证明 $A$ 及 $A+2E$ 都可逆.

**6.** 设 $n$ 阶可逆矩阵 $A$ 的伴随矩阵为 $A^*$,证明 $|A^*|=|A|^{n-1}$.

## §8.4 矩阵的初等变换与矩阵的秩

本节介绍矩阵的初等变换,它是求矩阵的逆矩阵和矩阵的秩的有力工具.

### 一、矩阵的初等变换与初等矩阵

我们已经看到了行变换在行列式的计算中的重要作用,对于矩阵也有类似的变换.

在解线性方程组时,经常对方程实施下列三种变换:

(1) 方程组中某两个方程的位置互换;

(2) 用非零常数 $k$ 乘以某一个方程;

(3) 将某一个方程的 $k(k\neq0)$倍加到另一个方程上去.

显然,这三种变换不会改变方程组的解,这三种变换转移到矩阵上,就是矩阵的初等变换.

**定义 8-15** 对矩阵施行下列三种变换,称为矩阵的**初等行变换**:

(1)**对换变换**:对调矩阵的两行(互换 $i,j$ 两行,记为 $r_i\leftrightarrow r_j$);

(2)**倍乘变换**:用 $k(k\neq0)$乘矩阵某一行的所有元素(第 $i$ 行乘 $k$,记为 $r_i\times k$);

(3)**倍加变换**:将矩阵某一行的 $k$ 倍加到另一行对应的元素上(第 $j$ 行 $k$ 倍加到 $i$ 行上,记为 $r_i+kr_j$).

在定义中,若把对矩阵施行的行变换,改为列变换,则称之为**初等列变换**,所用的记号是把"$r$"换成"$c$".矩阵的初等行变换和初等列变换统称为矩阵的**初等变换**.

例如,对矩阵 $A=\begin{bmatrix}3 & 2 & 0 & -1\\1 & 2 & -1 & 2\\4 & 4 & -1 & 1\end{bmatrix}$ 作如下初等行变换:

$$A=\begin{bmatrix}3&2&0&-1\\1&2&-1&2\\4&4&-1&1\end{bmatrix}\xrightarrow{r_1\leftrightarrow r_2}\begin{bmatrix}1&2&-1&2\\3&2&0&-1\\4&4&-1&1\end{bmatrix}\xrightarrow[r_3-4r_1]{r_2-3r_1}\begin{bmatrix}1&2&-1&2\\0&-4&3&-7\\0&-4&3&-7\end{bmatrix}$$

$$\xrightarrow{r_3-r_2}\begin{bmatrix}1&2&-1&2\\0&-4&3&-7\\0&0&0&0\end{bmatrix}=B.$$

上例中的矩阵 $B$ 按其形状的特征称为行阶梯形矩阵.

**定义 8-16** 满足下列两个条件的矩阵称为行阶梯形矩阵:

(1) 若矩阵有零行(元素全部为 0 的行),零行位于矩阵的下方;

(2) 各非零行的首非零元(从左到右的第一个不为零的元素)的列标随着行标的递增而严格增大.

由此定义可知,若行阶梯形矩阵有 $r$ 个非零行,且第一行的首非零元是 $a_{1j_1}$,第二行的首非零元是 $a_{2j_2}$,……,第 $r$ 行的首非零元是 $a_{rj_r}$,则有 $1\leqslant j_1<j_2<\cdots<j_r\leqslant n$,其中 $n$ 是行阶梯形矩阵的列数.

例如,$A=\begin{pmatrix}1&1&0&5&4\\0&0&1&0&-1\\0&0&0&3&-1\end{pmatrix}$,$B=\begin{pmatrix}1&1&1&6\\0&-2&0&9\\0&0&-1&0\\0&0&0&0\end{pmatrix}$都是行阶梯形矩阵,其非零行都为 3 行.

**定义 8-17** 对单位矩阵 $E$ 施行一次初等变换得到的矩阵称为**初等矩阵.**

对应于三种初等变换有三种类型的初等矩阵:

(1) 初等互换矩阵:$E(i,j)$是由单位矩阵的第 $i$ 行与第 $j$ 行对换位置而得到的;

(2) 初等倍乘矩阵:$E(i(k))$是由单位矩阵的第 $i$ 行乘 $k$ 而得到,其中 $k\neq0$;

(3) 初等倍加矩阵:$E(i,j(k))$是由单位矩阵的第 $j$ 行乘 $k$ 加到第 $i$ 行上而得到的.

例如,对单位矩阵 $E=\begin{pmatrix}1&0&0&0\\0&1&0&0\\0&0&1&0\\0&0&0&1\end{pmatrix}$有如下的初等矩阵:

$$E(2,3)=\begin{pmatrix}1&0&0&0\\0&0&1&0\\0&1&0&0\\0&0&0&1\end{pmatrix},E(2(k))=\begin{pmatrix}1&0&0&0\\0&k&0&0\\0&0&1&0\\0&0&0&1\end{pmatrix},E(3,2(k))=\begin{pmatrix}1&0&0&0\\0&1&0&0\\0&k&1&0\\0&0&0&1\end{pmatrix}.$$

初等矩阵都是可逆的,其逆矩阵仍为初等矩阵,且

$$E^{-1}(i,j)=E(i,j),E^{-1}(i(k))=E\left(i\left(\frac{1}{k}\right)\right),E^{-1}(i,j(k))=E(i,j(-k)).$$

**定理 8-4** 对 $m\times n$ 矩阵 $\mathbf{A}$ 施行一次初等行变换,相当于左乘一个相应的 $m$ 阶初等矩阵;对 $m\times n$ 矩阵 $\mathbf{A}$ 施行初等列变换,相当于右乘一个相应的 $n$ 阶初等矩阵.

例如,$E_m(i,j)A_{m\times n}\Leftrightarrow$交换 $A_{m\times n}$ 的 $i,j$ 两行;

$A_{m\times n}E_n(i,j)\Leftrightarrow$交换 $A_{m\times n}$ 的 $i,j$ 两列;

$E_m(i(k))A_{m\times n}\Leftrightarrow$ 以 $k(\neq 0)$ 乘 $A_{m\times n}$ 的第 $i$ 行；

$A_{m\times n}E_n(i(k))\Leftrightarrow$ 以 $k(\neq 0)$ 乘 $A_{m\times n}$ 的第 $i$ 列；

$E_m(j,i(k))A_{m\times n}\Leftrightarrow$ 把 $A_{m\times n}$ 的第 $i$ 行的 $k$ 倍加到第 $j$ 行上去；

$A_{m\times n}\cdot E_n(j,i(k))\Leftrightarrow$ 把 $A_{m\times n}$ 的第 $i$ 列的 $k$ 倍加到第 $j$ 列上去.

## 二、用初等变换求逆矩阵

上节给出矩阵 $A$ 可逆的充分必要条件，同时也给出了用伴随矩阵法求 $n$ 阶矩阵的逆矩阵的一种方法——伴随矩阵法，即 $A^{-1}=\frac{1}{|A|}A^*$. 对于较高阶的矩阵，用伴随矩阵法求逆矩阵计算量太大. 下面介绍求逆矩阵的另一种方法——**初等行变换法**.

如果方阵 $A$ 可逆，则 $A$ 经过有限次初等行变换化成单位矩阵 $E$，即存在一组初等矩阵 $P_1,P_2,\cdots,P_s$，使得

$$P_s\cdots P_2P_1A=E.$$

对上式两边右乘 $A^{-1}$，得

$$P_s\cdots P_2P_1AA^{-1}=EA^{-1}=A^{-1},$$

即

$$A^{-1}=P_s\cdots P_2P_1E.$$

也就是说，若经过一系列的初等变换可以把可逆矩阵 $A$ 化成单位矩阵 $E$，则将一系列同样的初等变换作用到 $E$ 上，就可以把 $E$ 化成 $A^{-1}$.

因此，我们就得到了用初等行变换求矩阵 $A$ 的逆矩阵的方法：构成一个 $n\times 2n$ 矩阵 $[A|E]$，然后对其施以初等行变换，将矩阵 $A$ 化成单位矩阵 $E$，则上述初等行变换同时也将其中的单位矩阵化为 $A^{-1}$，即

$$[A\,\vdots\,E]\xrightarrow{\text{初等行变换}}[E\,\vdots\,A^{-1}].$$

**例 8-4-1** 用初等行变换求矩阵 $A=\begin{bmatrix}1&0&1\\2&1&0\\-3&2&-6\end{bmatrix}$ 的逆矩阵.

**解** $(A\,\vdots\,E)=\left(\begin{array}{ccc:ccc}1&0&1&1&0&0\\2&1&0&0&1&0\\-3&2&-6&0&0&1\end{array}\right)\xrightarrow[r_3+3r_1]{r_2-2r_1}\left(\begin{array}{ccc:ccc}1&0&1&1&0&0\\0&1&-2&-2&1&0\\0&2&-3&3&0&1\end{array}\right)$

$\xrightarrow{r_3-2r_2}\left(\begin{array}{ccc:ccc}1&0&1&1&0&0\\0&1&-2&-2&1&0\\0&0&1&7&-2&1\end{array}\right)\xrightarrow[r_2+2r_3]{r_1-r_3}\left(\begin{array}{ccc:ccc}1&0&0&-6&2&-1\\0&1&0&12&-3&2\\0&0&1&7&-2&1\end{array}\right)$，

所以 $A^{-1}=\begin{pmatrix}-6&2&-1\\12&-3&2\\7&-2&1\end{pmatrix}$.

**例 8-4-2** 判断方阵 $\boldsymbol{A}=\begin{pmatrix}1&1&1&1\\1&-2&-2&-1\\2&5&-1&4\\4&1&1&2\end{pmatrix}$ 是否可逆. 若可逆,求 $\boldsymbol{A}^{-1}$.

**解**

$$(\boldsymbol{A}\mid\boldsymbol{E})=\left(\begin{array}{cccc:cccc}1&1&1&1&1&0&0&0\\1&-2&-2&-1&0&1&0&0\\2&5&-1&4&0&0&1&0\\4&1&1&2&0&0&0&1\end{array}\right)\xrightarrow[r_4-4r_1]{\substack{r_2-r_1\\r_3-2r_1}}\left(\begin{array}{cccc:cccc}1&1&1&1&1&0&0&0\\0&-3&-3&-2&-1&1&0&0\\0&3&-3&2&-2&0&1&0\\0&-3&-3&-2&-4&0&0&1\end{array}\right).$$

因为 $\begin{vmatrix}1&1&1&1\\0&-3&-3&-2\\0&3&-3&2\\0&-3&-3&-2\end{vmatrix}=0$,即 $|\boldsymbol{A}|=0$,所以 $\boldsymbol{A}$ 不可逆,即 $\boldsymbol{A}^{-1}$ 不存在.

**注意** 此例说明,用初等变换求逆矩阵的过程中,即可看出逆矩阵是否存在,而不必先去判断逆矩阵是否存在.

**注意** 用初等行变换法求给定的 $n$ 阶方阵 $\boldsymbol{A}$ 的逆矩阵 $\boldsymbol{A}^{-1}$,并不需要知道 $\boldsymbol{A}$ 是否可逆. 在对矩阵 $[\boldsymbol{A}\mid\boldsymbol{E}]$ 进行初等行变换的过程中,若 $[\boldsymbol{A}\mid\boldsymbol{E}]$ 的左半部分出现了零行,说明矩阵 $\boldsymbol{A}$ 的行列式 $|\boldsymbol{A}|=0$,可以判定矩阵 $\boldsymbol{A}$ 不可逆. 若 $[\boldsymbol{A}\mid\boldsymbol{E}]$ 中的左半部分能化成单位矩阵 $\boldsymbol{E}$,说明矩阵 $\boldsymbol{A}$ 的行列式 $|\boldsymbol{A}|\neq0$,可以判定矩阵 $\boldsymbol{A}$ 是可逆的,而且这个单位矩阵 $\boldsymbol{E}$ 右边的矩阵就是 $\boldsymbol{A}$ 的逆矩阵 $\boldsymbol{A}^{-1}$,它是由单位矩阵 $\boldsymbol{E}$ 经过同样的初等行变换得到的.

## 三、矩阵的秩

矩阵的秩是线性代数中非常有用的一个概念,它不仅与讨论可逆矩阵的问题密切相关,而且在讨论线性方程组的解的情况中也有重要的应用. 在这里,我们首先利用行列式来定义矩阵的秩,然后给出利用初等变换求矩阵的秩的办法.

1. 矩阵的 $k$ 阶子式

**定义 8-18** 在 $m\times n$ 矩阵 $\boldsymbol{A}$ 中,任取 $k$ 行 $k$ 列 $(1\leqslant k\leqslant\min\{m,n\})$ 交点上的 $k^2$ 个元素,按原来次序组成的 $k$ 阶行列式,称为矩阵 $\boldsymbol{A}$ 的一个 $k$ 阶子式.

例如,矩阵 $\boldsymbol{A}=\begin{bmatrix}1&2&3&4\\0&-1&2&6\\5&1&1&0\end{bmatrix}$,则有1、3两行与2、4两列交叉点上的元素构成的一个二阶子式 $\begin{vmatrix}2&4\\1&0\end{vmatrix}$.

它的所有三阶子式为:$\begin{vmatrix}1&2&3\\0&-1&2\\5&1&1\end{vmatrix}$,$\begin{vmatrix}1&2&4\\0&-1&6\\5&1&0\end{vmatrix}$,$\begin{vmatrix}1&3&4\\0&2&6\\5&1&0\end{vmatrix}$,$\begin{vmatrix}2&3&4\\-1&2&6\\1&1&0\end{vmatrix}$.

由子式的定义可知：在 $m\times n$ 矩阵 $\boldsymbol{A}$ 中，共有 $C_m^k C_n^k$ 个 $k$ 阶子式.

2. 矩阵的秩

**定义 8-19** 如果 $m\times n$ 矩阵 $\boldsymbol{A}$ 中，存在一个 $r$ 阶子式不为零，而任一 $r+1$ 阶子式(若存在时)全等于零，则称 $r$ 为**矩阵的秩**，记作 $r(\boldsymbol{A})=r$.

**例 8-4-3** 求矩阵 $\begin{bmatrix}1&-1&0&1&6\\0&2&4&5&7\\0&0&0&3&8\\0&0&0&0&0\end{bmatrix}$ 的秩.

**解** 因为 $\begin{vmatrix}1&-1&1\\0&2&5\\0&0&3\end{vmatrix}=6\neq0$，且所有四阶子式都为 0(因为四阶子式中第四行都为零)，所以 $r(\boldsymbol{A})=3$.

不难得到：矩阵 $\boldsymbol{A}$ 的秩具有下列性质：

(1) $r(\boldsymbol{A})=r(\boldsymbol{A}^{\mathrm{T}})$；

(2) $0\leqslant r(\boldsymbol{A})\leqslant\min\{m,n\}$.

规定零矩阵的秩为零. 若 $\boldsymbol{A}$ 为 $n$ 阶方阵，当 $|\boldsymbol{A}|\neq0$ 时，有 $r(\boldsymbol{A})=n$，称 $\boldsymbol{A}$ 为满秩矩阵.

3. 用初等变换求矩阵的秩

**定理 8-5** 初等变换不改变矩阵的秩.

根据此定理，得到求矩阵 $\boldsymbol{A}$ 的秩的方法：通过初等变换把矩阵 $\boldsymbol{A}$ 化为阶梯形矩阵，其非零行的行数就是所求矩阵 $\boldsymbol{A}$ 的秩.

**例 8-4-4** 求矩阵 $\boldsymbol{A}=\begin{bmatrix}1&0&0&1\\1&2&0&-1\\3&-1&0&4\\1&4&5&1\end{bmatrix}$ 的秩.

**解** $$\boldsymbol{A}=\begin{bmatrix}1&0&0&1\\1&2&0&-1\\3&-1&0&4\\1&4&5&1\end{bmatrix}\xrightarrow[r_4-r_1]{\substack{r_2-r_1\\r_3-3r_1}}\begin{bmatrix}1&0&0&1\\0&2&0&-2\\0&-1&0&1\\0&4&5&0\end{bmatrix}\xrightarrow[r_4-2r_2]{r_3+\frac{1}{2}r_2}\begin{bmatrix}1&0&0&1\\0&2&0&-2\\0&0&0&0\\0&0&5&4\end{bmatrix}$$

$$\xrightarrow{r_3\leftrightarrow r_4}\begin{bmatrix}1&0&0&1\\0&2&0&-2\\0&0&5&4\\0&0&0&0\end{bmatrix}.$$

因为行阶梯形矩阵中有三个非零行，所以 $r(\boldsymbol{A})=3$.

## 习题 8.4

1. 用初等变换求下列矩阵的逆矩阵：

(1) $\begin{bmatrix}1&-1&0\\0&1&-1\\-1&0&2\end{bmatrix}$；　　(2) $\begin{bmatrix}1&2&3\\2&1&2\\1&3&4\end{bmatrix}$；

(3) $\begin{bmatrix}1 & 1 & 1 & 1\\1 & 1 & -1 & -1\\1 & -1 & 1 & -1\\1 & -1 & -1 & 1\end{bmatrix}$.

**2.** 设 $\boldsymbol{AX}=\boldsymbol{B}$,其中 $\boldsymbol{A}=\begin{bmatrix}1 & 0\\1 & 1\end{bmatrix}$,$\boldsymbol{B}=\begin{bmatrix}1 & 9 & 8\\-1 & 2 & 2\end{bmatrix}$,求 $\boldsymbol{X}$.

**3.** 根据矩阵秩的定义,求下列矩阵的秩:

(1) $\begin{bmatrix}1 & 2 & 3\\2 & 2 & 3\\3 & 4 & 3\end{bmatrix}$;

(2) $\begin{bmatrix}1 & 2 & -1\\3 & 4 & -2\\5 & -3 & 1\end{bmatrix}$.

**4.** 用初等变换求下列矩阵的秩:

(1) $\begin{bmatrix}3 & -1 & 0 & 2\\1 & -1 & 2 & -1\\1 & 3 & -4 & -4\end{bmatrix}$;

(2) $\begin{bmatrix}3 & 2 & -1 & -3 & -1\\2 & -1 & 3 & 1 & -3\\1 & 0 & 1 & -1 & 7\end{bmatrix}$.

**5.** 设矩阵 $\boldsymbol{A}=\begin{bmatrix}1 & -1 & 1 & 2\\3 & \lambda & -1 & 2\\5 & 3 & \mu & 6\end{bmatrix}$ 的秩是 2,求 $\lambda$ 和 $\mu$ 的值.

## §8.5 一般线性方程组的解法

本节我们以矩阵为工具来讨论一般线性方程组,主要讨论两个问题:(1) 如何判断一个线性方程组是否有解?(2) 如果一个线性方程组有解,那么它有多少解?怎样求解?

### 一、非齐次线性方程组

**例 8-5-1** 解线性方程组 $\begin{cases}x_1+x_2-2x_3=-5\\3x_1+2x_2+x_3=1\\5x_1+3x_2+4x_3=27\end{cases}$.

**解** 对方程组的增广矩阵作初等行变换:

$$\tilde{\boldsymbol{A}}=\begin{bmatrix}1 & 1 & -2 & -5\\3 & 2 & 1 & 1\\5 & 3 & 4 & 27\end{bmatrix}\xrightarrow[r_3-5r_1]{r_2-3r_1}\begin{bmatrix}1 & 1 & -2 & -5\\0 & -1 & 7 & 16\\0 & -2 & 14 & 52\end{bmatrix}\xrightarrow{r_3-2r_2}\begin{bmatrix}1 & 1 & -2 & -5\\0 & -1 & 7 & 16\\0 & 0 & 0 & 20\end{bmatrix}=\boldsymbol{B}.$$

矩阵 $\boldsymbol{B}$ 中的第三行"0=20",表明原方程组无解. 由矩阵 $\boldsymbol{B}$ 容易得出:原方程组的系数矩阵的秩为 2,而增广矩阵的秩为 3,显然 $r(\boldsymbol{A})\neq r(\tilde{\boldsymbol{A}})$.

**例 8-5-2** 解线性方程组 $\begin{cases}x_1+x_2+x_3=0\\2x_1-x_2-x_3=-3\\x_1-x_2+x_3=-6\\-x_1+2x_2+x_3=5\end{cases}$.

**解** 对方程组的增广矩阵作初等行变换:

$$\widetilde{A}=\begin{bmatrix}1&1&1&0\\2&-1&-1&-3\\1&-1&1&-6\\-1&2&1&5\end{bmatrix}\xrightarrow[r_4+r_1]{\substack{r_2-r_1\\r_3-r_1}}\begin{bmatrix}1&1&1&0\\0&-3&-3&-3\\0&-2&0&-6\\0&3&2&5\end{bmatrix}\xrightarrow[\substack{r_4+r_2\\r_4+\frac{1}{2}r_3}]{r_3-\frac{2}{3}r_2}\begin{bmatrix}1&1&1&0\\0&1&1&1\\0&0&2&-4\\0&0&0&0\end{bmatrix}=\boldsymbol{B}.$$

由矩阵 $\boldsymbol{B}$ 得到与原方程组同解的方程组$\begin{cases}x_1+x_2+x_3=0\\x_2+x_3=1\\2x_3=-4\end{cases}$，显然这个方程组有唯一解，

不难解得:这个方程组的解$(-1,3,-2)$.

由矩阵 $\boldsymbol{B}$ 容易得出:原方程组的系数矩阵 $\boldsymbol{A}$ 的秩为 3,而增广矩阵 $\widetilde{\boldsymbol{A}}$ 的秩也为 3,显然 $r(\boldsymbol{A})=r(\widetilde{\boldsymbol{A}})=3$,而 3 正好是这个方程组含有的未知数的个数.

**例 8-5-3** 解线性方程组$\begin{cases}x_1-x_2+x_3-x_4=0\\2x_1-x_2+3x_3-2x_4=-1.\\3x_1-2x_2-x_3+2x_4=4\end{cases}$

**解** 对方程组的增广矩阵作初等行变换:

$$\widetilde{A}=\begin{bmatrix}1&-1&1&-1&0\\2&-1&3&-2&-1\\3&-2&-1&2&4\end{bmatrix}\xrightarrow[r_3-3r_1]{r_2-2r_1}\begin{bmatrix}1&-1&1&-1&0\\0&1&1&0&-1\\0&1&-4&5&4\end{bmatrix}$$

$$\xrightarrow{r_3-r_2}\begin{bmatrix}1&-1&1&-1&0\\0&1&1&0&-1\\0&0&-5&5&5\end{bmatrix}=\boldsymbol{B}.$$

由矩阵 $\boldsymbol{B}$ 得到与原方程组同解的方程组$\begin{cases}x_1-x_2+x_3-x_4=0\\x_2+x_3=-1\\x_3-x_4=-1\end{cases}$，它的一般解

$\begin{cases}x_1=-x_4+1\\x_2=-x_4\\x_3=x_4-1\\x_4=x_4\end{cases}$,显然这个方程组有无穷多个解.由矩阵 $\boldsymbol{B}$ 容易得出原方程组的系数矩阵 $\boldsymbol{A}$ 的秩为 3,而增广矩阵 $\widetilde{\boldsymbol{A}}$ 的秩也为 3,显然 $r(\boldsymbol{A})=r(\widetilde{\boldsymbol{A}})=3<4$,而 4 正好是这个方程组含有的未知数的个数.

设 $x_4=k$,它的一般解也可用矩阵来表示:$\begin{bmatrix}x_1\\x_2\\x_3\\x_4\end{bmatrix}=k\begin{bmatrix}-1\\-1\\1\\1\end{bmatrix}+\begin{bmatrix}1\\0\\-1\\0\end{bmatrix}$($k$ 为任意常数).

从上述三个例子看出:

(1) 一般线性方程组的解可能有三种情形:无解、唯一解、无穷多解.

(2) 方程组是否有解,取决于系数矩阵、增广矩阵的秩和方程组的未知量的个数 $n$,而与方程组的方程个数无关.具体地说:当 $r(\boldsymbol{A})\neq r(\widetilde{\boldsymbol{A}})$,方程组无解;当 $r(\boldsymbol{A})=r(\widetilde{\boldsymbol{A}})=n$,方程组

有唯一解；$r(\mathbf{A})=r(\widetilde{\mathbf{A}})<n$，方程组有无穷多个解.这个结论具有一般性，如果含有 $m$ 个方程 $n$ 个未知数的非齐次线性方程组

$$\begin{cases}a_{11}x_1+a_{12}x_2+\cdots+a_{1n}x_n=b_1\\a_{21}x_1+a_{22}x_2+\cdots+a_{2n}x_n=b_2\\\qquad\vdots\\a_{m1}x_1+a_{m2}x_2+\cdots+a_{mn}x_n=b_m\end{cases}$$

有如下结论：

**定理 8-6（线性方程组解的存在定理）** 非齐次线性方程组 $\mathbf{AX}=\mathbf{B}$ 的系数矩阵 $\mathbf{A}$ 和增广矩阵 $\widetilde{\mathbf{A}}$：

（1）当 $r(\mathbf{A})\neq r(\widetilde{\mathbf{A}})$ 时，线性方程组无解.

（2）当 $r(\mathbf{A})=r(\widetilde{\mathbf{A}})$ 时，线性方程组有解：

① 若 $r(\mathbf{A})=r(\widetilde{\mathbf{A}})=n$，则线性方程组有唯一解；

② 若 $r(\mathbf{A})=r(\widetilde{\mathbf{A}})=r<n$，方程组有无穷多解，且其通解中含有 $n-r$ 个自由未知量.

（其中 $n$ 表示方程组 $\mathbf{AX}=\mathbf{B}$ 中含有未知量的个数.）

**定义 8-20** 线性方程组解的表示式中可以取任意值的未知量称为**自由未知量**，用自由未知量表示其他未知量的解表示式称为线性方程组的**一般解（通解）**，当解表示式中的自由未知量取定一个值时，得到线性方程组的一个解，称为线性方程组的**特解**.

自由未知量的选取不是唯一的，但自由未知量的个数是确定的，共有 $n-r$ 个.

**例 8-5-4** 解线性方程组 $\begin{cases}x_1+x_2+x_3+x_4+x_5=1\\3x_1+2x_2+x_3+x_4-3x_5=6\\x_2+2x_3+2x_4+6x_5=-3\\5x_1+4x_2+3x_3+3x_4-x_5=8\end{cases}$.

**解** 
$$\widetilde{\mathbf{A}}=\begin{bmatrix}1&1&1&1&1&1\\3&2&1&1&-3&6\\0&1&2&2&6&-3\\5&4&3&3&-1&8\end{bmatrix}\xrightarrow[r_4-5r_1]{r_2-3r_1}\begin{bmatrix}1&1&1&1&1&1\\0&-1&-2&-2&-6&3\\0&1&2&2&6&-3\\0&-1&-2&-2&-6&3\end{bmatrix}$$

$$\xrightarrow[r_4-r_2]{r_3+r_2}\begin{bmatrix}1&1&1&1&1&1\\0&-1&-2&-2&-6&3\\0&0&0&0&0&0\\0&0&0&0&0&0\end{bmatrix}\xrightarrow{r_1+r_2}\begin{bmatrix}1&0&-1&-1&-5&4\\0&-1&-2&-2&-6&3\\0&0&0&0&0&0\\0&0&0&0&0&0\end{bmatrix}=\boldsymbol{B}.$$

显然 $r(\mathbf{A})=r(\widetilde{\mathbf{A}})=2<5$，显然这个方程组有无穷多个解，与原方程组同解的方程组为

$$\begin{cases}x_1-x_3-x_4-5x_5=4\\x_2+2x_3+2x_4+6x_5=-3\end{cases}，解得：\begin{cases}x_1=x_3+x_4+5x_5+4\\x_2=-2x_3-2x_4-6x_5-3\\x_3=x_3\\x_4=x_4\\x_5=x_5\end{cases}.$$

设 $x_3=k_1,x_4=k_2,x_5=k_3$，所以方程组的通解为：

$$\begin{bmatrix}x_1\\x_2\\x_3\\x_4\\x_5\end{bmatrix}=k_1\begin{bmatrix}1\\-2\\1\\0\\0\end{bmatrix}+k_2\begin{bmatrix}1\\-2\\0\\1\\0\end{bmatrix}+k_3\begin{bmatrix}5\\-6\\0\\0\\1\end{bmatrix}+\begin{bmatrix}4\\-3\\0\\0\\0\end{bmatrix}(k_1,k_2,k_3\text{ 为任意实数}).$$

用消元法解线性方程组 $\boldsymbol{AX}=\boldsymbol{B}$ 的一般步骤为：首先写出增广矩阵 $\widetilde{\boldsymbol{A}}$，用初等行变换将其化成阶梯形矩阵，然后根据系数矩阵和增广矩阵的秩，来判断线性方程组是否有解. 若方程组有解，则继续用初等行变换将阶梯形矩阵化成行简化阶梯形矩阵，求线性方程组的通解.

## 二、齐次线性方程组

如果含有 $m$ 个方程 $n$ 个未知数的齐次线性方程组

$$\begin{cases}a_{11}x_1+a_{12}x_2+\cdots+a_{1n}x_n=0\\a_{21}x_1+a_{22}x_2+\cdots+a_{2n}x_n=0\\\quad\vdots\\a_{m1}x_1+a_{m2}x_2+\cdots+a_{mn}x_n=0\end{cases},$$

由于它的系数矩阵的秩与增广矩阵的秩相等，因此线性方程组总是有解的.

**定理 8-7** 对于齐次线性方程组 $\boldsymbol{AX}=\boldsymbol{0}$ 的系数矩阵 $\boldsymbol{A}$：

(1) 当 $r(\boldsymbol{A})=n$ 时，齐次线性方程组只有零解；

(2) 当 $r(\boldsymbol{A})<n$ 时，齐次线性方程组有非零解.

(其中 $n$ 表示方程组 $\boldsymbol{AX}=\boldsymbol{0}$ 中含有未知量的个数)

**推论 8-5** 在齐次线性方程组中，当方程个数少于未知量个数($m<n$)时，齐次线性方程组必有非零解.

**例 8-5-5** 解齐次线性方程组 $\begin{cases}x_1+x_2+x_3+x_4+x_5=0\\3x_1+2x_2+x_3+x_4-3x_5=0\\x_2+2x_3+2x_4+6x_5=0\\5x_1+4x_2+3x_3+3x_4-x_5=0\end{cases}$.

**解** $\boldsymbol{A}=\begin{bmatrix}1&1&1&1&1\\3&2&1&1&-3\\0&1&2&2&6\\5&4&3&3&-1\end{bmatrix}\xrightarrow[r_4-5r_1]{r_2-3r_1}\begin{bmatrix}1&1&1&1&1\\0&-1&-2&-2&-6\\0&1&2&2&6\\0&-1&-2&-2&-6\end{bmatrix}$

$\xrightarrow[r_4-r_2]{r_3+r_2}\begin{bmatrix}1&1&1&1&1\\0&1&2&2&6\\0&0&0&0&0\\0&0&0&0&0\end{bmatrix}\xrightarrow{r_1-r_2}\begin{bmatrix}1&0&-1&-1&-5\\0&1&2&2&6\\0&0&0&0&0\\0&0&0&0&0\end{bmatrix}=\boldsymbol{B}.$

显然 $r(\boldsymbol{A})=2<5$，显然这个方程组有无穷多个解，与原方程组同解的方程组

$\begin{cases} x_1-x_3-x_4-5x_5=0 \\ x_2+2x_3+2x_4+6x_5=0 \end{cases}$，解得：$\begin{cases} x_1=x_3+x_4+5x_5 \\ x_2=-2x_3-2x_4-6x_5 \\ x_3=x_3 \\ x_4=x_4 \\ x_5=x_5 \end{cases}$.

设 $x_3=k_1, x_4=k_2, x_5=k_3$，所以方程组的通解为：

$$\begin{bmatrix} x_1 \\ x_2 \\ x_3 \\ x_4 \\ x_5 \end{bmatrix}=k_1\begin{bmatrix} 1 \\ -2 \\ 1 \\ 0 \\ 0 \end{bmatrix}+k_2\begin{bmatrix} 1 \\ -2 \\ 0 \\ 1 \\ 0 \end{bmatrix}+k_3\begin{bmatrix} 5 \\ -6 \\ 0 \\ 0 \\ 1 \end{bmatrix}$$（$k_1, k_2, k_3$ 为任意实数），

其中 $\boldsymbol{X}_0=\begin{bmatrix} x_1 \\ x_2 \\ x_3 \\ x_4 \\ x_5 \end{bmatrix}=\begin{bmatrix} 4 \\ -3 \\ 0 \\ 0 \\ 0 \end{bmatrix}$ 是例 8-5-4 非齐次线性方程组的一个特解.

$X_1=\begin{bmatrix} 1 \\ -2 \\ 1 \\ 0 \\ 0 \end{bmatrix}, X_2=\begin{bmatrix} 1 \\ -2 \\ 0 \\ 1 \\ 0 \end{bmatrix}, X_3=\begin{bmatrix} 5 \\ -6 \\ 0 \\ 0 \\ 1 \end{bmatrix}$ 称为例 8-5-4 对应的齐次线性方程组例 8-5-5 的基础解系.

**例 8-5-6** 当 $p, t$ 取何值时，线性方程组 $\begin{cases} x_1+x_2+2x_3+3x_4=1 \\ x_1+3x_2+6x_3+x_4=3 \\ 3x_1-x_2-px_3+15x_4=3 \\ x_1-5x_2-10x_3+12x_4=t \end{cases}$ 无解？有唯一解？无穷多解？在有无穷多解的情况下求全部解.

**解** $\widetilde{\mathbf{A}}=\begin{bmatrix} 1 & 1 & 2 & 3 & 1 \\ 1 & 3 & 6 & 1 & 3 \\ 3 & -1 & -p & 15 & 3 \\ 1 & -5 & -10 & 12 & t \end{bmatrix} \xrightarrow[\substack{r_4-r_1 \\ r_3-3r_1}]{r_2-r_1} \begin{bmatrix} 1 & 1 & 2 & 3 & 1 \\ 0 & 2 & 4 & -2 & 2 \\ 0 & -4 & -p-6 & 6 & 0 \\ 0 & -6 & -12 & 9 & t-1 \end{bmatrix}$

$\xrightarrow[r_4+3r_2]{r_3+2r_2} \begin{bmatrix} 1 & 1 & 2 & 3 & 1 \\ 0 & 2 & 4 & -2 & 2 \\ 0 & 0 & -p+2 & 2 & 4 \\ 0 & 0 & 0 & 3 & t+5 \end{bmatrix}$.

(1) 当 $p\neq 2$ 时，$r(\mathbf{A})=r(\widetilde{\mathbf{A}})=4$，方程组有唯一解.

(2) 当 $p=2$ 时，有

$$\begin{bmatrix}1 & 1 & 2 & 3 & 1\\0 & 2 & 4 & -2 & 2\\0 & 0 & -p+2 & 2 & 4\\0 & 0 & 0 & 3 & t+5\end{bmatrix}\xrightarrow{\text{初等行变换}}\begin{bmatrix}1 & 1 & 2 & 3 & 1\\0 & 1 & 2 & -1 & 1\\0 & 0 & 0 & 1 & 2\\0 & 0 & 0 & 0 & t-1\end{bmatrix}.$$

当 $t\neq1$ 时，$r(\mathbf{A})=3$，$r(\widetilde{\mathbf{A}})=4$，$r(\mathbf{A})\neq r(\widetilde{\mathbf{A}})$，方程组无解；

当 $t=1$ 时，$r(\mathbf{A})=r(\widetilde{\mathbf{A}})=3<4$，方程组有无穷多解：

$$\begin{bmatrix}1 & 1 & 2 & 3 & 1\\0 & 1 & 2 & -1 & 1\\0 & 0 & 0 & 1 & 2\\0 & 0 & 0 & 0 & t-1\end{bmatrix}\xrightarrow{\text{初等行变换}}\begin{bmatrix}1 & 0 & 0 & 0 & -8\\0 & 1 & 2 & 0 & 3\\0 & 0 & 0 & 1 & 2\\0 & 0 & 0 & 0 & 0\end{bmatrix}.$$

与原方程组同解的方程组 $\begin{cases}x_1=-8\\x_2+2x_3=3\\x_4=2\end{cases}$，令 $x_3=k$，所以方程组的通解为：

$$\begin{bmatrix}x_1\\x_2\\x_3\\x_4\end{bmatrix}=k\begin{bmatrix}0\\-2\\1\\0\end{bmatrix}+\begin{bmatrix}-8\\3\\0\\2\end{bmatrix}\ (k\text{ 为任意实数}).$$

## 习题 8.5

**1.** 解下列齐次线性方程组：

(1) $\begin{cases}x_1+2x_2+x_3-x_4=0\\3x_1+6x_2-x_3-3x_4=0\\5x_1+10x_2+x_3-5x_4=0\end{cases}$；

(2) $\begin{cases}x_1+x_2+x_3+4x_4-3x_5=0\\x_1-x_2+3x_3-2x_4-x_5=0\\2x_1+x_2+3x_3+5x_4-5x_5=0\\3x_1+x_2+5x_3+6x_4-7x_5=0\end{cases}$.

**2.** 解下列非齐次线性方程组：

(1) $\begin{cases}4x_1+2x_2-x_3=2\\3x_1-x_2+2x_3=10\\11x_1+3x_2=8\end{cases}$；

(2) $\begin{cases}2x_1-x_2+4x_3-3x_4=-4\\x_1+x_3-x_4=-3\\3x_1+x_2+x_3=1\\7x_1+7x_3-3x_4=3\end{cases}$.

**3.** 判断下列线性方程组是否有解？若有解，解是否唯一？

(1) $\begin{cases}x_1+x_2-2x_3=2\\2x_1-3x_2+5x_3=1\\4x_1-x_2-x_3=5\\5x_1-x_3=2\end{cases}$；

(2) $\begin{cases}2x_1+x_2-x_3+x_4=1\\3x_1-2x_2+2x_3-3x_4=2\\5x_1+x_2-x_3+2x_4=-1\\2x_1-x_2+x_3-3x_4=4\end{cases}$.

**4.** 当 $\lambda$ 取何值时，方程组 $\begin{cases}x_1-3x_2+2x_3=0\\2x_1-5x_2+3x_3=0\\3x_1-8x_2+\lambda x_3=0\end{cases}$ 有非零解，并求其解.

**5.** 确定参数 $a,b$,使方程组$\begin{cases} ax_1-x_2+2x_3=1 \\ x_1+2x_2-x_3=b \\ 2x_1+x_2+x_3=3 \end{cases}$ 有无穷多组解.

**6.** 问 $\lambda$ 取何值时,非齐次线性方程组$\begin{cases} \lambda x_1+x_2+x_3=1 \\ x_1+\lambda x_2+x_3=\lambda \\ x_1+x_2+\lambda x_3=\lambda^2 \end{cases}$ 无解?有唯一解?有无穷多解?

**7.** 已知下列线性方程组(A)(B):

$$\begin{cases} x_1+x_2-2x_4=-6 \\ 4x_1-x_2-x_3-x_4=1 \\ 3x_1-x_2-x_3=3 \end{cases}\text{(A)};\qquad \begin{cases} x_1+mx_2-x_3-x_4=-5 \\ nx_2-x_3-2x_4=-11 \\ x_3-2x_4=-t+1 \end{cases}\text{(B)}.$$

(1) 求方程组(A)的通解.

(2) 当方程组(B)中的参数 $m,n,t$ 为何值时(A)与(B)同解?

## §8.6　方阵的特征值与特征向量

方阵在矩阵理论和应用中起着特殊作用,方阵的特征值与特征向量有着广泛的应用.本节将研究方阵的特征值与特征向量的求法及性质.

### 一、$n$ 维向量及其线性运算

**定义 8-21**　数域 $F$ 上的 $n$ 个有序数 $a_1,a_2,\cdots,a_n$ 所组成的有序数组 $(a_1,a_2,\cdots,a_n)$ 称为数域 $F$ 上的 $n$ 维向量,这 $n$ 个数称为该向量的 $n$ 个分量,第 $i$ 个数 $a_i$ 称为第 $i$ 个分量,向量常用希腊字母 $\boldsymbol{\alpha},\boldsymbol{\beta},\boldsymbol{\gamma},\cdots$ 来表示.

向量通常写成一行 $\boldsymbol{\alpha}=(a_1,a_2,\cdots,a_n)$,称为行向量;向量有时也写成一列

$$\boldsymbol{\alpha}=\begin{bmatrix} a_1 \\ a_2 \\ \vdots \\ a_n \end{bmatrix}=(a_1,a_2,\cdots,a_n)^{\mathrm{T}},$$

称为列向量.

例如:一个 $m\times n$ 矩阵 $\boldsymbol{A}=\begin{bmatrix} a_{11} & a_{12} & \cdots & a_{1n} \\ a_{21} & a_{22} & \cdots & a_{2n} \\ \vdots & \vdots & & \vdots \\ a_{m1} & a_{m2} & \cdots & a_{mn} \end{bmatrix}$,每一列 $\boldsymbol{\alpha}_j=\begin{bmatrix} a_{1j} \\ a_{2j} \\ \vdots \\ a_{mj} \end{bmatrix}$ $(j=1,2,\cdots,n)$组成向量组 $\boldsymbol{\alpha}_1,\boldsymbol{\alpha}_2,\cdots,\boldsymbol{\alpha}_n$,称为矩阵 $\boldsymbol{A}$ 的列向量组,而由矩阵 $\boldsymbol{A}$ 每一行 $\boldsymbol{\beta}_i=(a_{i1},a_{i2},\cdots,a_{in})$ $(i=1,2,\cdots,m)$组成向量组 $\boldsymbol{\beta}_1,\boldsymbol{\beta},\cdots,\boldsymbol{\beta}_m$,称为矩阵 $\boldsymbol{A}$ 的行向量组.

这样矩阵 $\boldsymbol{A}$ 与其列向量组或行向量组建立了一一对应关系.

**定义 8-22**　两个 $n$ 维向量 $\boldsymbol{\alpha}=(a_1,a_2,\cdots,a_n)$ 与 $\boldsymbol{\beta}=(b_1,b_2,\cdots,b_n)$ 的各对应分量之和组成的向量,称为向量 $\boldsymbol{\alpha}$ 与 $\boldsymbol{\beta}$ 的和,记为 $\boldsymbol{\alpha}+\boldsymbol{\beta}$,即 $\boldsymbol{\alpha}+\boldsymbol{\beta}=(a_1+b_1,a_2+b_2,\cdots,a_n+b_n)$,同样可定义向量的减法运算:$\boldsymbol{\alpha}-\boldsymbol{\beta}=(a_1-b_1,a_2-b_2,\cdots,a_n-b_n)$.

**定义 8-23** $n$ 维向量 $\boldsymbol{\alpha}=(a_1,a_2,\cdots,a_n)$ 的各个分量都乘以实数 $k$ 所组成的向量，称为 $k$ 与向量 $\boldsymbol{\alpha}$ 的乘积(简称数乘)，记为 $k\boldsymbol{\alpha}$，即：$k\boldsymbol{\alpha}=(ka_1,ka_2,\cdots,ka_n)$，向量的加法和数乘运算统称为向量的线性运算.

## 二、特征值与特征向量的概念

**定义 8-24** 设 $\boldsymbol{A}$ 是 $n$ 阶方阵，如果对于某数 $\lambda$，存在 $n$ 维非零向量 $\boldsymbol{x}$，使得 $\boldsymbol{Ax}=\lambda\boldsymbol{x}$，则称 $\lambda$ 为方阵 $\boldsymbol{A}$ 的特征值，$\boldsymbol{x}$ 为方阵 $\boldsymbol{A}$ 属于特征值 $\lambda$ 的特征向量.

例如

$$\begin{pmatrix}-2&1&1\\0&2&0\\-4&1&3\end{pmatrix}\begin{pmatrix}0\\1\\-1\end{pmatrix}=\begin{pmatrix}0\\2\\-2\end{pmatrix}=2\begin{pmatrix}0\\1\\-1\end{pmatrix},$$

故 $\lambda=2$ 是方阵 $\begin{pmatrix}-2&1&1\\0&2&0\\-4&1&3\end{pmatrix}$ 的一个特征值，向量 $\begin{pmatrix}0\\1\\-1\end{pmatrix}$ 为矩阵 $\begin{pmatrix}-2&1&1\\0&2&0\\-4&1&3\end{pmatrix}$ 属于特征值 $\lambda=2$ 的特征向量，显然 $k\begin{pmatrix}0\\1\\-1\end{pmatrix}(k\neq0)$ 仍是矩阵 $\begin{pmatrix}-2&1&1\\0&2&0\\-4&1&3\end{pmatrix}$ 属于特征值 $\lambda=2$ 的特征向量. 这说明方阵 $\boldsymbol{A}$ 属于特征值 $\lambda$ 的特征向量不是唯一的.

给定一个 $n$ 阶方阵 $\boldsymbol{A}$，如何去求 $\boldsymbol{A}$ 的特征值 $\lambda$ 与方阵 $\boldsymbol{A}$ 属于特征值 $\lambda$ 的特征向量 $\boldsymbol{x}$ 呢？

由定义知 $\boldsymbol{Ax}=\lambda\boldsymbol{x}$，即 $(\boldsymbol{A}-\lambda\boldsymbol{E})\boldsymbol{x}=\boldsymbol{0}$.

这是一个 $n$ 元齐次线性方程组，因为 $\boldsymbol{x}\neq\boldsymbol{0}$，所以该齐次方程组有非零解，从而它的系数行列式 $|\boldsymbol{A}-\lambda\boldsymbol{E}|=0$.

行列式 $|\boldsymbol{A}-\lambda\boldsymbol{E}|$ 称为方阵 $\boldsymbol{A}$ 的特征多项式，方程 $|\boldsymbol{A}-\lambda\boldsymbol{E}|=0$ 称为方阵 $\boldsymbol{A}$ 的特征方程. 这是一个关于 $\lambda$ 的一元 $n$ 次代数方程，它在复数范围内恒有解，解的个数等于方程的次数(重根按重数计算). 因此，$n$ 阶方阵 $\boldsymbol{A}=(a_{ij})_{n\times n}$ 在复数范围内有 $n$ 个特征值 $\lambda_1$，$\lambda_2$，$\cdots$，$\lambda_n$.

因此，求方阵 $\boldsymbol{A}=(a_{ij})_{n\times n}$ 的特征值与特征向量的步骤为：

(1) 求出 $n$ 阶方阵 $\boldsymbol{A}$ 的特征多项式 $|\boldsymbol{A}-\lambda\boldsymbol{E}|$；

(2) 求出特征方程 $|\boldsymbol{A}-\lambda\boldsymbol{E}|=0$ 的全部根 $\lambda_1$，$\lambda_2$，$\cdots$，$\lambda_n$(重根按重数计算)，即为方阵 $\boldsymbol{A}$ 的特征值；

(3) 对每一个互异的特征值 $\lambda_i$，求齐次线性方程组 $(\boldsymbol{A}-\lambda_i\boldsymbol{E})\boldsymbol{x}=\boldsymbol{0}$ 的基础解系，就是方阵 $\boldsymbol{A}$ 属于特征值 $\lambda_i$ 的全部特征向量.

**例 8-6-1** 求 $\boldsymbol{A}=\begin{pmatrix}3&1\\5&-1\end{pmatrix}$ 的特征值与特征向量.

**解** (1) $\boldsymbol{A}$ 的特征多项式为

$$|\boldsymbol{A}-\lambda\boldsymbol{E}|=\begin{vmatrix}3-\lambda&1\\5&-1-\lambda\end{vmatrix}=(3-\lambda)(-1-\lambda)-5=(\lambda-4)(\lambda+2).$$

(2) 令 $|\boldsymbol{A}-\lambda\boldsymbol{E}|=0$，即 $(\lambda-4)(\lambda+2)=0$，得 $\lambda_1=-2$，$\lambda_2=4$，即为所求方阵 $\boldsymbol{A}$ 的特征值.

(3) 对 $\lambda_1=-2$,求解方程组 $\begin{cases}5x_1+x_2=0\\5x_1+x_2=0\end{cases}$,得 $x_2=-5x_1$,取 $x_1=1$,得方阵 $\boldsymbol{A}$ 属于特征值 $\lambda_1=-2$ 的一个特征向量 $\boldsymbol{p}_1=\begin{pmatrix}1\\-5\end{pmatrix}$;

对 $\lambda_2=4$,求解方程组 $\begin{cases}-x_1+x_2=0\\5x_1-5x_2=0\end{cases}$,得 $x_2=x_1$,取 $x_2=1$,得方阵 $\boldsymbol{A}$ 属于特征值 $\lambda_2=4$ 的一个特征向量 $\boldsymbol{p}_2=\begin{pmatrix}1\\1\end{pmatrix}$.

**例 8-6-2** 求方阵 $\boldsymbol{A}=\begin{pmatrix}1&-2&2\\-2&-2&4\\2&4&-2\end{pmatrix}$ 的特征值与特征向量.

**解** $\boldsymbol{A}$ 的特征多项式为

$$|\boldsymbol{A}-\lambda\boldsymbol{E}|=\begin{vmatrix}1-\lambda&-2&2\\-2&-2-\lambda&4\\2&4&-2-\lambda\end{vmatrix}=\begin{vmatrix}1-\lambda&-2&2\\0&2-\lambda&2-\lambda\\2&4&-2-\lambda\end{vmatrix}$$

$$=\begin{vmatrix}1-\lambda&-2&4\\0&2-\lambda&0\\2&4&-6-\lambda\end{vmatrix}=-(2-\lambda)^2(\lambda+7).$$

令 $|\boldsymbol{A}-\lambda\boldsymbol{E}|=0$,即 $(2-\lambda)^2(\lambda+7)=0$,得方阵 $\boldsymbol{A}$ 的特征值为

$$\lambda_1=-7,\lambda_2=\lambda_3=2.$$

对 $\lambda_1=-7$,解方程组 $(\boldsymbol{A}+7\boldsymbol{E})\boldsymbol{x}=\boldsymbol{0}$,由于

$\boldsymbol{A}+7\boldsymbol{E}=\begin{pmatrix}8&-2&2\\-2&5&4\\2&4&5\end{pmatrix}$,化成阶梯型矩阵 $\begin{pmatrix}1&0&\frac{1}{2}\\0&1&1\\0&0&0\end{pmatrix}$,对应方程组 $\begin{cases}x_1+\frac{1}{2}x_3=0\\x_2+x_3=0\end{cases}$,

取 $x_3=-2$,得 $\boldsymbol{p}_1=\begin{pmatrix}1\\2\\-2\end{pmatrix}$,即为方阵 $\boldsymbol{A}$ 属于特征值 $\lambda_1=-7$ 的特征向量.

对 $\lambda_2=\lambda_3=2$,解方程组 $(\boldsymbol{A}-2\boldsymbol{E})\boldsymbol{x}=\boldsymbol{0}$,由于

$\boldsymbol{A}-2\boldsymbol{E}=\begin{pmatrix}-1&-2&2\\-2&-4&4\\2&4&-4\end{pmatrix}$,化成阶梯型矩阵 $\begin{pmatrix}1&2&-2\\0&0&0\\0&0&0\end{pmatrix}$,对应方程组 $x_1+2x_2-2x_3=0$,

得 $\boldsymbol{p}_2=\begin{pmatrix}-2\\1\\0\end{pmatrix}$,$\boldsymbol{p}_3=\begin{pmatrix}2\\0\\1\end{pmatrix}$,即为方阵 $\boldsymbol{A}$ 属于特征值 $\lambda_2=\lambda_3=2$ 的特征向量.

**例 8-6-3** 已知 $\boldsymbol{x}=(1,\ 1,\ -1)^{\mathrm{T}}$ 为方阵 $\boldsymbol{A}=\begin{pmatrix}2&-1&2\\5&a&3\\-1&b&2\end{pmatrix}$ 的特征向量,求 $a,b$ 的

值及对应的特征值$\lambda$.

**解** 依题意,$\boldsymbol{Ax}=\lambda\boldsymbol{x}$,即$\begin{pmatrix}2&-1&2\\5&a&3\\-1&b&2\end{pmatrix}\begin{pmatrix}1\\1\\-1\end{pmatrix}=\lambda\begin{pmatrix}1\\1\\-1\end{pmatrix}$,

也即$\begin{pmatrix}-1\\2+a\\b-3\end{pmatrix}=\begin{pmatrix}\lambda\\\lambda\\-\lambda\end{pmatrix}$,所以$\begin{cases}\lambda=-1\\2+a=-1\\b-3=1\end{cases}$,得$\begin{cases}\lambda=-1\\a=-3.\\b=4\end{cases}$

**例 8-6-4** 设$\lambda=2$为方阵$\boldsymbol{A}$的特征值,求$|\boldsymbol{A}^2-3\boldsymbol{A}+2\boldsymbol{E}|$.

**解** 依题意,$|\boldsymbol{A}-2\boldsymbol{E}|=0$,所以

$$|\boldsymbol{A}^2-3\boldsymbol{A}+2\boldsymbol{E}|=|(\boldsymbol{A}-\boldsymbol{E})(\boldsymbol{A}-2\boldsymbol{E})|=|\boldsymbol{A}-\boldsymbol{E}|\cdot|\boldsymbol{A}-2\boldsymbol{E}|=0.$$

## 二、特征值与特征向量的性质

$n$阶方阵$\boldsymbol{A}$的特征值与特征向量具有如下性质:

**性质 8-14** $\boldsymbol{A}^{\mathrm{T}}$与$\boldsymbol{A}$有相同的特征值.

**证明** 因为$|\boldsymbol{A}^{\mathrm{T}}-\lambda\boldsymbol{E}|=|(\boldsymbol{A}-\lambda\boldsymbol{E})^{\mathrm{T}}|=|\boldsymbol{A}-\lambda\boldsymbol{E}|$,

所以$\boldsymbol{A}^{\mathrm{T}}$与$\boldsymbol{A}$有相同的特征多项式,从而有相同的特征值.

**性质 8-15** 设$\lambda$是方阵$\boldsymbol{A}$的特征值,则$\lambda^m$是$\boldsymbol{A}^m$的特征值($m$为正整数),$\lambda+k$是方阵$\boldsymbol{A}+k\boldsymbol{E}$的特征值($k$为实数).

**证明** 设$\boldsymbol{x}\neq\boldsymbol{0}$是方阵$\boldsymbol{A}$属于特征值$\lambda$的特征向量,则有$\boldsymbol{Ax}=\lambda\boldsymbol{x}$,所以

$$\boldsymbol{A}^m\boldsymbol{x}=\boldsymbol{A}^{m-1}(\boldsymbol{Ax})=\lambda\boldsymbol{A}^{m-1}\boldsymbol{x}=\cdots=\lambda^{m-1}(\boldsymbol{Ax})=\lambda^m\boldsymbol{x},$$
$$(\boldsymbol{A}+k\boldsymbol{E})\boldsymbol{x}=\boldsymbol{Ax}+k\boldsymbol{Ex}=\lambda\boldsymbol{x}+k\boldsymbol{x}=(\lambda+k)\boldsymbol{x},$$

即$\lambda^m$是$\boldsymbol{A}^m$的特征值,$\boldsymbol{x}$为方阵$\boldsymbol{A}^m$属于特征值$\lambda^m$的特征向量;$\lambda+k$是方阵$\boldsymbol{A}+k\boldsymbol{E}$的特征值,$\boldsymbol{x}$为方阵$\boldsymbol{A}+k\boldsymbol{E}$属于特征值$\lambda+k$的特征向量.

**性质 8-16** 设$\lambda_1,\lambda_2,\cdots,\lambda_n$为$n$阶方阵$\boldsymbol{A}$的特征值,则有

(1) $\lambda_1\cdot\lambda_2\cdot\cdots\cdot\lambda_n=|\boldsymbol{A}|$;

(2) $\lambda_1+\lambda_2+\cdots+\lambda_n=a_{11}+a_{22}+\cdots+a_{nn}$ (其中$\sum\limits_{i=1}^{n}a_{ii}$是$\boldsymbol{A}$的主对角线上的元素之和,称为方阵$\boldsymbol{A}$的迹,记为$\mathrm{tr}(\boldsymbol{A})$).

这个性质的证明要用到一元高次方程的韦达定理,故不予证明.

**推论 8-6** $n$阶方阵$\boldsymbol{A}$可逆$\Leftrightarrow$它的任一特征值不等于零.

**性质 8-17** 若$\lambda$是$n$阶可逆方阵$\boldsymbol{A}$的特征值,则$\frac{1}{\lambda}$是$\boldsymbol{A}^{-1}$的特征值;$\frac{|\boldsymbol{A}|}{\lambda}$是$\boldsymbol{A}$的伴随矩阵$\boldsymbol{A}^*$的特征值.

**证明** 设$\boldsymbol{x}$是方阵$\boldsymbol{A}$属于特征值$\lambda$的特征向量,即$\boldsymbol{Ax}=\lambda\boldsymbol{x}$,

因为$\boldsymbol{A}$可逆,所以$|\boldsymbol{A}|\neq0$,且$\boldsymbol{A}^{-1}$存在,并由特征值的性质可知$\lambda\neq0$,所以

$$\boldsymbol{x}=\lambda\boldsymbol{A}^{-1}\boldsymbol{x},\text{即}\ \boldsymbol{A}^{-1}\boldsymbol{x}=\frac{1}{\lambda}\boldsymbol{x}.$$

因此，$\frac{1}{\lambda}$是$A^{-1}$的特征值，$x$是方阵$A^{-1}$属于特征值$\frac{1}{\lambda}$的特征向量. 又因为

$$A^* = |A| \cdot A^{-1}, A^* x = |A| A^{-1} x = |A| \frac{1}{\lambda} x,$$

所以$\frac{1}{\lambda}|A|$是$A^*$的特征值，$x$是方阵$A^*$属于特征值$\frac{1}{\lambda}|A|$的特征向量.

**例 8-6-5** 设$A^2=A$，证明方阵$A$的特征值只可能是 0 或 1.

**证明** 设$\lambda$是方阵$A$的特征值，$x$为方阵$A$属于特征值$\lambda$的特征向量，则有

$$Ax = \lambda x \text{ 与 } A^2 x = \lambda^2 x,$$

因为$A^2=A$，所以

$$A^2 x = Ax = \lambda x,$$

从而$\lambda^2 x=\lambda x$，即$(\lambda^2-\lambda)x=\mathbf{0}$，

因为$x$为特征向量，所以$x\neq\mathbf{0}$，从而

$$\lambda^2 - \lambda = 0,$$

所以$\lambda=0$或$\lambda=1$.

**例 8-6-6** 设$A$为三阶方阵，且$|A|=-6$，已知$A$的两个特征值为$1,-2$，求$A$的另一个特征值，并求$|A^2-2A|$.

**解** 设$A$的另一个特征值为$\lambda$，由性质 8-16，有$-6=|A|=1\cdot(-2)\cdot\lambda$，所以$\lambda=3$.

因为 $|A^2-2A|=|A(A-2E)|=|A|\cdot|A-2E|=-6|A-2E|$.

又因为$1,-2,3$是$A$的特征值，由性质 8-15 可知$-1,-4,1$是$A-2E$的特征值，所以

$$|A-2E| = (-1)(-4)\cdot 1 = 4,$$

从而
$$|A^2-2A| = -24.$$

## 习题 8.6

**1.** 求下列矩阵的特征值与特征向量：

(1) $A=\begin{pmatrix}1 & -1\\ 2 & 4\end{pmatrix}$；　(2) $A=\begin{pmatrix}1 & -3 & 3\\ 3 & -5 & 3\\ 6 & -6 & 4\end{pmatrix}$；　(3) $A=\begin{pmatrix}1 & 2 & 3\\ 2 & 1 & 3\\ 3 & 3 & 6\end{pmatrix}$.

**2.** 设$A=\begin{pmatrix}-1 & 2 & 2\\ 2 & -1 & -2\\ 2 & -2 & -1\end{pmatrix}$，求$A$和$A^{-1}+E$特征值.

**3.** 设三阶矩阵$A$的特征值为$\lambda_1=1,\lambda_2=0,\lambda_3=-1$，对应特征向量为$p_1=\begin{pmatrix}1\\ 2\\ 2\end{pmatrix}$，

$\boldsymbol{p}_2=\begin{pmatrix}2\\-2\\1\end{pmatrix}$，$\boldsymbol{p}_3=\begin{pmatrix}-2\\-1\\2\end{pmatrix}$，求 $\boldsymbol{A}$.

## 小结与复习

本章主要介绍了 $n$ 阶行列式的定义、性质和计算方法，矩阵的定义，矩阵的运算法则，逆矩阵的概念、逆矩阵存在判别定理和求法，矩阵的秩及解线性方程组.

1. 行列式的计算

$A_{ij}$ 表示 $a_{ij}$ 的代数余子式，只与 $a_{ij}$ 所在的位置有关，而与 $a_{ij}$ 本身的大小无关.

计算行列式的方法有：

(1) 二阶、三阶行列式可使用对角线法则；

(2) 行列式可以按任意一行(或列)展开，选择零元素较多的行(列)进行展开；

(3) 利用行列式的性质，把行列式转化为三角行列式进行计算；

(4) 利用行列式的性质，把某行(列)化为只有一个元素不为零，然后按这行(列)展开.

在行列式的计算中，往往先观察行列式的各行(列)元素的构造特点，然后利用行列式性质化简行列式，注意尽量避免分数运算.

2. 矩阵的运算

矩阵的运算主要包括：矩阵的加减、矩阵的数乘、矩阵的乘法、矩阵的转置和矩阵的初等变换，掌握这些运算法则，注意矩阵运算与数的运算的不同之处.

两矩阵相乘的条件是：左矩阵 $\boldsymbol{A}$ 的列数＝右矩阵 $\boldsymbol{B}$ 的行数.

**注意**

(1) 矩阵的乘法不满足交换律和消去律.

(2) 两个非零矩阵的乘积可能是零矩阵.

3. 逆矩阵的存在条件和逆矩阵的求法

$n$ 阶方阵 $\boldsymbol{A}$ 可逆 $\Leftrightarrow|\boldsymbol{A}|\neq0$，或者 $r(\boldsymbol{A})=n$.

求逆矩阵的方法：

(1) 伴随矩阵法：$\boldsymbol{A}^{-1}=\dfrac{1}{|\boldsymbol{A}|}\boldsymbol{A}^*$，其中 $\boldsymbol{A}^*=\begin{bmatrix}A_{11}&A_{21}&\cdots&A_{n1}\\A_{12}&A_{22}&\cdots&A_{n2}\\\vdots&\vdots&&\vdots\\A_{1n}&A_{2n}&\cdots&A_{nn}\end{bmatrix}$.

(2) 初等行变换法：$[\boldsymbol{A}\,\vdots\,\boldsymbol{E}]\xrightarrow{\text{初等行变换}}[\boldsymbol{E}\,\vdots\,\boldsymbol{A}^{-1}]$，它只能用**初等行变换**.

4. 求矩阵秩的方法

用初等行变换将矩阵 $\boldsymbol{A}$ 化为阶梯形矩阵，则 $r(\boldsymbol{A})$ 就等于阶梯形矩阵中非零行的行数. 矩阵的初等变换不改变矩阵的秩.

5. 利用消元法解线性方程组 $\boldsymbol{AX}=\boldsymbol{B}$ 的一般步骤

首先写出增广矩阵 $\widetilde{\boldsymbol{A}}$,用初等行变换将矩阵 $\boldsymbol{A}$ 化为阶梯形矩阵,根据 $r(\boldsymbol{A})$ 与 $r(\widetilde{\boldsymbol{A}})$ 之间的关系,判断方程组是否有解,在有解的条件下,写出阶梯形矩阵对应的方程组,并用回代的方法求出方程的一般解.

6. 线性方程组解的判定

$\boldsymbol{AX}=\boldsymbol{B}$ 有解 $\Leftrightarrow r(\boldsymbol{A})=r(\widetilde{\boldsymbol{A}})$,且当 $r(\boldsymbol{A})=r(\widetilde{\boldsymbol{A}})=n$ 时,$\boldsymbol{AX}=\boldsymbol{B}$ 有唯一解.

当 $r(\boldsymbol{A})=r(\widetilde{\boldsymbol{A}})=r<n$ 时,$\boldsymbol{AX}=\boldsymbol{B}$ 有无穷多解,且其通解中含有 $n-r$ 个自由未知量.

$\boldsymbol{AX}=\boldsymbol{0}$ 只有零解 $\Leftrightarrow r(\boldsymbol{A})=n$;$\boldsymbol{AX}=\boldsymbol{0}$ 有非零解 $\Leftrightarrow r(\boldsymbol{A})<n$.

7. 求方阵的特征值与特征向量的一般步骤

求方阵 $\boldsymbol{A}=(a_{ij})_{n\times n}$ 的特征值与特征向量的步骤为:

(1) 求出 $n$ 阶方阵 $\boldsymbol{A}$ 的特征多项式 $|\boldsymbol{A}-\lambda\boldsymbol{E}|$;

(2) 求出特征方程 $|\boldsymbol{A}-\lambda\boldsymbol{E}|=0$ 的全部根 $\lambda_1, \lambda_2, \cdots, \lambda_n$(重根按重数计算),即为方阵 $\boldsymbol{A}$ 的特征值;

(3) 对每一个互异的特征值 $\lambda_i$,求齐次线性方程组 $(\boldsymbol{A}-\lambda_i\boldsymbol{E})\boldsymbol{x}=\boldsymbol{0}$ 的基础解系,就是方阵 $\boldsymbol{A}$ 属于特征值 $\lambda_i$ 的全部特征向量.

## 复习题 8

### 一、填空题

**1.** 行列式 $\begin{vmatrix} 2 & -1 & 1 \\ 3 & 0 & 1 \\ 4 & -4 & 3 \end{vmatrix}$ 中元素 $-4$ 的代数余子式的值为________.

**2.** 已知矩阵 $\boldsymbol{A}=\begin{bmatrix} 1 & 0 & 0 \\ 0 & 2 & 0 \\ 0 & 0 & -3 \end{bmatrix}$,则 $\boldsymbol{A}^{-1}=$________.

**3.** 设矩阵 $\boldsymbol{A}=[1 \quad -2 \quad 0]$,$\boldsymbol{B}=\begin{bmatrix} 2 & 1 \\ -1 & 0 \\ 0 & 1 \end{bmatrix}$,则 $\boldsymbol{AB}=$________.

**4.** 设 $\boldsymbol{A}=\begin{bmatrix} 1 & 3 \\ -1 & -2 \end{bmatrix}$,则 $\boldsymbol{E}-2\boldsymbol{A}=$________.

**5.** 当 $a\neq$________时,矩阵 $\boldsymbol{A}=\begin{bmatrix} 1 & 3 \\ -1 & a \end{bmatrix}$ 可逆.

**6.** 设 $\boldsymbol{A}=\begin{bmatrix} 1 & 2 & 1 \\ 2 & 3 & a+2 \\ 1 & a & -2 \end{bmatrix}$,$\boldsymbol{X}=\begin{bmatrix} x_1 \\ x_2 \\ x_3 \end{bmatrix}$,$\boldsymbol{B}=\begin{bmatrix} 1 \\ 3 \\ 0 \end{bmatrix}$.

(1) 齐次线性方程组 $\boldsymbol{AX}=\boldsymbol{0}$ 只有零解,则 $a=$________;

(2) 非齐次线性方程组 $\boldsymbol{AX}=\boldsymbol{B}$ 无解,则 $a=$________.

7. 设行列式 $D=\begin{vmatrix}3 & 0 & 4 & 0\\ 2 & 2 & 2 & 2\\ 0 & -7 & 0 & 0\\ 5 & 3 & -2 & 2\end{vmatrix}$，则第四行元素余子式之和的值为________.

8. 设方程组$\begin{cases}x_1+\lambda x_2=0\\ 2x_1-x_2=0\end{cases}$，当 $\lambda=$________时，此方程组有非零解.

9. 当 $k=$________时，行列式$\begin{vmatrix}k & 3 & 4\\ -1 & k & 0\\ 0 & k & 1\end{vmatrix}=0$.

10. 计算：$\begin{bmatrix}a & 0 & 0\\ 0 & b & 0\\ 0 & 0 & c\end{bmatrix}^2=$________.

11. 计算：$\begin{vmatrix}2 & 0 & 0 & 0\\ 0 & -1 & 0 & 0\\ 0 & 0 & 3 & 0\\ 0 & 0 & 0 & 4\end{vmatrix}=$________.

12. $\boldsymbol{A}$ 为三阶方阵，且 $|\boldsymbol{A}|=4$，则 $|-3\boldsymbol{A}|=$________.

13. 设 $\boldsymbol{A}=\begin{bmatrix}2 & -1\\ 0 & 3\end{bmatrix}$，则 $\boldsymbol{A}$ 的逆矩阵 $\boldsymbol{A}^{-1}=$________.

14. 设矩阵 $\boldsymbol{A}=\begin{bmatrix}1 & -1 & 0 & 1\\ -1 & 0 & 1 & k\\ 0 & 1 & -1 & -2\end{bmatrix}$ 的秩为 2，则 $k=$________.

15. 行列式 $D$ 的第 4 行元素 $-1,2,0,3$，对应的余子式分别为 $3,1,-2,3$，则 $D=$________.

## 二、选择题

1. $\boldsymbol{A},\boldsymbol{B}$ 均 $n$ 阶为方阵，下面等式成立的是 (　　)

A. $\boldsymbol{AB}=\boldsymbol{BA}$　　B. $(\boldsymbol{A}+\boldsymbol{B})^{\mathrm{T}}=\boldsymbol{A}^{\mathrm{T}}+\boldsymbol{B}^{\mathrm{T}}$

C. $(\boldsymbol{AB})^{\mathrm{T}}=\boldsymbol{A}^{\mathrm{T}}\boldsymbol{B}^{\mathrm{T}}$　　D. $(\boldsymbol{AB})^{-1}=\boldsymbol{A}^{-1}\boldsymbol{B}^{-1}$

2. $\boldsymbol{A},\boldsymbol{B},\boldsymbol{C}$ 均为 $n$ 阶方阵，且 $\boldsymbol{ABC}=\boldsymbol{E}$，则下列等式成立的是 (　　)

A. $\boldsymbol{ACB}=\boldsymbol{E}$　　B. $\boldsymbol{CBA}=\boldsymbol{E}$

C. $\boldsymbol{BCA}=\boldsymbol{E}$　　D. $\boldsymbol{BAC}=\boldsymbol{E}$

3. $\boldsymbol{A}$ 为 $n$ 阶方阵，则 $|\boldsymbol{A}|\neq 0$ 是 $\boldsymbol{A}^{-1}$ 存在的 (　　)

A. 必要条件　　B. 充分条件　　C. 充要条件　　D. 无关条件

4. 设 $n$ 阶方阵 $\boldsymbol{A}$ 的伴随矩阵为 $\boldsymbol{A}^*$，且 $|\boldsymbol{A}|=a\neq 0$，则 $|\boldsymbol{A}^*|=$ (　　)

A. $a^{n-1}$　　B. $a$　　C. $\dfrac{1}{a}$　　D. $a^n$

5. 设线性方程组的增广矩阵为 $\begin{bmatrix}1 & 3 & 2 & 1 & 4\\ 0 & -1 & 1 & 2 & -6\\ 0 & 0 & 3 & 0 & 1\\ 0 & 0 & 0 & 0 & 0\end{bmatrix}$，则此线性方程组的一般解中自

由元的个数为 ( )

A. 1　　B. 2　　C. 3　　D. 4

**6.** $n$元齐次线性方程组$\boldsymbol{AX}=\boldsymbol{0}$有非零解的充分必要条件是 ( )

A. $r(\boldsymbol{A})=n$　　B. $r(\boldsymbol{A})>n$　　C. $r(\boldsymbol{A})<n$　　D. $r(\boldsymbol{A})$与$n$无关

**7.** 设$\boldsymbol{A}$为$3\times4$矩阵,$\boldsymbol{B}$为$5\times2$矩阵,若矩阵$\boldsymbol{ACB}^{\mathrm{T}}$有意义,则矩阵$\boldsymbol{C}$为( )型.

A. $4\times5$　　B. $4\times2$　　C. $3\times5$　　D. $3\times2$

**8.** 设是4阶方阵,若$r(\boldsymbol{A})=3$,则 ( )

A. $\boldsymbol{A}$可逆　　B. $\boldsymbol{A}$的阶梯矩阵有一个零行

C. $\boldsymbol{A}$有一个零行　　D. $\boldsymbol{A}$至少有一个零行

**9.** 若线性方程组的增广矩阵为$\begin{bmatrix}1 & \lambda & 2\\ 2 & 1 & 4\end{bmatrix}$,当$\lambda=$( )时,线性方程组有无穷多组解.

A. 1　　B. 4　　C. 2　　D. $\frac{1}{2}$

**10.** 若非齐次线性方程组$\boldsymbol{A}_{m\times n}\boldsymbol{X}=\boldsymbol{B}$满足( ),则该方程组无解.

A. $r(\boldsymbol{A})=n$　　B. $r(\boldsymbol{A})=m$　　C. $r(\boldsymbol{A})=r(\widetilde{\boldsymbol{A}})$　　D. $r(\boldsymbol{A})\neq r(\widetilde{\boldsymbol{A}})$

**11.** 四阶行列式$\begin{vmatrix}a_1 & 0 & 0 & b_1\\ 0 & a_2 & b_2 & 0\\ 0 & b_3 & a_3 & 0\\ b_4 & 0 & 0 & a_4\end{vmatrix}$的值等于 ( )

A. $a_1a_2a_3a_4-b_1b_2b_3b_4$　　B. $a_1a_2a_3a_4+b_1b_2b_3b_4$

C. $(a_1a_2-b_1b_2)(a_3a_4-b_3b_4)$　　D. $(a_2a_3-b_2b_3)(a_1a_4-b_1b_4)$

**12.** 设$\boldsymbol{A}$和$\boldsymbol{B}$均为$n\times n$的矩阵,则必有 ( )

A. $|\boldsymbol{A}+\boldsymbol{B}|=|\boldsymbol{A}|+|\boldsymbol{B}|$　　B. $\boldsymbol{AB}=\boldsymbol{BA}$

C. $|\boldsymbol{AB}|=|\boldsymbol{BA}|$　　D. $(\boldsymbol{A}+\boldsymbol{B})^{-1}=\boldsymbol{A}^{-1}+\boldsymbol{B}^{-1}$

## 三、计算下列行列式的值

**1.** $\begin{vmatrix}a & 1 & 0 & 0\\ -1 & b & 1 & 0\\ 0 & -1 & c & 1\\ 0 & 0 & -1 & d\end{vmatrix}$.　　**2.** $\begin{vmatrix}1 & -3 & 9 & -6\\ 2 & 1 & 8 & 1\\ 0 & 2 & -5 & 2\\ 1 & 4 & 0 & 6\end{vmatrix}$.

**四、** 设$\boldsymbol{A}=\begin{bmatrix}3 & 0 & 0\\ 1 & 5 & 0\\ 0 & 0 & -1\end{bmatrix}$,求$(\boldsymbol{A}-2\boldsymbol{E})^{-1}$.

**五、** 设矩阵$\boldsymbol{A}=\begin{bmatrix}1 & -1\\ 2 & 3\end{bmatrix}$,$\boldsymbol{B}=\boldsymbol{A}^2-3\boldsymbol{A}+2\boldsymbol{E}$,求矩阵$\boldsymbol{B}^{-1}$.

**六、** 已知三阶矩阵$\boldsymbol{A}$的逆矩阵$\boldsymbol{A}^{-1}=\begin{bmatrix}1 & 1 & 1\\ 1 & 2 & 1\\ 1 & 1 & 3\end{bmatrix}$,试求伴随矩阵$\boldsymbol{A}^*$的逆矩阵.

七、解线性方程组 $\begin{cases}2x_1-x_2+x_3-x_4=0\\2x_1-x_2-3x_4=0\\x_2+3x_3-6x_4=0\\2x_1-2x_2-2x_3+5x_4=0\end{cases}$.

八、当 $\lambda$ 取何值时，线性方程组 $\begin{cases}x_1+x_2+\lambda x_3=4\\x_1-x_2+2x_3=-4\\-x_1+\lambda x_2+x_3=\lambda^2\end{cases}$ 有唯一解？无解？无穷多组解？

九、当 $a,b$ 取何值时，线性方程组 $\begin{cases}x_1+x_2+x_3=1\\3x_1+2x_2-3x_3=a\\x_2+6x_3=3\\5x_1+4x_2-x_3=b\end{cases}$ 有解？在有解的情况下求全部解.

十、问 $\lambda$ 取何值时，非齐次线性方程组 $\begin{cases}\lambda x_1+x_2+x_3=\lambda-3\\x_1+\lambda x_2+x_3=-2\\x_1+x_2+\lambda x_3=-2\end{cases}$ 无解？有唯一解？有无穷多解？

# 第9章　概率统计初步

## 学习目标

1. 理解随机事件的概念，掌握事件的表示及随机事件之间的关系与运算.

2. 理解事件频率的概念，了解概率的统计定义，会计算古典概型和几何概率.

3. 掌握概率的基本性质及概率加法定理，会利用性质来计算.

4. 理解条件概率的概念，掌握概率的乘法定理、全概率公式并进行计算.

5. 理解事件的独立性概念，掌握伯努利概型和二项概率的计算.

6. 理解随机变量的含义、分布函数的性质.

7. 掌握离散型随机变量及其分布列表示，连续型随机变量概率密度函数的含义、分布函数和概率密度的求法. 掌握几种常见分布的密度和分布.

8. 理解随机变量的数学期望和方差的含义，会求已知分布的随机变量的期望和方差.

9. 掌握总体、样本、统计量等基本统计概念，熟悉常见统计量的分布并进行计算，理解并掌握统计量分布的重要性质.

在自然界与人类社会生活中，存在着两类截然不同的现象：一类是**确定性现象**. 例如，早晨太阳必然从东方升起；在标准大气压下，纯水加热到100℃必然沸腾；边长为$a$，$b$的矩形，其面积必为$ab$等. 对于这类现象，其特点是：在试验之前就能断定它有一个确定的结果，即**在一定条件下，重复进行试验，其结果必然出现且唯一**. 另一类是**随机现象**. 例如，某地区的年降雨量；打靶射击时，弹着点离靶心的距离；投掷一枚均匀的硬币，可能出现“正面”，也可能出现“反面”，事先不能作出确定的判断. 因此，对于这类现象，其特点是可能的结果不止一个，即**在相同条件下进行重复试验，试验的结果事先不能唯一确定**. 就一次试验而言，时而出现这个结果，时而出现那个结果，呈现出一种偶然性.

在相同条件下，虽然个别试验结果在某次试验或观察中可以出现，也可以不出现，但在大量试验中却呈现出某种规律性，这种规律性称为**统计规律性**. 例如，在投掷一枚硬币时，既可能出现正面，也可能出现反面，预先作出确定的判断是不可能的，但是假如硬币均匀，直观上出现正面与出现反面的机会应该相等，即在大量的试验中出现正面的频率应接近50%.

**概率论就是研究随机现象的统计规律性的一门数学分支.**

## §9.1　随机事件及其概率

### 一、随机事件及其运算

研究随机现象的手段是**随机试验**，随机试验具有以下特征：

(1) **重复性**：可以在相同的条件下重复地进行；

(2)**明确性**:每次试验的可能结果不止一个,并且能事先明确试验的所有可能结果;

(3)**随机性**:进行一次试验之前不能确定哪一个结果会出现.

随机试验的可能结果不止一个,把试验所有可能的基本结果放在一起组成一个集合,就得到该随机试验的**样本空间**,记为 $\Omega=\{\omega\}$,其中,$\omega$ 表示**基本结果**,称为**样本点**(**或基本事件**).例如,随机试验 $E_1$:一枚硬币抛掷的结果,$\Omega_1=\{\omega_1,\omega_2\}$,$\omega_1$ 表示正面,$\omega_2$ 表示反面;随机试验 $E_2$:掷一个骰子出现的点数,$\Omega_2=\{1,2,3,4,5,6\}$.若抛两枚骰子,观察出现的点数,其样本空间是什么呢?请读者自己思考.

对于随机试验 $E_2$,"掷一个骰子,出现点数为偶数"这一现象是由$\{2\}$,$\{4\}$,$\{6\}$三个基本事件构成的,称为**随机事件**,可以用大写字母记为 $A,B,C,\cdots$ ,于是该事件可以用集合表示成 $A=\{2,4,6\}$.显然,**随机事件**是由某些样本点(基本事件)组成的样本空间的子集.

每次试验中都必然发生的事件,称为**必然事件**.样本空间 $\Omega$ 包含所有的样本点,它是 $\Omega$ 自身的子集,每次试验中都必然发生,故它就是一个必然事件,因而必然事件我们也用 $\Omega$ 表示.在每次试验中不可能发生的事件称为**不可能事件**.空集$\varnothing$不包含任何样本点,它作为样本空间的子集,在每次试验中都不可能发生,故它就是一个不可能事件,因而不可能事件我们也用$\varnothing$表示.

例如,试验 $E_2$ 中,"出现的点数小于 7"就是必然事件,而"出现点数大于 6"则是不可能事件.

事件是一个集合,因而事件间的关系与事件的运算可以用集合之间的关系与集合的运算来处理.下面我们讨论事件之间的关系及运算.

(1) 如果事件 $A$ 发生必然导致事件 $B$ 发生,则称事件 $A$ 包含于事件 $B$(或称事件 $B$ 包含事件 $A$),记作 $A\subset B$(或 $B\supset A$).

$A\subset B$ 的一个等价说法是,如果事件 $B$ 不发生,则事件 $A$ 必然不发生.

若 $A\subset B$ 且 $B\subset A$,则称事件 $A$ 与 $B$ 相等(或等价),记为 $A=B$.

为了方便起见,规定对于任一事件 $A$,有$\varnothing\subset A$.显然,对于任一事件 $A$,有 $A\subset\Omega$.

(2) "事件 $A$ 与 $B$ 中至少有一个发生"的事件称为 $A$ 与 $B$ 的并(和),记为 $A\cup B$.

由事件并的定义,立即得到:对任一事件 $A$,有 $A\cup\Omega=\Omega$;$A\cup\varnothing=A$.

$A=\bigcup\limits_{i=1}^{n}A_i$ 表示"$A_1,A_2,\cdots,A_n$中至少有一个事件发生"这一事件.

(3) "事件 $A$ 与 $B$ 同时发生"的事件称为 $A$ 与 $B$ 的交(积),记为 $A\cap B$ 或($AB$).

由事件交的定义,立即得到:对任一事件 $A$,有 $A\cap\Omega=A$;$A\cap\varnothing=\varnothing$.

$B=\bigcap\limits_{i=1}^{n}B_i$ 表示"$B_1,\cdots,B_n$,$n$ 个事件同时发生"这一事件.

(4) "事件 $A$ 发生而 $B$ 不发生"的事件称为 $A$ 与 $B$ 的差,记为 $A-B$.

由事件差的定义,立即得到:对任一事件 $A$,有 $A-A=\varnothing$;$A-\varnothing=A$;$A-\Omega=\varnothing$.

同时,还有 $A-B=A-AB$.

(5) 如果两个事件 $A$ 与 $B$ 不可能同时发生,则称事件 $A$ 与 $B$ 为互不相容(互斥),记作 $A\cap B=\varnothing$.基本事件是两两互不相容的.

(6) 若 $A\cup B=\Omega$ 且 $A\cap B=\varnothing$,则称事件 $A$ 与事件 $B$ 互为逆事件(对立事件).$A$ 的对立事件记为 $\overline{A}$,$\overline{A}$ 是由所有不属于 $A$ 的样本点组成的事件,它表示"$A$ 不发生"这样一个事

件. 显然 $\overline{A}=\Omega-A$.

在一次试验中,若 $A$ 发生,则 $\overline{A}$ 必不发生(反之亦然),即在一次试验中,$A$ 与 $\overline{A}$ 两者只能发生其中之一,并且也必然发生其中之一. 显然有 $\overline{\overline{A}}=A$.

对立事件必为互不相容事件,反之,互不相容事件未必为对立事件.

以上事件之间的关系及运算可以用文氏(Venn)图来直观地描述. 若用平面上一个矩形表示样本空间 $\Omega$,矩形内的点表示样本点,圆 $A$ 与圆 $B$ 分别表示事件 $A$ 与事件 $B$,则 $A$ 与 $B$ 的各种关系及运算如图 9-1～图 9-6 所示.

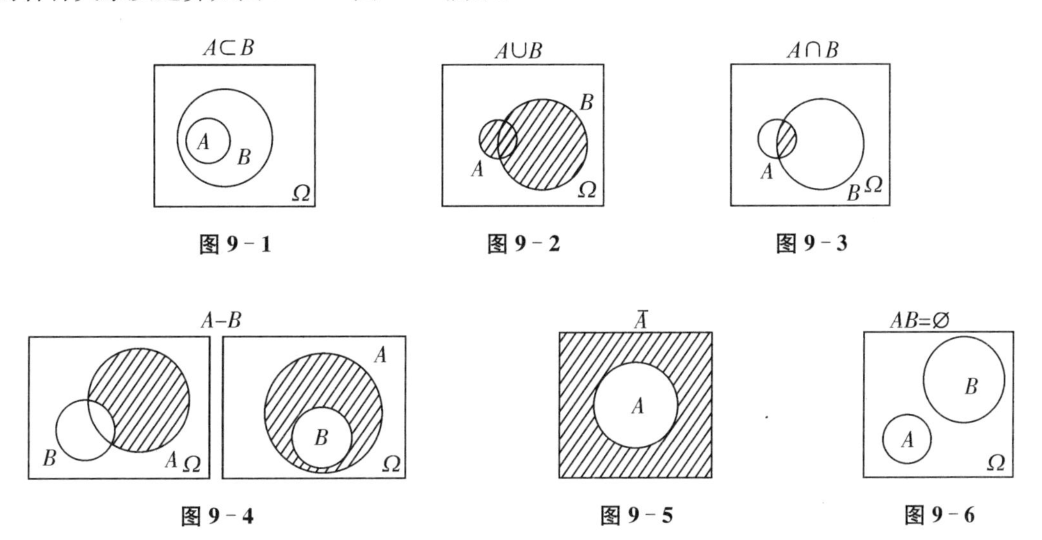


图 9-1　图 9-2　图 9-3

图 9-4　图 9-5　图 9-6

**例 9-1-1**　设 $A,B,C$ 为三个事件,用 $A,B,C$ 的运算式表示下列事件:

(1) $A,B,C$ 至少有一个事件发生:$A\cup B\cup C$.

(2) $A,B$ 都发生而 $C$ 不发生:$AB\overline{C}$ 或 $AB-C$.

(3) $A,B,C$ 至少有两个事件发生:$(AB)\cup(AC)\cup(BC)$.

(4) $A,B,C$ 恰好有两个事件发生:$(AB\overline{C})\cup(A\overline{C}B)\cup(\overline{A}BC)$.

(5) $A,B$ 不都发生:$\overline{A\cap B}$ 或 $\overline{A}\cup\overline{B}$,可见 $\overline{A\cap B}=\overline{A}\cup\overline{B}$.(对偶律)

(6) $A,B$ 都不发生:$\overline{A\cup B}$ 或 $\overline{A}\cap\overline{B}$,可见 $\overline{A\cup B}=\overline{A}\cap\overline{B}$.(对偶律)

**例 9-1-2**　向目标射击两次,$A=$"第一次击中目标",$B=$"第二次击中目标",用 $A,B$ 表示下列事件:

(1) 只有第一次击中目标;(2) 仅有一次击中目标;

(3) 两次都未击中目标;(4) 至少一次击中目标.

**解**　由题意可得:$\overline{A}=\{$第一次未击中目标$\}$,$\overline{B}=\{$第二次未击中目标$\}$.

(1) 可表示为 $A\overline{B}$;　　(2) 可表示为 $\overline{A}B\cup A\overline{B}$;

(3) 可表示为 $\overline{A}\overline{B}$(或 $\overline{A\cup B}$);　　(4) 可表示为 $A\cup B$(或 $\overline{A}B\cup A\overline{B}\cup AB$).

## 二、随机事件概率的计算和性质

在实际生活及科学研究中，人们常常通过计算频率的手段(即统计概率)去逼近概率.先从统计概率说起，设在相同的条件下，进行了 $n$ 次试验，在 $n$ 次试验中，事件 $A$ 发生了 $n_A$ 次，则称 $n_A$ 为事件 $A$ 在 $n$ 次试验中发生的频数，称比值 $\frac{n_A}{n}$ 为事件 $A$ 在 $n$ 次试验中发生的**频率**，记为 $f_n(A)$，即 $f_n(A)=\frac{n_A}{n}$.

**频率的两条基本性质：**

**性质 9-1** $0\leqslant f_n(A)\leqslant 1$.

**性质 9-2** $f_n(\Omega)=1$.

**例 9-1-3** 抛掷一枚均匀的硬币，观察出现正面的情况：

(1) 取 $n=500$.

| 试验数 | 1 | 2 | 3 | 4 | 5 | 6 |
|---|---|---|---|---|---|---|
| 出现正面次数 $n_A$ | 251 | 253 | 244 | 258 | 262 | 247 |
| $f_n(A)$ | 0.502 | 0.506 | 0.488 | 0.516 | 0.524 | 0.494 |

(2) 分别取 $n_1=4040, n_2=12000, n_3=24000$.

| 实验 | $n$ | $n_A$ | $f(n_A)$ |
|---|---|---|---|
| $A$ | 4040 | 2048 | 0.5069 |
| $B$ | 12000 | 6019 | 0.5016 |
| $C$ | 24000 | 12012 | 0.5005 |

由以上表格，可以看出：$f_n(A)$不是固定的值，并且当 $n$ 较小时，差异较大，但随着 $n$ 的增大，$f_n(A)$的波动会越来越小，呈现出一种稳定性，向 0.5 靠近，0.5 就是事件“抛掷一枚均匀的硬币出现正面(或反面)”的概率.由此可得到概率的统计定义.

在相同条件下进行 $n$ 次试验，$n_A$ 为 $n$ 次试验中事件 $A$ 发生的次数，$f_n(A)=\frac{n_A}{n}$ 为事件 $A$ 发生的频率，如果当 $n$ 很大时，$f_n(A)$稳定地在某一常数值 $p$ 的附近摆动，并且通常随着 $n$ 的增大，摆动的幅度越变越小，则称 $p$ 为事件 $A$ 的**概率**，记为 $P(A)$，即 $P(A)=p$.

事件的概率具有以下重要性质：

**性质 9-3** $0\leqslant P(A)\leqslant 1$.

**性质 9-4** $P(\Omega)=1$.

**性质 9-5** $P(\varnothing)=0$.

**性质 9-6** 若事件 $A$ 与事件 $B$ 互不相容，则 $P(A\cup B)=P(A)+P(B)$.

推广到 $n$ 个事件：若 $A_1, A_2, \cdots, A_n$ 是两两互不相容的 $n$ 个事件，则

$$P(A_1\cup A_2\cup\cdots\cup A_n)=P(A_1)+P(A_2)+\cdots+P(A_n).$$

这也称为**概率的有限可加性**.

**性质 9－7** 对事件 $A$ 及其对立事件 $\bar{A}$ 有：$P(A)=1-P(\bar{A})$.

**性质 9－8（概率的加法公式）** 设 $A,B$ 为两个事件，则

$$P(A\cup B)=P(A)+P(B)-P(AB),$$

$$P(A\cup B\cup C)=P(A)+P(B)+P(C)-P(AB)-P(AC)-P(BC)+P(ABC)$$

**性质 9－9** 设 $A,B$ 为两个事件，若 $A\subset B$，则

$$P(B-A)=P(B)-P(A),P(A)\leqslant P(B).$$

**例 9－1－4** 设事件 $A,B$ 互不相容，$P(A)=p$，$P(B)=q$，计算：

(1) $P(A\cup B)$； (2) $P(\bar{A}B)$； (3) $P(\bar{A}\cup B)$； (4) $P(\bar{A}\bar{B})$.

**解** 因为事件 $A,B$ 互不相容，所以 $AB=\varnothing$，且 $P(AB)=0$.

(1) $P(A\cup B)=P(A)+P(B)-P(AB)=p+q$；

(2) $B\subset\bar{A}$，$\bar{A}B=B$，则 $P(\bar{A}B)=P(B)=q$；

(3) $P(\bar{A}\cup B)=P(\bar{A})+P(B)-P(\bar{A}B)=P(\bar{A})=1-p$；

(4) $P(\bar{A}\bar{B})=P(\overline{A\cup B})=1-(p+q)$.

随机事件概率的计算还包括古典概率和几何概率两类.

**古典概型**的特点：

(1) 样本空间中的元素（样本点）有限：$\Omega=\{\omega_1,\omega_2,\omega_3,\cdots,\omega_n\}$；

(2) 基本事件发生的可能性相同：$P(\omega_1)=P(\omega_2)=P(\omega_3)=\cdots=P(\omega_n)=\frac{1}{n}$.

具有以上两个特点的试验称为**古典概率模型**，简称**古典概型**.

对于古典概型，设基本事件为 $\omega_1,\omega_2,\cdots,\omega_n$，于是 $\Omega=\{\omega_1,\omega_2,\cdots,\omega_n\}$，事件 $A$ 包含 $m$ 个基本事件 $\omega_{i_1},\omega_{i_2},\cdots,\omega_{i_m}$ $(1\leqslant i_1<i_2<\cdots<i_m\leqslant n)$，从而 $A=\omega_{i_1}\cup\omega_{i_2}\cup\cdots\cup\omega_{i_m}$，所以

$$P(A)=P(\omega_{i_1}\cup\omega_{i_2}\cup\cdots\cup\omega_{i_m})=P(\omega_{i_1})+P(\omega_{i_2})+\cdots+P(\omega_{i_m})=\frac{m}{n}.$$

因而有 $P(A)=\frac{m}{n}=\frac{A\text{ 包含的基本事件数}}{\Omega\text{ 中基本事件的总数}}$.

**例 9－1－5** 设有编号为 1，2，…，30 的三十张标签，任意抽取一张，求“抽到前 10 号标签”的概率.

**解** 设 $A=\{$抽到前 10 号标签$\}$. 显然，基本事件有限而且抽到任一标签的机会相等，属于古典概型. 基本事件总数 $n=30$，$A$ 所含的基本事件个数 $m=10$，故所求概率为

$$P(A)=\frac{10}{30}=\frac{1}{3}.$$

**例 9－1－6** 盒中装有 3 个红色球和 2 个白色球，从盒中任意取出两个球，求：

(1) 取出的两个球都是红球的概率； (2) 取出一个红球、一个白球的概率.

**解** $\Omega=\{$从盒中任意取出两个球$\}$，则 $n=C_5^2=10$.

(1) 设 $A=\{$取出的两个球都是红球$\}$，因而 $m=C_3^2=3$，所以 $P(A)=\frac{m}{n}=\frac{3}{10}$.

(2) 设 $B=\{$取出一个红球，一个白球$\}$，因而 $m=C_3^1C_2^1=6$，所以 $P(B)=\frac{m}{n}=\frac{6}{10}=\frac{3}{5}$.

上述古典概型的计算，只适用于具有等可能性的有限样本空间，若试验结果无穷多，显然已不适合. 为了克服有限的局限性，可将古典概型的计算推广到**几何概率**.

设试验具有以下特点：

(1) 样本空间 $\Omega$ 是一个几何区域，这个区域大小可以度量(如长度、面积、体积等)，并把 $\Omega$ 的度量记作 $m(\Omega)$.

(2) 向区域 $\Omega$ 内任意投掷一个点，落在区域内任一个点处都是“等可能的”. 或者设落在 $\Omega$ 中的区域 $A$ 内的可能性与 $A$ 的度量 $m(A)$ 成正比，与 $A$ 的位置和形状无关.

不妨也用 $A$ 表示“掷点落在区域 $A$ 内”的事件，那么事件 $A$ 的概率可用下列公式计算：

$$P(A)=m(A)/m(\Omega),$$

称它为**几何概率**.

**例 9-1-7** 在区间(0,1)内任取两个数，求这两个数的乘积小于 1/4 的概率.

**解** 设在(0,1)内任取两个数为 $x,y$，则 $0<x<1,0<y<1$，即样本空间是由点 $(x,y)$ 构成的边长为 1 的正方形 $\Omega$，其面积为 1. 令 $A$ 表示“两个数乘积小于 1/4”，则 $A=\{(x,y)\mid 0<xy<1/4,0<x<1,0<y<1\}$，事件 $A$ 所围成的区域如图 9-7 所示. 则所求概率：

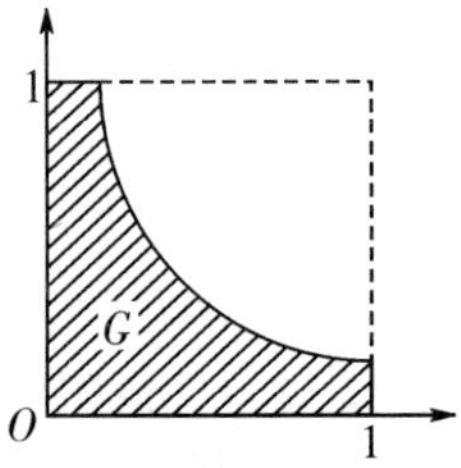

图 9-7

$$P(A)=\frac{1-\int_{\frac{1}{4}}^{1}\left(1-\frac{1}{4x}\right)\mathrm{d}x}{1}=1-\frac{3}{4}+\int_{\frac{1}{4}}^{1}\frac{1}{4x}\mathrm{d}x=\frac{1}{4}+\frac{1}{2}\ln 2.$$

**例 9-1-8** 两人相约在某天下午 2:00～3:00 在预定地方见面，先到者要等候 20 分钟，过时则离去. 如果每人在这指定的一小时内任一时刻到达是等可能的，求约会的两人能会面的概率.

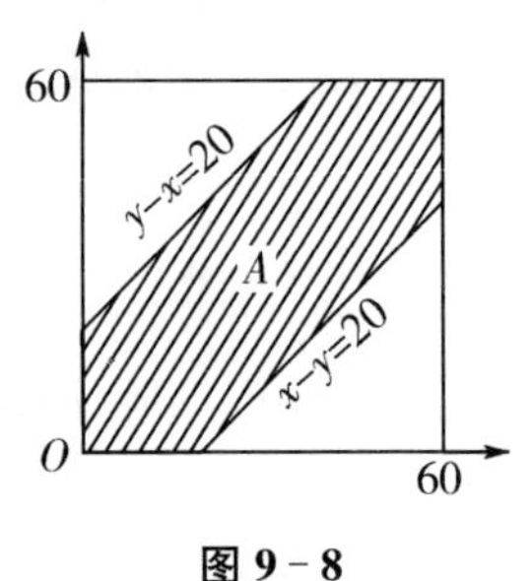

图 9-8

**解** 设 $x,y$ 为两人到达预定地点的时刻，那么，两人到达时间的一切可能结果落在边长为 60 的正方形内，这个正方形就是样本空间 $\Omega$，而两人能会面的充要条件是 $|x-y|\leqslant 20$，即 $x-y\leqslant 20$ 且 $y-x\leqslant 20$.

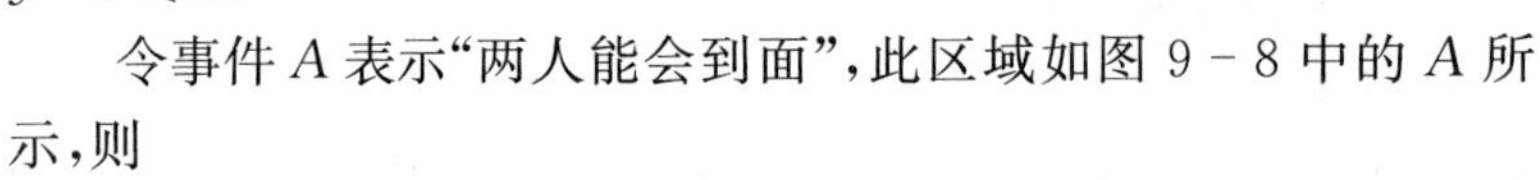

令事件 $A$ 表示“两人能会到面”，此区域如图 9-8 中的 $A$ 所示，则

$$P(A)=\frac{m(A)}{m(\Omega)}=\frac{60^2-40^2}{60^2}=\frac{5}{9}.$$

## 三、条件概率和独立性

我们先看个例子.

**引例 9-1** 某系有学生 180 人，男生 100 人，女生 80 人，男女生中分别有 20 人与 5 人在担任志愿者. 现从该系中任选一名学生，求：(1) 该学生为志愿者的概率是多少？(2) 若已知被选出的是女生，她是志愿者的概率又是多少？

**解** 题(1)是典型的古典概率，设 $A$ 表示“任选一名学生为志愿者”的事件，则

$$P(A)=25/180=5/36.$$

而题(2)的条件有所不同，它增加了一个附加的条件，已知被选出的是女生，记“选出女

生”为事件 $B$，则题(2)就是要求出“在已知 $B$ 事件发生的条件下 $A$ 事件发生的概率”，就相当于在全部女生中任选一人，并选出了志愿者. 从而 $\Omega_B$ 样本点总数不是原样本空间 $\Omega$ 的 180 人，而是全体女生人数 80 人，而上述事件中包含的样本点总数就是女生中的志愿者人数 5 人，因此所求的概率为 $5/80=1/16$.

在事件 $B$ 已发生的条件下，事件 $A$ 发生的概率称为**条件概率**，记为 $P(A|B)$.

如图 9-9 所示，如果事件 $B$ 的概率看成是事件 $B$ 相对于 $\Omega$ 界定的面积所占的份额，那么 $B$ 发生的条件下，导致 $A$ 发生的基本事件必包含在 $A\cap B$ 中，这时，$A$ 发生的概率可看成是 $A\cap B$ 界定的面积相对于 $B$ 界定的面积所占的份额，即

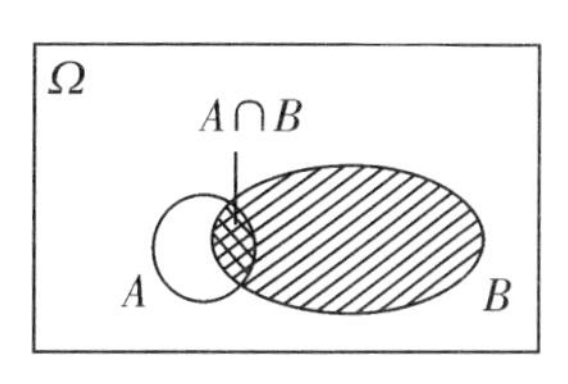


图 9-9

$$P(A|B)=\frac{P(AB)}{P(B)}\qquad (P(B)>0).$$

类似地，有 $P(B|A)=\dfrac{P(AB)}{P(A)}\qquad (P(A)>0)$.

这两个公式统称为**条件概率公式**.

于是引例 9-1 还可以用条件概率公式，有

$$P(A|B)=\frac{P(AB)}{P(B)}=\frac{\frac{5}{180}}{\frac{80}{180}}=\frac{1}{16}.$$

**例 9-1-9** 某种动物出生之后活到 20 岁的概率为 0.7，活到 25 岁的概率为 0.56，求现年为 20 岁的动物活到 25 岁的概率.

**解** 设 $A$ 表示“活到 20 岁以上”的事件，$B$ 表示“活到 25 岁以上”的事件，则有

$$P(A)=0.7,P(B)=0.56 \text{ 且 } B\subset A.$$

得 $P(B|A)=P(AB)/P(A)=P(B)/P(A)=0.56/0.7=0.8$.

**例 9-1-10** 在 1,2,3,4,5 这 5 个数中，每次取一个数，不放回，连续取两次，求在第 1 次取到偶数的条件下，第 2 次取到奇数的概率.

**解法一** 设 $A=\{$第 1 次取到偶数$\}$，$B=\{$第 2 次取到奇数$\}$，则

$$P(A)=\frac{2\times4}{5\times4}=\frac{2}{5},P(AB)=\frac{2\times3}{5\times4}=\frac{3}{10},$$

所以 $P(B|A)=\dfrac{P(AB)}{P(A)}=\dfrac{3/10}{2/5}=\dfrac{3}{4}$.

**解法二** 考虑第 1 次抽样时的样本空间 $\Omega=\{1,2,3,4,5\}$，则第 1 次抽去一个偶数后，样本空间缩减为 $\Omega_A=\{1,3,5,i\}$，其中 $i$ 取 2 或 4，在 $\Omega_A$ 中依古典概率公式计算得

$$P(B|A)=\frac{3}{4}.$$

总结：计算条件概率可选择两种方法之一：

(1) 在缩小后的样本空间 $S_A$ 中计算 $B$ 发生的概率 $P(B|A)$.

(2) 在原样本空间 $S$ 中，先计算 $P(AB)$，$P(A)$，再按公式 $P(B|A)=P(AB)/P(A)$ 计

算,求得 $P(B|A)$.

由条件概率的定义容易推得概率的**乘法公式**:

$$P(AB)=P(A)P(B|A)=P(B)P(A|B).$$

利用这个公式可以计算积事件.乘法公式可以推广到 $n$ 个事件的情形:若

$$P(A_1,A_2,\cdots,A_n)>0,$$

则 $$P(A_1\cdots A_n)=P(A_1)P(A_2|A_1)P(A_3|A_1A_2)\cdots P(A_n|A_1\cdots A_{n-1}).$$

**例 9-1-11** 在一批由 90 件正品、3 件次品组成的产品中,不放回接连抽取两件产品,问第一件取正品,第二件取次品的概率.

**解** 设事件 $A=\{$第一件取正品$\}$,事件 $B=\{$第二件取次品$\}$.按题意,

$$P(A)=\frac{90}{93},P(B|A)=\frac{3}{92}.$$

由乘法公式 $P(AB)=P(A)P(B|A)=\frac{90}{93}\times\frac{3}{92}=0.0315$.

**例 9-1-12** $A,B$ 分别表示某城市甲、乙两地区在某年内出现停水的事件.已知甲地停水的概率为 0.35,乙地停水的概率为 0.30,且在乙地停水的条件下甲地停水的概率为 0.15,求:(1) 两地同时停水的概率;(2) 在甲地停水的条件下乙地停水的概率.

**解** 设 $A=\{$甲地停水$\}$,$B=\{$乙地停水$\}$,则:

$$P(A)=0.35,P(B)=0.30,P(A|B)=0.15.$$

(1) 两地同时停水为 $AB$,则 $P(AB)=P(B)P(A|B)=0.30\times0.15=0.045$.

(2) 在甲地停水的条件下乙地停水为 $P(B|A)$,$P(B|A)=\frac{P(AB)}{P(A)}=\frac{0.045}{0.35}=\frac{9}{70}$.

为了计算复杂事件的概率,经常把一个复杂事件分解为若干个互不相容的简单事件的和,通过分别计算简单事件的概率,来求得复杂事件的概率.

**全概率公式**:$A_1,A_2,\cdots,A_n$ 为样本空间 $S$ 的一个事件组,且满足:

(1) $A_1,A_2,\cdots,A_n$ 互不相容,且 $P(A_i)>0(i=1,2,\cdots,n)$;

(2) $A_1\cup A_2\cup\cdots\cup A_n=S$.

则对 $S$ 中的任意一个事件 $B$ 都有:

$$P(B)=P(A_1)P(B|A_1)+P(A_2)P(B|A_2)+\cdots+P(A_n)P(B|A_n).$$

**例 9-1-13** 播种用的一等小麦种子中混有 2%的二等种子,1.5%的三等种子,1%的四等种子,用一等、二等、三等、四等种子长出的穗含 50 颗以上麦粒的概率分别为 0.5,0.15,0.1,0.05,求这批种子所结的穗含有 50 颗以上麦粒的概率.

**解** 设"从这批种子中任选一颗是一等、二等、三等、四等种子"的事件分别为 $B_1,B_2,B_3,B_4$,用 $A$ 表示"在这批种子中任选一颗,所结的穗含有 50 颗以上麦粒"的事件,则有 $P(B_1)=1-2\%-1.5\%-1\%=95.5\%$,$P(B_2)=2\%$,$P(B_3)=1.5\%$,$P(B_4)=1\%$.而

$$P(A|B_1)=0.5,P(A|B_2)=0.15,P(A|B_3)=0.1,P(A|B_4)=0.05.$$

由全概率公式得:

$$P(A) = \sum_{i=1}^{n} P(B_i)P(A|B_i)$$
$$= 95.5\% \times 0.5 + 2\% \times 0.15 + 1.5\% \times 0.1 + 1\% \times 0.05 = 0.4825.$$

若事件 $A,B$ 满足 $P(AB)=P(A)P(B)$，则称事件 $A$ 与 $B$ **相互独立**.

当事件 $A,B$ 相互独立，且 $P(A),P(B)$ 都不为零时，有

$$P(B|A)=P(B), P(A|B)=P(A).$$

事件 $A,B$ 相互独立，意味着 $A$ 的发生对 $B$ 无影响，$B$ 的发生对 $A$ 也无影响. 那么，$A$ 不发生（即 $\overline{A}$ 发生）对 $B$ 也应无影响，同样 $B$ 不发生（即 $\overline{B}$ 发生）对 $A$ 也无影响. 因此，若四对事件 $A$ 与 $B$，$\overline{A}$ 与 $B$，$A$ 与 $\overline{B}$，$\overline{A}$ 与 $\overline{B}$ 中有一对是相互独立的，则另外三对也相互独立.

**例 9-1-14** 甲、乙两人各向一敌机炮击一次，已知甲击中敌机的概率为 0.6，乙击中敌机的概率为 0.5，求敌机被击中的概率.

**解** 设 $A$={甲击中敌机}，$B$={乙击中敌机}. 由题意可以认为 $A,B$ 相互独立，故敌机被击中的概率为

$$P(A\cup B)=P(A)+P(B)-P(AB)=P(A)+P(B)-P(A)P(B)$$
$$=0.6+0.5-0.6\times 0.5=0.8.$$

或 $P(A\cup B)=1-P(\overline{A\cup B})=1-P(\overline{A}\,\overline{B})$

$$=1-P(\overline{A})P(\overline{B})=1-(1-0.6)(1-0.5)=0.8.$$

事件相互独立的概念可以推广到 3 个事件 $A_1,A_2,A_3$.

设 $A_1,A_2,A_3$ 是 3 个事件，如果满足

$$P(A_1A_2)=P(A_1)P(A_2), P(A_1A_3)=P(A_1)P(A_3),$$
$$P(A_2A_3)=P(A_2)P(A_3), P(A_1A_2A_3)=P(A_1)P(A_2)P(A_3),$$

则称事件 $A_1,A_2,A_3$ **相互独立**.

**说明**

相互独立的 3 个事件一定是两两相互独立的，但两两相互独立的 3 个事件不一定相互独立，类似给出 $n$ 个事件 $A_1,A_2,A_3,\cdots,A_n$ 相互独立的定义.

**例 9-1-15** 一个系统能正常工作的概率称为该系统的可靠性. 现有两系统都由同类电子元件 $A,B,C,D$ 所组成，如图 9-10 所示. 每个元件的可靠性都是 $p$，试分别求两个系统的可靠性.

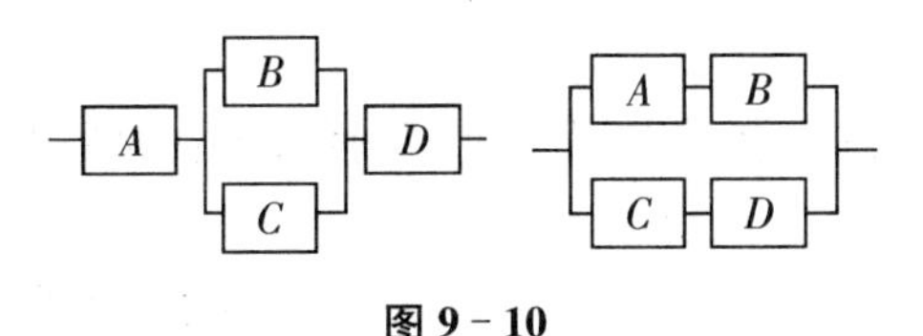


**图 9-10**

**解** 以 $R_1$ 与 $R_2$ 分别记两个系统的可靠性，以 $A,B,C,D$ 分别记相应元件工作正常的事件，则可认为 $A,B,C,D$ 相互独立，有

$$\begin{aligned}R_1&=P[A(B\cup C)D]=P(ABD\cup ACD)\\&=P(ABD)+P(ACD)-P(ABCD)\\&=P(A)P(B)P(D)+P(A)P(C)P(D)-P(A)P(B)P(C)P(D)\\&=p^3(2-p),\end{aligned}$$

$$\begin{aligned}R_2&=P(AB\cup CD)=P(AB)+P(CD)-P(ABCD)\\&=p^2(2-p^2).\end{aligned}$$

显然，$R_1<R_2$.

**例 9-1-16** (1) 将一枚均匀的硬币，重复抛掷 5 次，求其中恰有两次出现正面的概率；

(2) 一枚不均匀的硬币，设每次抛掷硬币时，出现正面的概率为 $\frac{1}{3}$，出现反面的概率为 $\frac{2}{3}$，将这枚硬币重复抛掷 5 次，求“恰有两次出现正面”的概率.

**解** (1) 这是古典概型问题，基本事件共有 $n=2^5$，$A=\{$恰有两次出现正面$\}$，则 $m=C_5^2=10$，因而，$P(A)=\frac{m}{n}=\frac{C_5^2}{2^5}=\frac{10}{32}$，上式可写为：$P(A)=C_5^2\left(\frac{1}{2}\right)^5=C_5^2\left(\frac{1}{2}\right)^2\left(\frac{1}{2}\right)^3$.

(2) 不是古典概型问题，而“恰有两次出现正面”包含了 $C_5^2=10$ 个基本事件，每个基本事件发生的概率相等，都是 $\left(\frac{1}{3}\right)^2\left(\frac{2}{3}\right)^3$，因而 $P(A)=C_5^2\left(\frac{1}{3}\right)^2\left(\frac{2}{3}\right)^3$.

如果将试验进行 $n$ 次，每次试验的结果不影响其他各次试验结果出现的概率，则称这 $n$ 次试验为 **$n$ 次重复独立试验**.

如果在 $n$ 次重复独立试验中，每次试验的可能结果只有两个，则称这 $n$ 次重复独立试验为 **$n$ 重伯努利试验**或**伯努利概型**.

设每次试验中，事件 $A$ 发生的概率为 $p(0<p<1)$，则在 $n$ 次重复独立试验中，

$$P\{\text{“}A\text{ 发生 }k\text{ 次”}\}=C_n^k p^k(1-p)^{n-k}\quad(k=0,1,2,\cdots,n).$$

**例 9-1-17** 有一批产品中有 30%的一级品，从中随机抽取 5 个样品，求：

(1) 5 个样品中恰有两个一级品的概率； (2) 5 个样品中至少有两个一级品的概率.

**解** 这是伯努利概型，$n=5$，$A=\{$抽到一级品$\}$.

(1) $P\{\text{“}A\text{ 发生 2 次”}\}=C_5^2(0.3)^2(0.7)^3=0.3087$；

(2) $P\{\text{“}A\text{ 至少发生 2 次”}\}=1-C_5^0(0.3)^0(0.7)^5-C_5^1(0.3)(0.7)^4$

$$=1-0.16807-0.36015=0.47178.$$

## 习题 9.1

**1.** 在管理系学生中任选一名学生，令事件 $A$ 表示选出的是男生，事件 $B$ 表示选出的是三年级学生，事件 $C$ 表示该生是运动员.

(1) 叙述事件 $AB\overline{C}$ 的意义； (2) 在什么条件下 $ABC=C$ 成立？

(3) 什么条件下 $C\subset B$？ (4) 什么条件下 $\overline{A}=B$ 成立？

**2.** 甲、乙、丙三人各射一次靶，记$A$表示"甲中靶"，$B$表示"乙中靶"，$C$表示"丙中靶"，则可用上述三个事件的运算来分别表示下列各事件：

(1)"甲未中靶"；
(2)"甲中靶而乙未中靶"；
(3)"三人中只有丙未中靶"；
(4)"三人中恰好有一人中靶"；
(5)" 三人中至少有一人中靶"；
(6)"三人中至少有一人未中靶"；
(7)"三人中恰有两人中靶"；
(8)"三人中至少两人中靶"；
(9)"三人均未中靶"；
(10)"三人中至多一人中靶"；
(11)"三人中至多两人中靶".

**3.** 设事件$A,B$的概率分别为1/3,1/2.在下列三种情况下分别求$P(\bar{B}A)$的值：

(1) $A$与$B$互斥； (2) $A\subset B$； (3) $P(AB)=\frac{1}{8}$.

**4.** 从6双不同的鞋子中任取4只，求：(1) 其中恰有一双配对的概率；(2) 至少有两只鞋子配成一双的概率.

**5.** 把$n$个不同的球随机地放入$N(N\geqslant n)$个盒子中，求下列事件的概率：

(1) 某指定的$n$个盒子中各有一个球；

(2) 任意$n$个盒子中各有一个球；

(3) 指定的某个盒子中恰有$m(m<n)$个球.

**6.** 随机地向由$0<y<1,|x|<\frac{1}{2}$所围成的正方形内掷一点，点落在该正方形内任何区域的概率与区域面积成正比，求原点和该点的连线与$x$轴正向的夹角小于$\frac{3}{4}\pi$的概率.

**7.** 设盒中有16个球，其中6个木质球、10个玻璃球，又木球中2个红色、4个蓝色，玻璃球中3个红色、7个蓝色，现从中取一球.求：

(1) 该球是木球的概率；(2) 已知球是红球的情况下，求该球是木球的概率.

**8.** 袋中有5个球：3个红球、2个白球，每次取1个，取后放回，再放入与取出球颜色相同的1个球.求连续两次取得白球的概率.

**9.** 某采购部门分别向供应商$A$和供应商$B$急购一批特殊原料，如果两批货均未在4天内到货，则生产就必须停止直到货运到为止.供应商$A$在4天内交货的概率为0.55，供应商$B$在4天内交货概率为0.35，假设这两个供应商交货时间是相互独立的，问：

(1) 两个供应商均在4天内交货的概率为多少？

(2) 至少有一个供应商在4天内交货的概率为多少？

(3) 4天后由于原材料短缺而被迫停产的概率为多少？

**10.** 一张英语试卷，有10道选择填空题，每题有4个选择答案，且其中只有一个是正确答案.某同学投机取巧，随意填空，试问他至少填对6道的概率是多大？

## §9.2 随机变量及其分布

一个随机试验有很多种结果，怎样能方便地把这一系列结果及其相应的概率一起表达出来，并且用数学的方法来研究呢？本节讨论的随机变量及分布函数就是这样的工具.

## 一、随机变量及分布函数的概念

设随机试验的样本空间为$\Omega$,如果对$\Omega$中每一个元素$e$,有一个实数$X(e)$与之对应,这样就得到一个定义在$\Omega$上的实值单值函数$X=X(e)$,称之为**随机变量**. 一般以大写字母如$X,Y,Z,W,\cdots$表示随机变量,而以小写字母如$x,y,z,w,\cdots$表示实数.

随机变量的取值随试验结果而定,在试验之前不能预知它取什么值,只有在试验之后才知道它的确切值;而试验的各个结果出现有一定的概率,故随机变量取各值有一定的概率. 这些性质显示了随机变量与普通函数之间有着本质的差异. 再者,普通函数是定义在实数集或实数集的一个子集上的,而随机变量是定义在样本空间上的(样本空间的元素不一定是实数),这也是两者的差别.

**引例 9-2** 假定抛 3 枚均匀的硬币,以$Y$表示正面出现的次数,那么$Y$是一随机变量,它取值为 0,1,2,3 的概率分别为

$$P\{Y=0\}=P\{\text{背面,背面,背面}\}=\frac{1}{8}.$$

$$P\{Y=1\}=P\{(\text{背面,背面,正面}),(\text{背面,正面,背面}),(\text{正面,背面,背面})\}=\frac{3}{8}.$$

$$P\{Y=2\}=P\{(\text{背面,正面,正面}),(\text{正面,背面,正面}),(\text{正面,正面,背面})\}=\frac{3}{8}.$$

$$P\{Y=3\}=P\{\text{正面,正面,正面}\}=\frac{1}{8}.$$

因为$Y$必定取 0 到 3 的某一整数,所以,$1=P(\bigcup\limits_{i=0}^{3}\{Y=i\})=\sum\limits_{i=0}^{3}P\{Y=i\}$.

设$X$是随机变量,$x$为任意实数,函数$F(x)=P\{X\leqslant x\}$称为$X$的**分布函数**.

对于任意实数$x_1,x_2(x_1<x_2)$,有

$$P\{x_1<X\leqslant x_2\}=P\{X\leqslant x_2\}-P\{X\leqslant x_1\}=F(x_2)-F(x_1).$$

因此,若已知$X$的分布函数,我们就能知道$X$落在任一区间$(x_1,x_2]$上的概率. 在这个意义上说,分布函数完整地描述了随机变量的统计规律性.

如果将$X$看成是数轴上的随机点的坐标,那么,分布函数$F(x)$在$x$处的函数值就表示$X$落在区间$(-\infty,x]$上的概率.

分布函数具有如下基本性质:

**性质 9-10** $F(x)$为单调不减的函数.

对于任意实数$x_1,x_2(x_1<x_2)$,有$F(x_2)-F(x_1)=P\{x_1<X\leqslant x_2\}\geqslant 0$.

**性质 9-11** $0\leqslant F(x)\leqslant 1$,且$\lim\limits_{x\to+\infty}F(x)=1=1$,常记为$F(+\infty)=1$.

$\lim\limits_{x\to-\infty}F(x)=0$,常记为$F(-\infty)=0$.

从几何上,当区间端点$x$沿数轴无限向左移动($x\to-\infty$)时,则"$X$落在$x$左边"这一事件趋于不可能事件,故其概率$P\{X\leqslant x\}=F(x)$趋于 0;又若$x$无限向右移动($x\to+\infty$)时,事件"$X$落在$x$左边"趋于必然事件,从而其概率$P\{X\leqslant x\}=F(x)$趋于 1.

**性质 9-12** $F(x+0)=F(x)$,即$F(x)$为右连续.

反过来可以证明,任一满足这三个性质的函数,一定可以作为某个随机变量的分布函数.

概率论主要是利用随机变量来描述和研究随机现象，而利用分布函数就能很好地表示各事件的概率. 例如，

$$P\{X>a\}=1-P\{X\leqslant a\}=1-F(a),P\{X<a\}=F(a-0),P\{X=a\}=F(a)-F(a-0),$$

等等. 在引进了随机变量和分布函数后我们就能利用高等数学的许多结果和方法来研究各种随机现象了，它们是概率论的两个重要而基本的概念. 下面我们从离散和连续两种类别来更深入地研究随机变量及其分布函数.

## 二、离散型随机变量及其分布

对于随机变量 $X$，如果它只可能取有限个或可列个值，则称 $X$ 为**离散型随机变量**.

设离散型随机变量 $X$ 所有可能取的值是 $x_1,x_2,\cdots,x_k,\cdots$，为完全描述 $X$，除知道 $X$ 可能的取值外，还要知道 $X$ 取各个值的概率，

$$P\{X=x_k\}=p_k \quad (k=1,2,\cdots),$$

称上式为离散型随机变量的**概率分布**或**分布律**，用表格形式表示为表 9-1.

**表 9-1 概率分布表**

| $X$ | $x_1$ | $x_2$ | … | … | $x_k$ | … |
|---|---|---|---|---|---|---|
| $P$ | $p_1$ | $p_2$ | … | … | $p_k$ | … |

离散型随机变量的分布律也可以完全描述随机变量的概率分布，它具有以下两个性质：

**性质 9-13** $p_k\geqslant 0(k=1,2,\cdots)$.

**性质 9-14** $\sum\limits_k p_k=1$.

**例 9-2-1** 一射手对某一目标射击，一次命中的概率为 0.8. 求：

(1) 一次射击的概率分布；(2) 击中目标为止所需射击次数的概率分布.

**解** (1) 设$\{X=1\}$表示“一次命中”，$\{X=0\}$表示“一次不中”，则

$$P\{X=1\}=0.8,P\{X=0\}=0.2,$$

即 $X$ 的概率分布为

| $X$ | 0 | 1 |
|---|---|---|
| $P$ | 0.2 | 0.8 |

(2) 设 $X$ 表示击中目标为止所需的射击次数，显然 $X$ 的所有可能的取值为 $1,2,\cdots,i,\cdots$，则

$$P\{X=i\}=0.2^{i-1}\times 0.8(i=1,2,\cdots,n,\cdots),$$

即 $X$ 的概率分布为

| $X$ | 1 | 2 | 3 | … | $i$ | … |
|---|---|---|---|---|---|---|
| $P$ | 0.8 | $0.2\times 0.8$ | $0.2^2\times 0.8$ | … | $0.2^{i-1}\times 0.8$ | … |

**例 9-2-2** 设有 10 件产品，其中正品 5 件、次品 5 件. 从中任取 3 件产品，讨论这 3 件

产品中的次品件数的概率分布及至少有 1 件次品的概率.

**解** (1) 设 $X$ 是取出的 3 件产品中的次品数，则 $X$ 为离散型随机变量，它的可能取值是 0,1,2,3.

$P\{X=0\}=\frac{C_5^3}{C_{10}^3}=\frac{1}{12}$，$P\{X=1\}=\frac{C_5^1C_5^2}{C_{10}^3}=\frac{5}{12}$，

$P\{X=2\}=\frac{C_5^2C_5^1}{C_{10}^3}=\frac{5}{12}$，$P\{X=3\}=\frac{C_5^3}{C_{10}^3}=\frac{1}{12}$.

$X$ 的概率分布表：

| $X$ | 0 | 1 | 2 | 3 |
| --- | --- | --- | --- | --- |
| $P$ | $\frac{1}{12}$ | $\frac{5}{12}$ | $\frac{5}{12}$ | $\frac{1}{12}$ |

(2) 求至少有 1 件次品的概率，即求 $P\{X\geqslant 1\}$.

$$P\{X\geqslant 1\}=P\{\text{“}X=1\text{”}\cup\text{“}X=2\text{”}\cup\text{“}X=3\text{”}\}=P\{X=1\}+P\{X=2\}+P\{X=3\}$$
$$=\frac{5}{12}+\frac{5}{12}+\frac{1}{12}=\frac{11}{12}.$$

离散型随机变量的概率分布也可以用其分布函数来描述，其分布函数如下：

$$F(x)=P\{X\leqslant x\}=\sum_{x_k\leqslant x}p_k.$$

**例 9-2-3** 某公司根据经验，预计出售一批产品，希望从这批产品中得到毛利，见表 9-2 所示.

**表 9-2**

| 销售地 | $A$ 地 | $B$ 地 | $C$ 地 | $D$ 地 |
| --- | --- | --- | --- | --- |
| 卖出概率 | 40% | 30% | 20% | 10% |
| 1 吨毛利(千元) | 2 | 1 | 1 | −2 |

求每吨产品所得毛利分布列和分布函数，并画出分布函数图.

**解** 设每吨产品所得毛利为 $X$ 千元，则 $x$ 可能取值为$\{-2,1,2\}$，其概率分布为

| $x$ | −2 | 1 | 2 |
| --- | --- | --- | --- |
| $p$ | 0.1 | 0.5 | 0.4 |

其分布函数 $F(x)=\begin{cases}0 & x<-2\\ 0.1 & -2\leqslant x<1\\ 0.6 & 1\leqslant x<2\\ 1 & x\geqslant 2\end{cases}$，分布函数如图 9-11 所示.

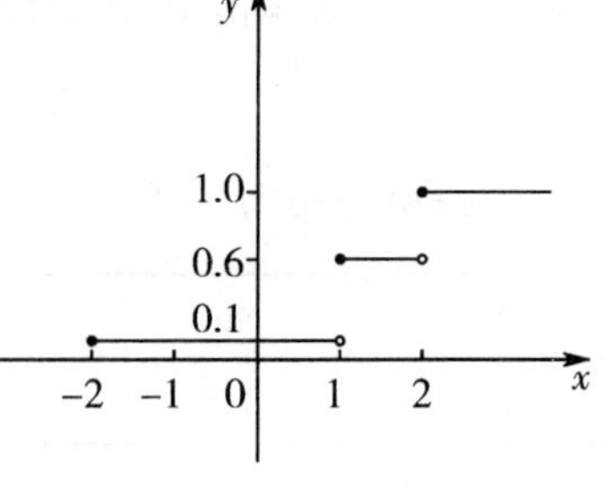

图 9-11 分布函数图

可见，离散型随机变量的分布函数是一个右连续阶梯函数，它在每个 $x_i$ 处有跳跃，其跃度为 $p_i$，由 $F(x)$ 可以唯一确定 $x_i$ 和 $p_i$.

下面介绍常见的离散型随机变量的概率分布.

1. 两点分布

如果随机变量 $X$ 只可能取 1,0 两个值,且它的概率分布为

$$P\{X=1\}=p,P\{X=0\}=1-p \quad (0<p<1),$$

则称 $X$ 服从参数为 $p$ 的**两点分布**,两点分布也称为(0—1)分布,比如例 9-2-1 中一次射击命中情况的概率分布就是两点分布.

2. 二项分布

在 $n$ 重伯努利试验中,随机变量 $X$ 的概率分布为

$$P\{X=k\}=\mathrm{C}_n^k p^k(1-p)^{n-k} \quad (k=0,1,2,\cdots,n),$$

其中 $0<p<1$,称 $X$ 服从参数为 $n,p$ 的**二项分布**,记作 $X\sim B(n,p)$.

**说明**

(1) 由二项式定理 $(a+b)^n=\sum\limits_{k=0}^{n}\mathrm{C}_n^k a^k b^{n-k}$,可得

$$\sum_{k=0}^{n}P\{X=k\}=\sum_{k=0}^{n}\mathrm{C}_n^k p^k(1-p)^{n-k}=1.$$

(2) 当 $n=1$ 时,$B(1,p)$ 二项分布退化为两点分布.

(3) 当 $n>10,p<0.1$ 时,有近似公式

$$\mathrm{C}_n^k p^k(1-p)^{n-k}\approx\frac{(np)^k\mathrm{e}^{-np}}{k!} \quad (k=0,1,2,\cdots,n)(\text{二项分布的泊松近似}).$$

**例 9-2-4** 楼中装有 5 个同类型的供水设备,调查表明在任一时刻每个设备被使用的概率为 0.1,求(1)在同一时刻恰有 2 个设备被使用的概率;(2)至少有 3 个设备被使用的概率.

**解** 设 $X$ 为同一时刻被使用的设备数,则 $X\sim B(5,0.1)$.

(1) 所求概率为 $P\{X=2\}=\mathrm{C}_5^2(0.1)^2(0.9)^3=0.07290$.

(2) 所求概率为
$$\begin{aligned}P\{X\geqslant3\}&=P\{X=3\}+P\{X=4\}+P\{X=5\}\\&=\mathrm{C}_5^3(0.1)^3(0.9)^2+\mathrm{C}_5^4(0.1)^4(0.9)+\mathrm{C}_5^5(0.1)^5\\&=0.00810+0.00045+0.00001=0.00856.\end{aligned}$$

**例 9-2-5** 某人射击一个目标,设每次射击的命中率为 0.02,独立射击 500 次,命中的次数记为 $X$,求至少命中两次的概率.

**解** 由题意可得 $X\sim B(500,0.2)$,所求概率为 $P\{X\geqslant2\}$.

$$P\{X\geqslant2\}=1-P\{X<2\}=1-P\{X=0\}-P\{X=1\}.$$

利用近似公式计算,其中 $np=500\times0.02=10$,所以

$$P\{X=0\}=\mathrm{C}_{500}^0(0.02)^0(0.98)^{500}\approx\frac{10^0\mathrm{e}^{-10}}{0!}=0.00004,$$

$$P\{X=1\}=C_{500}^{1}(0.02)(0.98)^{499}\approx\frac{10e^{-10}}{1!}=0.00045.$$

$$P\{x\geqslant 2\}=1-0.00004-0.00045=0.99951.$$

3. 泊松(Poisson)分布

如果随机变量 $X$ 的概率分布为 $P\{X=k\}=\dfrac{\lambda^k e^{-\lambda}}{k!}\quad(k=0,1,2,\cdots)$,式中 $\lambda>0$ 是常数,则称 $X$ 服从参数为 $\lambda$ 的**泊松分布**,记作 $X\sim P(\lambda)$.

**说明**

(1) 服从泊松分布的随机变量 $X$ 所有可能取值为非负整数,是可列个;

(2) 由级数知识,得

$$\sum_{k=0}^{\infty}P\{X=k\}=\sum_{k=0}^{\infty}\frac{\lambda^k e^{-\lambda}}{k!}=e^{-\lambda}\sum_{k=0}^{\infty}\frac{\lambda^k}{k!}=e^{-\lambda}\cdot e^{\lambda}=1.$$

(3) 泊松分布的计算可以查表.

**例 9-2-6** 某电话总机每分钟接到的呼叫次数服从参数为 5 的泊松分布,求

(1) 每分钟恰好接到 7 次呼叫的概率;

(2) 每分钟接到的呼叫次数大于 4 的概率.

**解** 设每分钟总机接到的呼叫次数为 $X$,则 $X\sim P(5)$,$\lambda=5$.

(1) $P\{X=7\}=\dfrac{5^7 e^{-5}}{7!}$,查表得 $P\{X=7\}=0.1044$.

(2) $P\{X>4\}=1-P\{X\leqslant 4\}$

$=1-[P\{X=0\}+P\{X=1\}+P\{X=2\}+P\{X=3\}+P\{X=4\}]$.

查表得

$P\{X=0\}=0.0067$,$P\{X=1\}=0.0337$,$P\{X=2\}=0.0842$,

$P\{X=3\}=0.1404$,$P\{X=4\}=0.1755$,

所以 $P\{X>4\}=0.5595$.

**例 9-2-7** 由该商店过去的销售记录知道,某种商品每月销售数可以用参数 $\lambda=10$ 的泊松分布来描述,为了以 95%以上的把握保证不脱销,问商店在月底至少应进某种商品多少件?

**解** 设该商店每月销售某种商品 $X$ 件,月底的进货为 $a$ 件,则当 $X\leqslant a$ 时就不会脱销.因而按题意要求为 $P\{X\leqslant a\}\geqslant 0.95$.

又 $X\sim P(10)$,所以 $\displaystyle\sum_{k=0}^{a}\frac{10^k}{k!}e^{-10}\geqslant 0.95$.

查泊松分布表得 $\displaystyle\sum_{k=0}^{14}\frac{10^k}{k!}e^{-10}\approx 0.9166<0.95$,$\displaystyle\sum_{k=0}^{15}\frac{10^k}{k!}e^{-10}\approx 0.9513>0.95$.

于是这家商店只要在月底进货某种商品 15 件(假定上月没有存货),就可以以 95%的把握保证这种商品在下个月不会脱销.

## 三、连续性随机变量的分布及概率密度

连续型随机变量的特点是它的可能取值连续地充满某个区间甚至整个数轴. 例如,测量一个工件长度,因为在理论上说这个长度的值 $X$ 可以取区间 $(0,+\infty)$ 上的任何一个值. 于是,对于连续型随机变量就不能用对离散型随机变量那样的方法进行研究了. 为了说明方便,我们先来看一个例子.

**例 9-2-8** 一个半径为 2 米的圆盘靶,设击中靶上任一同心圆盘上的点的概率与该圆盘的面积成正比,并设射击都能中靶,以 $X$ 表示弹着点与圆心的距离,试求随机变量 $X$ 的分布函数.

**解** (1) 若 $x<0$,因为事件 $\{X\leqslant x\}$ 是不可能事件,所以 $F(x)=P\{X\leqslant x\}=0$.

(2) 若 $0\leqslant x\leqslant 2$,由题意 $P\{0\leqslant X\leqslant x\}=kx^2$,$k$ 是常数,为了确定 $k$ 的值,取 $x=2$,有 $P\{0\leqslant X\leqslant 2\}=2^2k$,但事件 $\{0\leqslant X\leqslant 2\}$ 是必然事件,故 $P\{0\leqslant X\leqslant 2\}=1$,即 $2^2k=1$,所以 $k=1/4$,即

$$P\{0\leqslant X\leqslant x\}=x^2/4.$$

于是,
$$F(x)=P\{X\leqslant x\}=P\{X<0\}+P\{0\leqslant X\leqslant x\}=x^2/4.$$

(3) 若 $x\geqslant 2$,由于 $\{X\leqslant 2\}$ 是必然事件,于是 $F(x)=P\{X\leqslant x\}=1$.

综上所述

$$F(x)=\begin{cases}0 & x<0\\ \dfrac{1}{4}x^2 & 0\leqslant x<2.\\ 1 & x\geqslant 2\end{cases}$$

它的图形是一条连续曲线,如图 9-12 所示.

另外,容易看到本例中 $X$ 的分布函数 $F(x)$ 还可写成如下形式:

$$F(x)=\int_{-\infty}^{x}f(t)\mathrm{d}t,$$

其中
$$f(t)=\begin{cases}\dfrac{1}{2}t & 0<t<2\\ 0 & 其他\end{cases}.$$

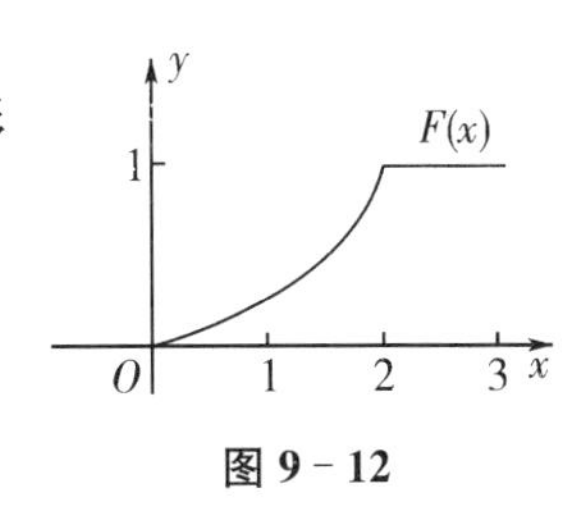


图 9-12

这就是说 $F(x)$ 恰好是非负函数 $f(t)$ 在区间 $(-\infty,x]$ 上的积分,这种随机变量 $X$ 我们称为连续型随机变量. 一般地有如下定义.

若对随机变量 $X$ 的分布函数 $F(x)$,存在非负函数 $f(x)$,使对于任意实数 $x$ 有

$$F(x)=\int_{-\infty}^{x}f(t)\mathrm{d}x,$$

则称 $X$ 为**连续型随机变量**,其中 $f(x)$ 称为 $X$ 的**概率密度函数**,简称**概率密度**或**密度函数**.

由上式知道连续型随机变量 $X$ 的分布函数 $F(x)$ 是连续函数,其概率密度函数 $f(x)$ 具有以下性质:

**性质 9-15** $f(x)\geqslant 0$.

**性质 9-16** $\int_{-\infty}^{+\infty} f(x)\mathrm{d}x = 1.$

这说明介于曲线 $y=f(x)$ 与 $y=0$ 之间的面积为 1.

**性质 9-17** $P\{x_1 < X \leqslant x_2\} = F(x_2) - F(x_1) = \int_{x_1}^{x_2} f(x)\mathrm{d}x \quad (x_1 \leqslant x_2).$

该性质指出，$X$ 落在区间$(x_1,x_2]$的概率 $P\{x_1<X\leqslant x_2\}$等于区间$(x_1,x_2]$上曲线 $y=f(x)$之下的曲边梯形面积.

**性质 9-18** 若 $f(x)$在 $x$ 点处连续，则有 $F'(x)=f(x)$.

可见，$f(x)$ 的连续点 $x$ 处有

$$f(x) = \lim_{\Delta x\to 0^+} \frac{F(x+\Delta x) - F(x)}{\Delta x} = \lim_{\Delta x\to 0^+} \frac{P\{x < X \leqslant x+\Delta x\}}{\Delta x}.$$

这种形式恰与物理学中线密度定义相类似，这也正是为什么称 $f(x)$为概率密度的原因. 同样我们也指出，反过来，任一满足以上性质 9-15、性质 9-16 两个性质的函数 $f(x)$，一定可以作为某个连续型随机变量的密度函数.

值得指出，对于连续型随机变量 $X$ 而言，它取任一特定值 $a$ 的概率为零，即 $P\{X=a\}=0$，由此很容易推导出：$P\{a\leqslant X<b\}=P\{a<X\leqslant b\}=P\{a\leqslant X\leqslant b\}=P\{a<X<b\}$. 即在计算连续型随机变量落在某区间上的概率时，可不必区分该区间端点的情况. 此外还要说明的是，事件$\{X=a\}$“几乎不可能发生”，但并不保证绝不会发生，它是“零概率事件”，而不是不可能事件.

**例 9-2-9** 设连续型随机变量 $X$ 的分布函数为 $F(x)=\begin{cases}0 & x<0\\ Ax^2 & 0\leqslant x<1.\\ 1 & x\geqslant 1\end{cases}$

试求：(1) 系数 $A$；(2) $X$ 落在区间(0.3，0.7)内的概率；(3) $X$ 的密度函数.

**解** (1) 由于 $X$ 为连续型随机变量，故 $F(x)$是连续函数，因此有

$$1=F(1) = \lim_{x\to 1^-} F(x) = \lim_{x\to 1^-} Ax^2 = A,$$

即 $A=1$，于是有 $F(x)=\begin{cases}0 & x<0\\ x^2 & 0\leqslant x<1.\\ 1 & x\geqslant 1\end{cases}$

(2) $P\{0.3<X<0.7\}=F(0.7)-F(0.3)=(0.7)^2-(0.3)^2=0.4$.

(3) $X$ 的密度函数为 $f(x)=F'(x)=\begin{cases}2x & 0\leqslant x<1\\ 0 & \text{其他}\end{cases}$.

由定义，改变密度函数 $f(x)$在个别点的函数值，不影响分布函数 $F(x)$的取值，因此，并不在乎改变密度函数在个别点上的值(比如在 $x=0$ 或 $x=1$ 上 $f(x)$的值).

**例 9-2-10** 设随机变量 $X$ 的密度函数为 $f(x)=\begin{cases}kx(1-x) & 0<x<1\\ 0 & \text{其他}\end{cases}$，其中常数 $k>0$，试确定 $k$ 的值并求概率 $P\{X>0.3\}$和 $X$ 的分布函数.

**解** 由 $1 = \int_{-\infty}^{+\infty} f(x)\mathrm{d}x = \int_0^1 kx(1-x)\mathrm{d}x = k\int_0^1 (x-x^2)\mathrm{d}x = k/6$，得 $k = 6$.

$$P\{X>0.3\}=\int_{0.3}^{+\infty}f(x)\mathrm{d}x=\int_{0.3}^{1}6x(1-x)\mathrm{d}x=0.784.$$

由于密度函数为 $f(x)=\begin{cases}6x(1-x) & 0<x<1\\ 0 & \text{其他}\end{cases}$.

其分布函数 $F(x)=\begin{cases}0 & x\leqslant 0\\ \int_0^x 6t(1-t)\mathrm{d}t & 0<x\leqslant 1\\ 1 & x>1\end{cases}$,即 $\begin{cases}0 & x\leqslant 0\\ 3x^2-2x^3 & 0<x\leqslant 1\\ 1 & x>1\end{cases}$.

下面介绍三种常见的连续型随机变量.

1. 均匀分布

若连续型随机变量 $X$ 具有概率密度 $f(x)=\begin{cases}\dfrac{1}{b-a} & a<x<b\\ 0 & \text{其他}\end{cases}$,

则称 $X$ 在区间 $(a,b)$ 上服从**均匀分布**,记为 $X\sim U(a,b)$. 易知

(1) $P\{X\geqslant b\}=\int_b^{\infty}0\mathrm{d}x=0$, $P\{X\leqslant a\}=\int_{-\infty}^{a}0\mathrm{d}x=0$,即

$$P\{a<X<b\}=1-P\{X\geqslant b\}-P\{X\leqslant a\}=1;$$

(2) 若 $a\leqslant c<d\leqslant b$,则 $P\{c<X<d\}=\int_c^d\dfrac{1}{b-a}\mathrm{d}x=\dfrac{d-c}{b-a}$.

因此,在区间 $(a,b)$ 上服从均匀分布的随机变量 $X$ 的物理意义是:$X$ 以概率 1 在区间 $(a,b)$ 内取值,而以概率 0 在区间 $(a,b)$ 以外取值,并且 $X$ 值落入 $(a,b)$ 中任一子区间 $(c,d)$ 中的概率与子区间的长度成正比,而与子区间的位置无关. 随机变量 $X$ 的分布函数为

$$F(x)=\begin{cases}0 & x<a\\ \dfrac{x-a}{b-a} & a\leqslant x<b\\ 1 & x\geqslant b\end{cases}.$$

密度函数 $f(x)$ 和分布函数 $F(x)$ 的图形分别如图 9-13 和图 9-14 所示.

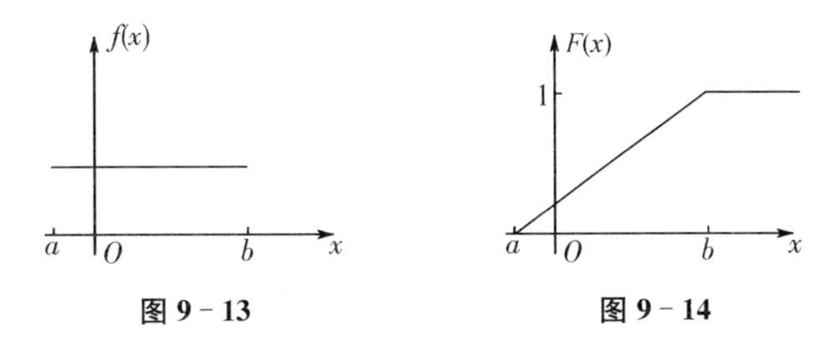


图 9-13　　　　图 9-14

**例 9-2-11**　设某种灯泡的使用寿命 $X$ 是一随机变量,均匀分布在 1000 到 1200 小时. 求(1) $X$ 的概率密度;(2) $X$ 取值于 1060 到 1150 小时的概率.

**解**　(1) 由题意可得 $a=1000$, $b=1200$,则 $X$ 的概率密度为

$$f(x)=\begin{cases}\dfrac{1}{200} & 1000<x<1200\\ 0 & \text{其他}\end{cases};$$

(2) $P\{1060<X<1150\}=\int_{1060}^{1150}f(x)\mathrm{d}x=\int_{1060}^{1150}\dfrac{1}{200}\mathrm{d}x=\dfrac{1150-1060}{200}=\dfrac{9}{20}$.

2. 指数分布

若随机变量 $X$ 的密度函数为 $f(x)=\begin{cases}\lambda e^{-\lambda x} & x>0\\ 0 & x\leqslant 0\end{cases}$，其中 $\lambda>0$ 为常数，则称 $X$ 服从参数为 $\lambda$ 的**指数分布**，记作 $X\sim E(\lambda)$.

容易得到 $X$ 的分布函数为 $F(x)=\begin{cases}1-e^{-\lambda x} & x>0\\ 0 & x\leqslant 0\end{cases}$.

**例 9-2-12** 已知某种电子管的寿命 $X$(小时)服从指数分布，$X\sim E(0.001)$. 一台仪器中有 5 个这种电子管，其中任一电子管损坏就停止工作，求仪器工作正常 1000 小时以上的概率.

**解** $x$ 的概率密度为 $f(x)=\begin{cases}\dfrac{1}{1000}e^{-\frac{1}{1000}x} & x>0\\ 0 & x\leqslant 0\end{cases}$,

$$P\{x>1000\}=1-P\{x\leqslant 1000\}=1-\int_0^{1000}\frac{1}{1000}e^{-\frac{1}{1000}x}dx=1+e^{-\frac{1}{1000}x}\Big|_0^{1000}=e^{-1}.$$

从而，有 5 个电子管均在 1000 小时以上的概率为 $(e^{-1})^5=e^{-5}$.

因此仪器正常工作 1000 小时以上的概率为 $e^{-5}$.

3. 正态分布

如果随机变量 $X$ 的概率密度为 $f(x)=\dfrac{1}{\sqrt{2\pi}\sigma}e^{-\frac{(x-\mu)^2}{2\sigma^2}}\ (-\infty<x<+\infty)$，

式中 $\sigma>0$，则称 $X$ 服从参数为 $\mu,\sigma$ 的**正态分布**，记作 $X\sim N(\mu,\sigma^2)$.

特别地，当 $\mu=0,\sigma=1$ 时，称为**标准正态分布**，记作 $X\sim N(0,1)$，这时 $X$ 的概率密度记为 $\varphi(x)$，$\varphi(x)=\dfrac{1}{\sqrt{2\pi}}e^{-\frac{x^2}{2}}\quad(-\infty<x<+\infty)$.

正态分布的图形如图 9-15、图 9-16 所示.

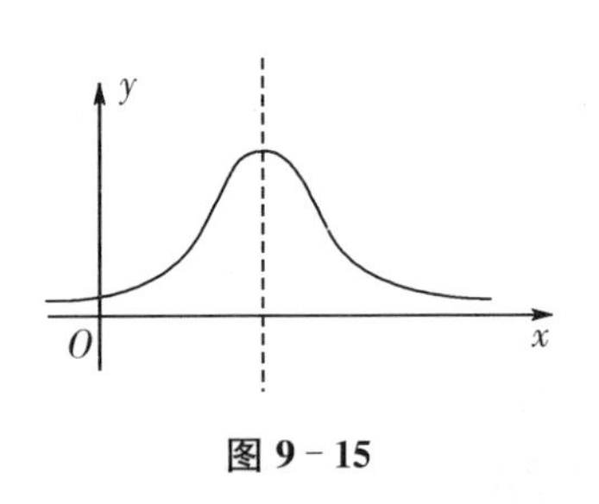


图 9-15

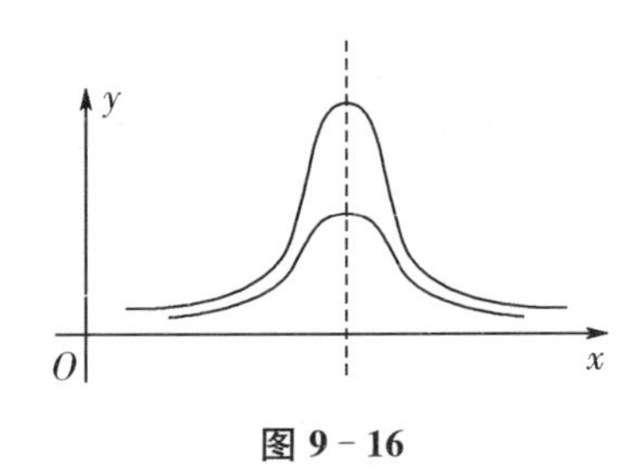


图 9-16

$\mu$ 决定 $f(x)$ 的位置，如图 9-15 所示；$\sigma$ 决定其形状，如图 9-16 所示.

**注意**

(1) 可以证明：$\int_{-\infty}^{+\infty}\varphi(x)dx=\int_{-\infty}^{+\infty}\frac{1}{\sqrt{2\pi}}e^{-\frac{x^2}{2}}dx=1$；

(2) 对一般正态分布，作变量代换，令 $z=\dfrac{x-\mu}{\sigma}$，则 $Z\sim N(0,1)$.

设 $X\sim N(0,1)$，且 $x\geqslant 0$ 时，可查表计算，其概率密度为 $\varphi(x)$，令

$$\Phi(x)=\int_{-\infty}^{x}\varphi(t)dt=\int_{-\infty}^{x}\frac{1}{\sqrt{2\pi}}e^{-\frac{t^2}{2}}dt,$$

因而对 $X \sim N(0,1)$，有

$$P\{a < X < b\} = \int_a^b \varphi(x)\mathrm{d}x = \int_{-\infty}^b \varphi(x)\mathrm{d}x - \int_{-\infty}^a \varphi(x)\mathrm{d}x = \Phi(b) - \Phi(a),$$

$$P\{X > a\} = \int_a^{+\infty} \varphi(x)\mathrm{d}x = \int_{-\infty}^{+\infty} \varphi(x)\mathrm{d}x - \int_{-\infty}^a \varphi(x)\mathrm{d}x = 1 - \Phi(a),$$

当 $x<0$ 时，$\Phi(x)=1-\Phi(-x)$.

**例 9-2-13** 设 $X \sim N(0,1)$，计算：(1) $P\{X \leqslant 1.5\}$；(2) $P\{1<X<2\}$；(3) $P\{|X|<2.48\}$.

**解** (1) $P\{X \leqslant 1.5\}=\Phi(1.5)=0.9332$；

(2) $P\{1<X<2\}=\Phi(2)-\Phi(1)=0.9772-0.8413=0.1359$；

(3) $P\{|X|<2.48\}=P\{-2.48<X<2.48\}=\Phi(2.48)-\Phi(-2.48)$

$=\Phi(2.48)-[1-\Phi(2.48)]=2\Phi(2.48)-1$

$=2\times 0.9934-1=0.9868$.

对于一般正态分布，设 $X \sim N(\mu,\sigma^2)$，其概率密度 $f(x)$，则由注意(2)可知，作变量代换，令 $z=\dfrac{x-\mu}{\sigma}$，就有 $P\{a<X<b\}=\Phi\left(\dfrac{b-\mu}{\sigma}\right)-\Phi\left(\dfrac{a-\mu}{\sigma}\right)$.

**例 9-2-14** 设 $X \sim N(2,4)$，计算 $P\{-1<X<2\}$.

**解** $P\{-1<X<2\}=\Phi\left(\dfrac{2-2}{2}\right)-\Phi\left(\dfrac{-1-2}{2}\right)=\Phi(0)-\Phi(-1.5)$

$=\Phi(0)-[1-\Phi(1.5)]=0.5-1+0.9332=0.4332$.

## 习题 9.2

**1.** 设一汽车在开往目的地的道路上需通过 4 盏信号灯，每盏灯以 0.6 的概率允许汽车通过，以 0.4 的概率禁止汽车通过(设各盏信号灯的工作相互独立)．以 $X$ 表示汽车首次停下时已经通过的信号灯盏数，求 $X$ 的分布律.

**2.** 袋中装有 5 只同样大小的球，编号为 1,2,3,4,5，从中同时取出 3 只球，求取出的最大号 $\xi$ 的分布列及其分布函数并画出其图形.

**3.** 某校的校教工乒乓队与学生乒乓队举行对抗赛．当一个教工队选手与一个学生队选手比赛时，教工队选手获胜的概率为 0.6．现在商量对抗赛的方式，提了两种方案：

(1) 双方各出 3 人单打比赛 3 场；(2) 双方各出 5 人单打比赛 5 场.

两种方案中均以比赛中得胜人数多的一方为胜利．问：对学生队来说，哪一种方案有利？

**4.** 为保证设备正常工作，需要配备一些维修工．若设备是否发生故障是相互独立的，且每台设备发生故障的概率都是 0.01(每台设备发生故障可由 1 人排除)．试求：

(1) 若一名维修工负责维修 20 台设备，求设备发生故障而不能及时维修的概率；

(2) 若 3 人负责 80 台设备，求设备发生故障而不能及时维修的概率.

**5.** 分析下列函数是否是分布函数．若是分布函数，判断是哪类随机变量的分布函数.

(1) $F(x)=\begin{cases}0 & x<-2 \\ \dfrac{1}{2} & -2\leqslant x<0 \\ 1 & x\geqslant 0\end{cases}$；(2) $F(x)=\begin{cases}0 & x<0 \\ \sin x & 0\leqslant x<\pi \\ 1 & x\geqslant \pi\end{cases}$；

(3) $F(x)=\begin{cases}0 & x<0\\ x+\dfrac{1}{2} & 0\leqslant x<\dfrac{1}{2}\\ 1 & x\geqslant\dfrac{1}{2}\end{cases}$.

**6.** 设随机变量 $X$ 的分布函数为 $F(x)=A+B\arctan x(-\infty<x<+\infty)$.

求:(1) 常数 $A,B$;(2) $P\{0\leqslant X<1\}$.

**7.** 设随机变量 $X$ 具有概率密度 $f(x)=\begin{cases}Ke^{-3x} & x>0\\ 0 & x\leqslant 0\end{cases}$.

求:(1) 常数 $K$;(2) $P\{X>0.1\}$;(3) $P\{-1<X\leqslant 1\}$.

**8.** 随机变量 $X$ 在$(3,8)$上服从均匀分布,求其概率密度和分布函数.

**9.** 设 $X\sim N(0,1)$,求:(1) $P\{1<X<3\}$ ;(2) $P\{X\leqslant 1.6\}$;(3) $P\{|X|<1.2\}$.

**10.** 设随机变量 $X\sim N(10,2^2)$,求 $P\{10<x<13\}$,$P\{|X-10|<2\}$.

## §9.3 随机变量的数字特征

前面讨论了随机变量的分布函数,我们知道分布函数全面地描述了随机变量的统计特性.但是在实际问题中,一方面,由于求分布函数并非易事;另一方面,往往不需要去全面考察随机变量的变化情况而只需知道随机变量的某些特征就够了.例如,在考察一个班级学生的学习成绩时,只要知道这个班级的平均成绩及其分散程度就可以对该班的学习情况作出比较客观的判断了.这样的平均值及表示分散程度的数字虽然不能完整地描述随机变量,但能更突出地描述随机变量在某些方面的重要特征,我们称它们为随机变量的数字特征.本节将介绍随机变量的常用数字特征:数学期望、方差.

### 一、随机变量的数学期望

对于随机变量,时常要考虑它平均取什么值.先来看一个例子:经过长期观察积累,某射手在每次射击中命中的环数 $X$ 的分布律(0 表示脱靶)为

| $\xi$ | 0 | 5 | 6 | 7 | 8 | 9 | 10 |
|---|---|---|---|---|---|---|---|
| $P\{\xi=x_i\}$ | 0 | 0.05 | 0.05 | 0.1 | 0.1 | 0.2 | 0.5 |

一种很自然的考虑是:假定该射击手进行了 100 次射击,那么,约有 5 次命中 5 环,5 次命中 6 环,10 次命中 7 环,10 次命中 8 环,20 次命中 9 环,50 次命中 10 环,没有脱靶的.

从而在一次射击中,该射手平均命中的环数为

$$\frac{1}{100}(10\times 50+9\times 20+8\times 10+7\times 10+6\times 5+5\times 5+0\times 0)=8.85(\text{环}).$$

它是 $\xi$ 的可能取值与对应概率的乘积之和.由此引进如下定义:

设 $X$ 为一离散型随机变量,其分布列为 $P\{X=x_i\}=p_i(i=1,2,\cdots)$,若级数 $\sum\limits_{i=1}^{\infty}x_ip_i$

绝对收敛(即$\sum_{i=1}^{\infty}|x_i|p_i$收敛),则称该级数的收敛值为$X$的**数学期望**,简称期望或均值. 记为$E(X)$,即$E(X)=\sum_{i=1}^{\infty}x_ip_i$. 否则,称$X$的数学期望不存在.

要求$\sum_{i=1}^{\infty}x_ip_i$绝对收敛是必需的,因为$X$的数学期望是一确定的量,不受$x_ip_i$在级数中的排列次序的影响,这在数学上就要求级数绝对收敛 .

不难理解,$X$的数学期望实际上是数$x_i$以概率$p_i$为权的加权平均.

**例 9-3-1** 某商店在年末大甩卖中进行有奖销售,摇奖时从摇箱摇出的球的可能颜色为:红、黄、蓝、白、黑五种,其对应的奖金额分别为:10000 元、1000 元、100 元、10 元、1 元. 假定摇箱内装有很多球,其中红、黄、蓝、白、黑的比例分别为:0.01%,0.15%,1.34%,10%,88.5%,求每次摇奖摇出的奖金额$X$的数学期望.

**解** 每次摇奖摇出的奖金额$X$是一个随机变量,易知它的分布律为

| $X$ | 10000 | 1000 | 100 | 10 | 1 |
|---|---|---|---|---|---|
| $p_k$ | 0.0001 | 0.0015 | 0.0134 | 0.1 | 0.885 |

因此,$E(X)=10000\times0.0001+1000\times0.0015+100\times0.0134+10\times0.1+1\times0.885=5.725$.

可见,平均起来每次摇奖的奖金额不足 6 元. 这个值对商店作计划预算是很重要的.

**例 9-3-2** 按规定,某车站每天 8 点至 9 点,9 点至 10 点都有一辆客车到站,但到站的时刻是随机的,且两者到站的时间相互独立. 其分布律为:

| 到站时刻 | 8:10,9:10 | 8:30,9:30 | 8:50,9:50 |
|---|---|---|---|
| 概率 | 1/6 | 3/6 | 2/6 |

一旅客 8 点 20 分到车站,求他候车时间的数学期望.

**解** 设旅客候车时间为$X$分钟,易知$X$的分布律为

| $X$ | 10 | 30 | 50 | 70 | 90 |
|---|---|---|---|---|---|
| $p_k$ | 3/6 | 2/6 | 1/36 | 3/36 | 2/36 |

在上表中$p_k$的求法如下,例如

$$P\{X=70\}=P(AB)=P(A)P(B)=1/6\times3/6=3/36,$$

其中$A$为事件"第一班车在 8:10 到站",$B$为事件"第二班车在 9:30 到站",于是候车时间的数学期望为:

$$E(X)=10\times3/6+30\times2/6+50\times1/36+70\times3/36+90\times2/36=27.22(\text{分钟}).$$

对于连续型随机变量,其数学期望的定义是离散型随机变量"加权平均"概念的推广.

**设连续型随机变量**$X$的概率密度为$f(x)$,若积分$\int_{-\infty}^{+\infty}xf(x)\mathrm{d}x$ **绝对收敛**,则称积分

$\int_{-\infty}^{+\infty} xf(x)\mathrm{d}x$ 的值为随机变量 $X$ 的**期望**,记为 $E(X)$,即 $E(X)=\int_{-\infty}^{+\infty} xf(x)\mathrm{d}x$.

**例 9-3-3** 设随机变量 $X$ 服从柯西(Cauchy)分布,其概率密度为 $f(x)=\dfrac{1}{\pi(1+x^2)}$,$-x<x<+\infty$,试证 $E(X)$不存在.

**证明** 由于$\int_{-\infty}^{+\infty} |x| f(x)\mathrm{d}x=\int_{-\infty}^{+\infty} |x| \dfrac{1}{\pi(1+x^2)}\mathrm{d}x=\infty$,故 $E(X)$ 不存在.

**例 9-3-4** 设随机变量 $X$ 的密度函数 $f(x)=\begin{cases} x & 0<x\leqslant 1 \\ 2-x & 1<x\leqslant 2 \\ 0 & \text{其他} \end{cases}$,求数学期望 $E(X)$.

**解** $E(X)=\int_{-\infty}^{+\infty} xf(x)\mathrm{d}x=\int_0^1 x^2\mathrm{d}x+\int_1^2 x(2-x)\mathrm{d}x=\dfrac{1}{3}x^3\Big|_0^1+\left(x^2-\dfrac{1}{3}x^3\right)\Big|_1^2=1.$

**性质 9-19 数学期望的性质**

(1) $E(kX+b)=kE(X)+b$($k,b$ 为常数);

(2) $E(X+Y)=E(X)+E(Y)$;

综合(1),(2)有,$E(aX+bY)=aE(X)+bE(Y)$(线性性质);

(3) 如果 $X$ 与 $Y$ 相互独立,则 $E(XY)=E(X)E(Y)$.

**几种常见分布的数学期望:**

(1) 两点分布,参数为 $p$,期望 $E(X)=p$;

(2) 二项分布,参数为 $p$,期望 $E(X)=np$;

(3) 泊松分布,参数为 $\lambda$,期望 $E(X)=\lambda$;

(4) 均匀分布,参数为 $a,b$,期望 $E(X)=\dfrac{a+b}{2}$;

(5) 指数分布,参数为 $\lambda$,期望 $E(X)=\dfrac{1}{\lambda}$;

(6) 正态分布,参数为 $\mu,\sigma^2$,期望 $E(X)=\mu$.

## 二、随机变量的方差

随机变量的数学期望反映了随机变量取值的平均程度,但仅用数学期望描述一个变量的取值情况并不充分.

例如,甲、乙两射手各发十枪,击中目标靶的环数分别如下:

| 甲 | 9 | 8 | 10 | 8 | 9 | 9 | 8 | 9 | 9 | 9 |
|---|---|---|---|---|---|---|---|---|---|---|
| 乙 | 6 | 7 | 9 | 10 | 10 | 9 | 10 | 8 | 9 | 10 |

计算可知,两人击中环数的平均值都是 8.8 环,那么哪一个水平发挥得更稳定?

直观地理解,两位选手哪一个击中的环数偏离平均值越小,这个选手发挥就更稳定一些,为此我们利用两人每枪击中的环数距平均值偏差的均值来比较. 为了防止偏差和的计算中出现正、负偏差相抵的情况,应由偏差的绝对值之和求平均更合适.

对于甲选手,偏差绝对值之和为$|9-8.8|+|8-8.8|+\cdots+|9-8.8|=4.8$(环).

对乙选手,容易算得偏差绝对值之和为 10.8 环,所以甲、乙二人平均每枪偏离平均值为

0.48 环和 1.08 环，因而可以说，甲选手水平发挥得更稳定些.

类似的，为了避免运算式中出现绝对值符号.我们也可以采用偏差平方的平均值进行比较.为此我们引入以下定义：

**定义 9-1** 设 $X$ 为一随机变量，如果 $E\{[X-E(X)]^2\}$ 存在，则称其为 $X$ 的**方差**，记为 $D(X)$ 或 $\mathrm{Var}(X)$，即

$$D(X)=E\{[X-E(X)]^2\},$$

并称 $\sqrt{D(X)}$ 为 $X$ 的**标准差或均方差**.

实际上，$D(X)$ 是 $X$ 的函数 $[X-E(X)]^2$ 的期望.

方差可以通过以下几个途径来进行计算：

(1) 对离散型随机变量 $X$，若其概率分布为 $P\{X=x_i\}=p_i(i=1,2,\cdots)$，则有

$$D(X)=\sum_i [x_i-E(X)]^2 p_i.$$

(2) 对连续型随机变量 $X$，若其概率密度为 $f(x)$，则有

$$D(X)=\int_{-\infty}^{+\infty}[x-E(X)]^2 f(x)\mathrm{d}x.$$

(3) 计算方差的一个重要公式

$$\begin{aligned}E\{[X-E(X)]^2\}&=E\{X^2-2XE(X)+[E(X)]^2\}\\&=E(X^2)-2E(X)E(X)+[E(X)]^2\\&=E(X^2)-[E(X)]^2,\end{aligned}$$

即 $D(X)=E(X^2)-[E(X)]^2$.

**例 9-3-5** 设随机变量 $X$ 服从 $(0-1)$ 分布，分布律为 $P\{X=1\}=p$，$P\{X=0\}=1-p=q$，求 $D(X)$.

**解** 因为 $E(X)=p$，$E(X^2)=1^2\times p+0^2\times q=p$，
所以 $D(X)=E(X^2)-[E(X)]^2=p-p^2=pq$.

**例 9-3-6** 设随机变量 $X$ 的密度函数为 $f(x)=\begin{cases}1+x & -1\leqslant x\leqslant 0\\ 1-x & 0<x\leqslant 1\\ 0 & \text{其他}\end{cases}$，求 $D(X)$.

**解** 因为 $E(X)=\int_{-1}^{0}x(1+x)\mathrm{d}x+\int_{0}^{1}x(1-x)\mathrm{d}x=0$，

$$E(X^2)=\int_{-1}^{0}x^2(1+x)\mathrm{d}x+\int_{0}^{1}x^2(1-x)\mathrm{d}x=\frac{1}{6}.$$

所以，$D(X)=E(X^2)-[E(X)]^2=\dfrac{1}{6}$.

**性质 9-20 方差的性质**

(1) 设 $C$ 为常数，则 $D(C)=0$，$D(X+C)=D(X)$.

(2) 设 $k$ 为常数，则 $D(kX)=k^2D(X)$.

(3) 设 $X$ 与 $Y$ 相互独立，则，$D(X+Y)=D(X)+D(Y)$.

设 $X_1,X_2,\cdots,X_n$ 相互独立，则

$$D(X_1+X_2+\cdots+X_n)=D(X_1)+D(X_2)+\cdots+D(X_n).$$

**例 9-3-7** 设随机变量 $X$ 的期望和方差分别为 $E(X)$ 和 $D(X)$，且 $D(X)>0$，求 $Y=\dfrac{X-E(X)}{\sqrt{D(X)}}$ 的期望和方差.

**解** 由随机变量期望和方差的性质，有

$$E(Y)=E\left[\frac{X-E(X)}{\sqrt{D(X)}}\right]=\frac{1}{\sqrt{D(X)}}E[X-E(X)]=0,$$

$$D(Y)=D\left[\frac{X-E(X)}{\sqrt{D(X)}}\right]=\frac{1}{D(X)}D[X-E(X)]=\frac{1}{D(X)}D(X)=1.$$

> **注意**
>
> (1) 称 $Y=\dfrac{X-E(X)}{\sqrt{D(X)}}$ 为标准化的随机变量.
>
> (2) 对 $X\sim N(\mu,\sigma^2)$，$E(X)=\mu$，$D(X)=\sigma^2$.
>
> 则 $X$ 的标准化随机变量 $Y=\dfrac{X-\mu}{\sigma}$，从而得 $Y=\dfrac{X-\mu}{\sigma}\sim N(0,1)$.

**几种常见分布的方差：**

(1) 两点分布，参数为 $p$，方差 $D(X)=p(1-p)$；

(2) 二项分布，参数为 $p$，方差 $D(X)=np(1-p)$；

(3) 泊松分布，参数为 $\lambda$，方差 $D(X)=\lambda$；

(4) 均匀分布，参数为 $a,b$，方差 $D(X)=\dfrac{1}{12}(b-a)^2$；

(5) 指数分布，参数为 $\lambda$，方差 $D(X)=\dfrac{1}{\lambda^2}$；

(6) 正态分布，参数为 $\mu,\sigma^2$，方差 $D(X)=\sigma^2$.

**例 9-3-8** 设随机变量 $X,Y$ 相互独立，$X\sim N(10,1)$，$Y\sim N(7,2^2)$.

求：(1) $E\left(\frac{1}{3}X+2Y-1\right)$，$E\left(\frac{1}{3}X-2Y-1\right)$；(2) $D\left(\frac{1}{3}X+2Y-1\right)$，$D\left(\frac{1}{3}X-2Y-1\right)$.

**解** (1) $E\left(\frac{1}{3}X+2Y-1\right)=\frac{1}{3}E(X)+2E(Y)-1=\frac{1}{3}\times 10+2\times 7-1=16\frac{1}{3}$，

$E\left(\frac{1}{3}X-2Y-1\right)=\frac{1}{3}E(X)-2E(Y)-1=\frac{1}{3}\times 10-2\times 7-1=-\frac{35}{3}$；

(2) $D\left(\frac{1}{3}X+2Y-1\right)=\frac{1}{9}D(X)+4D(Y)=\frac{1}{9}+4\times 4=16\frac{1}{9}$，

$D\left(\frac{1}{3}X-2Y-1\right)=\frac{1}{9}D(X)+4D(Y)=\frac{1}{9}+4\times 4=16\frac{1}{9}$.

## 习题 9.3

**1.** 一批产品有一、二、三等品及废品 4 种，所占比例分别为 60%，20%，10%，10%，各级产品的出厂价分别为 6 元，4.8 元，4 元，0 元，求产品的平均出厂价.

**2.** 试求掷一颗均匀骰子所得点数 $X$ 的数学期望和方差.

**3.** 掷两颗骰子，用 $X,Y$ 分别表示第一、第二颗骰子出现的点数，求两颗骰子出现点数之差的方差.

**4.** 设随机变量 $X$ 的概率密度为 $f(x)=\begin{cases} x & 0\leqslant x<1 \\ 2-x & 1\leqslant x\leqslant 2 \\ 0 & 其他 \end{cases}$，求 $E(X)$.

**5.** 设连续型随机变量 $X$ 的概率密度为 $f(x)=\begin{cases} 2x & 0\leqslant x\leqslant 1 \\ 0 & 其他 \end{cases}$，求 $D(X)$.

**6.** 设随机变量 $X_1,X_2,\cdots,X_n$ 相互独立，且 $E(X_k)=\mu$，$D(X_k)=\sigma^2(k=1,2,\cdots,n)$，求 $Z=\frac{1}{n}(X_1+X_2+\cdots+X_n)$ 的期望和方差.

## §9.4 数理统计基础

数理统计是以概率论为理论基础的一个数学分支，它是从实际观测的数据出发研究随机现象的规律性. 在科学研究中，数理统计占据一个十分重要的位置，是多种试验数据处理的理论基础.

本节中首先讨论总体、随机样本及统计量等基本概念，然后着重介绍几个常用的统计量及抽样分布.

### 一、数理统计的基本概念

将研究对象的某项数量指标值的全体称为**总体**或**母体**，一般用大写字母如 $X$ 表示，总体中的每个元素称为**个体**. 例如，要了解一批显示器的寿命，显示器寿命值的全体就组成一个总体，其中每一只显示器的寿命就是一个个体. 要将一个总体的性质了解得十分清楚，初看起来，最理想的办法是对每个个体逐个进行观察，但实际上这样做往往是不现实的. 例如，要研究显示器的寿命，由于寿命试验是破坏性的，一旦我们获得实验的所有结果，这批显示器也全烧毁了，我们只能从整批显示器中抽取一部分显示器做寿命试验，并记录其结果，然后根据这部分数据来推断整批显示器的寿命情况. 由于显示器的寿命在随机抽样中是随机变量，为了便于数学上处理，我们将总体定义为随机变量. 随机变量的分布称为**总体分布**.

从总体中抽取样本时，为了使抽取的样本具有代表性，通常要求：

(1) 抽取方法应使总体中每一个个体被抽到的机会是**均等**的；

(2) 每次抽取是**独立**的，即每次抽样结果不影响其他各次抽样结果，也不受其他各次抽样结果的影响.

满足以上两点的抽样方法称为**简单随机抽样**，由简单随机抽样得到的样本叫做**简单随机样本**.

通过简单随机抽样，随机地抽取 $n$ 个个体，得到 $n$ 个随机变量 $X_1,X_2,\cdots,X_n$，称$(X_1,X_2,\cdots,X_n)$为总体 $X$ 的一个**样本**，其中 $n$ 为**样本容量**. 在一次抽取中得到的 $n$ 个具体数据$(x_1,x_2,\cdots,x_n)$叫做一组**样本(观察)值**，$(X_1,X_2,\cdots,X_n)$的所有可能取值的集合叫做**样本空间**，而样本的一个观察值$(x_1,x_2,\cdots,x_n)$就是样本空间的一个样本点，叫做**样本点**.

**引例 9-3** 某工厂为检查某车间生产的一批产品的质量，需进行抽样验收以了解不合

格品率 $P$,这里母体 $\xi$ 表示任一件产品的质量指标,且定义 $\xi=\begin{cases}1 & \text{产品为合格品}\\ 0 & \text{产品为不合格品}\end{cases}$,从这批产品中任取 $n$ 件产品,每抽一件产品后记下其质量指标,然后放回搅匀后再抽. 于是所得的子样$(\xi_1,\xi_2,\cdots,\xi_n)$为简单随机子样,每个 $\xi_i$ 与母体 $\xi$ 有相同的分布,子样空间由一切可能的 $n$ 维向量$(\xi_1,\xi_2,\cdots,\xi_n)$组成(其中 $\xi_i=0$ 或 $1,i=1,\cdots,n$),不难看出,子样空间含 $n$ 维欧氏空间中 $2^n$ 个点,当然,实际操作时放回抽样不大可能办到,当产品总量较大,子样容量相对较小时,可将不放回抽样看作有放回抽样,这时仍视抽样为简单随机抽样.

有了这些基本概念,我们就可以将统计推断的基本任务概括为由样本推断总体的分布. 如在引例 9-3 中,我们就可以从样本中推断出总体的不合格率. 关于这一点,我们今后可以慢慢体会到.

设 $X_1,X_2,\cdots,X_n$ 是总体 $X$ 的一个样本,又设总体具有概率密度 $f$,如何用样本来推断**密度函数** $f$? 注意到现在的样本是一组实数,因此,一个直观的办法是将实轴划分为若干小区间,记下诸观察值 $X_i$ 落在每个小区间中的个数,从这些个数来推断总体在每一小区间上的密度. 具体做法如下:

第一步　找出 $X_{(1)}=\min\limits_{1\leqslant i\leqslant n}X_i,X_{(n)}=\max\limits_{1\leqslant i\leqslant n}X_i$. 取 $a$ 略小于 $X_{(1)}$,$b$ 略大于 $X_{(n)}$.

第二步　将$[a,b]$分成 $m$ 个小区间,$m<n$,小区间长度可以不等,设分点为

$$a=t_0<t_1<\cdots<t_m<b,$$

在分小区间时,注意每个小区间中都要有若干观察值,而且观察值不要落在分点上.

第三步　记 $n_j=$落在小区间$(t_{j-1},t_j]$中观察值的个数(频数),计算频率 $f_j=\dfrac{n_j}{n}$,列表分别记下各小区间的频数、频率.

第四步　在直角坐标系的横轴上,标出 $t_0,t_1,\cdots,t_m$ 各点,分别以$(t_{j-1},t_j]$为底边,作高为 $f_j/\Delta t_j$ 的矩形(体会密度的含义,可知除以 $\Delta t_j$ 很重要),$\Delta t_j=t_j-t_{j-1},j=1,2,\cdots,m$,即得直方图 9-17.

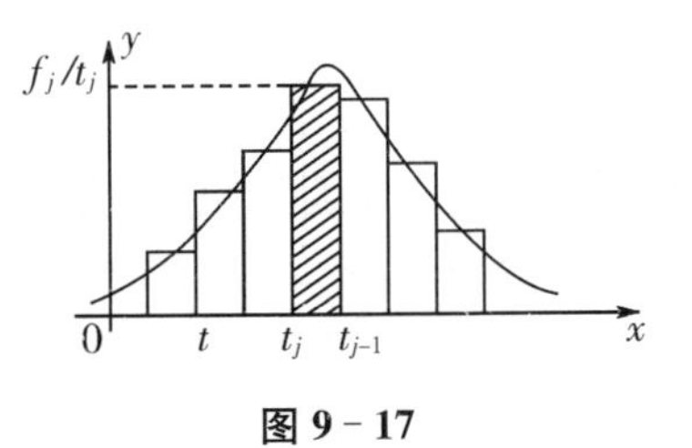

图 9-17

于是可以用直方图对应的分段函数

$$\Phi_n(x)=\frac{f_j}{\Delta t_i},x\in(t_{j-1},t_j],j=1,2,\cdots,m$$

来近似总体的密度函数 $f(x)$. 不难理解,样本容量 $n$ 越大,小矩形的底越细,近似的效果越好.

对于总体 $X$ 的**分布函数** $F$(未知),设有它的样本 $X_1,X_2,\cdots,X_n$,我们同样可以从样本出发,找到一个已知量来近似它,这就是经验分布函数$F_n(x)$. 它的构造方法是这样的,设 $X_1,X_2,\cdots,X_n$ 诸观察值按从小到大可排成 $X_{(1)}\leqslant X_{(2)}\leqslant\cdots\leqslant X_{(n)}$. 定义

$$F_n(x)=\begin{cases}0 & x\leqslant X_{(1)}\\ \dfrac{k}{n} & X_{(k)}<x\leqslant X_{(k+1)},k=1,2,\cdots,n-1,\\ 1 & x>X_{(n)}\end{cases}$$

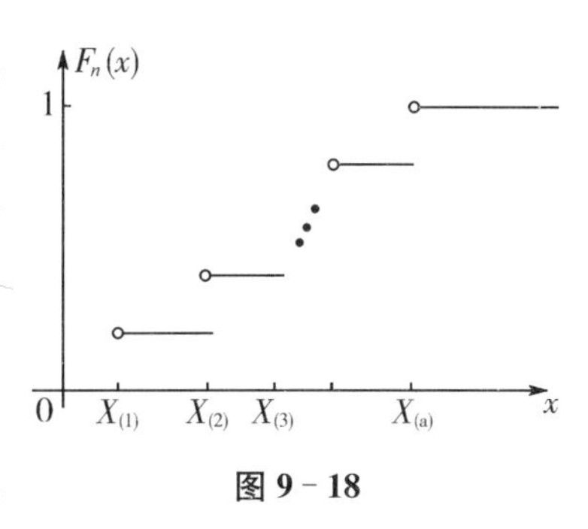


图 9-18

$F_n(x)$只在 $x=X_{(k)}, k=1,2,\cdots,n$ 处有跃度为 $1/n$ 的间断点，若有 $l$ 个观察值相同，则 $F_n(x)$在此观察值处的跃度为 $l/n$. 对于固定的 $x$，$F_n(x)$即表示事件$\{X<x\}$在 $n$ 次试验中出现的频率，即 $F_n(x)=\frac{1}{n}\{$落在$(-\infty,x)$中 $X_i$ 的个数$\}$. 可以证明 $F_n(x)\to F(x), n\to\infty$，以概率为 1 成立. 经验分布函数的图形如图 9-18 所示.

实际上，$F_n(x)$还一致地收敛于 $F(x)$，所谓格里文科定理指出了这一更深刻的结论，即

$$P\{\lim_{n\to\infty} D_n=0\}=1，其中\ D_n=\sup_{-\infty<x<\infty}|F_n(x)-F(x)|.$$

**定义 9-2** 设$(X_1,X_2,\cdots,X_n)$为总体 $X$ 的一个容量为 $n$ 的样本，$T(x_1,x_2,\cdots,x_n)$是样本的一实值函数，它不包含总体 $X$ 的任何未知参数，则称样本$(X_1,X_2,\cdots,X_n)$的函数 $T(X_1,X_2,\cdots,X_n)$为一个**统计量**.

> **注意**
>
> 统计量通常不含未知参数，而且作为随机变量的函数，它也是一个随机变量，如果$(x_1,x_2,\cdots,x_n)$是样本$(X_1,X_2,\cdots,X_n)$的一组样本值，则 $g(x_1,x_2,\cdots,x_n)$是统计量$g(X_1,X_2,\cdots,X_n)$的一个样本值.
>
> 如希望知道全体灯泡的平均寿命，一个简单的方法就是样本$(X_1,X_2,\cdots,X_{1000})$的平均寿命 $\frac{X_1+X_2+\cdots+X_{1000}}{1000}$ 去估计总体的平均寿命. 在此过程中，称 $\frac{X_1+X_2+\cdots+X_{1000}}{1000}$为统计量.

常用的统计量有：

**样本均值** $\overline{X}=\frac{1}{n}\sum_{i=1}^{n}X_i$，其**观测值**为 $\overline{x}=\frac{1}{n}\sum_{i=1}^{n}x_i$.

**样本方差** $S^2=\frac{1}{n-1}\sum_{i=1}^{n}(X_i-\overline{X})^2$，其**观测值**为 $s^2=\frac{1}{n}\sum_{i=1}^{n}(x_i-\overline{x})^2$.

**样本均方差** $S=\sqrt{\frac{1}{n-1}\sum_{i=1}^{n}(X_i-\overline{X})^2}$.

一般地，$\overline{X}, S^2$ 的观测值用相应的小写字母 $\overline{x}, s^2$ 来表示. $\overline{x}$ 表示数据集中的位置. $s^2$ 表示数据对均值 $\overline{x}$ 的离散程度，$s^2$ 越大，数据越分散，波动越大；$s^2$ 越小，数据越集中，波动越小.

**例 9-4-1** 设我们获得了如下三个样本：样本 $A$：3,4,5,6,7；样本 $B$：1,3,5,7,9；样本 $C$：1,5,9.

明显可见它们的"分散"程度是不同的：样本 $A$ 在这三个样本中比较密集，而样本 $C$ 比较分散.

这一直觉可以用样本方差来表示. 这三个样本的均值都是 5，即 $\overline{x}_A=\overline{x}_B=\overline{x}_C=5$，而样

本容量 $n_A=5,n_B=5,n_C=3$，从而它们的样本方差分别为：

$$s_A^2=\frac{1}{5-1}[(3-5)^2+(4-5)^2+(5-5)^2+(6-5)^2+(7-5)^2]=\frac{10}{4}=2.5,$$

$$s_B^2=\frac{1}{5-1}[(1-5)^2+(3-5)^2+(5-5)^2+(7-5)^2+(9-5)^2]=\frac{40}{4}=10,$$

$$s_C^2=\frac{1}{3-1}[(1-5)^2+(5-5)^2+(9-5)^2]=\frac{32}{2}=16.$$

由此可见 $s_C^2>s_B^2>s_A^2$，这与直觉是一致的，它们反映了取值的分散程度.

用样本标准差表示 $s_A=1.58,s_B=3.16,s_C=4$，同样有 $s_C>s_B>s_A$.

由于样本方差(或样本标准差)很好地反映了总体方差(或标准差)的信息，因此若当方差 $\sigma^2$ 未知时，常用 $S^2$ 去估计，而总体标准差 $\sigma$ 常用样本标准差 $S$ 去估计.

## 二、常见统计分布

统计量 $g(X_1,X_2,\cdots,X_n)$ 是随机变量，其概率分布又称**抽样分布**，这些分布在数理统计中起重要作用.

**定义 9-3** 对总体进行 $k$ 次随机抽样，每次抽样得到一组样本观察值和统计量值

$$x^{(i)}=(x_1^{(i)},x_2^{(i)},\cdots,x_n^{(i)})(i=1,2,\cdots,k),g(x^{(i)})=g(x_1^{(i)},x_2^{(i)},\cdots,x_n^{(i)})(i=1,2,\cdots,k).$$

于是 $k$ 次抽样就有 $k$ 个样本统计量值，一般来说，不同的抽样得到的样本观察值常常不同，由此求得的统计量值也不相同，在进行大量随机抽样后，样本统计量的值必然表现出某种概率分布，这就是统计量的抽样分布.

下面介绍几种常见分布.

1. 样本均值的分布

设 $X\sim N(\mu,\sigma^2)$，$(X_1,X_2,\cdots,X_n)$ 是 $X$ 的一个样本，则 $\overline{X}\sim N(\mu,\frac{\sigma^2}{n})$ 或 $\dfrac{\overline{X}-\mu}{\frac{\sigma}{\sqrt{n}}}\sim N(0,1)$.

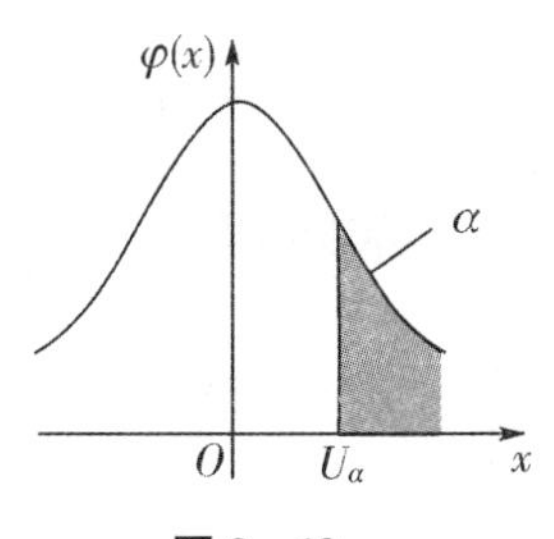

图 9-19

在统计中，常用到标准正态分布的上 $\alpha$ 分位点这个概念，介绍如下：设 $X\sim N(0,1)$，对给定的 $\alpha(0<\alpha<1)$，称满足条件

$$P\{X>U_\alpha\}=\alpha \text{ 或 } P\{X\leqslant U_\alpha\}=1-\alpha$$

的点 $U_\alpha$ 为标准正态分布**上 $\alpha$ 分位点**或**上侧临界值**，简称**上 $\alpha$ 点**，几何意义如图 9-19 所示；称满足条件

$$P\{|X|>U_{\frac{\alpha}{2}}\}=\alpha$$

的点 $U_{\frac{\alpha}{2}}$ 为标准正态分布的**双侧 $\alpha$ 分位点**或**双侧临界值**，简称**双 $\alpha$ 点**，其几何意义如图 9-20 所示.

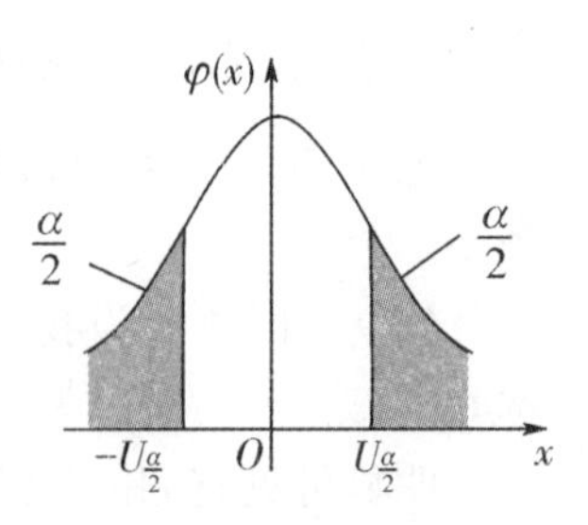

图 9-20

在数理统计中，$U_\alpha$，$U_{\frac{\alpha}{2}}$ 可直接根据正态分布表求得.

如求 $U_{\frac{0.05}{2}}$，由 $P\{X>1.96\}=\frac{0.05}{2}=0.025$，则 $U_{\frac{0.05}{2}}=1.96$.

**例 9-4-2** 设总体 $X \sim N(12,4)$，抽取容量为 16 的样本. 求样本平均值 $\overline{X}$ 的分布及 $P\{\overline{X}>13\}$.

**解** 因为 $X \sim N(12,4)$，$\mu=12$，$\sigma^2=4$.

由于 $n=16$，$\frac{\sigma^2}{n}=\frac{4}{16}=0.5^2$，所以 $\overline{X} \sim N(12,0.5^2)$.

由于 $\dfrac{\overline{X}-\mu}{\frac{\sigma}{\sqrt{n}}}=\dfrac{\overline{X}-12}{\frac{2}{\sqrt{16}}}=\dfrac{\overline{X}-12}{0.5} \sim N(0,1)$，

可得：$P\{\overline{X}>13\}=1-P\{\overline{X}\leqslant 13\}=1-\Phi\left(\frac{13-12}{0.5}\right)=1-\Phi(2)=1-0.9772=0.0228$.

2. $\chi^2$ 分布

设 $(X_1,X_2,\cdots,X_n)$ 为取自正态总体 $X \sim N(0,1)$ 的样本，则称 $\chi^2=X_1^2+X_2^2+\cdots+X_n^2$ 为服从自由度为 $n$ 的 $\chi^2$ 分布，记作 $\chi^2 \sim \chi^2(n)$.

$\chi^2$ 分布的概率密度函数为 $f(x)=\begin{cases} \dfrac{1}{2^{\frac{n}{2}}\Gamma\left(\frac{n}{2}\right)}x^{\frac{n}{2}-1}\mathrm{e}^{-\frac{x}{2}} & x\geqslant 0 \\ 0 & x<0 \end{cases}$，$E(\chi^2)=n$，$D(\chi^2)=2n$.

概率密度函数如图 9-21 所示.

**注意** Gamma 函数 $\Gamma(x)=\int_0^{+\infty} t^{x-1}\mathrm{e}^{-t}\mathrm{d}t \quad (x>0)$.

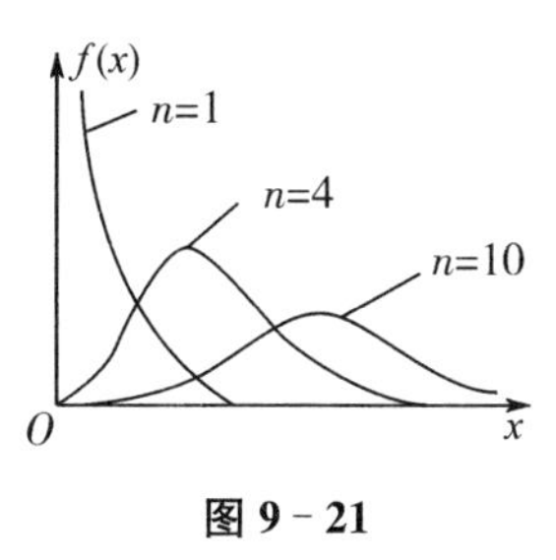


图 9-21

由于用 $\chi^2$ 分布的概率密度计算较为困难，对不同的自由度 $n$ 及不同的数 $\alpha(0<\alpha<1)$，书后附了 $\chi^2$ 分布表. 类似于标准正态分布，我们称满足

$$P(\chi^2(n)>\chi_\alpha^2(n))=\int_{\chi_\alpha^2(n)}^{+\infty} p(y)\mathrm{d}y=\alpha$$

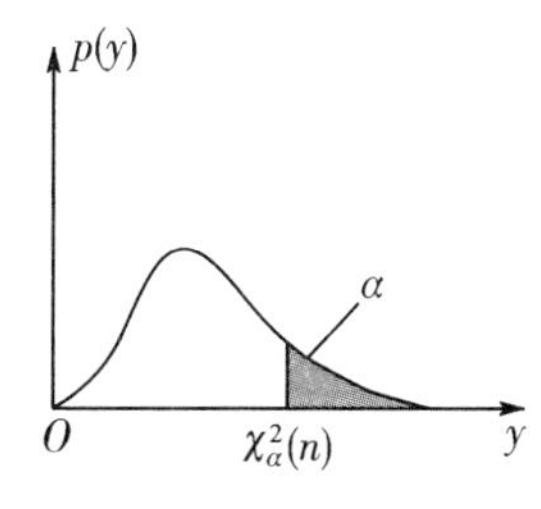


图 9-22

的点 $\chi_\alpha^2(n)$ 为 $\chi^2$ 分布的**上 $\alpha$ 分位点**或**上侧临界值**，简称**上 $\alpha$ 点**，其几何意义如图 9-22 所示. 这里 $p(y)$ 是 $\chi^2$ 分布的概率密度.

显然，在自由度 $n$ 取定以后，$\chi_\alpha^2(n)$ 的值只与 $\alpha$ 有关.

**例 9-4-3** 当 $n=21,\alpha=0.05$ 时，由附表可查得，$\chi^2_{0.05}(21)=32.671$. 即 $P\{\chi^2(21)>32.671\}=0.05$.

3. $t$ 分布

设 $X_1\sim N(0,1)$，$X_2\sim\chi^2(n)$，且 $X_1$ 与 $X_2$ 相互独立，则称随机变量 $t=\dfrac{X_1}{\sqrt{\dfrac{X_2}{n}}}$ 服从自由度为 $n$ 的 $t$ 分布，记作 $t\sim t(n)$.

$t$ 分布的概率密度函数为 $f(x)=\dfrac{\Gamma\left(\dfrac{n+1}{2}\right)}{\sqrt{n\pi}\,\Gamma\left(\dfrac{n}{2}\right)}\left(1+\dfrac{x^2}{n}\right)^{-\frac{n+1}{2}}\ (-\infty<x<+\infty)$.

其图形如图 9-23 所示，其形状类似标准正态分布的概率密度的图形. 当 $n$ 较大时，$t$ 分布近似于标准正态分布.

对于给定的 $\alpha(0<\alpha<1)$，称满足条件 $P\{t(n)>t_\alpha(n)\}=\int_{t_\alpha(n)}^{+\infty}f(t)\mathrm{d}t=\alpha$ 的点 $t_\alpha(n)$ 为 $t$ 分布的**上侧分位数**，其几何意义如图 9-24 所示.

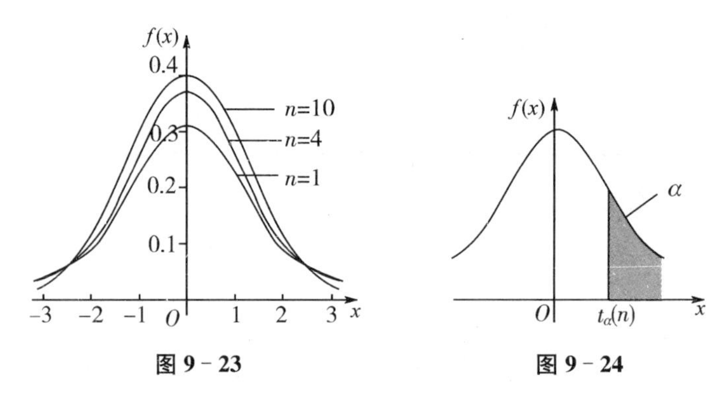


图 9-23　　图 9-24

由 $t$ 分布的对称性，也称满足条件

$P\{|t(n)|>t_{\frac{\alpha}{2}}(n)\}=\alpha$，即 $P\{T>t_{\alpha/2}(n)\}=\dfrac{\alpha}{2}$，$P\{T<-t_{\alpha/2}(n)\}=\dfrac{\alpha}{2}$

的点 $t_{\frac{\alpha}{2}}(n)$ 为 $t$ 分布的**双侧 $\alpha$ 分位点或双侧临界值**，简称**双 $\alpha$ 点**，其几何意义如图 9-25 所示.

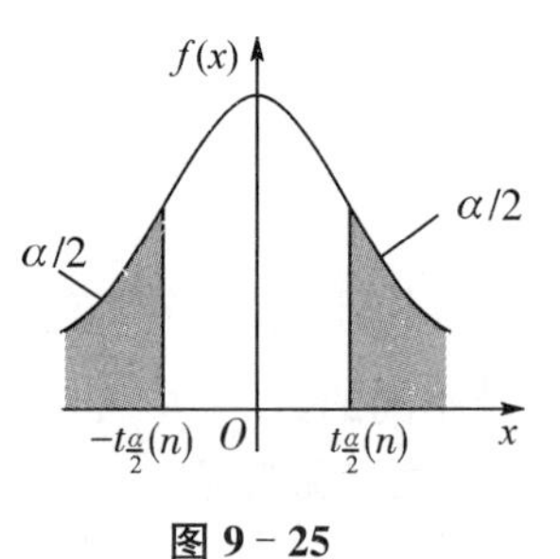


图 9-25

**例 9-4-4** 当 $n=15,\alpha=0.05$ 时，查 $t$ 分布表有

$t_{0.05}(15)=1.753$，$t_{\frac{0.05}{2}}(15)=2.131$，

其中 $t_{\frac{0.05}{2}}(15)$ 由 $P\{t(15)>t_{0.025}(15)\}=0.025$ 查得.

当 $n>45$ 时，可用标准正态分布代替 $t$ 分布查 $t_\alpha(n)$ 的值.

**例 9-4-5** 设 $t\sim t(50)$，求满足 $P\{|t|\leqslant c\}=0.80$ 的 $c$ 值.

**解** 由 $P\{|t|\leqslant c\}=0.80$，及由 $t$ 分布的对称性知：$P\{t\geqslant c\}=0.10$，$n>45$，近似于标准正态分布. 所以 $c=t_{0.1}(50)=1.28$.

4. $F$ 分布

设 $X_1\sim\chi^2(n_1)$，$X_2\sim\chi^2(n_2)$，且 $X_1$ 与 $X_2$ 相互独立，则称随机变量 $F=\dfrac{X_1/n_1}{X_2/n_2}$ 服从自由度为 $n_1,n_2$ 的 $F$ 分布，记作 $F\sim F(n_1,n_2)$.

$F$ 分布的概率密度函数为

$$f(x)=\begin{cases}\dfrac{\Gamma\left(\dfrac{n_1+n_2}{2}\right)}{\Gamma\left(\dfrac{n_1}{2}\right)\Gamma\left(\dfrac{n_2}{2}\right)}\left(\dfrac{n_1}{n_2}\right)^{\frac{n_1}{2}}x^{\frac{n_1}{2}-1}\left(1+\dfrac{n_1}{n_2}x\right)^{-\frac{n_1+n_2}{2}} & x>0\\ 0 & x\leqslant 0\end{cases},$$

其中 $n_1$ 称为**第一自由度**，$n_2$ 称为**第二自由度**，如图 9－26 所示，由于 $n_1,n_2$ 在 $f(x)$ 表达式中的位置并不对称，因此，一般 $F(n_1,n_2)$ 与 $F(n_2,n_1)$ 并不相同.

设 $F\sim F(n_1,n_2)$，$f(x)$ 是概率密度，对于给定的数 $\alpha$：$0<\alpha<1$，我们称满足

$$P\{F>F_\alpha(n_1,n_2)\}=\int_{F_\alpha(n_1,n_2)}^{+\infty}f(x)\mathrm{d}x=\alpha$$

的点 $F_\alpha(n_1,n_2)$ 为 $F$ 分布的上侧分位数.

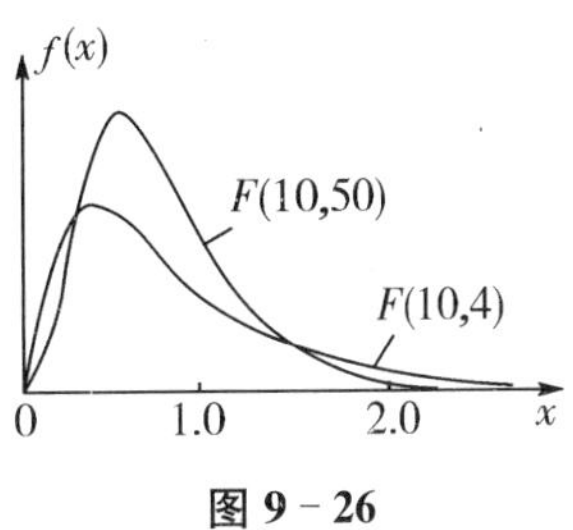


图 9－26

$F_\alpha(n_1,n_2)$ 的值可以由附录查得，对于 $\alpha=0.90,0.95,0.975,0.99,0.995,0.999$ 时的值，可用下面的公式计算：$F_{1-\alpha}(n_1,n_2)=\dfrac{1}{F_\alpha(n_2,n_1)}$.

## 三、统计分布的重要性质

**性质 9－21** 设 $(X_1,X_2,\cdots,X_n)$ 为来自总体 $X\sim N(\mu,\sigma^2)$ 的样本，则

(1) $\bar{X}\sim N\left(\mu,\dfrac{\sigma^2}{n}\right)$；

(2) 样本均值 $\bar{X}$ 与样本方差 $S^2$ 相互独立；

(3) $\dfrac{(n-1)S^2}{\sigma^2}=\dfrac{\sum\limits_{i=1}^{n}(X_i-\bar{X})^2}{\sigma^2}\sim\chi^2(n-1)$.

**性质 9－22** 设 $(X_1,X_2,\cdots,X_n)$ 为来自总体 $X\sim N(\mu,\sigma^2)$ 的样本，则统计量

$$\frac{\bar{X}-\mu}{\dfrac{S}{\sqrt{n}}}\sim t(n-1).$$

**性质 9－23** 设 $(X_1,X_2,\cdots,X_m)$ 和 $(Y_1,Y_2,\cdots,Y_n)$ 分别来自正态总体 $X\sim N(\mu_1,\sigma^2)$ 和 $Y\sim N(\mu_2,\sigma^2)$ 的样本，且它们相互独立，则统计量

$$\frac{\bar{X}-\bar{Y}-(\mu_1-\mu_2)}{S_0\sqrt{\dfrac{1}{m}+\dfrac{1}{n}}}\sim t(m+n-2).$$

其中 $S_0=\sqrt{\dfrac{(n_1-1)S_1^2+(n_2-1)S_2^2}{n_1+n_2-2}}$，$S_1^2,S_2^2$ 分别为两总体的样本方差.

**性质 9－24** 设$(X_1,X_2,\cdots,X_m)$和$(Y_1,Y_2,\cdots,Y_n)$分别为来自正态总体 $X\sim N(\mu_1,\sigma_1^2)$和 $Y\sim N(\mu_2,\sigma_2^2)$的样本，且它们相互独立，则统计量

$$\frac{S_1^2/\sigma_1^2}{S_2^2/\sigma_2^2}\sim F(m-1,n-1).$$

**例 9－4－6** 设总体 $X$ 服从正态分布 $N(62,100)$，为使样本均值大于 60 的概率不小于 0.95，问样本容量 $n$ 至少应取多大？

**解** 设需要样本容量为 $n$，则$\dfrac{\overline{X}-\mu}{\sigma/\sqrt{n}}=\dfrac{\overline{X}-\mu}{\sigma}\cdot\sqrt{n}\sim N(0,1)$，

$$P\{\overline{X}>60\}=P\left\{\frac{\overline{X}-62}{10}\cdot\sqrt{n}>\frac{60-62}{10}\cdot\sqrt{n}\right\},$$

查标准正态分布表，得 $\Phi(1.64)\approx 0.95$.

所以 $0.2\sqrt{n}\geqslant 1.64$，$n\geqslant 67.24$. 故样本容量至少应取 68.

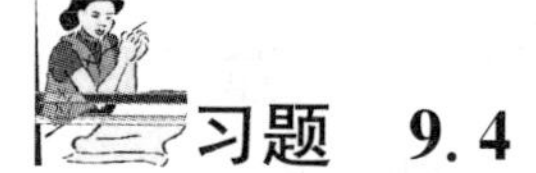

## 习题 9.4

**1.** 设 $X_i\sim N(\mu_i,\sigma^2)(i=1,2,\cdots,5)$，$\mu_1,\mu_2,\cdots,\mu_5$ 不全等，问：$X_1,X_2,\cdots,X_5$ 是否为简单随机样本？

**2.** 考察幼树胸径，随机观测 10 株作为样本，原始数据(单位：cm)如下：

3.0，2.0，5.5，5.0，3.0，6.5，7.0，4.0，4.0，6.0.

试计算样本均值和样本方差.

**3.** 从总体 $X$ 中抽取样本$(x_1,x_2,\cdots,x_{15})$，试证$\sum\limits_{i=1}^{n}(x_i-\overline{x})=0$.

**4.** 设总体服从参数为 $\lambda$ 的指数分布，分布密度为 $p(x,\lambda)=\begin{cases}\lambda e^{-\lambda x} & x>0\\ 0 & x\leqslant 0\end{cases}$，求 $E(\overline{X})$，$D(\overline{X})$和 $E(S^2)$.

**5.** 设总体 $X\sim N(0,0.3^2)$，从中抽取容量为 15 的样本$(X_1,X_2,\cdots,X_{15})$，试计算概率 $P\left\{\sum\limits_{i=1}^{15}X_i^2>2.25\right\}$.

**6.** 在总体为 $X\sim N(80,400)$的样本空间中随机抽取容量为 100 的样本，求样本均值与总体均值之差的绝对值大于 3 的概率.

## 小结与复习

本章主要介绍了处理随机现象的数学工具——概率论和数理统计基础. 由于篇幅所限，本章在内容安排上，精选了概率论与数理统计的基础性内容，主要包括：随机事件及其概率、随机变量及其分布、随机变量的数字特征以及数理统计基础四部分.

1. 随机事件及其概率部分

介绍了随机事件与样本空间的概念,事件的关系与运算;给出了概率的统计定义、古典概率、几何概率、条件概率与概率乘法定理,并介绍了全概率公式,研究了事件的独立性问题、伯努利概型等.不同的概率、公式各有特点和适用情况,读者须了然于心.

2. 随机变量

除了要知道它可能取哪些值,更重要的是要知道它以怎样的概率取这些值并且表示出来.第二节介绍了表达离散型随机变量、连续性随机变量概率分布的几种方法,主要包括分布列、分布函数、概率密度等.并且还分别对离散型随机变量、连续性随机变量的几个典型分布作了阐述.

3. 随机变量的数字特征的概念

数学期望和方差描述了随机变量的集中和离散趋势,为理解随机变量背后的规律提供了直观方法.因此,求随机变量的期望、方差以及几种常见类型随机变量的数学期望、方差是第三节的重点.

4. 数理统计

本章介绍了数理统计的基础内容,目的是在有限的学时内为读者提供进一步学习统计的基础.应用数理统计的本质要求是利用样本信息推断总体分布,因此样本、总体、随机抽样等基本概念必须明确.有了样本数据,如何近似总体分布?频率直方图和经验分布函数方法简单而且有理论基础,很实用.可以用样本统计量来推断总体分布,于是熟悉统计量及其常见分布就很重要,而统计分布的重要性质既为这种推断提供了方法,又提供了理论保证,是后继学习的必要基础.

## 复习题9

### 一、填空题

**1.** 设$A,B,C$是3个随机事件,则“3个事件中至少有一个发生”用$A,B,C$表示为________,“3个事件中恰有一个事件发生”用$A,B,C$表示为________,“3个事件中不多于一个发生”用$A,B,C$表示为________.

**2.** 已知$A\subset B$,$P(A)=0.4$,$P(A\cup B)=0.6$,则$P(\bar{A})=$________,$P(AB)=$________,$P(A-B)=$________.

**3.** 随机变量$X$在$[1,5]$上服从均匀分布,则其概率密度函数可以表示为:当________时,$f(x)=$________,其他,$f(x)=$________,此时,$P\{1<X<4\}=$________.

**4.** 设离散型随机变量$X$分布律为$P\{X=k\}=5A\ (1/2)^k\ (k=1,2,\cdots)$,则$A=$________.

**5.** 随机变量$X$的分布律见下表,则$P\{X+1<2\}=$________,$P\{X^2\geqslant 1\}=$________.

| $X$ | $-1$ | 0 | 1 | 2 |
|---|---|---|---|---|
| $P$ | 0.1 | 0.3 | 0.2 | 0.4 |

**6.** 设$X\sim N(10,0.6)$,$Y\sim N(1,2)$,且$X$与$Y$相互独立,则$D(3X-Y)=$________.

**7.** 设容量 $n=10$ 的样本的观察值为$(8,7,6,9,8,7,5,9,6,5)$,则样本均值=________,样本方差=________,标准差=________.

**8.** 设 $X_1,X_2,\cdots,X_n$ 为来自止态总体 $X\sim N(\mu,\sigma^2)$ 的一个简单随机样本,则样本均值 $X=\dfrac{1}{n}\sum\limits_{i=1}^{n}X_i$ 服从________.

**二、选择题**

**1.** 设 $A,B,C$ 是任意三个随机事件,则以下命题中正确的是 (　　)

A. $A\cup B=\overline{A}B\cup\overline{B}A$　　B. $A\cup B\subset A\cap\overline{B}$

C. $(A\cup B)-C=A\cup(B-C)$　　D. $A-B=A\cap\overline{B}$

**2.** $A,B$ 为两个概率不为零的不相容事件,则下列结论肯定正确的是 (　　)

A. $\overline{A}$ 和 $\overline{B}$ 不相容　　B. $\overline{A}$ 和 $\overline{B}$ 相容

C. $P(AB)=P(A)P(B)$　　D. $P(A-B)=P(A)$

**3.** 袋中有 5 个球(3 个新的,2 个旧的),现每次取一个,无放回地抽取两次,则第二次取到新球的概率为 (　　)

A. $\dfrac{3}{5}$　　B. $\dfrac{3}{4}$　　C. $\dfrac{2}{4}$　　D. $\dfrac{3}{10}$

**4.** 设 $A$ 和 $B$ 为任意两个事件,且 $A\subset B$,$P(B)>0$,则必有 (　　)

A. $P(A)<P(A|B)$　　B. $P(A)\leqslant P(A|B)$

C. $P(A)>P(A|B)$　　D. $P(A)\geqslant P(A|B)$

**5.** 设 $F_1(x)$和 $F_2(x)$分别为 $X_1$ 和 $X_2$ 的分布函数,为使 $F(x)=aF_1(x)-bF_2(x)$是某一随机变量的分布函数,待定系数 $a,b$ 可取 (　　)

A. $a=\dfrac{3}{5},b=-\dfrac{2}{5}$　　B. $a=\dfrac{2}{3},b=\dfrac{2}{3}$

C. $a=-\dfrac{1}{2},b=\dfrac{3}{2}$　　D. $a=\dfrac{1}{2},b=-\dfrac{3}{2}$

**6.** 事件 $A$ 发生的概率为 $p$,现重复进行 $n$ 次独立试验,则事件 $A$ 至多发生一次的概率为 (　　)

A. $1-p^n$　　B. $p^n$

C. $1-(1-p)^n$　　D. $(1-p)^n+np(1-p)^{n-1}$

**7.** 设 $X\sim N(\mu,\sigma^2)$,则 $P\{X\leqslant\mu\}=$ (　　)

A. 0.5　　B. 0　　C. 1　　D. 无法确定

**8.** 下列函数中,在$(-\infty,+\infty)$内可以作为某个随机变量 $X$ 的分布函数是 (　　)

A. $F(x)=\dfrac{1}{1+x^2}$　　B. $F(x)=\dfrac{1}{\pi}\arctan x+\dfrac{1}{2}$

C. $F(x)=\begin{cases}\dfrac{1}{2}(1-\mathrm{e}^{-x}) & x>0\\ 0 & x\leqslant 0\end{cases}$　　D. A,B,C 都可以

**9.** 设 $X_1,X_2,X_3$ 相互独立都服从参数 $\lambda=3$ 的泊松分布,令 $Y=\dfrac{1}{3}(X_1+X_2+X_3)$,则

$E(Y^2)=$　（　　）

A. 1　　B. 9　　C. 10　　D. 6

**10.** 设 $X\sim N(\mu,\sigma^2)$，其中 $\mu$ 已知，$\sigma^2$ 未知，$X_1,X_2,X_3$ 为样本，则下列选项中不是统计量的是　（　　）

A. $X_1+X_2+X_3$　　B. $\max\{X_1,X_2,X_3\}$

C. $\sum\limits_{i=1}^{3}\dfrac{X_i^2}{\sigma^2}$　　D. $X_1-\mu$

## 三、计算题

**1.** 设随机事件 $A,B$ 及其和事件 $A\cup B$ 的概率分别是0.5，0.3和0.6，若 $\overline{B}$ 表示 $B$ 事件的对立事件，求积事件 $\overline{A}B$ 的概率.

**2.** 在房间里有6个人，分别佩戴从1号到6号的纪念章，任选2人记录其纪念章的号码：

(1) 求最小号码为4的概率；(2) 求最大号码为4的概率.

**3.** 一袋中有5只乒乓球，编号为1，2，3，4，5，在其中同时取三只，以 $X$ 表示取出的三只球中的最大号码，求随机变量 $X$ 的分布律和分布函数.

**4.** 设随机变量 $X$ 的密度函数为 $f(x)=Ae^{-|x|}\ (-\infty<x<+\infty)$.

求：(1) 系数 $A$；　(2) $P\{0\leqslant x\leqslant 1\}$；　(3) 分布函数 $F(x)$.

**5.** 设随机变量 $X$ 的分布函数为 $F(x)=\begin{cases}0 & x<1\\ \ln x & 1\leqslant x<e.\\ 1 & x\geqslant e\end{cases}$

求：(1) $P\{X\leqslant 2\}$，$P\{0<X\leqslant 3\}$，$P\left\{2<X<\dfrac{5}{2}\right\}$；(2) 求概率密度 $f(x)$.

**6.** 盒中有7个球，其中4个白球，3个黑球，从中任抽3个球，求：抽到白球数 $X$ 的数学期望 $E(X)$ 和方差 $D(X)$.

**7.** 设随机变量 $X$ 的数学期望为 $E(X)$，方差为 $D(X)>0$，引入新的随机变量（$X^*$ 称为标准化的随机变量）：$X^*=\dfrac{X-E(X)}{\sqrt{D(X)}}$，验证 $E(X^*)=0$，$D(X^*)=1$.

**8.** 设 $X_1,X_2,\cdots,X_n$ 是来自泊松分布 $P(\lambda)$ 的一个样本，$\overline{X}$，$S^2$ 分别为样本均值和样本方差，求：$E(\overline{X})$，$D(\overline{X})$，$E(S^2)$.

# 附录 1　基本初等函数表

| 名称 | 解析式 | 定义域和值域 | 图　像 | 主 要 特 性 |
|---|---|---|---|---|
| 幂函数 | $y=x^\alpha$<br>（$\alpha$ 为常数） | 依 $\alpha$ 不同而异，但在 $(0,+\infty)$ 内都有定义 | 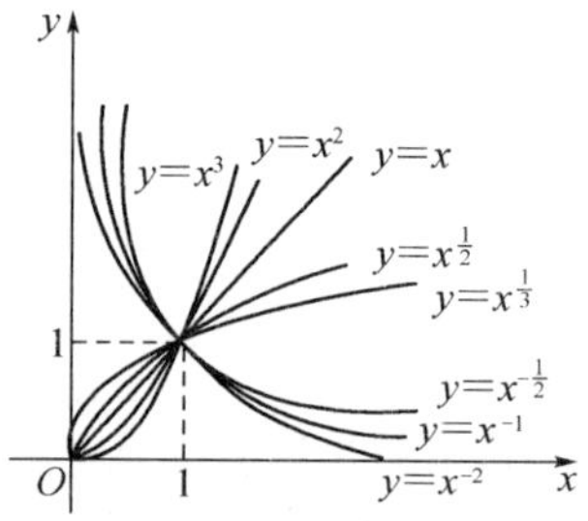  | 在第一象限内；当 $\alpha>0$ 时，$x^\alpha$ 为单调增；当 $\alpha<0$ 时，$x^\alpha$ 为单调减 |
| 指数函数 | $y=a^x$（$a>0$ 且 $a\neq1$） | $x\in(-\infty,+\infty)$<br>$y\in(0,+\infty)$ | 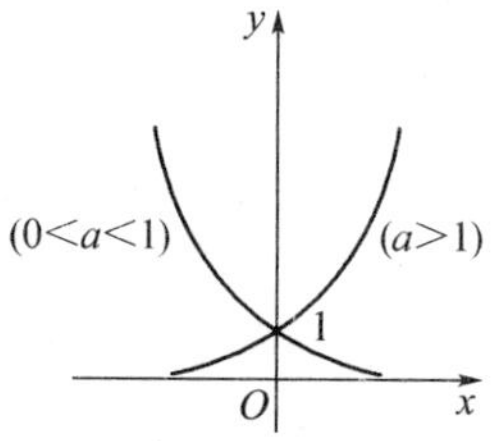  | 过点 $(0,1)$；当 $0<a<1$ 时，$a^x$ 是单调减；当 $a>1$ 时，$a^x$ 是单调增 |
| 对数函数 | $y=\log_a x$<br>（$a>0$ 且 $a\neq1$） | $x\in(0,+\infty)$<br>$y\in(-\infty,+\infty)$ | 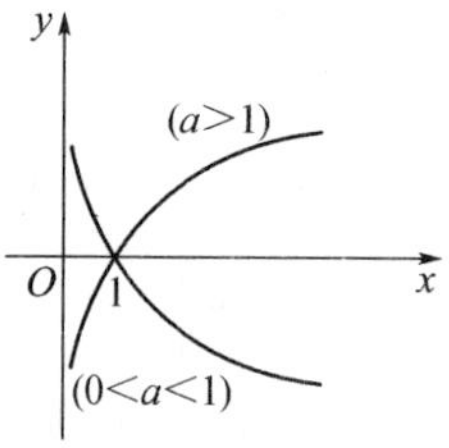  | 过点 $(1,0)$；当 $0<a<1$ 时，$\log_a x$ 是单调减；当 $a>1$ 时，$\log_a x$ 是单调增 |
| 三角函数 | $y=\sin x$ | $x\in(-\infty,+\infty)$<br>$y\in[-1,+1]$ | 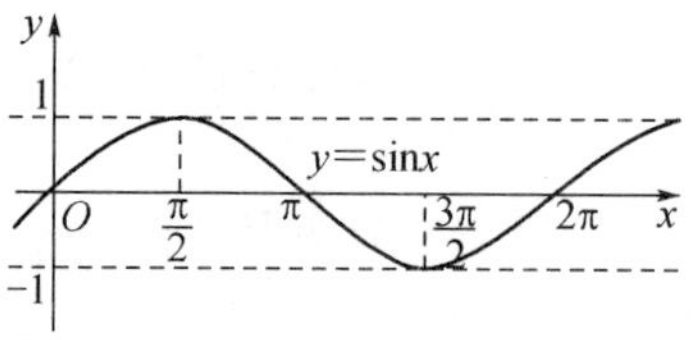  | 奇函数，周期 $2\pi$，有界；在 $\left[2k\pi-\frac{\pi}{2},2k\pi+\frac{\pi}{2}\right]$ 单调增；在 $\left[2k\pi+\frac{\pi}{2},2k\pi+\frac{3\pi}{2}\right]$ 单调减（$k\in\mathbb{Z}$） |
|  | $y=\cos x$ | $x\in(-\infty,+\infty)$<br>$y\in[-1,+1]$ | 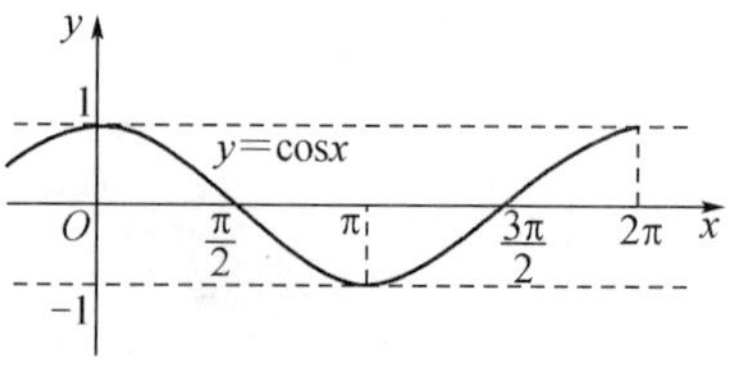  | 偶函数，周期 $2\pi$，有界；在 $[2k\pi-\pi,2k\pi]$ 单调增；在 $[2k\pi,2k\pi+\pi]$ 单调减（$k\in\mathbb{Z}$） |

（续表）

| 名称 | 解析式 | 定义域和值域 | 图　像 | 主 要 特 性 |
|---|---|---|---|---|
| 三角函数 | $y=\tan x$ | $x\neq k\pi+\frac{\pi}{2}(k\in\mathbb{Z})$<br>$y\in(-\infty,+\infty)$ | 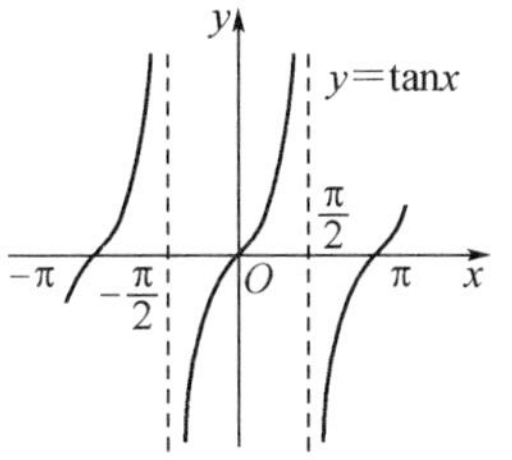 | 奇函数，周期 $\pi$，在 $\left(k\pi-\frac{\pi}{2},k\pi+\frac{\pi}{2}\right)$ 单调增（$k\in\mathbb{Z}$） |
| | $y=\cot x$ | $x\neq k\pi(k\in\mathbb{Z})$<br>$y\in(-\infty,+\infty)$ | 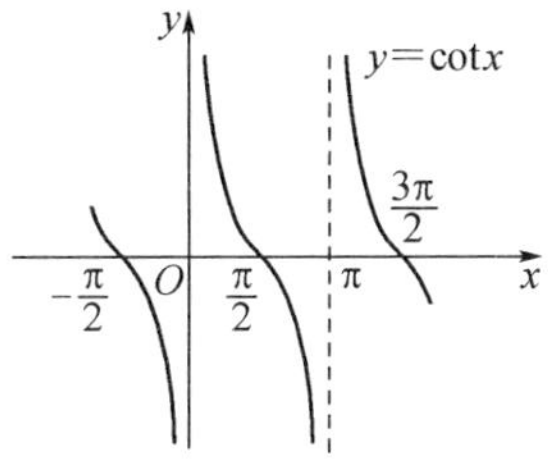 | 奇函数，周期 $\pi$，在 $(k\pi,k\pi+\pi)$ 单调减（$k\in\mathbb{Z}$） |
| 反三角函数 | $y=\arcsin x$ | $x\in[-1,1]$<br>$y\in\left[-\frac{\pi}{2},\frac{\pi}{2}\right]$ | 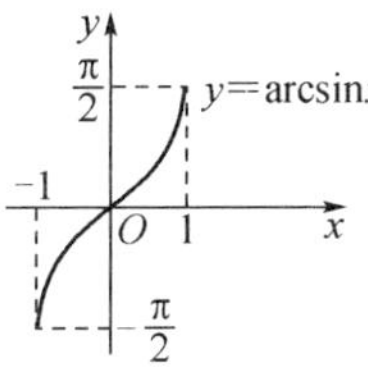 | 奇函数，单调增，有界 |
| | $y=\arccos x$ | $x\in[-1,1]$<br>$y\in[0,\pi]$ | 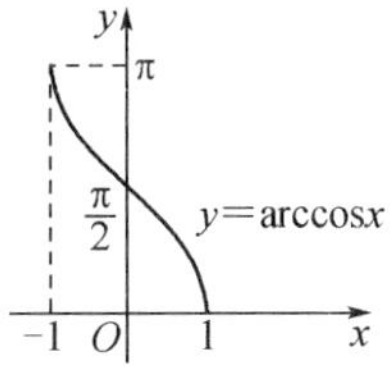 | 单调减，有界 |
| | $y=\arctan x$ | $x\in(-\infty,+\infty)$<br>$y\in\left(-\frac{\pi}{2},\frac{\pi}{2}\right)$ | 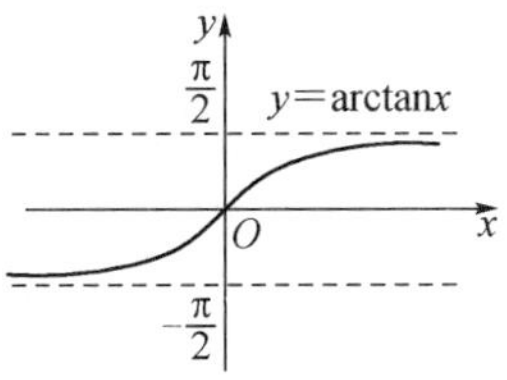 | 奇函数，单调增，有界 |
| | $y=\text{arccot}\, x$ | $x\in(-\infty,+\infty)$<br>$y\in(0,\pi)$ | 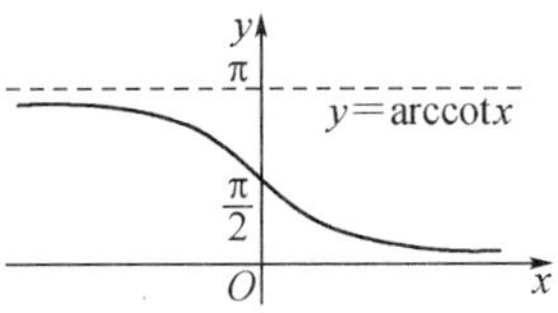 | 单调减，有界 |

# 附录 2　常用分布数值表

## （a）泊松分布数值表

$$P\{X=k\}=\frac{\lambda^k}{k!}e^{-\lambda}\quad(k=0,1,2,\cdots)$$

| $k$ \ $\lambda$ | 0.1 | 0.2 | 0.3 | 0.4 | 0.5 | 0.6 | 0.7 | 0.8 | 0.9 | 1.0 | 1.5 | 2.0 | 2.5 | 3.0 |
|---|---|---|---|---|---|---|---|---|---|---|---|---|---|---|
| 0 | 0.940 8 | 0.818 7 | 0.740 8 | 0.670 3 | 0.606 5 | 0.548 8 | 0.496 0 | 0.449 3 | 0.406 6 | 0.367 9 | 0.223 1 | 0.135 3 | 0.082 1 | 0.049 8 |
| 1 | 0.090 5 | 0.163 7 | 0.222 3 | 0.268 1 | 0.303 3 | 0.329 3 | 0.347 6 | 0.359 5 | 0.365 9 | 0.367 9 | 0.334 7 | 0.270 7 | 0.205 2 | 0.149 4 |
| 2 | 0.004 5 | 0.016 4 | 0.033 3 | 0.053 6 | 0.075 8 | 0.098 8 | 0.121 6 | 0.143 8 | 0.164 7 | 0.183 9 | 0.251 0 | 0.270 7 | 0.256 5 | 0.224 0 |
| 3 | 0.000 2 | 0.001 1 | 0.003 3 | 0.007 2 | 0.012 6 | 0.019 8 | 0.028 4 | 0.038 3 | 0.049 4 | 0.061 3 | 0.125 5 | 0.180 5 | 0.213 8 | 0.224 0 |
| 4 |  | 0.000 1 | 0.000 3 | 0.000 7 | 0.001 6 | 0.003 0 | 0.005 0 | 0.007 7 | 0.011 1 | 0.015 3 | 0.047 1 | 0.090 2 | 0.133 6 | 0.168 1 |
| 5 |  |  |  | 0.000 1 | 0.000 2 | 0.000 3 | 0.000 7 | 0.001 2 | 0.002 0 | 0.003 1 | 0.014 1 | 0.036 1 | 0.066 8 | 0.100 8 |
| 6 |  |  |  |  |  |  | 0.000 1 | 0.000 2 | 0.000 3 | 0.000 5 | 0.003 5 | 0.012 0 | 0.027 8 | 0.050 4 |
| 7 |  |  |  |  |  |  |  |  |  | 0.000 1 | 0.000 8 | 0.003 4 | 0.009 9 | 0.021 6 |
| 8 |  |  |  |  |  |  |  |  |  |  | 0.000 2 | 0.000 9 | 0.003 1 | 0.008 1 |
| 9 |  |  |  |  |  |  |  |  |  |  |  | 0.000 2 | 0.000 9 | 0.002 7 |
| 10 |  |  |  |  |  |  |  |  |  |  |  |  | 0.000 2 | 0.000 8 |
| 11 |  |  |  |  |  |  |  |  |  |  |  |  | 0.000 1 | 0.000 2 |
| 12 |  |  |  |  |  |  |  |  |  |  |  |  |  | 0.000 1 |

| $k$ \ $\lambda$ | 3.5 | 4.0 | 4.5 | 5.0 | 6 | 7 | 8 | 9 | 10 | 11 | 12 | 13 | 14 | 15 |
|---|---|---|---|---|---|---|---|---|---|---|---|---|---|---|
| 0 | 0.030 2 | 0.018 3 | 0.011 1 | 0.006 7 | 0.002 5 | 0.000 9 | 0.000 3 | 0.000 1 |  |  |  |  |  |  |
| 1 | 0.105 7 | 0.073 3 | 0.050 0 | 0.033 7 | 0.014 9 | 0.006 4 | 0.002 7 | 0.001 1 | 0.000 4 | 0.000 2 | 0.000 1 |  |  |  |
| 2 | 0.185 0 | 0.146 5 | 0.112 5 | 0.084 2 | 0.044 6 | 0.022 3 | 0.010 7 | 0.005 0 | 0.002 3 | 0.001 0 | 0.000 4 | 0.000 2 | 0.000 1 |  |
| 3 | 0.215 8 | 0.195 4 | 0.168 7 | 0.140 4 | 0.089 2 | 0.052 1 | 0.028 6 | 0.015 0 | 0.007 6 | 0.003 7 | 0.001 8 | 0.000 8 | 0.000 4 | 0.000 2 |
| 4 | 0.188 8 | 0.195 4 | 0.189 8 | 0.175 5 | 0.133 9 | 0.091 2 | 0.057 3 | 0.033 7 | 0.018 9 | 0.010 2 | 0.005 3 | 0.002 7 | 0.001 3 | 0.000 6 |
| 5 | 0.132 2 | 0.156 3 | 0.170 8 | 0.175 5 | 0.160 6 | 0.127 7 | 0.091 6 | 0.060 7 | 0.037 8 | 0.022 4 | 0.012 7 | 0.007 1 | 0.003 7 | 0.001 9 |
| 6 | 0.077 1 | 0.104 2 | 0.128 1 | 0.146 2 | 0.160 6 | 0.149 0 | 0.122 1 | 0.091 1 | 0.063 1 | 0.041 1 | 0.025 5 | 0.015 1 | 0.008 7 | 0.004 8 |
| 7 | 0.038 5 | 0.059 5 | 0.082 4 | 0.104 4 | 0.137 7 | 0.149 0 | 0.139 6 | 0.117 1 | 0.090 1 | 0.064 6 | 0.043 7 | 0.028 1 | 0.017 4 | 0.010 4 |
| 8 | 0.016 9 | 0.029 8 | 0.046 3 | 0.065 3 | 0.103 3 | 0.130 4 | 0.139 6 | 0.131 8 | 0.112 6 | 0.088 8 | 0.065 5 | 0.045 7 | 0.030 4 | 0.019 5 |
| 9 | 0.006 5 | 0.013 2 | 0.023 2 | 0.036 3 | 0.068 8 | 0.101 4 | 0.124 1 | 0.131 8 | 0.125 1 | 0.108 5 | 0.087 4 | 0.066 0 | 0.047 3 | 0.032 4 |
| 10 | 0.002 3 | 0.005 3 | 0.010 4 | 0.018 1 | 0.041 3 | 0.071 0 | 0.099 3 | 0.118 6 | 0.125 1 | 0.119 4 | 0.104 8 | 0.085 9 | 0.066 3 | 0.048 6 |
| 11 | 0.000 7 | 0.001 9 | 0.004 3 | 0.008 2 | 0.022 5 | 0.045 2 | 0.072 2 | 0.097 0 | 0.113 7 | 0.119 4 | 0.114 4 | 0.101 5 | 0.084 3 | 0.066 3 |
| 12 | 0.000 2 | 0.000 6 | 0.001 5 | 0.003 4 | 0.011 3 | 0.026 4 | 0.048 1 | 0.072 8 | 0.094 8 | 0.109 4 | 0.114 4 | 0.109 9 | 0.098 4 | 0.082 8 |
| 13 | 0.000 1 | 0.000 2 | 0.000 6 | 0.001 3 | 0.005 2 | 0.014 2 | 0.029 6 | 0.050 4 | 0.072 9 | 0.092 6 | 0.105 6 | 0.109 9 | 0.106 1 | 0.095 6 |
| 14 |  | 0.000 1 | 0.000 2 | 0.000 5 | 0.002 3 | 0.007 1 | 0.016 9 | 0.032 4 | 0.052 1 | 0.072 8 | 0.090 5 | 0.102 1 | 0.106 1 | 0.102 5 |
| 15 |  |  | 0.000 1 | 0.000 2 | 0.000 9 | 0.003 3 | 0.009 0 | 0.019 4 | 0.034 7 | 0.053 3 | 0.072 4 | 0.088 5 | 0.098 9 | 0.102 5 |
| 16 |  |  |  | 0.000 1 | 0.000 3 | 0.001 5 | 0.004 5 | 0.010 9 | 0.021 7 | 0.036 7 | 0.054 3 | 0.071 9 | 0.086 5 | 0.096 0 |
| 17 |  |  |  |  | 0.001 1 | 0.000 6 | 0.002 1 | 0.005 8 | 0.012 8 | 0.023 7 | 0.038 3 | 0.055 1 | 0.071 3 | 0.084 7 |
| 18 |  |  |  |  |  | 0.000 2 | 0.001 0 | 0.002 9 | 0.007 1 | 0.014 5 | 0.025 5 | 0.039 7 | 0.055 4 | 0.070 6 |
| 19 |  |  |  |  |  | 0.000 1 | 0.000 4 | 0.001 4 | 0.003 7 | 0.008 4 | 0.016 1 | 0.027 2 | 0.040 8 | 0.055 7 |
| 20 |  |  |  |  |  |  | 0.000 2 | 0.000 6 | 0.001 9 | 0.004 6 | 0.009 7 | 0.017 7 | 0.028 6 | 0.041 8 |
| 21 |  |  |  |  |  |  | 0.000 1 | 0.000 3 | 0.000 9 | 0.002 4 | 0.005 5 | 0.010 9 | 0.019 1 | 0.029 9 |
| 22 |  |  |  |  |  |  |  | 0.000 1 | 0.000 4 | 0.001 3 | 0.003 0 | 0.006 5 | 0.012 2 | 0.020 4 |
| 23 |  |  |  |  |  |  |  |  | 0.000 2 | 0.000 6 | 0.001 6 | 0.003 6 | 0.007 4 | 0.013 3 |
| 24 |  |  |  |  |  |  |  |  | 0.000 1 | 0.000 3 | 0.000 8 | 0.002 0 | 0.004 3 | 0.008 3 |
| 25 |  |  |  |  |  |  |  |  |  | 0.000 1 | 0.000 4 | 0.001 1 | 0.002 4 | 0.005 0 |
| 26 |  |  |  |  |  |  |  |  |  |  | 0.000 2 | 0.000 5 | 0.001 3 | 0.002 9 |
| 27 |  |  |  |  |  |  |  |  |  |  | 0.000 1 | 0.000 2 | 0.000 7 | 0.001 7 |
| 28 |  |  |  |  |  |  |  |  |  |  |  | 0.000 1 | 0.000 3 | 0.000 9 |
| 29 |  |  |  |  |  |  |  |  |  |  |  |  | 0.000 2 | 0.000 4 |
| 30 |  |  |  |  |  |  |  |  |  |  |  |  | 0.000 1 | 0.000 2 |
| 31 |  |  |  |  |  |  |  |  |  |  |  |  |  | 0.000 1 |

续表

| $\lambda=20$ | | | | | | $\lambda=30$ | | | | | |
|---|---|---|---|---|---|---|---|---|---|---|---|
| $k$ | $p$ | $k$ | $p$ | $k$ | $p$ | $k$ | $p$ | $k$ | $p$ | $k$ | $p$ |
| 5 | 0.000 1 | 20 | 0.088 9 | 35 | 0.000 7 | 10 | | 25 | 0.051 1 | 40 | 0.013 9 |
| 6 | 0.000 2 | 21 | 0.084 6 | 36 | 0.000 4 | 11 | | 26 | 0.059 1 | 41 | 0.010 2 |
| 7 | 0.000 6 | 22 | 0.076 9 | 37 | 0.000 2 | 12 | 0.000 1 | 27 | 0.065 5 | 42 | 0.007 3 |
| 8 | 0.001 3 | 23 | 0.066 9 | 38 | 0.000 1 | 13 | 0.000 2 | 28 | 0.070 2 | 43 | 0.005 1 |
| 9 | 0.002 9 | 24 | 0.055 7 | 39 | 0.000 1 | 14 | 0.000 5 | 29 | 0.072 7 | 44 | 0.003 5 |
| 10 | 0.005 8 | 25 | 0.064 6 | | | 15 | 0.001 0 | 30 | 0.072 7 | 45 | 0.002 3 |
| 11 | 0.010 6 | 26 | 0.034 3 | | | 16 | 0.001 9 | 31 | 0.070 3 | 46 | 0.001 5 |
| 12 | 0.017 6 | 27 | 0.025 4 | | | 17 | 0.003 4 | 32 | 0.065 9 | 47 | 0.001 0 |
| 13 | 0.027 1 | 28 | 0.018 3 | | | 18 | 0.005 7 | 33 | 0.059 9 | 48 | 0.000 6 |
| 14 | 0.038 2 | 29 | 0.012 5 | | | 19 | 0.008 9 | 34 | 0.052 9 | 49 | 0.000 4 |
| 15 | 0.051 7 | 30 | 0.008 3 | | | 20 | 0.013 4 | 35 | 0.045 3 | 50 | 0.000 2 |
| 16 | 0.064 6 | 31 | 0.005 4 | | | 21 | 0.019 2 | 36 | 0.037 8 | 51 | 0.000 1 |
| 17 | 0.076 0 | 32 | 0.003 4 | | | 22 | 0.026 1 | 37 | 0.030 6 | 52 | 0.000 1 |
| 18 | 0.084 4 | 33 | 0.002 1 | | | 23 | 0.034 1 | 38 | 0.024 2 | | |
| 19 | 0.088 9 | 34 | 0.001 2 | | | 24 | 0.042 6 | 39 | 0.018 6 | | |

| $\lambda=40$ | | | | | | $\lambda=50$ | | | | | |
|---|---|---|---|---|---|---|---|---|---|---|---|
| $k$ | $p$ | $k$ | $p$ | $k$ | $p$ | $k$ | $p$ | $k$ | $p$ | $k$ | $p$ |
| 15 | | 35 | 0.048 5 | 55 | 0.004 3 | 25 | | 45 | 0.045 8 | 65 | 0.006 3 |
| 16 | | 36 | 0.053 9 | 56 | 0.003 1 | 26 | 0.000 1 | 46 | 0.049 8 | 66 | 0.004 8 |
| 17 | | 37 | 0.058 3 | 57 | 0.002 2 | 27 | 0.000 1 | 47 | 0.053 0 | 67 | 0.003 6 |
| 18 | 0.000 1 | 38 | 0.061 4 | 58 | 0.001 5 | 28 | 0.000 2 | 48 | 0.055 2 | 68 | 0.002 6 |
| 19 | 0.000 1 | 39 | 0.062 9 | 59 | 0.001 0 | 29 | 0.000 4 | 49 | 0.056 4 | 69 | 0.001 9 |
| 20 | 0.000 2 | 40 | 0.062 9 | 60 | 0.000 7 | 30 | 0.000 7 | 50 | 0.056 4 | 70 | 0.001 4 |
| 21 | 0.000 4 | 41 | 0.061 4 | 61 | 0.000 5 | 31 | 0.001 1 | 51 | 0.055 2 | 71 | 0.001 0 |
| 22 | 0.000 7 | 42 | 0.058 5 | 62 | 0.000 3 | 32 | 0.001 7 | 52 | 0.053 1 | 72 | 0.000 7 |
| 23 | 0.001 2 | 43 | 0.054 4 | 63 | 0.000 2 | 33 | 0.002 6 | 53 | 0.050 1 | 73 | 0.000 5 |
| 24 | 0.001 9 | 44 | 0.049 5 | 64 | 0.000 1 | 34 | 0.003 8 | 54 | 0.046 4 | 74 | 0.000 3 |
| 25 | 0.003 1 | 45 | 0.044 0 | 65 | 0.000 1 | 35 | 0.005 4 | 55 | 0.042 2 | 75 | 0.000 2 |
| 26 | 0.004 7 | 46 | 0.038 2 | | | 36 | 0.007 5 | 56 | 0.037 7 | 76 | 0.000 1 |
| 27 | 0.007 0 | 47 | 0.032 5 | | | 37 | 0.010 2 | 57 | 0.033 0 | 77 | 0.000 1 |
| 28 | 0.010 0 | 48 | 0.027 1 | | | 38 | 0.013 4 | 58 | 0.028 5 | 78 | 0.000 1 |
| 29 | 0.013 9 | 49 | 0.022 1 | | | 39 | 0.017 2 | 59 | 0.024 1 | | |
| 30 | 0.018 5 | 50 | 0.017 7 | | | 40 | 0.021 5 | 60 | 0.020 1 | | |
| 31 | 0.023 8 | 51 | 0.013 9 | | | 41 | 0.026 2 | 61 | 0.016 5 | | |
| 32 | 0.029 8 | 52 | 0.010 7 | | | 42 | 0.031 2 | 62 | 0.013 3 | | |
| 33 | 0.036 1 | 53 | 0.008 5 | | | 43 | 0.036 3 | 63 | 0.010 6 | | |
| 34 | 0.042 5 | 54 | 0.006 0 | | | 44 | 0.041 2 | 64 | 0.008 2 | | |

## (b) 标准正态分布函数数值表

$$\Phi(u)=\frac{1}{\sqrt{2\pi}}\int_{-\infty}^{u}\mathrm{e}^{-\frac{x^2}{2}}\mathrm{d}x(u\geqslant 0)$$

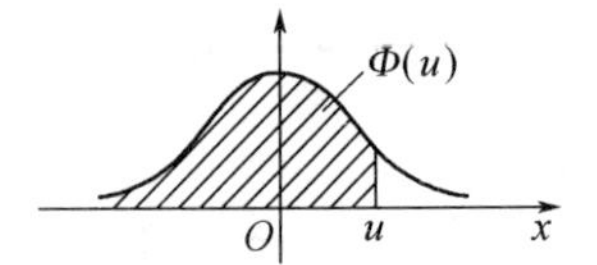


| $u$ \ $\Phi(u)$ \ $u$ | 0.00 | 0.01 | 0.02 | 0.03 | 0.04 | 0.05 | 0.06 | 0.07 | 0.08 | 0.09 |
|---|---|---|---|---|---|---|---|---|---|---|
| 0.0 | 0.500 0 | 0.504 0 | 0.508 0 | 0.512 0 | 0.516 0 | 0.519 9 | 0.523 9 | 0.527 9 | 0.531 9 | 0.535 9 |
| 0.1 | 0.539 8 | 0.543 8 | 0.547 8 | 0.551 7 | 0.555 7 | 0.559 6 | 0.563 6 | 0.567 5 | 0.571 4 | 0.575 3 |
| 0.2 | 0.579 3 | 0.583 2 | 0.587 1 | 0.591 0 | 0.594 8 | 0.598 7 | 0.602 6 | 0.606 4 | 0.610 3 | 0.614 1 |
| 0.3 | 0.617 9 | 0.621 7 | 0.625 5 | 0.629 3 | 0.633 1 | 0.636 8 | 0.640 6 | 0.644 3 | 0.648 0 | 0.651 7 |
| 0.4 | 0.655 4 | 0.659 1 | 0.662 8 | 0.666 4 | 0.670 0 | 0.673 6 | 0.677 2 | 0.680 8 | 0.684 4 | 0.687 9 |
| 0.5 | 0.691 5 | 0.695 0 | 0.698 5 | 0.701 9 | 0.705 4 | 0.708 8 | 0.712 3 | 0.715 7 | 0.719 0 | 0.722 4 |
| 0.6 | 0.725 7 | 0.729 1 | 0.732 4 | 0.735 7 | 0.738 9 | 0.742 2 | 0.745 4 | 0.748 6 | 0.751 7 | 0.754 9 |
| 0.7 | 0.758 0 | 0.761 1 | 0.764 2 | 0.767 3 | 0.770 3 | 0.773 4 | 0.776 4 | 0.779 4 | 0.782 3 | 0.785 2 |
| 0.8 | 0.788 1 | 0.791 0 | 0.793 9 | 0.796 7 | 0.799 5 | 0.802 3 | 0.805 1 | 0.807 8 | 0.810 6 | 0.813 3 |
| 0.9 | 0.815 9 | 0.818 6 | 0.821 2 | 0.823 8 | 0.826 4 | 0.828 9 | 0.831 5 | 0.834 0 | 0.836 5 | 0.838 9 |
| 1.0 | 0.841 3 | 0.843 8 | 0.846 1 | 0.848 5 | 0.850 8 | 0.853 1 | 0.855 4 | 0.857 7 | 0.859 9 | 0.862 1 |
| 1.1 | 0.864 3 | 0.866 5 | 0.868 6 | 0.870 8 | 0.872 9 | 0.874 9 | 0.877 0 | 0.879 0 | 0.881 0 | 0.883 0 |
| 1.2 | 0.884 9 | 0.886 9 | 0.888 8 | 0.890 7 | 0.892 5 | 0.894 4 | 0.896 2 | 0.898 0 | 0.899 7 | 0.901 5 |
| 1.3 | 0.903 2 | 0.904 9 | 0.906 6 | 0.908 2 | 0.909 9 | 0.911 5 | 0.913 1 | 0.914 7 | 0.916 2 | 0.917 7 |
| 1.4 | 0.919 2 | 0.920 7 | 0.922 2 | 0.923 6 | 0.925 1 | 0.926 5 | 0.927 8 | 0.929 2 | 0.930 6 | 0.931 9 |
| 1.5 | 0.933 2 | 0.934 5 | 0.935 7 | 0.937 0 | 0.938 2 | 0.939 4 | 0.940 6 | 0.941 8 | 0.943 0 | 0.944 1 |
| 1.6 | 0.945 2 | 0.946 3 | 0.947 4 | 0.948 4 | 0.949 5 | 0.950 5 | 0.951 5 | 0.952 5 | 0.953 5 | 0.954 5 |
| 1.7 | 0.955 4 | 0.956 4 | 0.957 3 | 0.958 2 | 0.959 1 | 0.959 9 | 0.960 8 | 0.961 6 | 0.962 5 | 0.963 3 |
| 1.8 | 0.964 1 | 0.964 8 | 0.965 6 | 0.966 4 | 0.967 1 | 0.967 8 | 0.968 6 | 0.969 3 | 0.970 0 | 0.970 6 |
| 1.9 | 0.971 3 | 0.971 9 | 0.972 6 | 0.973 2 | 0.973 8 | 0.974 4 | 0.975 0 | 0.975 6 | 0.976 2 | 0.976 7 |
| 2.0 | 0.977 2 | 0.977 8 | 0.978 3 | 0.978 8 | 0.978 3 | 0.979 8 | 0.980 3 | 0.980 8 | 0.981 2 | 0.981 7 |
| 2.1 | 0.982 1 | 0.982 6 | 0.983 0 | 0.983 4 | 0.983 8 | 0.984 2 | 0.984 6 | 0.985 0 | 0.985 4 | 0.985 7 |
| 2.2 | 0.986 1 | 0.986 4 | 0.986 8 | 0.987 1 | 0.987 4 | 0.987 8 | 0.988 1 | 0.988 4 | 0.988 7 | 0.989 0 |
| 2.3 | 0.989 3 | 0.989 6 | 0.989 8 | 0.990 1 | 0.990 4 | 0.990 6 | 0.990 9 | 0.991 1 | 0.991 3 | 0.991 6 |
| 2.4 | 0.991 8 | 0.992 0 | 0.992 2 | 0.992 5 | 0.992 7 | 0.992 9 | 0.993 1 | 0.993 2 | 0.993 4 | 0.993 6 |
| 2.5 | 0.993 8 | 0.994 0 | 0.994 1 | 0.994 3 | 0.994 5 | 0.994 6 | 0.994 8 | 0.994 9 | 0.995 1 | 0.995 2 |
| 2.6 | 0.995 3 | 0.995 5 | 0.995 6 | 0.995 7 | 0.995 9 | 0.996 0 | 0.996 1 | 0.996 2 | 0.996 3 | 0.996 4 |
| 2.7 | 0.996 5 | 0.996 6 | 0.996 7 | 0.996 8 | 0.996 9 | 0.997 0 | 0.997 1 | 0.997 2 | 0.997 3 | 0.997 4 |
| 2.8 | 0.997 4 | 0.997 5 | 0.997 6 | 0.997 7 | 0.997 7 | 0.997 8 | 0.997 9 | 0.997 9 | 0.998 0 | 0.998 1 |
| 2.9 | 0.998 1 | 0.998 2 | 0.998 2 | 0.998 3 | 0.998 4 | 0.998 4 | 0.998 5 | 0.998 5 | 0.998 6 | 0.998 6 |
| 3.0 | 0.998 7 | 0.999 0 | 0.999 3 | 0.999 5 | 0.999 7 | 0.999 8 | 0.999 8 | 0.999 9 | 0.999 9 | 1.000 0 |

注:本表最后一行自左至右依次是 $\Phi(3.0),\cdots,\Phi(3.9)$ 的值。

## (c) $\chi^2$ 分布临界值表

$$P\{\chi^2(n) > \chi^2_\alpha(n)\} = \alpha$$

| 自由度 \ $\alpha$ | 0.995 | 0.99 | 0.975 | 0.95 | 0.90 | 0.75 | 0.25 | 0.10 | 0.05 | 0.025 | 0.01 | 0.005 |
|---|---|---|---|---|---|---|---|---|---|---|---|---|
| 1 | | | 0.001 | 0.004 | 0.016 | 0.102 | 1.323 | 2.706 | 3.841 | 5.024 | 6.635 | 7.879 |
| 2 | 0.010 | 0.020 | 0.051 | 0.103 | 0.211 | 0.575 | 2.773 | 4.605 | 5.991 | 7.378 | 9.210 | 10.597 |
| 3 | 0.072 | 0.115 | 0.216 | 0.352 | 0.584 | 1.213 | 4.108 | 6.251 | 7.815 | 9.348 | 11.345 | 12.838 |
| 4 | 0.207 | 0.297 | 0.484 | 0.711 | 1.064 | 1.923 | 5.385 | 7.779 | 9.488 | 11.143 | 13.277 | 14.860 |
| 5 | 0.412 | 0.554 | 0.831 | 1.145 | 1.610 | 2.675 | 6.626 | 9.236 | 11.071 | 12.833 | 15.086 | 16.750 |
| 6 | 0.676 | 0.872 | 1.237 | 1.635 | 2.204 | 3.455 | 7.841 | 10.645 | 12.592 | 14.449 | 16.812 | 18.548 |
| 7 | 0.989 | 1.239 | 1.690 | 2.167 | 2.833 | 4.255 | 9.037 | 12.017 | 14.067 | 16.013 | 18.475 | 20.278 |
| 8 | 1.344 | 1.646 | 2.180 | 2.733 | 3.490 | 5.071 | 10.219 | 13.362 | 15.507 | 17.535 | 20.090 | 21.955 |
| 9 | 1.735 | 2.088 | 2.700 | 3.325 | 4.168 | 5.899 | 11.389 | 14.684 | 16.919 | 19.023 | 21.666 | 23.589 |
| 10 | 2.156 | 2.558 | 3.247 | 3.940 | 4.865 | 6.737 | 12.549 | 15.987 | 18.307 | 20.483 | 23.209 | 25.188 |
| 11 | 2.603 | 3.053 | 3.816 | 4.575 | 5.578 | 7.584 | 13.701 | 17.275 | 19.675 | 21.920 | 24.725 | 26.757 |
| 12 | 3.074 | 3.571 | 4.404 | 5.226 | 6.304 | 8.438 | 14.845 | 18.549 | 21.026 | 23.337 | 26.217 | 28.299 |
| 13 | 3.565 | 4.107 | 5.009 | 5.892 | 7.042 | 9.299 | 15.984 | 19.812 | 22.362 | 24.736 | 27.688 | 29.819 |
| 14 | 4.075 | 4.660 | 5.629 | 6.571 | 7.790 | 10.165 | 17.117 | 21.064 | 23.685 | 26.119 | 29.141 | 31.319 |
| 15 | 4.601 | 5.229 | 6.262 | 7.261 | 8.547 | 11.037 | 18.245 | 22.307 | 24.996 | 27.488 | 30.578 | 32.801 |
| 16 | 5.142 | 5.812 | 6.908 | 7.962 | 9.312 | 11.912 | 19.369 | 23.542 | 26.296 | 28.845 | 32.000 | 34.267 |
| 17 | 5.697 | 6.408 | 7.564 | 8.672 | 10.085 | 12.792 | 20.489 | 24.769 | 27.587 | 30.191 | 33.409 | 35.718 |
| 18 | 6.265 | 7.015 | 8.213 | 9.390 | 10.865 | 13.675 | 21.605 | 25.989 | 28.869 | 31.526 | 34.805 | 37.156 |
| 19 | 6.844 | 7.633 | 8.907 | 10.117 | 11.651 | 14.562 | 22.718 | 27.204 | 30.144 | 32.852 | 36.191 | 38.582 |
| 20 | 7.434 | 8.260 | 9.591 | 10.851 | 12.443 | 15.452 | 23.828 | 28.412 | 31.410 | 34.170 | 37.566 | 39.997 |
| 21 | 8.034 | 8.897 | 10.283 | 11.591 | 13.240 | 16.344 | 24.935 | 29.615 | 32.671 | 35.479 | 38.932 | 41.401 |
| 22 | 8.643 | 9.542 | 10.982 | 12.338 | 14.042 | 17.240 | 26.039 | 30.813 | 33.924 | 36.781 | 40.289 | 42.796 |
| 23 | 9.260 | 10.196 | 11.689 | 13.091 | 14.848 | 18.137 | 27.141 | 32.007 | 35.172 | 38.076 | 41.638 | 44.181 |
| 24 | 9.886 | 10.856 | 12.401 | 13.848 | 15.659 | 19.037 | 28.241 | 33.196 | 36.415 | 39.364 | 42.980 | 45.559 |
| 25 | 10.520 | 11.524 | 13.120 | 14.611 | 16.473 | 19.939 | 29.339 | 34.382 | 37.652 | 40.646 | 44.314 | 46.928 |
| 26 | 11.160 | 12.198 | 13.844 | 15.379 | 17.292 | 20.843 | 30.435 | 35.563 | 38.885 | 41.923 | 45.642 | 48.290 |
| 27 | 11.808 | 12.879 | 14.573 | 16.151 | 18.114 | 21.749 | 31.528 | 36.741 | 40.113 | 43.194 | 46.963 | 49.645 |
| 28 | 12.461 | 13.565 | 15.308 | 16.928 | 18.939 | 22.657 | 32.620 | 37.916 | 41.337 | 44.461 | 48.278 | 50.993 |
| 29 | 13.121 | 14.257 | 16.047 | 17.708 | 19.768 | 23.567 | 33.711 | 39.087 | 42.557 | 45.722 | 49.588 | 52.336 |
| 30 | 13.787 | 14.954 | 16.791 | 18.493 | 20.599 | 24.478 | 34.800 | 40.256 | 43.773 | 46.979 | 50.892 | 53.672 |
| 31 | 14.458 | 15.655 | 17.539 | 19.281 | 21.434 | 25.390 | 35.887 | 41.422 | 44.985 | 48.232 | 52.191 | 55.003 |
| 32 | 15.134 | 16.362 | 18.291 | 20.072 | 22.271 | 26.304 | 36.973 | 42.585 | 46.194 | 49.480 | 53.486 | 56.328 |
| 33 | 15.815 | 17.074 | 19.047 | 20.867 | 23.110 | 27.219 | 38.058 | 43.745 | 47.400 | 50.725 | 54.776 | 57.648 |
| 34 | 16.501 | 17.789 | 19.806 | 21.664 | 23.952 | 28.136 | 39.141 | 44.903 | 48.602 | 51.966 | 56.061 | 58.964 |
| 35 | 17.192 | 18.509 | 20.569 | 22.465 | 24.797 | 29.054 | 40.223 | 46.059 | 49.802 | 53.203 | 57.342 | 60.275 |
| 36 | 17.887 | 19.233 | 21.336 | 23.269 | 25.643 | 29.973 | 41.304 | 47.212 | 50.998 | 54.437 | 58.619 | 61.581 |
| 37 | 18.586 | 19.960 | 22.106 | 24.075 | 26.492 | 30.893 | 42.383 | 48.363 | 52.192 | 55.668 | 59.892 | 62.883 |
| 38 | 19.289 | 20.691 | 22.878 | 24.884 | 27.343 | 31.815 | 43.462 | 49.513 | 53.384 | 56.896 | 61.162 | 64.181 |
| 39 | 19.996 | 21.426 | 23.654 | 25.695 | 28.196 | 32.737 | 44.539 | 50.660 | 54.572 | 58.120 | 62.428 | 65.476 |
| 40 | 20.707 | 22.164 | 24.433 | 26.509 | 29.051 | 33.660 | 45.616 | 51.805 | 55.758 | 59.342 | 63.691 | 66.766 |

## (d) $t$ 分布临界值表

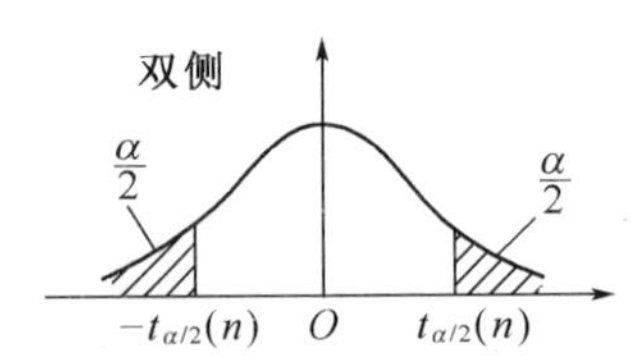


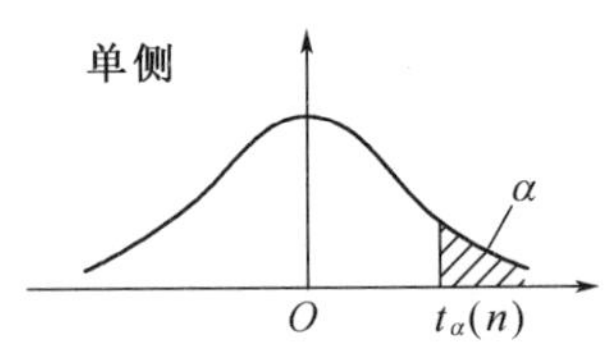


| $\alpha$ | 双　侧 | 0.5 | 0.2 | 0.1 | 0.05 | 0.02 | 0.01 |
|---|---|---|---|---|---|---|---|
| | 单　侧 | 0.25 | 0.1 | 0.05 | 0.025 | 0.01 | 0.005 |
| 自由度 | 1 | 1.000 | 3.078 | 6.314 | 12.708 | 31.821 | 63.657 |
| | 2 | 0.816 | 1.886 | 2.920 | 4.303 | 6.965 | 9.925 |
| | 3 | 0.765 | 1.638 | 2.353 | 3.182 | 4.541 | 5.841 |
| | 4 | 0.741 | 1.533 | 2.132 | 2.776 | 3.747 | 4.604 |
| | 5 | 0.727 | 1.476 | 2.015 | 2.571 | 3.365 | 4.032 |
| | 6 | 0.718 | 1.440 | 1.943 | 2.447 | 8.143 | 3.707 |
| | 7 | 0.711 | 1.415 | 1.895 | 2.365 | 2.998 | 3.499 |
| | 8 | 0.706 | 1.397 | 1.860 | 2.306 | 2.896 | 3.355 |
| | 9 | 0.703 | 1.383 | 1.833 | 2.262 | 2.821 | 3.250 |
| | 10 | 0.700 | 1.372 | 1.812 | 2.228 | 2.764 | 3.169 |
| | 11 | 0.697 | 1.363 | 1.796 | 2.201 | 2.718 | 3.106 |
| | 12 | 0.695 | 1.358 | 1.782 | 2.179 | 2.681 | 3.056 |
| | 13 | 0.694 | 1.350 | 1.771 | 2.160 | 2.650 | 3.012 |
| | 14 | 0.692 | 1.345 | 1.761 | 2.145 | 2.624 | 2.977 |
| | 15 | 0.691 | 1.341 | 1.753 | 2.131 | 2.602 | 2.947 |
| | 16 | 0.690 | 1.337 | 1.748 | 2.120 | 2.583 | 2.921 |
| | 17 | 0.689 | 1.333 | 1.740 | 2.110 | 2.567 | 2.898 |
| | 18 | 0.688 | 1.330 | 1.734 | 2.101 | 2.552 | 2.878 |
| | 19 | 0.688 | 1.328 | 1.729 | 2.093 | 2.589 | 2.861 |
| | 20 | 0.687 | 1.325 | 1.725 | 2.086 | 2.528 | 2.845 |
| | 21 | 0.686 | 1.323 | 1.721 | 2.080 | 2.518 | 2.831 |
| | 22 | 0.686 | 1.321 | 1.717 | 2.074 | 2.508 | 2.819 |
| | 23 | 0.685 | 1.319 | 1.714 | 2.069 | 2.500 | 2.807 |
| | 24 | 0.685 | 1.318 | 1.711 | 2.064 | 2.492 | 2.797 |
| | 25 | 0.684 | 1.316 | 1.708 | 2.060 | 2.485 | 2.787 |
| | 26 | 0.684 | 1.315 | 1.706 | 2.056 | 2.479 | 2.779 |
| | 27 | 0.684 | 1.314 | 1.703 | 2.052 | 2.473 | 2.771 |
| | 28 | 0.683 | 1.313 | 1.701 | 2.048 | 2.467 | 2.763 |
| | 29 | 0.683 | 1.311 | 1.699 | 2.045 | 2.462 | 2.756 |
| | 30 | 0.683 | 1.310 | 1.697 | 2.042 | 2.457 | 2.750 |
| | 40 | 0.681 | 1.303 | 1.684 | 2.021 | 2.423 | 2.704 |
| | 60 | 0.679 | 1.296 | 1.671 | 2.000 | 2.390 | 2.660 |
| | 120 | 0.677 | 1.289 | 1.658 | 1.980 | 2.358 | 2.617 |
| | $\infty$ | 0.674 | 1.282 | 1.645 | 1.960 | 2.326 | 2.576 |

## (e) F 分布临界值表

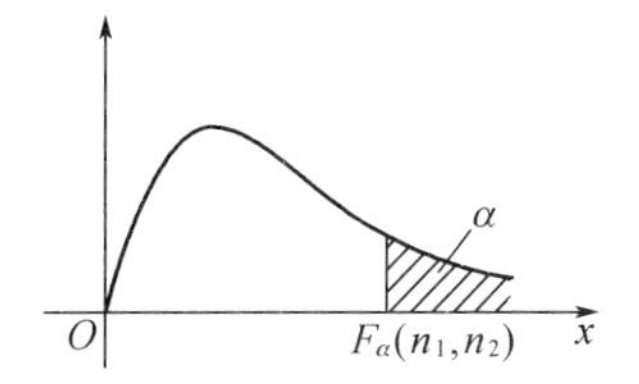


$\alpha = 0.10$

| $n_2$ \ $n_1$ | 1 | 2 | 3 | 4 | 5 | 6 | 7 | 8 | 9 | 10 | 12 | 15 | 20 | 24 | 30 | 40 | 60 | 120 | ∞ |
|---|---|---|---|---|---|---|---|---|---|---|---|---|---|---|---|---|---|---|---|
| 1 | 39.86 | 49.50 | 53.59 | 55.83 | 57.24 | 58.20 | 58.91 | 59.44 | 59.86 | 60.19 | 60.71 | 61.22 | 61.74 | 62.00 | 62.26 | 62.53 | 62.79 | 63.06 | 63.33 |
| 2 | 8.53 | 9.00 | 9.16 | 9.24 | 9.26 | 9.33 | 9.35 | 9.37 | 9.38 | 9.39 | 9.41 | 9.42 | 9.44 | 9.45 | 9.46 | 9.47 | 9.47 | 9.48 | 9.49 |
| 3 | 5.54 | 5.46 | 5.39 | 5.34 | 5.31 | 5.28 | 5.27 | 5.25 | 5.24 | 5.23 | 5.22 | 5.20 | 5.18 | 5.18 | 5.17 | 5.16 | 5.15 | 5.14 | 5.13 |
| 4 | 4.54 | 4.32 | 4.19 | 4.11 | 4.05 | 4.01 | 3.98 | 3.95 | 3.94 | 3.92 | 3.96 | 3.87 | 3.84 | 3.83 | 3.82 | 3.80 | 3.79 | 3.78 | 3.76 |
| 5 | 4.06 | 3.78 | 3.62 | 3.52 | 3.45 | 3.40 | 3.37 | 3.34 | 3.32 | 3.30 | 3.27 | 3.24 | 3.21 | 3.19 | 3.17 | 3.16 | 3.14 | 3.12 | 3.10 |
| 6 | 3.78 | 3.46 | 3.29 | 3.18 | 3.11 | 3.05 | 3.01 | 2.98 | 2.96 | 2.94 | 2.90 | 2.87 | 2.84 | 2.82 | 2.80 | 2.78 | 2.76 | 2.74 | 2.72 |
| 7 | 4.59 | 3.26 | 3.07 | 2.96 | 2.88 | 2.83 | 2.78 | 2.75 | 2.72 | 2.70 | 2.67 | 2.63 | 2.59 | 2.58 | 2.56 | 2.54 | 2.51 | 2.49 | 2.47 |
| 8 | 3.46 | 3.11 | 2.92 | 2.81 | 2.78 | 2.67 | 2.62 | 2.59 | 2.56 | 2.54 | 2.50 | 2.46 | 2.42 | 2.40 | 2.38 | 2.36 | 2.34 | 2.32 | 2.29 |
| 9 | 3.36 | 3.01 | 2.81 | 2.69 | 2.61 | 2.55 | 2.51 | 2.47 | 2.44 | 2.42 | 2.38 | 2.34 | 2.30 | 2.28 | 2.25 | 2.23 | 2.21 | 2.18 | 2.16 |
| 10 | 3.28 | 2.92 | 2.73 | 2.61 | 2.52 | 2.46 | 2.41 | 2.38 | 2.35 | 2.32 | 2.28 | 2.24 | 2.20 | 2.18 | 2.16 | 2.13 | 2.11 | 2.08 | 2.06 |
| 11 | 3.23 | 2.86 | 2.66 | 2.54 | 2.45 | 2.39 | 2.34 | 2.30 | 2.27 | 2.25 | 2.21 | 2.17 | 2.12 | 2.10 | 2.08 | 2.05 | 2.03 | 2.00 | 1.97 |
| 12 | 3.18 | 2.81 | 2.61 | 2.48 | 2.39 | 2.33 | 2.28 | 2.24 | 2.21 | 2.19 | 2.15 | 2.10 | 2.06 | 2.04 | 2.01 | 1.99 | 1.96 | 1.93 | 1.90 |
| 13 | 3.14 | 2.76 | 2.56 | 2.43 | 2.35 | 2.28 | 2.23 | 2.20 | 2.16 | 2.14 | 2.10 | 2.05 | 2.01 | 1.98 | 1.96 | 1.93 | 1.90 | 1.88 | 1.85 |
| 14 | 3.10 | 2.73 | 2.52 | 2.39 | 2.31 | 2.24 | 2.19 | 2.15 | 2.12 | 2.10 | 2.05 | 2.01 | 1.96 | 1.94 | 1.91 | 1.89 | 1.86 | 1.83 | 1.80 |
| 15 | 3.07 | 2.70 | 2.49 | 2.36 | 2.27 | 2.21 | 2.16 | 2.12 | 2.09 | 2.06 | 2.02 | 1.97 | 1.92 | 1.90 | 1.87 | 1.85 | 1.82 | 1.79 | 1.76 |
| 16 | 3.05 | 2.67 | 2.46 | 2.33 | 2.24 | 2.18 | 2.13 | 2.09 | 2.06 | 2.03 | 1.99 | 1.94 | 1.89 | 1.87 | 1.84 | 1.81 | 1.78 | 1.75 | 1.72 |
| 17 | 3.03 | 2.64 | 2.44 | 2.31 | 2.22 | 2.15 | 2.10 | 2.06 | 2.03 | 2.00 | 1.96 | 1.91 | 1.86 | 1.84 | 1.81 | 1.78 | 1.75 | 1.72 | 1.69 |
| 18 | 3.01 | 2.62 | 2.42 | 2.29 | 2.20 | 2.13 | 2.08 | 2.04 | 2.00 | 1.98 | 1.93 | 1.89 | 1.84 | 1.81 | 1.78 | 1.75 | 1.72 | 1.69 | 1.66 |
| 19 | 2.99 | 2.61 | 2.40 | 2.27 | 2.18 | 2.11 | 2.06 | 2.02 | 1.98 | 1.96 | 1.91 | 1.86 | 1.81 | 1.79 | 1.76 | 1.73 | 1.70 | 1.67 | 1.63 |
| 20 | 2.97 | 2.59 | 2.38 | 2.25 | 2.16 | 2.09 | 2.04 | 2.00 | 1.96 | 1.94 | 1.89 | 1.84 | 1.79 | 1.77 | 1.74 | 1.71 | 1.68 | 1.64 | 1.61 |
| 21 | 2.96 | 2.57 | 2.36 | 2.23 | 2.14 | 2.08 | 2.02 | 1.98 | 1.95 | 1.92 | 1.87 | 1.83 | 1.78 | 1.75 | 1.72 | 1.69 | 1.66 | 1.62 | 1.59 |
| 22 | 2.95 | 2.56 | 2.35 | 2.22 | 2.13 | 2.06 | 2.01 | 1.97 | 1.93 | 1.90 | 1.86 | 1.81 | 1.76 | 1.73 | 1.70 | 1.67 | 1.64 | 1.60 | 1.57 |
| 23 | 2.94 | 2.55 | 2.34 | 2.21 | 2.11 | 2.05 | 1.99 | 1.95 | 1.92 | 1.89 | 1.84 | 1.80 | 1.74 | 1.72 | 1.69 | 1.66 | 1.62 | 1.59 | 1.55 |
| 24 | 2.93 | 2.54 | 2.33 | 2.19 | 2.10 | 2.04 | 1.98 | 1.94 | 1.91 | 1.88 | 1.83 | 1.78 | 1.73 | 1.70 | 1.67 | 1.64 | 1.61 | 1.57 | 1.53 |
| 25 | 2.92 | 2.53 | 2.32 | 2.18 | 2.09 | 2.02 | 1.97 | 1.93 | 1.89 | 1.87 | 1.82 | 1.77 | 1.72 | 1.69 | 1.66 | 1.63 | 1.59 | 1.56 | 1.52 |
| 26 | 2.91 | 2.52 | 2.31 | 2.17 | 2.08 | 2.01 | 1.96 | 1.92 | 1.88 | 1.86 | 1.81 | 1.76 | 1.71 | 1.68 | 1.65 | 1.61 | 1.58 | 1.54 | 1.50 |
| 27 | 2.90 | 2.51 | 2.30 | 2.17 | 2.07 | 2.00 | 1.95 | 1.91 | 1.87 | 1.85 | 1.80 | 1.75 | 1.70 | 1.67 | 1.64 | 1.60 | 1.57 | 1.53 | 1.49 |
| 28 | 2.89 | 2.50 | 2.29 | 2.16 | 2.06 | 2.00 | 1.94 | 1.90 | 1.87 | 1.84 | 1.79 | 1.74 | 1.69 | 1.66 | 1.63 | 1.59 | 1.56 | 1.52 | 1.48 |
| 29 | 2.89 | 2.50 | 2.28 | 2.15 | 2.06 | 1.99 | 1.93 | 1.89 | 1.86 | 1.83 | 1.78 | 1.73 | 1.68 | 1.65 | 1.62 | 1.58 | 1.55 | 1.51 | 1.47 |
| 30 | 2.88 | 2.49 | 2.28 | 2.14 | 2.05 | 1.98 | 1.93 | 1.88 | 1.85 | 1.82 | 1.77 | 1.72 | 1.67 | 1.64 | 1.61 | 1.57 | 1.54 | 1.50 | 1.46 |
| 40 | 2.84 | 2.44 | 2.23 | 2.09 | 2.00 | 1.93 | 1.87 | 1.83 | 1.79 | 1.76 | 1.71 | 1.66 | 1.61 | 1.57 | 1.54 | 1.51 | 1.47 | 1.42 | 1.38 |
| 60 | 2.79 | 2.39 | 2.18 | 2.04 | 1.95 | 1.87 | 1.82 | 1.77 | 1.74 | 1.71 | 1.66 | 1.60 | 1.54 | 1.51 | 1.48 | 1.44 | 1.40 | 1.35 | 1.29 |
| 120 | 2.75 | 2.35 | 2.13 | 1.99 | 1.90 | 1.82 | 1.77 | 1.72 | 1.68 | 1.65 | 1.60 | 1.55 | 1.48 | 1.45 | 1.41 | 1.37 | 1.32 | 1.26 | 1.19 |
| ∞ | 2.71 | 2.30 | 2.08 | 1.94 | 1.85 | 1.77 | 1.72 | 1.67 | 1.63 | 1.60 | 1.55 | 1.49 | 1.42 | 1.38 | 1.34 | 1.30 | 1.24 | 1.17 | 1.00 |

续表

$\alpha = 0.05$

| $n_2$ \ $n_1$ | 1 | 2 | 3 | 4 | 5 | 6 | 7 | 8 | 9 | 10 | 12 | 15 | 20 | 24 | 30 | 40 | 60 | 120 | $\infty$ |
|---|---|---|---|---|---|---|---|---|---|---|---|---|---|---|---|---|---|---|---|
| 1 | 161.4 | 199.5 | 215.7 | 224.6 | 230.2 | 234.0 | 236.8 | 238.9 | 240.5 | 241.9 | 243.9 | 245.9 | 248.0 | 249.1 | 250.1 | 251.1 | 252.2 | 253.3 | 254.3 |
| 2 | 18.51 | 19.00 | 19.16 | 19.25 | 19.30 | 19.33 | 19.35 | 19.37 | 19.38 | 19.40 | 19.41 | 19.43 | 19.45 | 19.45 | 19.46 | 19.47 | 19.48 | 19.49 | 19.50 |
| 3 | 10.13 | 9.55 | 9.28 | 9.12 | 9.01 | 8.94 | 8.89 | 8.85 | 8.81 | 8.79 | 8.74 | 8.70 | 8.66 | 8.64 | 8.62 | 8.59 | 8.57 | 8.55 | 8.53 |
| 4 | 7.71 | 6.94 | 6.59 | 6.39 | 6.26 | 6.16 | 6.09 | 6.04 | 6.00 | 5.96 | 5.91 | 5.86 | 5.80 | 5.77 | 5.75 | 5.72 | 5.69 | 5.66 | 5.63 |
| 5 | 6.61 | 5.79 | 5.41 | 5.19 | 5.05 | 4.95 | 4.88 | 4.82 | 4.77 | 4.74 | 4.68 | 4.62 | 4.56 | 4.53 | 4.50 | 4.46 | 4.43 | 4.40 | 4.36 |
| 6 | 5.99 | 5.14 | 4.76 | 4.53 | 4.39 | 4.28 | 4.21 | 4.15 | 4.10 | 4.06 | 4.00 | 3.94 | 3.87 | 3.84 | 3.81 | 3.77 | 3.74 | 3.70 | 3.67 |
| 7 | 5.59 | 4.74 | 4.35 | 4.12 | 3.97 | 3.87 | 3.79 | 3.73 | 3.68 | 3.64 | 3.57 | 3.51 | 3.44 | 3.41 | 3.38 | 3.34 | 3.30 | 3.27 | 3.23 |
| 8 | 5.32 | 4.46 | 4.07 | 3.84 | 3.69 | 3.58 | 3.50 | 3.44 | 3.39 | 3.35 | 3.28 | 3.22 | 3.15 | 3.12 | 3.08 | 3.04 | 3.01 | 2.97 | 2.93 |
| 9 | 5.12 | 4.26 | 3.86 | 3.63 | 3.48 | 3.37 | 3.29 | 3.23 | 3.18 | 3.14 | 3.07 | 3.01 | 2.94 | 2.90 | 2.86 | 2.83 | 2.79 | 2.75 | 2.71 |
| 10 | 4.96 | 4.10 | 3.71 | 3.48 | 3.33 | 3.22 | 3.14 | 3.07 | 3.02 | 2.98 | 2.91 | 2.85 | 2.77 | 2.74 | 2.70 | 2.66 | 2.62 | 2.58 | 2.54 |
| 11 | 4.84 | 3.98 | 3.59 | 3.36 | 3.20 | 3.09 | 3.01 | 2.95 | 2.90 | 2.85 | 2.79 | 2.72 | 2.65 | 2.61 | 2.57 | 2.53 | 2.49 | 2.45 | 2.40 |
| 12 | 4.75 | 3.89 | 3.49 | 3.26 | 3.11 | 3.00 | 2.91 | 2.85 | 2.80 | 2.75 | 2.69 | 2.62 | 2.54 | 2.51 | 2.47 | 2.43 | 2.38 | 2.34 | 2.30 |
| 13 | 4.67 | 3.81 | 3.41 | 3.18 | 3.03 | 2.92 | 2.83 | 2.77 | 2.71 | 2.67 | 2.60 | 2.53 | 2.46 | 2.42 | 2.38 | 2.34 | 2.30 | 2.25 | 2.21 |
| 14 | 4.60 | 3.74 | 3.34 | 3.11 | 2.96 | 2.85 | 2.76 | 2.70 | 2.65 | 2.60 | 2.53 | 2.46 | 2.39 | 2.35 | 2.31 | 2.27 | 2.22 | 2.18 | 2.13 |
| 15 | 4.54 | 3.68 | 3.29 | 3.06 | 2.90 | 2.79 | 2.71 | 2.64 | 2.59 | 2.54 | 2.48 | 2.40 | 2.33 | 2.29 | 2.25 | 2.20 | 2.16 | 2.11 | 2.07 |
| 16 | 4.49 | 3.63 | 3.24 | 3.01 | 2.85 | 2.74 | 2.66 | 2.59 | 2.54 | 2.49 | 2.42 | 2.35 | 2.28 | 2.24 | 2.19 | 2.15 | 2.11 | 2.06 | 2.01 |
| 17 | 4.45 | 3.59 | 3.20 | 2.96 | 2.81 | 2.70 | 2.61 | 2.55 | 2.49 | 2.45 | 2.38 | 2.31 | 2.23 | 2.19 | 2.15 | 2.10 | 2.06 | 2.01 | 1.96 |
| 18 | 4.41 | 3.55 | 3.16 | 2.93 | 2.77 | 2.66 | 2.58 | 2.51 | 2.46 | 2.41 | 2.34 | 2.27 | 2.19 | 2.15 | 2.11 | 2.06 | 2.02 | 1.97 | 1.92 |
| 19 | 4.38 | 3.52 | 3.13 | 2.90 | 2.74 | 2.63 | 2.54 | 2.48 | 2.42 | 2.38 | 2.31 | 2.23 | 2.16 | 2.11 | 2.07 | 2.03 | 1.98 | 1.93 | 1.88 |
| 20 | 4.35 | 3.49 | 3.10 | 2.87 | 2.71 | 2.60 | 2.51 | 2.45 | 2.39 | 2.35 | 2.28 | 2.20 | 2.12 | 2.08 | 2.04 | 1.99 | 1.95 | 1.90 | 1.84 |
| 21 | 4.32 | 3.47 | 3.07 | 2.84 | 2.68 | 2.57 | 2.49 | 2.42 | 2.37 | 2.32 | 2.25 | 2.18 | 2.10 | 2.05 | 2.01 | 1.96 | 1.92 | 1.87 | 1.81 |
| 22 | 4.30 | 3.44 | 3.05 | 2.82 | 2.66 | 2.55 | 2.46 | 2.40 | 2.34 | 2.30 | 2.23 | 2.15 | 2.07 | 2.03 | 1.98 | 1.94 | 1.89 | 1.84 | 1.78 |
| 23 | 4.28 | 3.42 | 3.03 | 2.80 | 2.64 | 2.53 | 2.44 | 2.37 | 2.32 | 2.27 | 2.20 | 2.13 | 2.05 | 2.01 | 1.96 | 1.91 | 1.86 | 1.81 | 1.76 |
| 24 | 4.26 | 3.40 | 3.01 | 2.78 | 2.62 | 2.51 | 2.42 | 2.36 | 2.30 | 2.25 | 2.18 | 2.11 | 2.03 | 1.98 | 1.94 | 1.89 | 1.84 | 1.79 | 1.73 |
| 25 | 4.24 | 3.39 | 2.99 | 2.76 | 2.60 | 2.49 | 2.40 | 2.34 | 2.28 | 2.24 | 2.16 | 2.09 | 2.01 | 1.96 | 1.92 | 1.87 | 1.82 | 1.77 | 1.71 |
| 26 | 4.23 | 3.37 | 2.98 | 2.74 | 2.59 | 2.47 | 2.39 | 2.32 | 2.27 | 2.22 | 2.15 | 2.07 | 1.99 | 1.95 | 1.90 | 1.85 | 1.80 | 1.75 | 1.69 |
| 27 | 4.21 | 3.35 | 2.96 | 2.73 | 2.57 | 2.46 | 2.37 | 2.31 | 2.25 | 2.20 | 2.13 | 2.06 | 1.97 | 1.93 | 1.88 | 1.84 | 1.79 | 1.73 | 1.67 |
| 28 | 4.20 | 3.34 | 2.95 | 2.71 | 2.56 | 2.45 | 2.36 | 2.29 | 2.24 | 2.19 | 2.12 | 2.04 | 1.96 | 1.91 | 1.87 | 1.82 | 1.77 | 1.71 | 1.65 |
| 29 | 4.18 | 3.33 | 2.93 | 2.70 | 2.55 | 2.43 | 2.35 | 2.28 | 2.22 | 2.18 | 2.10 | 2.03 | 1.94 | 1.90 | 1.85 | 1.81 | 1.75 | 1.70 | 1.64 |
| 30 | 4.17 | 3.32 | 2.92 | 2.69 | 2.53 | 2.42 | 2.33 | 2.27 | 2.21 | 2.16 | 2.09 | 2.01 | 1.93 | 1.89 | 1.84 | 1.79 | 1.74 | 1.68 | 1.62 |
| 40 | 4.08 | 3.23 | 2.84 | 2.61 | 2.45 | 2.34 | 2.25 | 2.18 | 2.12 | 2.08 | 2.00 | 1.92 | 1.84 | 1.79 | 1.74 | 1.69 | 1.64 | 1.58 | 1.51 |
| 60 | 4.00 | 3.15 | 2.76 | 2.53 | 2.37 | 2.25 | 2.17 | 2.10 | 2.04 | 1.99 | 1.92 | 1.84 | 1.75 | 1.70 | 1.65 | 1.59 | 1.53 | 1.47 | 1.39 |
| 120 | 3.92 | 3.07 | 2.68 | 2.45 | 2.29 | 2.17 | 2.09 | 2.02 | 1.96 | 1.91 | 1.83 | 1.75 | 1.66 | 1.61 | 1.55 | 1.50 | 1.43 | 1.35 | 1.25 |
| $\infty$ | 3.84 | 3.00 | 2.60 | 2.37 | 2.21 | 2.10 | 2.01 | 1.94 | 1.88 | 1.83 | 1.75 | 1.67 | 1.57 | 1.52 | 1.46 | 1.39 | 1.32 | 1.22 | 1.00 |

续表

$\alpha = 0.025$

| $n_2$ \ $n_1$ | 1 | 2 | 3 | 4 | 5 | 6 | 7 | 8 | 9 | 10 | 12 | 15 | 20 | 24 | 30 | 40 | 60 | 120 | ∞ |
|---|---|---|---|---|---|---|---|---|---|---|---|---|---|---|---|---|---|---|---|
| 1 | 647.8 | 799.5 | 864.2 | 899.6 | 921.8 | 937.1 | 948.2 | 956.7 | 963.3 | 968.6 | 976.7 | 984.9 | 993.1 | 997.2 | 1 001 | 1 006 | 1 010 | 1 014 | 1 018 |
| 2 | 38.51 | 39.00 | 39.17 | 39.25 | 39.30 | 39.33 | 39.36 | 39.37 | 39.39 | 39.40 | 39.41 | 39.43 | 39.45 | 39.46 | 39.46 | 39.47 | 39.48 | 39.49 | 39.50 |
| 3 | 17.44 | 16.04 | 15.44 | 15.10 | 14.88 | 14.73 | 14.62 | 14.54 | 14.47 | 14.42 | 14.34 | 14.25 | 14.17 | 14.12 | 14.08 | 14.04 | 13.99 | 13.95 | 13.90 |
| 4 | 12.22 | 10.65 | 9.98 | 9.60 | 9.36 | 9.20 | 9.07 | 8.98 | 8.90 | 8.84 | 8.75 | 8.66 | 8.56 | 8.51 | 8.64 | 8.41 | 8.36 | 8.31 | 8.26 |
| 5 | 10.01 | 8.43 | 7.76 | 7.39 | 7.15 | 6.98 | 6.85 | 6.76 | 6.68 | 6.62 | 6.52 | 6.43 | 6.33 | 6.28 | 6.23 | 6.18 | 6.12 | 6.07 | 6.02 |
| 6 | 8.81 | 7.26 | 6.60 | 6.23 | 5.99 | 5.82 | 5.70 | 5.60 | 5.52 | 5.46 | 5.37 | 5.27 | 5.17 | 5.12 | 5.07 | 5.01 | 4.96 | 4.90 | 4.85 |
| 7 | 8.07 | 6.54 | 5.89 | 5.52 | 5.29 | 5.12 | 4.99 | 4.90 | 4.82 | 4.76 | 4.67 | 4.57 | 4.47 | 4.42 | 4.36 | 4.31 | 4.25 | 4.20 | 4.14 |
| 8 | 7.57 | 6.06 | 5.42 | 5.05 | 4.82 | 4.65 | 4.53 | 4.43 | 4.36 | 4.30 | 4.20 | 4.10 | 4.00 | 3.95 | 3.89 | 3.84 | 3.78 | 3.73 | 3.67 |
| 9 | 7.21 | 5.71 | 5.08 | 4.72 | 4.48 | 4.32 | 4.20 | 4.10 | 4.03 | 3.96 | 3.87 | 3.77 | 3.67 | 3.61 | 3.56 | 3.51 | 3.45 | 3.39 | 3.33 |
| 10 | 6.94 | 5.46 | 4.83 | 4.47 | 4.24 | 4.07 | 3.95 | 3.85 | 3.78 | 3.72 | 3.62 | 3.52 | 3.42 | 3.37 | 3.31 | 3.26 | 3.20 | 3.14 | 3.08 |
| 11 | 6.72 | 5.26 | 4.63 | 4.28 | 4.04 | 3.88 | 3.76 | 3.66 | 3.59 | 3.53 | 3.43 | 3.33 | 3.23 | 3.17 | 3.12 | 3.06 | 3.00 | 2.94 | 2.88 |
| 12 | 6.55 | 5.10 | 4.47 | 4.12 | 3.89 | 3.73 | 3.61 | 3.51 | 3.44 | 3.37 | 3.28 | 3.18 | 3.07 | 3.02 | 2.96 | 2.91 | 2.85 | 2.79 | 2.72 |
| 13 | 6.41 | 4.97 | 4.35 | 4.00 | 3.77 | 3.60 | 3.48 | 3.39 | 3.31 | 3.25 | 3.15 | 3.05 | 2.95 | 2.89 | 2.84 | 2.78 | 2.72 | 2.66 | 2.60 |
| 14 | 6.30 | 4.86 | 4.24 | 3.89 | 3.66 | 3.50 | 3.38 | 3.29 | 3.21 | 3.15 | 3.05 | 2.95 | 2.84 | 2.79 | 2.73 | 2.67 | 2.61 | 2.55 | 2.49 |
| 15 | 6.20 | 4.77 | 4.15 | 3.80 | 3.58 | 3.41 | 3.29 | 3.20 | 3.12 | 3.06 | 2.96 | 2.86 | 2.76 | 2.70 | 2.64 | 2.59 | 2.52 | 2.46 | 2.40 |
| 16 | 6.12 | 4.69 | 4.08 | 3.73 | 3.50 | 3.34 | 3.22 | 3.12 | 3.05 | 2.99 | 2.89 | 2.79 | 2.68 | 2.63 | 2.57 | 2.51 | 2.45 | 2.38 | 2.32 |
| 17 | 6.04 | 4.62 | 4.01 | 3.66 | 3.44 | 3.28 | 3.16 | 3.06 | 2.98 | 2.92 | 2.82 | 2.72 | 2.62 | 2.56 | 2.50 | 2.44 | 2.38 | 2.32 | 2.25 |
| 18 | 5.98 | 4.56 | 3.95 | 3.61 | 3.38 | 3.22 | 3.10 | 3.01 | 2.93 | 2.87 | 2.77 | 2.67 | 2.56 | 2.50 | 2.44 | 2.38 | 2.32 | 2.26 | 2.19 |
| 19 | 5.92 | 4.51 | 3.90 | 3.56 | 3.33 | 3.17 | 3.05 | 2.96 | 2.88 | 2.82 | 2.72 | 2.62 | 2.51 | 2.45 | 2.39 | 2.33 | 2.27 | 2.20 | 2.13 |
| 20 | 5.87 | 4.46 | 3.86 | 3.51 | 3.29 | 3.13 | 3.01 | 2.91 | 2.84 | 2.77 | 2.68 | 2.57 | 2.46 | 2.41 | 2.35 | 2.29 | 2.22 | 2.16 | 2.09 |
| 21 | 5.83 | 4.42 | 3.82 | 3.48 | 3.25 | 3.09 | 2.97 | 2.87 | 2.80 | 2.73 | 2.64 | 2.53 | 2.42 | 2.37 | 2.31 | 2.25 | 2.18 | 2.11 | 2.04 |
| 22 | 5.79 | 4.38 | 3.78 | 3.44 | 3.22 | 3.05 | 2.93 | 2.84 | 2.76 | 2.70 | 2.60 | 2.50 | 2.39 | 2.33 | 2.27 | 2.21 | 2.14 | 2.08 | 2.00 |
| 23 | 5.75 | 4.35 | 3.75 | 3.41 | 3.18 | 3.02 | 2.90 | 2.81 | 2.73 | 2.67 | 2.57 | 2.47 | 2.36 | 2.30 | 2.24 | 2.18 | 2.11 | 2.04 | 1.97 |
| 24 | 5.72 | 4.32 | 3.72 | 3.38 | 3.15 | 2.99 | 2.87 | 2.78 | 2.70 | 2.64 | 2.54 | 2.44 | 2.33 | 2.27 | 2.21 | 2.15 | 2.08 | 2.01 | 1.94 |
| 25 | 5.69 | 4.29 | 3.69 | 3.35 | 3.13 | 2.97 | 2.85 | 2.75 | 2.68 | 2.61 | 2.51 | 2.41 | 2.30 | 2.24 | 2.18 | 2.12 | 2.05 | 1.98 | 1.91 |
| 26 | 5.66 | 4.27 | 3.67 | 3.33 | 3.10 | 2.94 | 2.82 | 2.73 | 2.65 | 2.59 | 2.49 | 2.39 | 2.28 | 2.22 | 2.16 | 2.09 | 2.03 | 1.95 | 1.88 |
| 27 | 5.63 | 4.24 | 3.65 | 3.31 | 3.08 | 2.92 | 2.80 | 2.71 | 2.63 | 2.57 | 2.47 | 2.36 | 2.25 | 2.19 | 2.13 | 2.07 | 2.00 | 1.93 | 1.85 |
| 28 | 5.61 | 4.22 | 3.63 | 3.29 | 3.06 | 2.90 | 2.78 | 2.69 | 2.61 | 2.55 | 2.45 | 2.34 | 2.23 | 2.17 | 2.11 | 2.05 | 1.98 | 1.91 | 1.83 |
| 29 | 5.59 | 4.20 | 3.61 | 3.27 | 3.04 | 2.88 | 2.76 | 2.67 | 2.59 | 2.53 | 2.43 | 2.32 | 2.21 | 2.15 | 2.09 | 2.03 | 1.96 | 1.89 | 1.81 |
| 30 | 5.57 | 4.18 | 3.59 | 3.25 | 3.03 | 2.87 | 2.75 | 2.65 | 2.57 | 2.51 | 2.41 | 2.31 | 2.20 | 2.14 | 2.07 | 2.01 | 1.94 | 1.87 | 1.79 |
| 40 | 5.42 | 4.05 | 3.46 | 3.13 | 2.90 | 2.74 | 2.62 | 2.53 | 2.45 | 2.39 | 2.29 | 2.18 | 2.07 | 2.01 | 1.94 | 1.88 | 1.80 | 1.72 | 1.64 |
| 60 | 5.29 | 3.93 | 3.34 | 3.01 | 2.79 | 2.63 | 2.51 | 2.41 | 2.33 | 2.27 | 2.17 | 2.06 | 1.94 | 1.88 | 1.82 | 1.74 | 1.67 | 1.58 | 1.48 |
| 120 | 5.15 | 3.80 | 3.23 | 2.89 | 2.67 | 2.52 | 2.39 | 2.30 | 2.22 | 2.16 | 2.05 | 1.94 | 1.82 | 1.76 | 1.69 | 1.61 | 1.53 | 1.43 | 1.31 |
| ∞ | 5.02 | 3.69 | 3.12 | 2.79 | 2.57 | 2.41 | 2.29 | 2.19 | 2.11 | 2.05 | 1.94 | 1.83 | 1.71 | 1.64 | 1.57 | 1.48 | 1.39 | 1.27 | 1.00 |

续表

$\alpha = 0.01$

| $n_2$ \ $n_1$ | 1 | 2 | 3 | 4 | 5 | 6 | 7 | 8 | 9 | 10 | 12 | 15 | 20 | 24 | 30 | 40 | 60 | 120 | ∞ |
|---|---|---|---|---|---|---|---|---|---|---|---|---|---|---|---|---|---|---|---|
| 1 | 4 025 | 4 999.5 | 5 403 | 5 625 | 5 764 | 5 859 | 5 928 | 5 982 | 6 022 | 6 056 | 6 106 | 6 157 | 6 209 | 6 235 | 6 261 | 6 287 | 6 313 | 6 339 | 6 366 |
| 2 | 98.50 | 99.00 | 99.17 | 99.25 | 99.30 | 99.33 | 99.36 | 99.37 | 99.39 | 99.40 | 99.42 | 99.43 | 99.45 | 99.46 | 99.47 | 99.47 | 99.48 | 99.49 | 99.50 |
| 3 | 34.12 | 30.82 | 29.46 | 28.71 | 28.24 | 27.91 | 27.67 | 27.49 | 27.35 | 27.23 | 27.05 | 26.87 | 26.69 | 26.60 | 26.50 | 26.41 | 26.32 | 26.22 | 26.13 |
| 4 | 21.20 | 18.00 | 16.96 | 15.98 | 15.52 | 15.21 | 14.98 | 14.80 | 14.66 | 14.55 | 14.37 | 14.20 | 14.02 | 13.93 | 13.84 | 13.75 | 13.65 | 13.56 | 13.46 |
| 5 | 16.26 | 13.27 | 12.06 | 11.39 | 10.97 | 10.67 | 10.46 | 10.29 | 10.16 | 10.05 | 9.89 | 9.72 | 9.55 | 9.47 | 9.38 | 9.29 | 9.20 | 9.11 | 9.02 |
| 6 | 13.75 | 10.92 | 9.78 | 9.15 | 8.75 | 8.47 | 8.26 | 8.10 | 7.98 | 7.87 | 7.72 | 7.56 | 7.40 | 7.31 | 7.23 | 7.14 | 7.06 | 6.97 | 6.88 |
| 7 | 12.25 | 9.55 | 8.45 | 7.85 | 7.46 | 7.19 | 6.99 | 6.84 | 6.72 | 6.62 | 6.47 | 6.31 | 6.16 | 6.07 | 5.99 | 5.91 | 5.82 | 5.74 | 5.65 |
| 8 | 11.26 | 8.65 | 7.59 | 7.01 | 6.63 | 6.37 | 6.18 | 6.03 | 5.91 | 5.81 | 5.67 | 5.52 | 5.36 | 5.28 | 5.20 | 5.12 | 5.03 | 4.95 | 4.86 |
| 9 | 10.56 | 8.02 | 6.99 | 6.42 | 6.06 | 5.80 | 5.61 | 5.47 | 5.35 | 5.26 | 5.11 | 4.96 | 4.81 | 4.73 | 4.65 | 4.57 | 4.48 | 4.40 | 4.31 |
| 10 | 10.04 | 7.56 | 6.55 | 5.99 | 5.64 | 5.39 | 5.20 | 5.06 | 4.94 | 4.85 | 4.71 | 4.56 | 4.41 | 4.33 | 4.25 | 4.17 | 4.08 | 4.00 | 3.91 |
| 11 | 9.65 | 7.21 | 6.22 | 5.67 | 5.32 | 5.07 | 4.89 | 4.47 | 4.63 | 4.54 | 4.40 | 4.25 | 4.10 | 4.02 | 3.94 | 3.86 | 4.78 | 3.69 | 3.60 |
| 12 | 9.33 | 6.93 | 5.95 | 5.41 | 5.06 | 4.82 | 4.64 | 4.50 | 4.39 | 4.30 | 4.16 | 4.01 | 3.86 | 3.78 | 3.70 | 3.62 | 3.54 | 3.45 | 3.36 |
| 13 | 9.07 | 6.70 | 5.74 | 5.21 | 4.86 | 4.62 | 4.44 | 4.30 | 4.19 | 4.10 | 3.96 | 3.82 | 3.66 | 3.59 | 3.51 | 3.43 | 3.34 | 3.25 | 3.17 |
| 14 | 8.86 | 6.51 | 5.56 | 5.04 | 4.69 | 4.46 | 4.28 | 4.14 | 4.03 | 3.94 | 3.80 | 3.66 | 3.51 | 3.43 | 3.35 | 3.27 | 3.18 | 3.09 | 3.00 |
| 15 | 8.68 | 6.36 | 5.42 | 4.89 | 4.56 | 4.32 | 4.14 | 4.00 | 3.89 | 3.80 | 3.67 | 3.52 | 3.37 | 3.29 | 3.21 | 3.13 | 3.05 | 2.96 | 2.87 |
| 16 | 8.53 | 6.23 | 5.29 | 4.77 | 4.44 | 4.20 | 4.03 | 3.89 | 3.78 | 3.69 | 3.55 | 3.41 | 3.26 | 3.18 | 3.10 | 3.02 | 2.93 | 2.84 | 2.75 |
| 17 | 8.40 | 6.11 | 5.18 | 4.67 | 4.34 | 4.10 | 3.93 | 3.79 | 3.68 | 3.59 | 3.46 | 3.31 | 3.16 | 3.08 | 3.00 | 2.92 | 2.83 | 2.75 | 2.65 |
| 18 | 8.29 | 6.01 | 5.09 | 4.58 | 4.25 | 4.01 | 3.84 | 3.71 | 3.60 | 3.51 | 3.37 | 3.23 | 3.08 | 3.00 | 2.92 | 2.84 | 2.75 | 2.66 | 2.57 |
| 19 | 8.18 | 5.93 | 5.01 | 4.50 | 4.17 | 3.94 | 3.77 | 3.63 | 3.52 | 3.43 | 3.30 | 3.15 | 3.00 | 2.92 | 2.84 | 2.76 | 2.67 | 2.58 | 2.49 |
| 20 | 8.10 | 5.85 | 4.94 | 4.43 | 4.10 | 3.87 | 3.70 | 3.56 | 3.46 | 3.37 | 3.23 | 3.09 | 2.94 | 2.86 | 2.78 | 2.69 | 2.61 | 2.52 | 2.42 |
| 21 | 8.02 | 5.78 | 4.87 | 4.37 | 4.04 | 3.81 | 3.64 | 3.51 | 3.40 | 3.31 | 3.17 | 3.03 | 2.88 | 2.80 | 2.72 | 2.64 | 2.55 | 2.46 | 2.36 |
| 22 | 7.95 | 5.72 | 4.82 | 4.31 | 3.99 | 3.76 | 3.59 | 3.45 | 3.35 | 3.26 | 3.12 | 2.98 | 2.83 | 2.75 | 2.67 | 2.58 | 2.50 | 2.40 | 2.31 |
| 23 | 7.88 | 5.66 | 4.76 | 4.26 | 3.94 | 3.71 | 3.54 | 3.41 | 3.30 | 3.21 | 3.07 | 2.93 | 2.78 | 2.70 | 2.62 | 2.54 | 2.45 | 2.35 | 2.26 |
| 24 | 7.82 | 5.61 | 4.72 | 4.22 | 3.90 | 3.67 | 3.50 | 3.36 | 3.26 | 3.17 | 3.03 | 2.89 | 2.74 | 2.66 | 2.58 | 2.49 | 2.40 | 2.31 | 2.21 |
| 25 | 7.77 | 5.57 | 4.68 | 4.18 | 3.85 | 3.63 | 3.46 | 3.32 | 3.22 | 3.13 | 2.99 | 2.85 | 2.70 | 2.62 | 2.54 | 2.45 | 2.36 | 2.27 | 2.17 |
| 26 | 7.72 | 5.53 | 4.64 | 4.14 | 3.82 | 3.59 | 3.42 | 3.29 | 3.18 | 3.09 | 2.96 | 2.81 | 2.66 | 2.58 | 2.50 | 2.42 | 2.33 | 2.23 | 2.13 |
| 27 | 7.68 | 5.49 | 4.60 | 4.11 | 3.78 | 3.56 | 3.39 | 3.26 | 3.15 | 3.06 | 2.93 | 2.78 | 2.63 | 2.55 | 2.47 | 2.38 | 2.29 | 2.20 | 2.10 |
| 28 | 7.64 | 5.45 | 4.57 | 4.07 | 3.75 | 3.53 | 3.36 | 3.23 | 3.12 | 3.03 | 2.90 | 2.75 | 2.60 | 2.52 | 2.44 | 2.35 | 2.26 | 2.17 | 2.06 |
| 29 | 7.60 | 5.42 | 4.54 | 4.04 | 3.73 | 3.50 | 3.33 | 3.20 | 3.09 | 3.00 | 2.87 | 2.73 | 2.57 | 2.49 | 2.41 | 2.33 | 2.23 | 2.14 | 2.03 |
| 30 | 7.56 | 5.39 | 4.51 | 4.02 | 3.70 | 3.47 | 3.30 | 3.17 | 3.07 | 2.98 | 2.84 | 2.70 | 2.55 | 2.47 | 2.39 | 2.30 | 2.21 | 2.11 | 2.01 |
| 40 | 7.31 | 5.18 | 4.31 | 3.83 | 3.51 | 3.29 | 3.12 | 2.99 | 2.89 | 2.80 | 2.66 | 2.52 | 2.37 | 2.29 | 2.20 | 2.11 | 2.02 | 1.92 | 1.80 |
| 60 | 7.08 | 4.98 | 4.13 | 3.65 | 3.34 | 3.12 | 2.95 | 2.82 | 2.72 | 2.63 | 2.50 | 2.35 | 2.20 | 2.12 | 2.03 | 1.94 | 1.84 | 1.73 | 1.60 |
| 120 | 6.85 | 4.79 | 3.95 | 3.48 | 3.17 | 2.96 | 2.79 | 2.66 | 2.56 | 2.47 | 2.34 | 2.19 | 2.03 | 1.95 | 1.86 | 1.76 | 1.66 | 1.53 | 1.38 |
| ∞ | 6.63 | 4.61 | 3.78 | 3.32 | 3.02 | 2.80 | 2.64 | 2.51 | 2.41 | 2.32 | 2.18 | 2.04 | 1.88 | 1.79 | 1.70 | 1.59 | 1.47 | 1.32 | 1.00 |

续表

$\alpha = 0.005$

| $n_2$ \ $n_1$ | 1 | 2 | 3 | 4 | 5 | 6 | 7 | 8 | 9 | 10 | 12 | 15 | 20 | 24 | 30 | 40 | 60 | 120 | $\infty$ |
|---|---|---|---|---|---|---|---|---|---|---|---|---|---|---|---|---|---|---|---|
| 1 | 16 211 | 20 000 | 21 615 | 22 500 | 23 056 | 23 437 | 23 715 | 23 925 | 24 091 | 24 224 | 24 426 | 24 630 | 24 836 | 24 940 | 25 044 | 22 148 | 25 253 | 25 359 | 25 465 |
| 2 | 198.5 | 199.0 | 199.2 | 199.2 | 199.3 | 199.3 | 199.4 | 199.4 | 199.4 | 199.4 | 199.4 | 199.4 | 199.4 | 199.5 | 199.5 | 199.5 | 199.5 | 199.5 | 199.5 |
| 3 | 55.55 | 49.80 | 47.47 | 46.19 | 45.39 | 44.84 | 44.43 | 44.13 | 43.88 | 43.69 | 43.39 | 43.08 | 42.78 | 42.62 | 42.47 | 42.31 | 42.15 | 41.99 | 41.83 |
| 4 | 31.33 | 26.28 | 24.26 | 23.15 | 22.46 | 21.97 | 21.62 | 21.35 | 21.14 | 20.97 | 20.70 | 20.44 | 20.17 | 20.03 | 19.89 | 19.75 | 19.61 | 19.47 | 19.32 |
| 5 | 22.78 | 18.31 | 16.53 | 15.56 | 14.94 | 14.51 | 14.20 | 13.96 | 13.77 | 13.62 | 13.38 | 13.15 | 12.90 | 12.78 | 12.66 | 12.53 | 12.40 | 12.27 | 12.14 |
| 6 | 18.63 | 14.54 | 12.92 | 12.03 | 11.46 | 11.07 | 10.79 | 10.57 | 10.39 | 10.25 | 10.03 | 9.81 | 9.59 | 9.47 | 9.36 | 9.24 | 9.12 | 9.00 | 8.88 |
| 7 | 16.24 | 12.40 | 10.88 | 10.05 | 9.52 | 9.16 | 8.89 | 8.68 | 8.51 | 8.38 | 8.18 | 7.97 | 7.75 | 7.65 | 7.53 | 7.42 | 7.31 | 7.19 | 7.08 |
| 8 | 14.69 | 11.04 | 9.60 | 8.81 | 8.30 | 7.95 | 7.69 | 7.50 | 7.34 | 7.21 | 7.01 | 6.81 | 6.61 | 6.50 | 6.40 | 6.29 | 6.18 | 6.06 | 5.95 |
| 9 | 13.61 | 10.11 | 8.72 | 7.96 | 7.47 | 7.13 | 6.88 | 6.69 | 6.54 | 6.42 | 6.23 | 6.03 | 5.83 | 5.73 | 5.62 | 5.52 | 5.41 | 5.30 | 5.19 |
| 10 | 12.83 | 9.43 | 8.08 | 7.34 | 6.87 | 6.54 | 6.30 | 6.12 | 5.97 | 5.85 | 5.66 | 5.47 | 5.27 | 5.17 | 5.07 | 4.97 | 4.86 | 4.75 | 4.64 |
| 11 | 12.23 | 8.91 | 7.60 | 6.88 | 6.42 | 6.10 | 5.86 | 5.68 | 5.54 | 5.42 | 5.24 | 5.05 | 4.86 | 4.76 | 4.65 | 4.55 | 4.44 | 4.34 | 4.23 |
| 12 | 11.75 | 8.51 | 7.23 | 6.52 | 6.07 | 5.76 | 5.52 | 5.35 | 5.20 | 5.09 | 4.91 | 4.72 | 4.53 | 4.43 | 4.33 | 4.23 | 4.12 | 4.01 | 3.90 |
| 13 | 11.37 | 8.19 | 6.93 | 6.23 | 5.79 | 5.48 | 5.25 | 5.08 | 4.94 | 4.82 | 4.64 | 4.46 | 4.27 | 4.17 | 4.07 | 3.97 | 3.87 | 3.76 | 3.65 |
| 14 | 11.06 | 7.92 | 6.68 | 6.00 | 5.56 | 5.26 | 5.03 | 4.86 | 4.72 | 4.60 | 4.43 | 4.25 | 4.06 | 3.96 | 3.86 | 3.76 | 3.66 | 3.55 | 3.44 |
| 15 | 10.80 | 7.70 | 6.48 | 5.80 | 5.37 | 5.07 | 4.85 | 4.67 | 4.54 | 4.42 | 4.25 | 4.07 | 3.88 | 3.79 | 3.69 | 3.58 | 3.48 | 3.37 | 3.26 |
| 16 | 10.58 | 7.51 | 6.30 | 5.64 | 5.21 | 4.91 | 4.69 | 4.52 | 4.38 | 4.27 | 4.10 | 3.92 | 3.73 | 3.64 | 3.54 | 3.44 | 3.33 | 3.22 | 3.11 |
| 17 | 10.38 | 7.35 | 6.16 | 5.50 | 5.07 | 4.78 | 4.56 | 4.39 | 4.25 | 4.14 | 3.97 | 3.79 | 3.61 | 3.51 | 3.41 | 3.31 | 3.21 | 3.10 | 2.98 |
| 18 | 10.22 | 7.21 | 6.03 | 5.37 | 4.96 | 4.66 | 4.44 | 4.28 | 4.14 | 4.03 | 3.86 | 3.68 | 3.50 | 3.40 | 3.30 | 3.20 | 3.10 | 2.99 | 2.87 |
| 19 | 10.07 | 7.09 | 5.92 | 5.27 | 4.85 | 4.56 | 4.34 | 4.18 | 4.04 | 3.93 | 3.76 | 3.59 | 3.40 | 3.31 | 3.21 | 3.11 | 3.00 | 2.89 | 2.78 |
| 20 | 9.94 | 6.99 | 5.82 | 5.17 | 4.76 | 4.47 | 4.26 | 4.09 | 3.96 | 3.85 | 3.68 | 3.50 | 3.32 | 3.22 | 3.12 | 3.02 | 2.92 | 2.81 | 2.69 |
| 21 | 9.83 | 6.89 | 5.73 | 5.09 | 4.68 | 4.39 | 4.18 | 4.01 | 3.88 | 3.77 | 3.60 | 3.43 | 3.24 | 3.15 | 3.05 | 2.95 | 2.84 | 2.73 | 2.61 |
| 22 | 9.73 | 6.81 | 5.65 | 5.02 | 4.61 | 4.32 | 4.11 | 3.94 | 3.81 | 3.70 | 3.54 | 3.36 | 3.18 | 3.08 | 2.98 | 2.88 | 2.77 | 2.66 | 2.55 |
| 23 | 9.63 | 6.73 | 5.58 | 4.95 | 4.54 | 4.26 | 4.05 | 3.88 | 3.75 | 3.64 | 3.47 | 3.30 | 3.12 | 3.02 | 2.92 | 2.82 | 2.71 | 2.60 | 2.48 |
| 24 | 9.55 | 6.66 | 5.52 | 4.89 | 4.49 | 4.20 | 3.99 | 3.83 | 3.69 | 3.59 | 3.42 | 3.25 | 3.06 | 2.97 | 2.87 | 2.77 | 2.66 | 2.55 | 2.43 |
| 25 | 9.48 | 6.60 | 5.46 | 4.84 | 4.43 | 4.15 | 3.94 | 3.78 | 3.64 | 3.54 | 3.37 | 3.20 | 3.01 | 2.92 | 2.82 | 2.72 | 2.61 | 2.50 | 2.38 |
| 26 | 9.41 | 6.54 | 5.41 | 4.79 | 4.38 | 4.10 | 3.89 | 3.73 | 3.60 | 3.49 | 3.33 | 3.15 | 2.97 | 2.87 | 2.77 | 2.67 | 2.56 | 2.45 | 2.33 |
| 27 | 9.34 | 6.49 | 5.36 | 4.74 | 4.34 | 4.06 | 3.85 | 3.69 | 3.56 | 3.45 | 3.28 | 3.11 | 2.93 | 2.83 | 2.73 | 2.63 | 2.52 | 2.41 | 2.29 |
| 28 | 9.28 | 6.44 | 5.32 | 4.70 | 4.30 | 4.02 | 3.81 | 3.65 | 3.52 | 3.41 | 3.25 | 3.07 | 2.89 | 2.79 | 2.69 | 2.59 | 2.48 | 2.37 | 2.25 |
| 29 | 9.23 | 6.40 | 5.28 | 4.66 | 4.26 | 3.98 | 3.77 | 3.61 | 3.48 | 3.38 | 3.21 | 3.04 | 2.86 | 2.76 | 2.66 | 2.56 | 2.45 | 2.33 | 2.21 |
| 30 | 9.18 | 6.35 | 5.24 | 4.62 | 4.23 | 3.95 | 3.74 | 3.58 | 3.45 | 3.34 | 3.18 | 3.01 | 2.82 | 2.73 | 2.63 | 2.52 | 2.42 | 2.30 | 2.18 |
| 40 | 8.83 | 6.07 | 4.98 | 4.37 | 3.99 | 3.71 | 3.51 | 3.35 | 3.22 | 3.12 | 2.95 | 2.78 | 2.60 | 2.50 | 2.40 | 2.30 | 2.18 | 2.06 | 1.93 |
| 60 | 8.49 | 5.79 | 4.73 | 4.14 | 3.76 | 3.49 | 3.29 | 3.13 | 3.01 | 2.90 | 2.74 | 2.57 | 2.39 | 2.29 | 2.19 | 2.08 | 1.96 | 1.83 | 1.69 |
| 120 | 8.18 | 5.54 | 4.50 | 3.92 | 3.55 | 3.28 | 3.09 | 2.93 | 2.81 | 2.71 | 2.54 | 2.37 | 2.19 | 2.09 | 1.98 | 1.87 | 1.75 | 1.61 | 1.43 |
| $\infty$ | 7.88 | 5.30 | 4.28 | 3.72 | 3.35 | 3.09 | 2.90 | 2.74 | 2.62 | 2.52 | 2.36 | 2.29 | 2.00 | 1.90 | 1.79 | 1.67 | 1.53 | 1.36 | 1.00 |

# 附录3　参考答案

## 第1章

**习题 1.1**

**1.** $f(x)=x^2-x+3, f(x-2)=x^2-5x+9$

**2.** $f(\cos x)=2\sin^2 x$

**3.** (1) $(-\infty,1)\cup(2,+\infty)$　(2) $[2,3]$　(3) $(-\infty,2)$　(4) $[2,3)\cup(3,5)$

**4.** (1) $y=\dfrac{x}{x-2}$　(2) $y=x^3-1$　(3) $y=e^{-x}-2$　(4) $f(x)=\begin{cases}x+1 & x<-1\\ \sqrt{x} & x\geqslant 0\end{cases}$

**5.** $f[\varphi(x)]=e^{2x}$；$\varphi[f(x)]=e^{x^2}$；$f[f(x)]=x^4$；$\varphi[\varphi(x)]=e^{e^x}$

**6.** (1) 非奇非偶函数　(2) 奇函数

**7.** (1) 由 $y=2^u, u=\sqrt{v}, v=\sin x$ 复合而成；

(2) 由 $y=\sqrt[3]{u}, u=\cos v, v=x^2$ 复合而成；

(3) 由 $y=\tan u, u=e^v, v=-\sqrt{w}, w=x^2+1$ 复合而成；

(4) 由 $y=\ln u, u=\arctan v, v=\sqrt{w}, w=x^2+1$ 复合而成.

**8.** $y=\begin{cases}11 & x\leqslant 3\\ 3.8+2.4x & x>3\end{cases}$

**习题 1.2**

**1.** (1) 0　(2) $\sin x_0$　(3) 1　(4) 0

**2.** 不存在　不存在

**3.** 1

**4.** 2　$e^{-1}+1$　6

**5.** 不存在　1

**6.** 不存在

**7.** (1) 4　(2) $\dfrac{3}{4}$　(3) $\dfrac{3}{5}$　(4) $\infty$　(5) $\infty$　(6) 0　(7) 2　(8) $\infty$　(9) 0

(10) $\dfrac{1}{6}$　(11) $\dfrac{1}{2}$　(12) 1

**习题 1.3**

**1.** (1) $x\to 2$ 或 $x\to\infty$　(2) $x\to 2$　(3) $x\to 0$

**2.** (1) $x\to 2$　(2) $x\to 1^-$ 或 $x\to-\infty$

**3.** (1) 等价　(2) 高阶

**4.** $-\ln 2$

**5.** 提示：$\lim\limits_{x\to 1^+}f(x)=0$，$\lim\limits_{x\to 1^-}f(x)=-\infty$，都不是.

**6.** (1) $e^2$　(2) $e^3$　(3) $e^{-\frac{3}{2}}$　(4) e　(5) $e^{-2}$　(6) $e^{-2}$　(7) $\dfrac{5}{3}$　(8) $-2$

(9) 2　(10) 0　(11) $\dfrac{1}{2}$　(12) $\dfrac{1}{2}$　(13) 3　(14) $-\dfrac{\pi}{4}$　(15) 3

**习题 1.4**

**1.** 连续

**2.** 连续　不连续

**3.** 2

**4.** (1) $x=2$,第二类间断点　(2) $x=1$,第一类间断点;$x=2$,第二类间断点　(3) $x=2$,第一类间断点

**5.** (1) $\frac{1}{2}$　(2) $\frac{1}{2}$　(3) 1　(4) $-\frac{e^2+1}{2e^2}$　(5) $\frac{1}{2}$　(6) $\ln a$

**复习题 1**

一、**1.** $x^2+4x+9$　**2.** $\sqrt[5]{8}$　**3.** 4　**4.** 2　**5.** $y=e^u, u=\sin v, v=\frac{1}{x}$　**6.** $y=\log_2 u, u=\sin x+2$　**7.** $x=\pm 1$　**8.** $\frac{9}{2}$　**9.** $\frac{1}{3}\ln 8$　**10.** $e^{\frac{1}{k}}$　**11.** 3　**12.** $\left(\frac{1}{2},+\infty\right)$　**13.** 2,$-8$　**14.** —　**15.** 1　**16.** $\frac{1}{2}$,$-\frac{3}{2}$　**17.** 2　**18.** 1　**19.** $-1$或$\infty$,$\pm 2$　**20.** $e^3$

二、**1.** B　**2.** A　**3.** B　**4.** A　**5.** B　**6.** D　**7.** D　**8.** D　**9.** B　**10.** B　**11.** B　**12.** B　**13.** C　**14.** C　**15.** A　**16.** B　**17.** B　**18.** C　**19.** D　**20.** A

三、**1.** $-\frac{1}{2}$　**2.** 32　**3.** $\infty$　**4.** 1　**5.** 6　**6.** $-\frac{1}{2}$　**7.** $\frac{1}{2}$　**8.** 2　**9.** $e^2$　**10.** e　**11.** $e^{-3}$　**12.** $e^{-3}$　**13.** $\frac{1}{2}$　**14.** $\frac{2}{\pi}$　**15.** $\frac{1}{4}$　**16.** 0　**17.** 3　**18.** $\frac{\pi}{3}$　**19.** $-\frac{3}{2}$　**20.** 1

四、$a=0, b=e$

五、**1.** $x=\pm\frac{1}{2}$,第二类无穷间断点　**2.** $x=1$,第一类可去间断点　**3.** $x=0$,第一类跳跃间断点

六、**1.** $k=-4, m=3$　**2.** 连续

## 第2章

**习题 2.1**

**1.** $-2$　**2.** (1) 0　(2) $-\frac{2}{x^3}$　(3) $\frac{1}{6}x^{-\frac{5}{6}}$　(4) $\frac{1}{x\ln 2}$　**3.** (1) $\frac{3}{8}$　(2) $4e(\ln 4+1)$　(3) $\frac{1}{2}$　(4) $9\ln 3$　**4.** 连续不可导　**5.** 切线方程　$4x+y-4=0$　法线方程　$2x-8y+15=0$　**6.** 切线方程:$x-y-\frac{1}{4}=0$,切点$\left(\frac{1}{2},\frac{1}{4}\right)$

**习题 2.2**

**1.** (1) $2^x\ln 2+\frac{1}{\sqrt{x}}-\frac{1}{3x\sqrt[3]{x}}$　(2) $ax^{a-1}+a^x\ln a$　(3) $y=2e^x\cos x$　(4) $x+(1+3x^2)\arctan x$　(5) $\frac{2}{(1+x)^2}$　(6) $\frac{5}{1+\cos x}$　(7) $2x-\frac{5}{2}x^{-\frac{7}{2}}-3x^{-4}$　(8) $\csc x(\csc x-\cot x)$　**2.** (1) $\frac{e^{\sqrt{x}}}{2\sqrt{x}}$　(2) $-\frac{3}{2}\sin 2x\cdot\cos x$　(3) $\frac{x}{\sqrt{x^2+4}}+\frac{2}{\sqrt{4-x^2}}$　(4) $\frac{1}{\sqrt{a^2+x^2}}$　(5) $2xe^{\sin x^2}\cos x^2$　(6) $\frac{x}{\sqrt{x^2+1}}-1$　(7) $e^{-x}(3\sec^2 3x-\tan 3x)$　(8) $\frac{1-x^2}{2x(1+x^2)}$　**3.** (1) $2f(e^x)f'(e^x)e^x$　(2) $\frac{1}{2\sqrt{x}}f'(\sin\sqrt{x})\cos\sqrt{x}$

**习题 2.3**

**1.** (1) $-\frac{1+y\cos xy}{x\cos xy}$　(2) $-\frac{\sin x+ye^{xy}}{2y+xe^{xy}}$　(3) $\frac{y-xy}{xy-x}$　(4) $\frac{x+y}{x-y}$　**2.** $1-\frac{\pi}{2}$　**3.** $y-1=-\frac{1}{2}(x-1)$　**4.** (1) $x^{\sin x}(\cos x\cdot\ln x+\frac{\sin x}{x})$　(2) $\frac{1}{2}\sqrt{\frac{(x-1)(x-2)}{(2x-3)(x-4)}}\left(\frac{1}{x-1}+\frac{1}{x-2}-\frac{2}{2x-3}-\frac{1}{x-4}\right)$

**5.** (1) $2-\frac{1}{x^2}$ (2) $2\arctan x+\frac{2x}{1+x^2}$

**习题 2.4**

**1.** 略 **2.** (1) $2x+C$ (2) $\frac{1}{2}x^2+C$ (3) $\arctan x+C$ (4) $\frac{1}{2}\sin 2x+C$ (5) $-\frac{1}{3}e^{-3x}+C$ (6) $\ln|1+x|+C$ (7) $2^{\sin x}\ln 2$ $2^{\sin x}\ln 2\cdot\cos x$ **3.** (1) $\sec x\tan x\mathrm{d}x$ (2) $(\sin 2x+2x\cos 2x)\mathrm{d}x$ (3) $-\tan x\mathrm{d}x$ (4) $\frac{1}{(1-x)^2}\mathrm{d}x$ (5) $-\frac{1}{\sqrt{1-x^2}}\mathrm{d}x$ (6) $-\frac{1+y\sin xy}{2y+x\sin xy}\mathrm{d}x$ **4.** $\frac{t}{2}$ **5.** (1) 2.7455 (2) 9.9

**复习题 2**

一、**1.** $\left(2,\frac{1}{2}\right);\left(-2,\frac{3}{2}\right)$ **2.** $2x-y-\ln 2-1=0$ **3.** $2x+2^x\ln 2$ **4.** $n!$ **5.** $\frac{1}{3}$ **6.** 1 **7.** $\frac{1}{2}\ln|1+2x|+C$ **8.** $f'(\sqrt{x})$ **9.** 1.0006

二、**1.** B **2.** B **3.** A **4.** D **5.** B **6.** A **7.** D **8.** B **9.** C

三、**1.** $\ln x+1-\frac{2}{x^3}+\frac{1}{x^2}$ **2.** $\frac{-x}{\sqrt{4-x^2}}$ **3.** $\frac{1-x}{x^2+4}$ **4.** $\frac{1-y\cos xy}{x\cos xy-1}$

四、**1.** $-\frac{1}{x^2}\sec^2\frac{1}{x}\mathrm{d}x$ **2.** $\frac{1}{1+x^2}\mathrm{d}x$

五、$2\varphi(0)$

## 第 3 章

**习题 3.1**

**1.** 0 **2.** $\frac{1}{\ln 2}-1$ **3.** 提示:设 $f(x)=\arctan x$,在$[x_1,x_2]$上利用拉格朗日中值定理.

**习题 3.2**

**1.** (1) $\ln a$ (2) 0 (3) 2 (4) 1 (5) $\frac{1}{2}$ (6) 0 (7) e (8) $\frac{9}{2}$ **2.** (1) 1 (2) 2

**习题 3.3**

**1.** (1) 函数 $f(x)$ 在区间$(-\infty,0)$和$(1,+\infty)$内单调增加,在区间$(1,1)$内单调减少,极大值 $f(0)=5$,极小值 $f(1)=4$;

(2) 函数 $f(x)$ 在区间$\left[\frac{1}{2},+\infty\right)$内单调增加,在区间$\left(0,\frac{1}{2}\right]$内单调减少,

极小值为 $f\left(\frac{1}{2}\right)=\frac{1}{2}+\ln 2$;

(3) 函数 $f(x)$ 在区间$(-\infty,0)$和$(1,+\infty)$内单调增加,在区间$(0,1)$内单调减少,极大值为 $f(0)=0$,极小值为 $f(1)=-3$;

(4) 函数 $f(x)$ 在区间$(-\infty,1)$和$(3,+\infty)$内单调增加,在区间$(1,3)$内单调减少,

极小值为 $f(3)=\frac{27}{4}$,无极大值.

**2.** 极小值为 $f(3)=-47$,极大值为 $f(-1)=17$.

**3.** (1) 提示:设 $f(x)=x-\ln(1+x)$;(2) 提示:设 $f(x)=e^x-1-x$.

**4.** (1) $a=0,b=-3$;(2) $f(1)=-2$ 为 $f(x)$ 的极小值;$f(-1)=2$ 为 $f(x)$ 的极大值.

**习题 3.4**

**1.** $f(x)$ 在$[-2,2]$上的最大值为 11,最小值为 2.

**2.** 最大值为 $f(0)=0$,最小值为 $f(-1)=-2$.

**3.** 箱底的边长是 40 cm 时,箱底的容积最大,最大容积是 16000 $\mathrm{cm}^3$.

**4.** 当罐的高与底直径相等时,所用材料最省.

**习题 3.5**

**1.** (1) $(-\infty,0)$ 和 $\left(\frac{2}{3},+\infty\right)$ 是凹区间,$\left(0,\frac{2}{3}\right)$ 是凸区间拐点为 $(0,1)$,$\left(\frac{2}{3},\frac{11}{27}\right)$.

(2) $(-\infty,1)$ 和 $(2,+\infty)$ 为曲线的凸区间,$(1,2)$ 为曲线的凹区间,点 $\left(1,-\frac{5}{9}\right)$ 和 $\left(2,-\frac{11}{9}\right)$ 为曲线的拐点.

**2.** $a=\pm 9$

**3.** 提示:只需证明 $\frac{\ln x+\ln y}{2}\leqslant \ln\frac{x+y}{2}$. **4.** (1) 直线 $y=0$ 是曲线的水平渐近线;直线 $x=1$ 是曲线的一条垂直渐近线; (2) 直线 $y=0$ 是曲线的水平渐近线;直线 $x=-2$ 是曲线的一条垂直渐近线.

**复习题 3**

一、**1.** 2 **2.** 0 **3.** $(1,2)$ **4.** $(0,0)$ **5.** $f(x)=4x^3-3x$ **6.** $f(3)=55$;$f(1)=3$ **7.** $x=-1$ **8.** $y=0$

二、**1.** B **2.** D **3.** B **4.** A **5.** C **6.** D **7.** C

三、**1.** $\ln\frac{3}{5}$ **2.** $-1$ **3.** 0 **4.** $\frac{1}{2}$ **5.** 1 **6.** $e^{-1}$

四、函数 $f(x)$ 在区间 $(-\infty,0)$ 和 $(1,+\infty)$ 内单调增加,在区间 $(0,1)$ 内单调减少.

极大值为 $f(0)=0$,极小值为 $f(1)=-\frac{1}{3}$.

五、$y=\ln(x^2+1)$ 的凸区间为 $(-\infty,-1)$,$(1,+\infty)$,凹区间为 $(-1,1)$,拐点为 $(-1,\ln 2)$ 及 $(1,\ln 2)$.

六、$a=3,b=3,c=2$

## 第4章

**习题 4.1**

**1.** (1) $\frac{1}{5}x^5+3e^x-\cot x-\ln|x|+C$ (2) $x^3+\arctan x+C$ (3) $-\frac{2}{\sqrt{x}}+C$ (4) $\frac{(5e)^x}{1+\ln 5}+C$ (5) $\frac{1}{2}x^2+2x+C$ (6) $-\frac{1}{x}-\arctan x+C$ (7) $\frac{1}{2}x+\frac{1}{2}\sin x+C$ (8) $\frac{1}{2}\tan x+C$ (9) $-\cot x-\tan x+C$ (10) $-\cot x-x+C$ (11) $\sin x+\cos x+C$ (12) $\tan x-\sec x+C$ **2.** $y=x^3+1$

**习题 4.2**

**1.** (1) $-\frac{1}{3}\sin(1-3x)+C$ (2) $-\sqrt{1-2x}+C$ (3) $-\frac{1}{2}e^{-x^2}+C$ (4) $\frac{1}{2}(\ln x)^2+C$ (5) $\ln|1+\ln x|+C$ (6) $\ln(2+e^x)+C$ (7) $-\ln(1+e^{-x})+C$ (8) $-e^{\frac{1}{x}}+C$ (9) $-2\cos\sqrt{x}+C$ (10) $\frac{1}{4}\cos^{-4}x+C$ (11) $\frac{1}{2}x+\frac{\sin 6x}{12}+C$ (12) $\frac{1}{5}\sin^5 x+C$ (13) $e^{\sin x}+C$ (14) $\frac{1}{2}(\arctan x)^2+C$ (15) $\frac{1}{3}\arctan(3x)+C$ (16) $\frac{1}{5}\arcsin\left(\frac{5}{2}x\right)+C$ (17) $\frac{1}{24}\ln\left|\frac{4+3x}{4-3x}\right|+C$ (18) $-2\sqrt{1-x^2}-3\arcsin x+C$ **2.** (1) $-2\sqrt{x}-2\ln|1-\sqrt{x}|+C$ (2) $2\sqrt{x+1}-4\ln(\sqrt{x+1}+2)+C$ (3) $2\sqrt{x}-4\sqrt[4]{x}+4\ln(1+\sqrt[4]{x})+C$ (4) $\frac{1}{4}\arcsin 2x+\frac{1}{2}x\sqrt{1-4x^2}+C$ (5) $\arccos\frac{1}{x}+C$ (6) $\ln(x+\sqrt{1+x^2})-\frac{\sqrt{x^2+1}}{x}+C$

**习题 4.3**

**1.** (1) $\sin x-x\cos x+C$ (2) $-e^{-x}(x+1)+C$ (3) $\frac{1}{5}x^5\ln x-\frac{x^5}{25}+C$ (4) $x\arcsin x+\sqrt{1-x^2}$

$+C$ (5) $-\frac{1}{2}x^2+x\tan x+\ln|\cos x|+C$ (6) $x\tan x+\ln|\cos x|+C$ (7) $2\sqrt{x}(\ln x-2)+C$
(8) $\frac{1}{2}e^x(\sin x+\cos x)+C$ (9) $x\ln(1+x^2)-2x+2\arctan x+C$ (10) $x^2\sin x+2x\cos x+C$
(11) $2\sqrt{x}e^{\sqrt{x}}-2e^{\sqrt{x}}+C$ (12) $(x+1)\arctan\sqrt{x}-\sqrt{x}+C$ **2.** $\cos x-\frac{2\sin x}{x}+C$

**习题 4.4**

**1.** $y=3e^{-x}+x-1$ **2.** (1) $y=Cx$ (2) $\ln y=Ce^{\arctan x}$ (3) $y=C\sin^2 x$ (4) $e^{y^2}=C(1+e^x)^2$
(5) $y=Ce^x-1$ (6) $y=\sin x(x^2+C)$ (7) $y=Ce^{-2x}+\frac{1}{9}(3x-1)e^x$ (8) $y=\frac{1}{2}x\ln x-\frac{1}{4}x+\frac{C}{x}$ (9) $y=C_1e^x+C_2e^{2x}$ (10) $y=C_1+C_2e^{4x}$ (11) $y=C_1e^{3x}+C_2xe^{3x}$ (12) $y=e^x(C_1\cos 2x+C_2\sin 2x)$ **3.** (1) $y=x$ (2) $y^2-1=3(x-1)^2$ (3) $y=2x-2$ (4) $y=\frac{3}{2}x^3+\frac{x^2}{2}$ (5) $y=(2+x)e^{-\frac{x}{2}}$ (6) $y=2\cos 2x+3\sin 2x$

**复习题 4**

一、**1.** $6x\mathrm{d}x$ **2.** $\cos x+C$ **3.** $x^2-\frac{1}{x}+C$ **4.** $-\cos f(x)+C$ **5.** $-F(0)$ **6.** $xf(x)-F(x)+C$ **7.** $2\sin x\cos x$ **8.** $2\sin\sqrt{x}+C$ **9.** $\cos x-\frac{2\sin x}{x}+C$ **10.** $e^{-x^2}$ **11.** $\tan x+C$ **12.** $-\frac{x}{3}\cos 3x+\frac{1}{9}\sin 3x+C$ **13.** $\ln|x+\cos x|+C$ **14.** $x=3\sin\theta$ **15.** 三 **16.** $y=Ce^x-1$ **17.** $y=C_1e^{-2x}+C_2e^{5x}$ **18.** $y''-2y'+5y=0$

二、**1.** B **2.** D **3.** A **4.** C **5.** A **6.** D **7.** B **8.** A **9.** B **10.** C **11.** B **12.** A **13.** B **14.** D **15.** B **16.** C **17.** D **18.** A **19.** A

三、**1.** $x^2-\ln|x|+\tan x+C$ **2.** $x+e^{-x}+C$ **3.** $\ln|x|-2\arctan x+C$ **4.** $\frac{x^3}{3}-x+\arctan x+C$ **5.** $\frac{2}{9}(1+3x^2)^{\frac{3}{2}}+C$ **6.** $\arctan e^x+C$ **7.** $e^{\sin x}+C$ **8.** $-2\sqrt{3-\ln x}+C$ **9.** $-2\sqrt{1-x^2}-\arcsin x+C$ **10.** $\frac{1}{15}\arctan\frac{5}{3}x+C$ **11.** $\frac{1}{3}\arcsin 3x+C$ **12.** $2\sqrt{x+1}-2\ln\left|1+\sqrt{x+1}\right|+C$
**13.** $\frac{2}{3}\sqrt{(1+x)^3}-x+C$ **14.** $\frac{2}{3}(1-x)^{\frac{3}{2}}-2(1-x)^{\frac{1}{2}}+C$ **15.** $3\sqrt[3]{x}-6\sqrt[6]{x}+6\ln(1+\sqrt[6]{x})+C$
**16.** $\frac{9}{2}\arcsin\frac{x}{3}+\frac{x}{2}\sqrt{9-x^2}+C$ **17.** $\frac{1}{2}[(1+x^2)\ln(1+x^2)-x^2]+C$ **18.** $\frac{1}{4}x^4(\ln x-\frac{1}{4})+C$
**19.** $-\frac{1}{2}x\cos 2x+\frac{1}{4}\sin 2x+C$ **20.** $-\frac{1}{4}xe^{-4x}-\frac{1}{16}e^{-4x}+C$

四、**1.** $e^x+e^{-y}=C$ **2.** $y=Ce^{\cos x}$ **3.** $y=e^{-x^2}\left(\frac{1}{2}x^2+C\right)$ **4.** $y=Ce^{-x^2}+2$ **5.** $y=C_1e^{-x}+C_2e^{2x}$ **6.** $y=C_1e^x+C_2xe^x$

五、**1.** $y=1-\sqrt{1-x^2}$ **2.** $y=4e^x+2e^{3x}$

## 第5章

**习题 5.2**

**1.** (1) $4xe^{2x^2}\ln x$ (2) $2x\sin x^4-\frac{1}{2\sqrt{x}}\sin x$ (3) 1 (4) $\frac{\pi^2}{4}$ **2.** (1) 20 (2) $1-\frac{\sqrt{3}}{3}-\frac{\pi}{12}$
(3) $-\ln 2$ (4) $1-\frac{\pi}{2}$ (5) 1 (6) $20\frac{1}{2}$ (7) $\frac{23}{6}$ **3.** $x-1$ $-\frac{1}{2}$

**习题 5.3**

**1.** (1) $\frac{2}{5}$ (2) $2\sqrt{3}-2$ (3) 1 (4) $\frac{1}{3}$ (5) $\frac{1}{2}(e-1)$ (6) $1-\frac{\pi}{4}$ (7) $\frac{\pi}{2}$ (8) 1 (9) $e+\frac{11}{3}$

**2.** (1) $\frac{22}{3}$ (2) $\frac{1}{6}$ (3) $\frac{\sqrt{2}}{2}$ (4) $\frac{\sqrt{2}}{12}$ (5) $\sqrt{3}-1$ **3.** (1) 1 (2) $\frac{2}{9}e^{\frac{3}{2}}+\frac{4}{9}$ (3) $e-2$ (4) $2-\frac{2}{e}$ (5) $\frac{\pi}{8}-\frac{1}{4}\ln 2$ (6) 2 **4.** (1) $-\frac{16}{3}$ (2) $-2$ (3) 2 **5.** $\frac{2}{e}$

**习题 5.4**

(1) 收敛 $\frac{1}{2}$ (2) 发散 (3) 收敛 $\pi$ (4) 收敛 1 (5) 发散 (6) 收敛 2

**习题 5.5**

**1.** $\frac{8}{3}$ **2.** $\frac{3}{2}-\ln 2$ **3.** $\frac{7}{6}$ **4.** $\frac{3\pi}{40}$ **5.** $\frac{\pi^2}{2}$ $2\pi^2$

**复习题 5**

一、**1.** 2 **2.** 0 **3.** $\frac{2}{3}$ **4.** 0 **5.** 0或1 **6.** 1 **7.** $\int_{\frac{1}{e}}^{e}|\ln x|\,dx$ **8.** $\int_{-2}^{1}(2-x^2-x)\,dx$ **9.** $\frac{1}{\pi}$ **10.** 3 **11.** 0 **12.** $\frac{\pi}{12}$

二、**1.** A **2.** B **3.** C **4.** A **5.** D **6.** D **7.** C **8.** C **9.** A **10.** D **11.** B **12.** B

三、**1.** $4\frac{5}{6}$ **2.** $\frac{3}{16}$ **3.** $2-\frac{\pi}{2}$ **4.** $\frac{3}{2}$ **5.** $\frac{5}{3}$ **6.** $\frac{4\pi}{3}-\sqrt{3}$ **7.** $\frac{3}{2}-\ln 2$ **8.** $\frac{\pi}{4}-\frac{\sqrt{3}\pi}{9}+\frac{1}{2}\ln\frac{3}{2}$ **9.** $\frac{\pi}{12}-\frac{\sqrt{3}}{8}$ **10.** $\sqrt{2}-\frac{2\sqrt{3}}{3}$ **11.** $1-\frac{\pi}{4}$ **12.** 1 **13.** $\ln\left(1+\frac{\pi}{2}\right)-1$

四、**1.** $\frac{9}{2}$ **2.** $e+\frac{1}{e}-2$ **3.** $\frac{\pi}{2}\left(1-\frac{1}{e^4}\right)$ **4.** $\frac{3\pi}{10}$

## 第6章

**习题 6.1**

**1.** 六 七 三 二 **2.** (1) $(-3,5,2)$ (2) $(3,5,2)$ (3) $(-3,-5,2)$ **3.** $(-2,0,0)$ **4.** $5\sqrt{2}$, $\sqrt{34}$, $\sqrt{41}$, 5 **5.** $z=5$

**习题 6.2**

**1.** (1) $\{(x,y)\mid 1<x^2+y^2\leqslant 4\}$ (2) $\{(x,y)\mid x^2+y^2\geqslant 1, |x|\leqslant 1\}$ (3) $\{(x,y)\mid |y|\leqslant |x|, x\neq 0\}$ **2.** $t^2f(x,y)$ **3.** (1) 2 (2) 2 (3) 1 (4) 0 **5.** (1) 连续 (2) 不连续

**习题 6.3**

**1.** $\left.\frac{\partial z}{\partial x}\right|_{(1,2)}=8$ $\left.\frac{\partial z}{\partial y}\right|_{(1,2)}=7$ **2.** (1) $z_x=8x^7e^y$, $z_y=x^8e^y$ (2) $z_x=2\cos(2x+3y)$, $z_y=3\cos(2x+3y)$ (3) $z_x=\frac{1}{2x\sqrt{\ln(xy)}}$, $z_y=\frac{1}{2y\sqrt{\ln(xy)}}$ (4) $z_x=y(1-2\sin xy)\cos xy$, $z_y=x(1-2\sin xy)\cos xy$ (5) $u_x=2(x+2y+3z)$, $u_y=4(x+2y+3z)$, $u_z=6(x+2y+3z)$ **3.** $\pi^2e^{-2}$

**4.** $\frac{\partial^2 z}{\partial x^2}=\frac{2xy}{(x^2+y^2)^2}$, $\frac{\partial^2 z}{\partial y^2}=\frac{-2xy}{(x^2+y^2)^2}$, $\frac{\partial^2 z}{\partial x\partial y}=\frac{\partial^2 z}{\partial y\partial x}=\frac{y^2-x^2}{(x^2+y^2)^2}$ **5.** (1) $dz=3x^2y^4dx+4x^3y^3dy$ (2) $dz=y\ln y\,dx+x(\ln y+1)dy$ (3) $dz=e^x[\sin(x+y)+\cos(x+y)]dx+e^x\cos(x+y)dy$ (4) $dz=\frac{1}{x^2+y^2}(xdx+ydy)$ (5) $du=\frac{1}{2x+3y+4z^2}(2dx+3dy+8zdz)$ **6.** $\left.dz\right|_{(2,1)}=e^2(dx+2dy)$ **7.** $\Delta z=-\frac{5}{42}\approx-0.119$ $\left.dz\right|_{\substack{x=2,y=1\\ \Delta x=0.1,\Delta y=-0.2}}=-0.125$

**习题 6.4**

**1.** (1) 8 (2) $2\pi$ (3) $8\pi$ **2.** 5 **3.** 8 **4.** $\frac{9}{4}$ **5.** $\frac{3}{35}$ **6.** $5\frac{5}{8}$ **7.** (1) $\int_0^1 dx\int_x^{\sqrt{x}} f(x,y)dy$

(2) $\int_0^1 dy\int_y^{2-y} f(x,y)dx$ (3) $\int_{\frac{1}{2}}^1 dy\int_{\frac{1}{y}}^2 f(x,y)dx+\int_1^2 dy\int_y^2 f(x,y)dx$

**复习题 6**

一、**1.** $4(z-1)=(x-1)^2+(y+1)^2$ **2.** $\frac{5}{3}$ **3.** 1 **4.** $a$ **5.** 2 **6.** $e^x(\sin xy+y\cos xy)$, $xe^x\cos xy$ **7.** 1 **8.** $\frac{1}{2}(dx+dy)$ **9.** 0 **10.** 连续 **11.** $4\pi$ **12.** (1) $\int_0^4 dx\int_{\frac{x}{2}}^{\sqrt{x}} f(x,y)dy$

(2) $\int_0^1 dy\int_{e^y}^{e} f(x,y)dx$ (3) $\int_0^1 dy\int_{\sqrt{y}}^{2-y} f(x,y)dx$

二、**1.** C **2.** D **3.** A **4.** C **5.** B **6.** D **7.** A **8.** D **9.** C **10.** B **11.** D **12.** C **13.** C

三、**1.** $z_x=3x^2+6xy, z_y=3x^2-3y^2$ **2.** $z_x=\sin(x+y)+x\cos(x+y)+y^2e^{xy^2}, z_y=x\cos(x+y)+2xye^{xy^2}$ **3.** $z_x=(1+x)^{xy}\left[y\ln(1+x)+\frac{xy}{1+x}\right], z_y=x(1+x)^{xy}\ln(1+x)$

四、**1.** $dz=\left(\frac{1}{y^2}+\sec^2 xy\right)ydx+\left(-\frac{1}{y^2}+\sec^2 xy\right)xdy$ **2.** $dz=\frac{yx^{y-1}}{1+x^{2y}}dx+\frac{x^y\ln x}{1+x^{2y}}dy$

五、**1.** $\frac{\partial^2 z}{\partial x^2}=\frac{4y}{(x-y)^3}$, $\frac{\partial^2 z}{\partial y^2}=\frac{4x}{(x-y)^3}$, $\frac{\partial^2 z}{\partial x\partial y}=\frac{\partial^2 z}{\partial y\partial x}=\frac{-2(x+y)}{(x-y)^3}$ **2.** $\frac{\partial^2 z}{\partial x^2}=\frac{2}{y}\left(1+\frac{4x^2}{y}\tan\frac{x^2}{y}\right)\sec^2\frac{x^2}{y}$, $\frac{\partial^2 z}{\partial y^2}=\frac{2x^2}{y^3}\left(1+\frac{x^2}{y}\tan\frac{x^2}{y}\right)\sec^2\frac{x^2}{y}$,

$\frac{\partial^2 z}{\partial x\partial y}=\frac{\partial^2 z}{\partial y\partial x}=-\frac{2x}{y^2}\left(1+\frac{2x^2}{y}\tan\frac{x^2}{y}\right)\sec^2\frac{x^2}{y}$

六、**1.** $\frac{20}{3}$ **2.** $\frac{13}{6}$ **3.** 1

## 第 7 章

**习题 7.1**

**1.** (1) 收敛 (2) 收敛 (3) 发散 **2.** (1) 收敛 (2) 发散 (3) 发散

**习题 7.2**

**1.** (1) 收敛 (2) 发散 (3) 收敛 (4) 收敛 **2.** (1) 收敛 (2) 收敛 (3) 发散 (4) 收敛 **3.** (1) 发散 (2) 收敛 (3) 收敛 (4) 发散 (5) 收敛

**习题 7.3**

**1.** (1) 条件收敛 (2) 绝对收敛 (3) 发散 **2.** (1) 收敛 (2) 收敛 (3) 收敛

**习题 7.4**

**1.** (1) 1, $(-1,1)$, $[-1,1)$ (2) 1, $(-1,1)$, $[-1,1]$ (3) 2, $(-2,2)$, $(-2,2)$ (4) $\frac{1}{2}$, $\left(\frac{1}{2},\frac{3}{2}\right)$, $\left[\frac{1}{2},\frac{3}{2}\right)$ (5) $\frac{1}{3}$, $\left(-\frac{1}{3},\frac{1}{3}\right)$, $\left(-\frac{1}{3},\frac{1}{3}\right)$ **2.** (1) $-\ln(1-x)$, $[-1,1)$

(2) $\frac{1}{(1-x)^2}$, $(-1,1)$ (3) $-\frac{1}{2}\ln(1-x^2)$, $(-1,1)$ (4) $\frac{1}{2}\ln\frac{1+x}{1-x}$, $(-1,1)$

(5) $\frac{2x-x^2}{(1-x)^2}$, $(-1,1)$

**习题 7.5**

**1.** (1) $\sum_{n=0}^{\infty}\frac{(-1)^n x^{n+1}}{n!}$, $x\in(-\infty,+\infty)$ (2) $\sum_{n=0}^{\infty}\frac{x^n}{3^{n+1}}$, $x\in(-3,3)$ (3) $\sum_{n=1}^{\infty}nx^{n-1}$, $x\in$

$(-1,1)$ (4) $\ln 4+\sum_{n=1}^{\infty}\frac{(-1)^{n-1}x^n}{n\cdot 4^n},x\in(-4,4]$ (5) $\sum_{n=1}^{\infty}(-1)^{n+1}\frac{2^{2n-1}x^{2n}}{(2n)!},x\in(-\infty,+\infty)$

(6) $x+\sum_{n=1}^{\infty}(-1)^{n-1}\frac{x^{n+1}}{n(n+1)},x\in(-1,1]$ **2.** $\ln 3+\sum_{n=1}^{\infty}\frac{(-1)^{n-1}}{n\cdot 3^n}(x-2)^n,x\in(-1,5]$

**习题 7.6**

**1.** (1) $f(x)=\frac{1}{2}+\frac{2}{\pi}\sum_{n=1}^{\infty}\frac{1}{2n-1}\sin(2n-1)x(-\infty<x<+\infty,x\neq k\pi,k\in\mathbf{Z})$

(2) $f(x)=2\sum_{n=1}^{\infty}\frac{(-1)^{n+1}}{n}\sin nx(x\in\mathbf{R},x\neq(2k-1)\pi,k\in\mathbf{Z})$

(3) $f(x)=\frac{\pi}{2}-\frac{4}{\pi}\sum_{n=1}^{\infty}\frac{\cos(2n-1)x}{(2n-1)^2}(x\in\mathbf{R}),\frac{\pi^2}{8}$

(4) $f(x)=\pi+2\sum_{n=1}^{\infty}\frac{(-1)^{n+1}}{n}\sin nx(x\in\mathbf{R},x\neq(2k-1)\pi,k\in\mathbf{Z})$

(5) $f(x)=\frac{18\sqrt{3}}{\pi}\sum_{n=1}^{\infty}\frac{(-1)^{n+1}n}{9n^2-1}\sin nx(x\in\mathbf{R},x\neq(2k-1)\pi,k\in\mathbf{Z})$

**2.** 将 $f(x)$ 展为正弦函数,先将 $f(x)$ 进行奇延拓,

所以 $a_n=0\quad(n=0,1,2,\cdots)$,

$b_n=\frac{2}{l}\int_0^l f(x)\sin\frac{n\pi x}{l}\mathrm{d}x=\int_0^1 x\sin\frac{n\pi x}{2}\mathrm{d}x+\int_1^2(2-x)\sin\frac{n\pi x}{2}\mathrm{d}x=\cdots=\frac{8}{n^2\pi^2}\sin\frac{n\pi}{2}\quad(n\in\mathbf{N})$.

所以 $f(x)$ 的正弦级数为:

$f(x)=\frac{8}{\pi^2}\sum_{n=1}^{\infty}\frac{(-1)^{n+1}}{(2n-1)^2}\sin\frac{(2n-1)\pi}{2}x,x\in[0,2]$ **3.** $b_n=0,a_0=-\frac{\pi^2}{3},a_n=\frac{2}{n^2}[1+(-1)^n]=\begin{cases}\frac{4}{n^2} & n\text{ 为偶数}\\ 0 & n\text{ 为奇数}\end{cases},x(x-\pi)=-\frac{\pi^2}{6}+\sum_{n=1}^{\infty}\frac{1}{n^2}\cos 2nx,x\in[0,\pi]$.

分别令 $x=\frac{\pi}{2},0$,得:$\sum_{n=1}^{\infty}\frac{(-1)^{n+1}}{n^2}=\frac{\pi^2}{12},\sum_{n=1}^{\infty}\frac{1}{n^2}=\frac{\pi^2}{6}$.

**4.** $f(x)=1+\frac{4}{\pi}\sum_{n=1}^{\infty}\frac{1}{2n-1}\sin\frac{(2n-1)\pi x}{l},x\in(-l,l)$

**复习题 7**

一、**1.** 0 **2.** $\frac{3}{2}$ **3.** $\frac{1}{(2n-1)(2n+1)},\frac{1}{2}\left(1-\frac{1}{2n+1}\right),\frac{1}{2}$ **4.** $(-1,1),[-1,1)$ **5.** $\sqrt{3}$, $(-\sqrt{3},\sqrt{3}),(-\sqrt{3},\sqrt{3})$ **6.** 2 **7.** $-x\ln(1-x)$ **8.** $e^{x^2}$ **9.** $\frac{\pi}{2}$ 0

二、**1.** D **2.** C **3.** B **4.** B **5.** A **6.** C **7.** B **8.** D **9.** D **10.** B

三、**1.** (1) 发散 (2) 收敛 (3) 收敛 (4) 收敛 **2.** (1) 绝对收敛 (2) 条件收敛

**3.** (1) $\frac{1}{8},\left(-\frac{1}{8},\frac{1}{8}\right)$ (2) $1,[1,3)$ **4.** (1) $\arctan x-x,[-1,1]$

(2) $\begin{cases}-\frac{1}{x}\ln\frac{2-x}{2} & x\in[-2,2),x\neq 0\\ \frac{1}{2} & x=0\end{cases},[-2,2)$ **5.** (1) $\sum_{n=0}^{\infty}\frac{(-1)^n x^n}{2^{n+1}},x\in(-2,2)$ (2) $\ln 3-\sum_{n=1}^{\infty}\frac{x^{2n}}{n\cdot 3^n},x\in(-\sqrt{3},\sqrt{3})$ **6.** $\sum_{n=0}^{\infty}(-1)^n(x-1)^n,x\in(0,2)$ **7.** $\ln 2+\sum_{n=1}^{\infty}(-1)^{n-1}\frac{(x-1)^n}{n\cdot 2^n}$, $(-1,3]$ **8.** $f(x)=\frac{\pi}{2}+\frac{4}{\pi}\sum_{n=1}^{\infty}\frac{1}{(2n-1)^2}\cos(2n-1)x(-\infty<x<+\infty)$

## 第8章

**习题 8.1**

**1.** (1) 0 (2) 29 (3) 58 **2.** (1) $ab$ (2) 1 (3) $-11$ (4) 32 (5) 512 (6) $-27$ (7) $\left(\sum_{i=1}^{n}x_i-m\right)(-m)^{n-1}$ (8) $x^2y^2$ **3.** 略 **4.** $M_{22}=6, A_{22}=6; M_{32}=-3, A_{32}=3$ **5.** $(x_4-x_1)(x_3-x_1)(x_2-x_1)(x_4-x_2)(x_3-x_2)(x_4-x_3)$. **6.** (1) $x=1, y=2, z=3$ (2) $x_1=1, x_2=2, x_3=2, x_4=-1$ **7.** $D\neq 0$,方程组仅有零解

**习题 8.2**

**1.** (1) $2\boldsymbol{A}-3\boldsymbol{B}=\begin{bmatrix}-10&-5&-4&1\\10&-1&-2&-7\\-1&4&6&5\end{bmatrix}$;(2) $\boldsymbol{X}=\frac{1}{2}\begin{bmatrix}13&6&5&-2\\-14&1&2&9\\1&-6&-9&-8\end{bmatrix}$

**2.** (1) $\begin{bmatrix}3&6&9\\2&4&6\\1&2&3\end{bmatrix}$ (2) $-5$ (3) $\begin{bmatrix}14\\-7\\11\end{bmatrix}$ (4) $\begin{bmatrix}-1&2&2\\4&2&-3\\-4&0&4\end{bmatrix}$

**3.** (1) $\begin{bmatrix}1&1\\0&0\end{bmatrix}$ (2) $\begin{bmatrix}1&\sin 2\theta\\\sin 2\theta&1\end{bmatrix}$ (3) $\begin{bmatrix}1&0\\n&1\end{bmatrix}$

**4.** (1) 72 (2) $-18$ (3) $-324$

**5.** 略 **6.** 略

**7.** $\begin{bmatrix}-2&13&22\\-2&-17&20\\4&29&-2\end{bmatrix}$, $\begin{bmatrix}0&5&8\\0&-5&6\\2&9&0\end{bmatrix}$ **8.** 略 **9.** $\begin{bmatrix}1&0\\k\lambda&1\end{bmatrix}$

**习题 8.3**

**1.** (1) $\frac{1}{3}\begin{bmatrix}2&-1\\-1&2\end{bmatrix}$ (2) $\begin{bmatrix}2&-\frac{1}{3}&-\frac{4}{3}\\1&\frac{1}{3}&-\frac{2}{3}\\-1&0&1\end{bmatrix}$ (3) $\begin{bmatrix}1&-4&-3\\1&-5&-3\\-1&6&4\end{bmatrix}$

(4) $\begin{bmatrix}1&-2&1&0\\0&1&-2&1\\0&0&1&-2\\0&0&0&1\end{bmatrix}$

**2.** (1) $\boldsymbol{X}=\begin{bmatrix}2&1\\-1&-2\end{bmatrix}$ (2) $\boldsymbol{X}=\frac{1}{12}\begin{bmatrix}4&-4\\5&4\end{bmatrix}$ (3) $\boldsymbol{X}=\begin{bmatrix}1\\0\\1\end{bmatrix}$

**3.** (1) (1,0,0) (2) (37, $-78$,12) **4.** $\boldsymbol{B}=\begin{bmatrix}0&3&3\\-1&2&3\\1&1&0\end{bmatrix}$

**5.** $(\boldsymbol{A}+2\boldsymbol{E})^{-1}=\frac{3}{4}\boldsymbol{E}-\frac{1}{4}\boldsymbol{A}, \boldsymbol{A}^{-1}=\frac{1}{2}(\boldsymbol{A}-\boldsymbol{E})$ **6.** 略

**习题 8.4**

**1.** (1) $\begin{bmatrix}2&2&1\\1&2&1\\1&1&1\end{bmatrix}$ (2) $\begin{bmatrix}-2&1&1\\-6&1&4\\5&-1&-3\end{bmatrix}$ (3) $\frac{1}{4}\begin{bmatrix}1&1&1&1\\1&1&-1&-1\\1&-1&1&-1\\1&-1&-1&1\end{bmatrix}$

**2.** $\boldsymbol{X}=\begin{bmatrix}1&9&8\\-2&-7&-6\end{bmatrix}$ **3.** (1) 3 (2) 3

**4.** (1) 3 (2) 3 **5.** $\lambda=5,\mu=1$

**习题 8.5**

**1.** (1) $\begin{bmatrix}x_2\\x_2\\x_3\\x_4\end{bmatrix}=k_1\begin{bmatrix}-2\\1\\0\\0\end{bmatrix}+k_2\begin{bmatrix}1\\0\\0\\1\end{bmatrix}$ (2) $\begin{bmatrix}x_1\\x_2\\x_3\\x_4\\x_5\end{bmatrix}=k_1\begin{bmatrix}-2\\1\\1\\0\\0\end{bmatrix}+k_2\begin{bmatrix}-1\\-3\\0\\1\\0\end{bmatrix}+k_3\begin{bmatrix}2\\1\\0\\0\\1\end{bmatrix}$

**2.** (1) 无解 (2) $\begin{bmatrix}x_1\\x_2\\x_3\\x_4\end{bmatrix}=k\begin{bmatrix}-1\\2\\1\\0\end{bmatrix}+\begin{bmatrix}3\\-8\\0\\6\end{bmatrix}$ **3.** (1) 无解 (2) 无解 **4.** $\lambda=5$, $\begin{bmatrix}x_1\\x_2\\x_3\end{bmatrix}=k\begin{bmatrix}1\\1\\1\end{bmatrix}$

**5.** $a=1,b=2$ **6.** $\lambda=-2$,无解;$\lambda\neq-2,\lambda\neq1$,唯一解;$\lambda\neq1$,无穷多解.

**7.** (1) $\begin{bmatrix}x_1\\x_2\\x_3\\x_4\end{bmatrix}=k\begin{bmatrix}1\\1\\2\\1\end{bmatrix}+\begin{bmatrix}-2\\-4\\-5\\0\end{bmatrix}$ (2) $\begin{cases}m=2\\n=4\\t=6\end{cases}$

**习题 8.6**

**1.** (1) $\lambda_1=2,\boldsymbol{p}_1=\begin{pmatrix}-1\\1\end{pmatrix},\lambda_2=3,\boldsymbol{p}_2=\begin{pmatrix}-1\\2\end{pmatrix}$ (2) $\lambda_1=-2$(重根),$\boldsymbol{p}_1=\begin{pmatrix}1\\1\\0\end{pmatrix},\boldsymbol{p}_2=\begin{pmatrix}-1\\0\\1\end{pmatrix}$,$\lambda_2=4,\boldsymbol{p}_3=\begin{pmatrix}-1\\1\\2\end{pmatrix}$ (3) $\lambda_1=0,\boldsymbol{p}_1=\begin{pmatrix}-1\\-1\\1\end{pmatrix},\lambda_2=9,\boldsymbol{p}_2=\begin{pmatrix}1\\1\\2\end{pmatrix},\lambda_3=-1,\boldsymbol{p}_3=\begin{pmatrix}-1\\1\\0\end{pmatrix}$ **2.** $\boldsymbol{A}$ 的特征值为 $1,1,-5$,$\boldsymbol{A}^{-1}+\boldsymbol{E}$ 的特征值为 $2,2,\frac{4}{5}$ **3.** $\boldsymbol{A}=\frac{1}{3}\begin{pmatrix}-1&0&2\\0&1&2\\2&2&0\end{pmatrix}$

**复习题 8**

一、

**1.** 1 **2.** $\begin{bmatrix}1&0&0\\0&\frac{1}{2}&0\\0&0&-\frac{1}{3}\end{bmatrix}$ **3.** $[4\quad 1]$ **4.** $\begin{bmatrix}-1&-6\\2&5\end{bmatrix}$ **5.** $a\neq-3$ **6.** (1) $a\neq-1$ $a\neq3$ (2) $a=-1$ **7.** $-28$ **8.** $-\frac{1}{2}$ **9.** $k=1,3$ **10.** $\begin{bmatrix}a^2&0&0\\0&b^2&0\\0&0&c^2\end{bmatrix}$ **11.** $-24$ **12.** $-108$

**13.** $\frac{1}{6}\begin{bmatrix}3 & 1\\0 & 2\end{bmatrix}$ **14.** $k=1$ **15.** 14

二、**1.** B **2.** C **3.** C **4.** A **5.** A **6.** C **7.** B **8.** B **9.** D **10.** D **11.** D **12.** C

三、**1.** $abcd+ab+ad+cd+1$ **2.** 27

四、$\begin{bmatrix}1 & 0 & 0\\-\frac{1}{3} & \frac{1}{3} & 0\\0 & 0 & -\frac{1}{3}\end{bmatrix}$

五、$\boldsymbol{B}^{-1}=\begin{bmatrix}0 & \frac{1}{2}\\-1 & -1\end{bmatrix}$

六、$(\boldsymbol{A}^{*})^{-1}=\begin{bmatrix}5 & -2 & -1\\-2 & 2 & 0\\-1 & 0 & 1\end{bmatrix}$

七、$\begin{bmatrix}x_1\\x_2\\x_3\\x_4\end{bmatrix}=k\begin{bmatrix}\frac{15}{2}\\12\\-2\\1\end{bmatrix}$

八、(1) $\lambda\neq-1$ 且 $\lambda\neq4$ (2) $\lambda=-1$ (3) $\lambda=4$

九、$a=0,b=2,\begin{bmatrix}x_1\\x_2\\x_3\end{bmatrix}=k\begin{bmatrix}5\\-6\\1\end{bmatrix}+\begin{bmatrix}-2\\3\\0\end{bmatrix}$

十、$\lambda\neq-2$,无解;$\lambda\neq-2,\lambda\neq1$,唯一解;$\lambda\neq1$,无穷多解.

## 第9章

### 习题9.1

**1.** (1) 选出的是三年级男生,同时该生不是运动员 (2) 全系运动员都是三年级男生 (3) 全系运动员都是三年级学生 (4) 三年级学生都是女生,同时女生都在三年级. **2.** (1) $\bar{A}$ (2) $A\bar{B}$ (3) $AB\bar{C}$ (4) $A\bar{B}\bar{C}\cup\bar{A}B\bar{C}\cup\bar{A}\,\bar{B}C$ (5) $A\cup B\cup C$ (6) $\bar{A}\cup\bar{B}\cup\bar{C}$ 或 $\overline{ABC}$ (7) $AB\bar{C}\cup A\bar{B}C\cup\bar{A}BC$ (8) $AB\cup AC\cup BC$ (9) $\bar{A}\,\bar{B}\bar{C}$ (10) $A\bar{B}\bar{C}\cup\bar{A}B\bar{C}\cup\bar{A}\,\bar{B}C\cup\bar{A}\,\bar{B}\,\bar{C}$ (11) $\overline{ABC}$ 或 $\bar{A}\cup\bar{B}\cup\bar{C}$ **3.** (1) $\frac{1}{2}$ (2) $\frac{1}{6}$ (3) $\frac{3}{8}$ **4.** (1) $\frac{16}{33}$ (2) $\frac{17}{33}$ **5.** (1) $p=\frac{n!}{N^n}$ (2) $p=C_N^n\cdot\frac{n!}{N^n}$ (3) $p=C_n^m\cdot\frac{(N-1)^{n-m}}{N^n}$ **6.** $\frac{7}{8}$ **7.** (1) $\frac{3}{8}$ (2) $\frac{2}{5}$ **8.** 0.2 **9.** (1) 0.1925 (2) 0.7075 (3) 0.2925 **10.** 0.01973

### 习题9.2

**1.** $X$ 的分布律为:

| $X$ | 0 | 1 | 2 | 3 | 4 |
| --- | --- | --- | --- | --- | --- |
| $p_k$ | 0.4 | 0.24 | 0.144 | 0.0864 | 0.1296 |

**2.** $\xi$的分布列为:

| 3 | 4 | 5 |
| --- | --- | --- |
| $\frac{1}{10}$ | $\frac{3}{10}$ | $\frac{6}{10}$ |

,$F(x)=\begin{cases}0 & x<3\\1/10 & 3\leqslant x<4\\2/5 & 4\leqslant x<5\\1 & x\geqslant5\end{cases}$ ,图略 **3.** 相对第二种方案而言,第一种方

案对学生对更为有利. **4.** (1) 0.0175 (2) 0.0091 **5.** (1) $F(x)$ 是离散型随机变量的分布函数; (2) $F(x)$ 不是随机变量的分布函数; (3) $F(x)$ 是随机变量的分布函数,$F(x)$ 既非连续型,也非离散型随机变量的分布函数. **6.** (1) $A=\frac{1}{2}, B=\frac{1}{\pi}$ (2) $\frac{1}{4}$ **7.** (1) $K=3$ (2) $e^{-0.3}$ (3) $1-e^{-3}$

**8.** $f(x)=\begin{cases}\frac{1}{5} & x\in(3,8)\\ 0 & 其他\end{cases}$, $F(x)=\begin{cases}0 & x<3\\ \frac{x-3}{5} & 3<x<8\\ 1 & x\geqslant 8\end{cases}$ **9.** (1) 0.1574 (2) 0.9452 (3) 0.7698

**10.** (1) 0.4332 (2) 0.6826

**习题 9.3**

**1.** 4.96 元 **2.** $E(X)=\frac{7}{2}$ $D(X)=2.92$ **3.** $\frac{35}{6}$ **4.** 1 **5.** $\frac{1}{18}$ **6.** $\mu$ $\frac{\sigma^2}{n}$

**习题 9.4**

**1.** 不是简单随机样本 **2.** $\overline{X}=4.6, S^2=2.7667$ **3.** 提示:求和记号展开即可 **4.** $E(\overline{X})=\frac{1}{\lambda}$, $E(S^2)=\frac{1}{\lambda^2}$ **5.** 0.05 **6.** 0.8808

**复习题 9**

一、**1.** $A\cup B\cup C, A\overline{B}\,\overline{C}\cup\overline{A}B\overline{C}\cup\overline{A}\,\overline{B}C, A\overline{B}\,\overline{C}\cup\overline{A}B\overline{C}\cup\overline{A}\,\overline{B}C\cup\overline{A}\,\overline{B}\,\overline{C}$ **2.** 0.6,0.4,0

**3.** $1<x<5$,1/4,0,3/4 **4.** 1/5 **5.** 0.4,0.7 **6.** 7.4 **7.** 7,2,$\sqrt{2}$ **8.** $N\left(\mu,\frac{\sigma^2}{n}\right)$

二、**1.** D **2.** B **3.** A **4.** A **5.** A **6.** D **7.** A **8.** B **9.** C **10.** C

三、**1.** 0.3 **2.** (1) $\frac{2}{15}$ (2) $\frac{1}{5}$

| X | 3 | 4 | 5 |
|---|---|---|---|
| $p_k$ | 0.1 | 0.3 | 0.6 |

**3.** X 的分布律为:

分布函数为:$F(x)=\begin{cases}0 & x<3\\ 0.1 & 3\leqslant x<4\\ 0.4 & 4\leqslant x<5\\ 1 & x\geqslant 5\end{cases}$ **4.** (1) $A=\frac{1}{2}$ (2) $\frac{1}{2}(1-e^{-1})$

(3) $F(x)=\begin{cases}\frac{1}{2}e^x & x<0\\ 1-\frac{1}{2}e^{-x} & x\geqslant 0\end{cases}$ **5.** (1) $P\{X\leqslant 2\}=\ln 2, P\{0<X\leqslant 3\}=1, P\{2<X<\frac{5}{2}\}=\ln\frac{5}{4}$ (2) $f(x)=F'(x)=\begin{cases}\frac{1}{x} & 1<x<e\\ 0 & 其他\end{cases}$ **6.** $E(X)=\frac{12}{7}, D(X)=\frac{24}{49}$ **7.** 略

**8.** $E(\overline{X})=E(X)=\lambda, D(\overline{X})=\frac{D(X)}{n}=\frac{\lambda}{n}, E(S^2)=D(X)=\lambda$

# 参 考 书 目

[1] 黄开兴.新编高等数学[M]. 北京:冶金工业出版社,2011.
[2] 侯风波,祖定利.工科高等数学学习指导[M].沈阳:辽宁大学出版社,2006.
[3] 李富江,何春辉,赵俊修.高等数学[M].天津:南开大学出版社,2011.
[4] 金桂堂.高等数学(工科类)[M].北京:北京出版社,2009.
[5] 骈俊生.工程应用数学[M].南京:南京大学出版社,2009.
[6] 黄开兴.工科应用数学[M].北京:高等教育出版社,2008.
[7] 胡晶地.高职数学[M].第二版.长沙:湖南师范大学出版社,2010.
[8] 任万钧.高等数学[M].北京:北京出版社,2007.

# 《高等数学》读者信息反馈表

尊敬的读者：

感谢您购买和使用南京大学出版社的图书，我们希望通过这张小小的反馈卡来获得您更多的建议和意见，以改进我们的工作，加强双方的沟通和联系。我们期待着能为更多的读者提供更多的好书。

请您填妥下表后，寄回或传真给我们，对您的支持我们不胜感激！

1. 您是从何种途径得知本书的：

   □ 书店　□ 网上　□ 报纸杂志　□ 朋友推荐

2. 您为什么购买本书：

   □ 工作需要　□ 学习参考　□ 对本书主题感兴趣　□ 随便翻翻

3. 您对本书内容的评价是：

   □ 很好　□ 好　□ 一般　□ 差　□ 很差

4. 您在阅读本书的过程中有没有发现明显的专业及编校错误，如果有，它们是：

   ____________________________________________

   ____________________________________________

   ____________________________________________

   ____________________________________________

5. 您对哪些专业的图书信息比较感兴趣：____________________

   ____________________________________________

6. 如果方便，请提供您的个人信息，以便于我们和您联系（您的个人资料我们将严格保密）：

   您供职的单位：　　　　　　　您教授或学习的课程：

   您的通信地址：　　　　　　　您的电子邮箱：

请联系我们：
电话：025－83596997
传真：025－83686347
通讯地址：南京市汉口路22号　210093
南京大学出版社高校教材中心